计算机科学与技术专业核心教材体系建设——建议使用时间

课程系列	基础系列	电类系列	程序系列	系统系列	应用系列	选修系列
一年级上	大学计算机基础					
一年级下	离散数学(上) 信息安全导论	电子技术基础	计算机程序设计			
二年级上	离散数学(下)	数字逻辑设计 数字逻辑设计实验	面向对象程序设计 程序设计实践			
二年级下			数据结构	计算机原理 操作系统		
三年级上			算法设计与分析	计算机系统综合实践 计算机网络	人工智能导论 数据库原理与技术 嵌入式系统	
三年级下			软件工程 编译原理	计算机体系结构	计算机图形学	
四年级上			软件工程综合实践			
四年级下						机器学习 物联网导论 大数据分析技术 数字图像技术

面向新工科专业建设计算机系列教材

计算机系统基础与实践
（微课版）

申兆岩　贾智平　王　毅◎编著

清华大学出版社
北京

内 容 简 介

本书从系统的角度出发，结合龙芯处理器及 Loongnix 系统的相关实例，从软件和硬件两个方面对计算机系统进行由硬到软、自底向上的介绍，目的是帮助读者掌握完整的计算机系统层次结构，了解计算机相关技术概念，掌握计算机系统的相关知识。

本书分为基础部分与实践部分。基础部分主要介绍了计算机系统相关的基本概念、组合电路与时序电路、处理器体系结构、程序的加载与运行、数据的机器级表示和运算、层次化结构存储、异常控制流；实践部分则主要介绍了龙芯实验平台的软硬件环境、文件读写及加解密实验、二进制炸弹拆除实验、简单的计算机模拟器实验与 LoongArch 五级流水线模拟器中的 Cache 实验。

本书可作为高等院校计算机及相关专业"计算机系统原理"课程的教材，也可供从事计算机工作的工程技术人员参考。

本书封面贴有清华大学出版社防伪标签，无标签者不得销售。
版权所有，侵权必究。举报：010-62782989，beiqinquan@tup.tsinghua.edu.cn。

图书在版编目（CIP）数据

计算机系统基础与实践：微课版/申兆岩，贾智平，王毅编著. —北京：清华大学出版社，2023.4
面向新工科专业建设计算机系列教材
ISBN 978-7-302-62847-7

Ⅰ.①计… Ⅱ.①申… ②贾… ③王… Ⅲ.①计算机系统－高等学校－教材 Ⅳ.①TP303

中国国家版本馆 CIP 数据核字（2023）第 035274 号

责任编辑：白立军　薛　阳
封面设计：刘　乾
责任校对：焦丽丽
责任印制：宋　林

出版发行：清华大学出版社
网　　址：http://www.tup.com.cn，http://www.wqbook.com
地　　址：北京清华大学学研大厦 A 座　　邮　编：100084
社 总 机：010-83470000　　邮　购：010-62786544
投稿与读者服务：010-62776969，c-service@tup.tsinghua.edu.cn
质量反馈：010-62772015，zhiliang@tup.tsinghua.edu.cn
课件下载：http://www.tup.com.cn，010-83470236

印 装 者：三河市天利华印刷装订有限公司
经　　销：全国新华书店
开　　本：185mm×260mm　　印　张：21.5　　插　页：1　　字　数：525 千字
版　　次：2023 年 5 月第 1 版　　印　次：2023 年 5 月第 1 次印刷
定　　价：69.00 元

产品编号：096577-01

出版说明

一、系列教材背景

人类已经进入智能时代,云计算、大数据、物联网、人工智能、机器人、量子计算等是这个时代最重要的技术热点。为了适应和满足时代发展对人才培养的需要,2017年2月以来,教育部积极推进新工科建设,先后形成了"复旦共识""天大行动""北京指南",并发布了《教育部高等教育司关于开展新工科研究与实践的通知》《教育部办公厅关于推荐新工科研究与实践项目的通知》,全力探索形成领跑全球工程教育的中国模式、中国经验,助力高等教育强国建设。新工科有两个内涵:一是新的工科专业;二是传统工科专业的新需求。新工科建设将促进一批新专业的发展,这批新专业有的是依托于现有计算机类专业派生、扩展而成的,有的是由多个专业有机整合而成的。由计算机类专业派生、扩展形成的新工科专业有计算机科学与技术、软件工程、网络工程、物联网工程、信息管理与信息系统、数据科学与大数据技术等。由计算机类学科交叉融合形成的新工科专业有网络空间安全、人工智能、机器人工程、数字媒体技术、智能科学与技术等。

在新工科建设的"九个一批"中,明确提出"建设一批体现产业和技术最新发展的新课程""建设一批产业急需的新兴工科专业"。新课程和新专业的持续建设,都需要以适应新工科教育的教材作为支撑。由于各个专业之间的课程相互交叉,但是又不能相互包含,所以在选题方向上,既考虑由计算机类专业派生、扩展形成的新工科专业的选题,又考虑由计算机类专业交叉融合形成的新工科专业的选题,特别是网络空间安全专业、智能科学与技术专业的选题。基于此,清华大学出版社计划出版"面向新工科专业建设计算机系列教材"。

二、教材定位

教材使用对象为"211工程"高校或同等水平及以上高校计算机类专业及相关专业学生。

三、教材编写原则

（1）借鉴 Computer Science Curricula 2013（以下简称 CS2013）。CS2013 的核心知识领域包括算法与复杂度、体系结构与组织、计算科学、离散结构、图形学与可视化、人机交互、信息保障与安全、信息管理、智能系统、网络与通信、操作系统、基于平台的开发、并行与分布式计算、程序设计语言、软件开发基础、软件工程、系统基础、社会问题与专业实践等内容。

（2）处理好理论与技能培养的关系，注重理论与实践相结合，加强对学生思维方式的训练和计算思维的培养。计算机专业学生能力的培养特别强调理论学习、计算思维培养和实践训练。本系列教材以"重视理论，加强计算思维培养，突出案例和实践应用"为主要目标。

（3）为便于教学，在纸质教材的基础上，融合多种形式的教学辅助材料。每本教材可以有主教材、教师用书、习题解答、实验指导等。特别是在数字资源建设方面，可以结合当前出版融合的趋势，做好立体化教材建设，可考虑加上微课、微视频、二维码、MOOC 等扩展资源。

四、教材特点

1. 满足新工科专业建设的需要

系列教材涵盖计算机科学与技术、软件工程、物联网工程、数据科学与大数据技术、网络空间安全、人工智能等专业的课程。

2. 案例体现传统工科专业的新需求

编写时，以案例驱动，任务引导，特别是有一些新应用场景的案例。

3. 循序渐进，内容全面

讲解基础知识和实用案例时，由简单到复杂，循序渐进，系统讲解。

4. 资源丰富，立体化建设

除了教学课件外，还可以提供教学大纲、教学计划、微视频等扩展资源，以方便教学。

五、优先出版

1. 精品课程配套教材

主要包括国家级或省级的精品课程和精品资源共享课的配套教材。

2. 传统优秀改版教材

对于已经出版的、得到市场认可的优秀教材，由于新技术的发展，计划给图书配上新的教学形式、教学资源的改版教材。

3. 前沿技术与热点教材

反映计算机前沿和当前热点的相关教材，例如云计算、大数据、人工智能、物联网、网络空间安全等方面的教材。

六、联系方式

联系人：白立军

联系电话：010-83470179

联系和投稿邮箱：bailj@tup.tsinghua.edu.cn

"面向新工科专业建设计算机系列教材"编委会

2019 年 6 月

面向新工科专业建设计算机系列教材编委会

主　任：
　　张尧学　清华大学计算机科学与技术系教授　中国工程院院士/教育部高等学校软件工程专业教学指导委员会主任委员

副主任：
　　陈　刚　浙江大学计算机科学与技术学院　　　　　　　　院长/教授
　　卢先和　清华大学出版社　　　　　　　　　　　　　　　常务副总编辑、
　　　　　　　　　　　　　　　　　　　　　　　　　　　　副社长/编审

委　员：
　　毕　胜　大连海事大学信息科学技术学院　　　　　　　　院长/教授
　　蔡伯根　北京交通大学计算机与信息技术学院　　　　　　院长/教授
　　陈　兵　南京航空航天大学计算机科学与技术学院　　　　院长/教授
　　成秀珍　山东大学计算机科学与技术学院　　　　　　　　院长/教授
　　丁志军　同济大学计算机科学与技术系　　　　　　　　　系主任/教授
　　董军宇　中国海洋大学信息科学与工程学院　　　　　　　副院长/教授
　　冯　丹　华中科技大学计算机学院　　　　　　　　　　　院长/教授
　　冯立功　战略支援部队信息工程大学网络空间安全学院　　院长/教授
　　高　英　华南理工大学计算机科学与工程学院　　　　　　副院长/教授
　　桂小林　西安交通大学计算机科学与技术学院　　　　　　教授
　　郭卫斌　华东理工大学信息科学与工程学院　　　　　　　副院长/教授
　　郭文忠　福州大学数学与计算机科学学院　　　　　　　　院长/教授
　　郭毅可　上海大学计算机工程与科学学院　　　　　　　　院长/教授
　　过敏意　上海交通大学计算机科学与工程系　　　　　　　教授
　　胡瑞敏　西安电子科技大学网络与信息安全学院　　　　　院长/教授
　　黄河燕　北京理工大学计算机学院　　　　　　　　　　　院长/教授
　　雷蕴奇　厦门大学计算机科学系　　　　　　　　　　　　教授
　　李凡长　苏州大学计算机科学与技术学院　　　　　　　　院长/教授
　　李克秋　天津大学计算机科学与技术学院　　　　　　　　院长/教授
　　李肯立　湖南大学　　　　　　　　　　　　　　　　　　校长助理/教授
　　李向阳　中国科学技术大学计算机科学与技术学院　　　　执行院长/教授
　　梁荣华　浙江工业大学计算机科学与技术学院　　　　　　执行院长/教授
　　刘延飞　火箭军工程大学基础部　　　　　　　　　　　　副主任/教授
　　陆建峰　南京理工大学计算机科学与工程学院　　　　　　副院长/教授
　　罗军舟　东南大学计算机科学与工程学院　　　　　　　　教授
　　吕建成　四川大学计算机学院(软件学院)　　　　　　　　院长/教授
　　吕卫锋　北京航空航天大学　　　　　　　　　　　　　　副校长/教授
　　马志新　兰州大学信息科学与工程学院　　　　　　　　　副院长/教授

毛晓光	国防科技大学计算机学院	副院长/教授
明　仲	深圳大学计算机与软件学院	院长/教授
彭进业	西北大学信息科学与技术学院	院长/教授
钱德沛	北京航空航天大学计算机学院	中国科学院院士/教授
申恒涛	电子科技大学计算机科学与工程学院	院长/教授
苏　森	北京邮电大学计算机学院	执行院长/教授
汪　萌	合肥工业大学计算机与信息学院	院长/教授
王长波	华东师范大学计算机科学与软件工程学院	常务副院长/教授
王劲松	天津理工大学计算机科学与工程学院	院长/教授
王良民	江苏大学计算机科学与通信工程学院	院长/教授
王　泉	西安电子科技大学	副校长/教授
王晓阳	复旦大学计算机科学技术学院	院长/教授
王　义	东北大学计算机科学与工程学院	院长/教授
魏晓辉	吉林大学计算机科学与技术学院	院长/教授
文继荣	中国人民大学信息学院	院长/教授
翁　健	暨南大学	副校长/教授
吴　迪	中山大学计算机学院	副院长/教授
吴　卿	杭州电子科技大学	教授
武永卫	清华大学计算机科学与技术系	副主任/教授
肖国强	西南大学计算机与信息科学学院	院长/教授
熊盛武	武汉理工大学计算机科学与技术学院	院长/教授
徐　伟	陆军工程大学指挥控制工程学院	院长/副教授
杨　鉴	云南大学信息学院	教授
杨　燕	西南交通大学信息科学与技术学院	副院长/教授
杨　震	北京工业大学信息学部	副主任/教授
姚　力	北京师范大学人工智能学院	执行院长/教授
叶保留	河海大学计算机与信息学院	院长/教授
印桂生	哈尔滨工程大学计算机科学与技术学院	院长/教授
袁晓洁	南开大学计算机学院	院长/教授
张春元	国防科技大学计算机学院	教授
张　强	大连理工大学计算机科学与技术学院	院长/教授
张清华	重庆邮电大学计算机科学与技术学院	执行院长/教授
张艳宁	西北工业大学	校长助理/教授
赵建平	长春理工大学计算机科学技术学院	院长/教授
郑新奇	中国地质大学(北京)信息工程学院	院长/教授
仲　红	安徽大学计算机科学与技术学院	院长/教授
周　勇	中国矿业大学计算机科学与技术学院	院长/教授
周志华	南京大学计算机科学与技术系	系主任/教授
邹北骥	中南大学计算机学院	教授

秘书长：

白立军	清华大学出版社	副编审

FOREWORD

前言

习近平总书记在党的二十大报告中指出：教育、科技、人才是全面建设社会主义现代化国家的基础性、战略性支撑。必须坚持科技是第一生产力、人才是第一资源、创新是第一动力，深入实施科教兴国战略、人才强国战略、创新驱动发展战略，这三大战略共同服务于创新型国家的建设。报告同时强调：推动战略性新兴产业融合集群发展，构建新一代信息技术、人工智能、生物技术、新能源、新材料、高端装备、绿色环保等一批新的增长引擎。

随着信息技术的发展，计算机被广泛应用于工业及商业等领域，新兴的软硬件技术层出不穷，我国自主研发的计算机系统不断涌现，计算机系统的相关知识也亟待更新。

本书从系统的角度出发，结合龙芯处理器架构的相关实例，从硬件和软件两个方面对计算机系统进行由硬到软、自底向上的介绍，目的是帮助读者掌握完整的计算机系统层次结构，了解计算机相关技术概念，掌握计算机系统的相关知识；从硬件电路、计算机子系统、处理器结构方面初步了解计算机系统的硬件架构、核心概念及软硬件实现；按照高级语言程序从开发到运行的路线，串联整个过程中的各个环节，帮助读者加深对程序从编译到运行及优化等相关知识的理解；从指令系统出发，结合 LoongArch 指令集的相关实例，介绍计算机系统指令集相关知识；结合相关实例对计算机 I/O 子系统、存储结构、计算机系统并行层次等相关知识进行详细讲解，使读者对计算机系统相关知识有全方位的了解与掌握，提高实践操作能力，为后续其他课程的学习打下坚实基础。

本书分为基础部分与实践部分，其中，基础部分共分为 7 章，实践部分共分为 5 个实验，各部分内容介绍如下。

第 1 章主要介绍计算机系统相关的基本概念。内容包括计算机系统中相关的定义、计算机系统的类别、层次结构、用户角色、体系架构及程序编译执行的基本过程，最后对计算机性能的衡量指标及测评方式进行了介绍。

第 2 章主要介绍组合电路与时序电路。内容包括组合电路与时序电路的描述方法、分析方法、具体表现与应用形式。

第 3 章主要介绍处理器体系结构，从指令集架构的角度出发进行阐述。首先描述了指令集架构的定义、分类、不同指令集的对比、指令集架构的发展历程与二进制翻译技术。其次详细介绍了龙芯指令集架构，包括龙芯指令系统概述，包括龙芯指令的编码与汇编助记格式、寄存器组织与寻址方式；不同类型的龙芯指令的设计细节,包括数据处理指令、转移指令、访存指令、栅障指令、浮点处理指令、特权指令与其他指令;龙芯汇编语言源程序格式和龙芯汇编语言的机器级表示。

第 4 章介绍程序的加载与运行,首先讲述源代码到可执行目标文件生成的整体流程,包括编译、汇编、链接步骤;然后根据可执行目标文件的运行过程引出指令的执行部分;最后介绍如何通过指令流水线技术提高处理器性能,内容包括指令流水线的步骤、存在的问题、异常处理及优化技术。

第 5 章主要介绍数据的机器级表示和运算。内容包括整数的编码表示方法、浮点数的编码表示方法、整数的运算和浮点数的运算。

第 6 章主要介绍了计算机层次化存储结构中的存储器分类、工作原理和组成方式,同时介绍了 I/O 系统的定义和组成,并对其软硬件结构进行层次分析。通过介绍存储技术,局部性原理与层次化存储结构,高速缓存的基本工作原理,虚拟存储器系统的实现技术,以及 Flash 存储器、磁盘存储器和 NVM 存储器等不同类型存储器的特点,使读者建立起如何利用不同类型的存储器构造层次化结构的存储系统的概念。并通过将 I/O 工作过程与软硬件系统结合的方式说明 I/O 系统的运行原理,帮助读者从 I/O 角度进一步认识并了解计算机系统,建立起对计算机系统的整体认识。

第 7 章主要介绍异常控制流,首先介绍控制流、异常控制流的概念,并介绍了计算机系统中进程、异常、中断等机制;以 LoongArch 为例详细介绍精简指令集架构下的异常与中断处理理念与实现方式。理解异常控制流可以帮助程序员更好地掌握计算机系统处理不同任务的底层实现,并根据应用场景选择最有效的程序实现方式。

实践部分均在龙芯教学实验平台设计和实现,借第一个实验简单介绍了龙芯实验平台的软硬件环境,在熟悉环境的同时完成字符的大小写转换。通过第二个读写文件实验,读者可以掌握动态库的创建与链接及常见的加解密算法。在第三个二进制炸弹拆除的实验中,读者需要使用 GDB 调试工具,与汇编陷阱斗智斗勇,经过第三个实验,读者会进一步理解 LoongArch 指令。第四个实验将帮助读者理解并掌握冯·诺依曼计算机的基本结构与工作原理。通过第五个实验,读者会对经典五级流水线的每个环节有一定的理解,在第三个实验中 LoongArch 指令的基础上,实现指令的汇编翻译过程,并探究 Cache 结构对 CPU 运行速度的影响。

本书由申兆岩编写第 1、3、4、6、8 章,贾智平编写第 2、7 章,王毅编写第 5 章,马良、魏倩、陈泽豪、朱紊滨、姜锡坤、郭瀚文也参与了本书编写的部分工作。2021 年秋季,本讲稿已分别在山东大学计算机科学与技术学院本科生和研究生教学中试用。

由于编者水平和经验有限,加之时间仓促,书中难免存在不足之处,敬请读者谅解,并真诚欢迎读者提出宝贵的建议。

编 者

2023 年 1 月

目录

第1章 计算机系统概述 ………………………………… 1

1.1 计算机系统的定义和类别 …………………………… 1
    1.1.1 计算机系统的定义 ………………………… 1
    1.1.2 计算机系统的类别 ………………………… 5

1.2 计算机系统中的抽象层次 …………………………… 7
    1.2.1 计算机系统层次结构 ……………………… 7
    1.2.2 计算机系统的不同用户 …………………… 9
    1.2.3 冯·诺依曼架构 …………………………… 11
    1.2.4 程序的编译及执行过程 …………………… 14

1.3 计算机性能 …………………………………………… 16
    1.3.1 性能的指标和度量 ………………………… 16
    1.3.2 CPU 性能 …………………………………… 17
    1.3.3 指令性能 …………………………………… 18
    1.3.4 实例:处理器性能评测 …………………… 21

小结 ………………………………………………………… 22
习题 ………………………………………………………… 23

第2章 组合电路与时序电路 …………………………… 25

2.1 组合电路 ……………………………………………… 25
    2.1.1 真值表 ……………………………………… 26
    2.1.2 布尔代数 …………………………………… 26
    2.1.3 逻辑图 ……………………………………… 27
    2.1.4 组合电路分析 ……………………………… 28

2.2 时序电路 ……………………………………………… 31
    2.2.1 SR 锁存器 …………………………………… 32
    2.2.2 触发器的触发方式 ………………………… 34
    2.2.3 触发器的逻辑功能 ………………………… 37

2.3 计算机子系统 ………………………………………… 40
    2.3.1 CPU 子系统 ………………………………… 40

  2.3.2 总线 …… 45
  2.3.3 内存子系统 …… 47
小结 …… 49
习题 …… 49

第 3 章 处理器体系结构 …… 52

 3.1 指令集体系结构 …… 52
  3.1.1 精简指令集与复杂指令集 …… 52
  3.1.2 二进制翻译 …… 55
 3.2 LoongArch 指令系统概述 …… 57
  3.2.1 LoongArch 指令的编码与汇编助记格式 …… 57
  3.2.2 LoongArch 的寄存器组 …… 59
  3.2.3 LoongArch 的寻址方式 …… 62
 3.3 LoongArch32 指令集 …… 65
  3.3.1 数据处理指令 …… 65
  3.3.2 转移指令 …… 74
  3.3.3 访存指令 …… 76
  3.3.4 栅障指令 …… 79
  3.3.5 浮点处理指令 …… 80
  3.3.6 特权指令 …… 81
  3.3.7 其他杂项指令 …… 87
 3.4 汇编语言源程序格式 …… 88
  3.4.1 汇编语言程序的结构 …… 89
  3.4.2 汇编语言的行构成 …… 91
  3.4.3 伪指令 …… 92
  3.4.4 宏指令 …… 95
 3.5 汇编语言机器级表示 …… 97
  3.5.1 过程调用的机器级表示 …… 97
  3.5.2 选择语句的机器级表示 …… 100
  3.5.3 循环结构的机器级表示 …… 104
小结 …… 108
习题 …… 109

第 4 章 程序的加载与运行 …… 111

 4.1 可执行目标文件的生成 …… 111
  4.1.1 编译 …… 112
  4.1.2 汇编 …… 113
  4.1.3 链接 …… 115
 4.2 可执行目标文件的运行 …… 117

		4.2.1 加载 ··· 118
		4.2.2 程序执行过程 ····················· 121
		4.2.3 指令执行介绍 ····················· 123
	4.3	流水线技术 ······························· 125
		4.3.1 流水线方式 ························· 126
		4.3.2 指令流水线 ························· 127
		4.3.3 流水线存在的问题 ··············· 129
		4.3.4 流水线与异常处理 ··············· 133
		4.3.5 流水线优化技术 ··················· 133
	小结 ··· 139
	习题 ··· 140

第 5 章 数据的机器级表示和运算 ········ 142

	5.1	数据类型及编码方式概述 ··············· 142
		5.1.1 数值数据及其编码方式 ········ 143
		5.1.2 非数值数据及其编码方式 ····· 144
		5.1.3 进位记数制 ·························· 146
	5.2	整数的表示 ······························· 150
		5.2.1 无符号数编码 ······················ 150
		5.2.2 有符号数编码 ······················ 150
	5.3	整数运算 ······································ 154
		5.3.1 移位运算 ····························· 154
		5.3.2 加减法运算 ························· 155
		5.3.3 乘法运算 ····························· 157
		5.3.4 除法运算 ····························· 166
	5.4	浮点数表示与运算 ······················ 170
		5.4.1 浮点表示法 ························· 170
		5.4.2 浮点数计算 ························· 173
	小结 ··· 174
	习题 ··· 175

第 6 章 层次化结构存储 ······················· 176

	6.1	存储技术 ······································ 176
		6.1.1 存储器 ································· 176
		6.1.2 存储技术发展趋势 ··············· 178
	6.2	局部性原理与层次化存储结构 ····· 180
		6.2.1 局部性 ································· 180
		6.2.2 存储器层次结构 ··················· 182
	6.3	高速缓冲存储器 ·························· 183

6.3.1 Cache 的基本工作原理 ………………………………………………………… 183
6.3.2 Cache-主存地址映射 …………………………………………………………… 184
6.3.3 Cache 替换策略 ………………………………………………………………… 191
6.3.4 Cache 写策略 …………………………………………………………………… 192
6.3.5 Cache 存储器的性能分析 ……………………………………………………… 194
6.3.6 Cache 与程序性能 ……………………………………………………………… 197
6.4 虚拟存储器 …………………………………………………………………………………… 200
6.4.1 虚拟存储器概述 ………………………………………………………………… 200
6.4.2 页式存储管理 …………………………………………………………………… 202
6.4.3 段式虚拟存储管理 ……………………………………………………………… 209
6.4.4 段页式存储管理 ………………………………………………………………… 211
6.5 外部存储器 …………………………………………………………………………………… 214
6.5.1 磁盘存储器 ……………………………………………………………………… 214
6.5.2 闪存存储器 ……………………………………………………………………… 218
6.5.3 新型非易失性存储器 …………………………………………………………… 222
6.6 I/O 系统 ……………………………………………………………………………………… 225
6.6.1 I/O 系统的定义与组成 ………………………………………………………… 225
6.6.2 I/O 软硬件层次结构 …………………………………………………………… 227
6.6.3 Linux 中的 I/O 栈 ……………………………………………………………… 239
小结 ……………………………………………………………………………………………… 241
习题 ……………………………………………………………………………………………… 243

第7章 异常控制流 ………………………………………………………………………… 246

7.1 进程 …………………………………………………………………………………………… 246
7.1.1 进程的概念 ……………………………………………………………………… 247
7.1.2 进程的逻辑控制流 ……………………………………………………………… 248
7.1.3 进程的私有地址空间 …………………………………………………………… 249
7.1.4 进程的上下文切换 ……………………………………………………………… 251
7.1.5 进程的控制 ……………………………………………………………………… 252
7.2 异常和中断的概念 …………………………………………………………………………… 254
7.2.1 基本概念 ………………………………………………………………………… 254
7.2.2 异常 ……………………………………………………………………………… 255
7.2.3 中断 ……………………………………………………………………………… 259
7.3 异常和中断的响应过程 ……………………………………………………………………… 261
7.4 LoongArch 指令系统中的异常和中断 ……………………………………………………… 264
7.4.1 相关控制状态寄存器 …………………………………………………………… 264
7.4.2 异常的处理 ……………………………………………………………………… 267
7.4.3 中断的处理 ……………………………………………………………………… 269
小结 ……………………………………………………………………………………………… 270

习题 ·· 271

第 8 章 实践部分 ·· 273

8.1 龙芯平台初探 ··· 273
8.1.1 实验背景 ··· 273
8.1.2 实验目的 ··· 273
8.1.3 实验要求 ··· 273
8.1.4 实验步骤 ··· 273

8.2 文件读写及加解密 ··· 278
8.2.1 实验背景 ··· 278
8.2.2 实验目的 ··· 279
8.2.3 实验要求 ··· 279
8.2.4 实验步骤 ··· 279

8.3 二进制炸弹拆除 ·· 281
8.3.1 实验背景 ··· 281
8.3.2 实验目的 ··· 282
8.3.3 实验要求 ··· 282
8.3.4 实验步骤 ··· 282

8.4 简单的计算机模拟器 ·· 286
8.4.1 实验背景 ··· 286
8.4.2 实验目的 ··· 287
8.4.3 实验要求 ··· 287
8.4.4 实验步骤 ··· 287

8.5 设计 LoongArch 五级流水线模拟器中的 Cache ·· 306
8.5.1 实验背景 ··· 306
8.5.2 实验目的 ··· 307
8.5.3 实验要求 ··· 307
8.5.4 实验步骤 ··· 309

参考文献 ·· 327

第 1 章 计算机系统概述

本章以"系统"为核心讲解计算机相关的基本概念,为读者构建宏观的计算机系统框架。首先,本章将介绍计算机系统组成、类别与所涉及的重要概念,接着重点介绍计算机系统中的抽象层次,并讲解典型的冯·诺依曼架构与程序的编译和执行过程。最后,本章将给出常见的衡量计算机系统性能的指标,并以龙芯 3A5000 为例进行测评。通过本章的学习,读者将建立起对计算机系统的初步认识,为今后的深入学习和研究打下基础。

◇ 1.1 计算机系统的定义和类别

什么是计算机呢?提起计算机,人们会自然想到桌面上的电脑,但实际上计算机已经深入到人们生活的方方面面。除了人们所熟悉的个人笔记本电脑、服务器等通用计算机外,像手机、数字电视、游戏机、路由器等设备都属于广义上的计算机。

本节将从计算机系统的发展开始讲起,简单介绍计算机的组成部分、特点及功能,并对各组成部分进行详细讲解。最后,本节将对主流的计算机系统进行介绍。

1.1.1 计算机系统的定义

1946 年,第一台通用计算机 ENIAC(Electronic Numerical Integrator And Computer,电子数字积分计算机)在美国问世,当时它主要用于解决第二次世界大战期间复杂的弹道计算问题。ENIAC 长 30.48m,宽 6m,高 2.4m,占地面积约 170m^2,耗电量 150kW,造价 48 万美元。它包含 17 468 根电子管、7200 根晶体二极管、70 000 个电阻器、10 000 个电容器、1500 个继电器、6000 多个开关,计算速度为每秒 5000 次加法或 400 次乘法,是使用继电器运转的机电式计算机的 1000 倍、手工计算的 20 万倍。

ENIAC 的基本组成

自第一台计算机问世以后,越来越多更高性能的计算机被研制出来。传统上,人们以元器件的更新作为计算机划时代的主要标志。目前,计算机在元器件、硬件系统结构、软件系统、系统应用等方面均有惊人进步。与最初制造出来的 ENIAC 一样,目前许多高性能的计算机依然服务于尖端武器的研制。

计算机是一种能自动对数字化信息进行算术和逻辑运算的高速处理装置。"数字化信息"是计算机处理的对象,即将任何连续变化的输入如图画的线条或声音信号转换为一串分离的单元,并在计算机中以 0 和 1 表示;"算术和逻辑运算"是计算机处理的手段,主要是指对"数字化信息"进行的加、减、乘、除等算术运算和与、或、非、异或等逻辑运算;"自动"是计算机处理的方式,计算机在机器内部可以快速地进行程序的逻辑选择,从而实现高速的自动化处理过程。

人们通常说的计算机系统包括两部分,即硬件部分和软件部分,它们共同工作来完成运算任务。**硬件**是物理装置的总称,我们所看到的主机内部的芯片、主板及所使用的外设等都是计算机硬件。**软件**是指实现算法的程序及其文档,包括计算机本身运行所需的系统软件和用户完成任务所需的应用软件。

计算机系统的特点是能进行精确、快速的计算和判断,而且通用性好,容易使用,可联成网络。计算机通过算术运算和逻辑运算几乎可以实现一切复杂的计算,它有判别不同情况、选择做不同处理的能力,故可用于管理、控制、对抗、决策、推理等领域。计算机是可编程的,不同程序可实现不同的应用需求,另外,具有丰富的高性能软件及智能化的人机接口,大大方便了使用。

计算机系统具有数据处理、数据存储、数据传输及控制功能。**数据处理**是计算机系统最基本的功能,主要完成数据的组织、加工、检索及运算等任务。数据能够以多种形式得到,处理的需求也非常广泛。**数据存储**的功能是计算机能采用自动工作方式的基本保证,主要实现将所有需要计算机加工的数据都保存在计算机的存储介质上等任务,也包括计算机运行所需的系统文件数据。**数据传输**是指计算机在其内部和外部之间传送数据。计算机的操作环境由充当数据源或目的的各种设备组成,当数据由某个设备发送到其他外部设备时,都会经由计算机或者与计算机有直接的联系,此过程就是输入-输出过程。当数据从本地设备向远端设备或从远端设备向本地设备传输时,就形成了传送过程,也就是数据通信过程。在计算机系统内部,由控制单元管理计算机的资源并且协调其各种功能的运行。计算机提供的数据处理功能、数据存储功能、数据传输功能等是由计算机指令提供功能定义与实现的。

1. 计算机硬件

尽管计算机硬件技术已经经历了电子管、晶体管、中小规模集成电路和现如今的大规模及超大规模集成电路几个发展阶段,但是几乎所有典型的计算机系统都具有相同的功能部件和特性。从外部来看,普通台式个人计算机是用各种电缆将显示器、键盘、鼠标和机箱等连接而成的一个装置。如图 1-1 所示的是一台普通台式计算机机箱,可看到由电源、风扇、主板、内存及硬盘驱动器等组成。

如图 1-2 所示的是龙芯 3A 多核处理器平台,由前端控制单元、多路处理单元及操作台构成。其中,前端控制单元由处理器、串口、VGA 接口、USB 接口、内存、SSD 硬盘及千兆网口等组成。

计算机的硬件分为主机和外设两部分,主机中的主要功能模块包括中央处理器与主存储器,外设中的主要功能模块包括外部存储器、输入设备、输出设备和其他设备。因为早期计算机的主要功能模块由一条单总线相连,这条线被称为系统总线,随着计算机系统发展为多总线后,就把连接主机中主要功能模块的各类总线统称为系统总线。图 1-3 展示了一个典型计算机系统的硬件组成。

图 1-1 搭载龙芯 3A5000 芯片的台式计算机机箱部件

图 1-2 龙芯 3A 多核处理器机箱部件

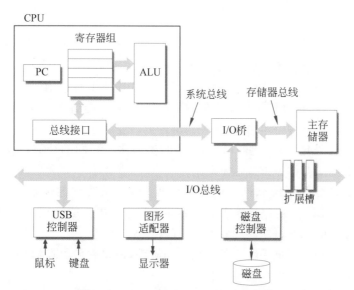

图 1-3 一个典型计算机系统的硬件组成

1) CPU(中央处理器)

中央处理器,简称处理器,是整个计算机的核心部件,是解释(或执行)在主存中指令的引擎。CPU 主要包括两个部分:数据通路和控制器。**数据通路**主要用来执行算术和逻辑运算以及寄存器和存储器的读写控制等。图 1-3 左上角展示了一个典型的 CPU 结构。其中,**算术逻辑单元**(Arithmetic Logic Unit,**ALU**)用来进行基本的算术和逻辑运算,ALU 中最基本的部件是加法器,所有算术运算都可以基于加法运算和逻辑运算来实现。控制器用来对指令进行译码,生成相应的控制信号,以控制数据通路进行正确的操作。

2) 主存储器

主存储器是一个临时存储设备,在处理器执行程序时,用来存放程序、待处理数据及处理过程中产生的中间数据。其中,程序是由一条一条指令构成的。从物理上说,主存是由一组动态随机存取存储器(**DRAM**)芯片组成的。从逻辑上来说,存储器是一个线性的字节数组,每个字节都有其唯一的地址(即数组索引)且地址从 0 开始计数。一般来说,组成程序的每条机器指令都由多个字节构成。

3) 外部设备

外部设备,也称为输入/输出(**Input/Output,I/O**)设备。一个外部设备通常由机械部分和电子部分组成,并且两部分是可以分开的,机械部分是外设本身,而电子部分是控制外设工作的设备控制器。如图 1-3 所示,该示例主要包括三类外部设备:作为用户输入的鼠标和键盘、作为用户输出的显示器以及用户存储数据和程序的磁盘驱动器。

4) 总线

贯穿整个系统的是一组电子管道,称作总线,它携带信息字节并负责在各个部件间传递。如图 1-3 所示,CPU、主存和 I/O 模块通过总线互连,其中,存储器总线用来传输与主存储器交换的信息,I/O 总线用来传输与设备控制器交换的信息,不同总线之间通过 I/O 桥接器相连。通常总线被设计用来传送定长的字节块,也就是**字**。字中的字节数(即字长)是一个基本的系统参数,在各个系统中不尽相同。

2. 计算机软件

计算机软件(Software,也称软件)是指计算机系统中的程序及其文档,程序是计算任务的处理对象和处理规则的描述;文档是为了便于了解程序所编写的阐明性资料。程序必须装入机器内部才能工作,而文档一般是供使用者阅读的,不一定装入机器。

计算机软件多用于某种特定目的,如控制特定生产过程,使计算机完成某些工作。计算机软件语言是一种符号化、形式化的语言,其表现力有限。不同的计算机软件表现形式不同、生产方式不同、要求与维护方式也不同。

计算机软件总体分为系统软件和应用软件两大类:系统软件包括各类操作系统,如 Windows、Linux、UNIX 等,还包括操作系统的补丁程序及硬件驱动程序;应用软件可以细分的种类就更多了,如工具软件、游戏软件、管理软件等。

系统软件负责管理计算机系统中各种独立的硬件,使得它们可以协调工作。系统软件使得计算机使用者和其他软件可以将计算机当作一个整体而不需要顾及底层各个硬件是如何工作的。一般来讲,系统软件包括操作系统和一系列基本的工具(如编译器、数据库管理、存储器管理、文件系统、用户身份验证、驱动管理、网络连接等方面的工具)。

具体地,系统软件可分为以下四类:各种服务性程序,如诊断程序、排错程序、练习程序等;语言程序;操作系统;数据库管理系统。其中,**操作系统**主要用来管理整个计算机系统的资源,包括对它们进行调度、管理、监视和服务等,操作系统还提供计算机用户和硬件之间的人机交互界面,并提供对应用软件的支持。**语言程序**主要用于提供一个高级语言编程的环境,包括源程序编译、翻译、调试、链接、装入运行等功能。

应用软件是为了某种特定的用途而被开发的软件。它可以是一个特定的程序,如一个图像浏览器,也可以是一组功能联系紧密、可以互相协作的程序的集合,如微软的 Office 软件。较常见的应用软件有:文字处理软件如 WPS、Word 等、信息管理软件、辅助设计软件如 AutoCAD 等、实时控制软件如极域电子教室等,以及教育与娱乐软件。

软件开发是根据用户需求开发系统中的软件部分的过程。软件开发是一项包括需求捕捉、需求分析、设计、实现和测试的系统工程。软件一般是用某种程序设计语言来实现的,通常采用软件开发工具可以进行开发。不同的软件一般都有对应的软件许可证,软件的使用者必须在拥有所使用软件的许可证的情况下才能够合法使用软件。从另一方面来讲,某种特定软件的许可条款也不能够与法律相抵触。

1.1.2 计算机系统的类别

随着新世纪的到来,人们看待计算、计算应用和计算机市场的方式发生了巨大变化,演化出了四种不同的计算机市场,即桌面计算机、服务器、集群/仓库级计算机及嵌入式系统,每个市场都有不同的应用、需求和计算技术。表 1-1 展示了主流计算机的类别及其重要特征。

表 1-1 四种主流计算机类型及其重要特征

特 征	桌面计算机/元	服务器/元	集群/仓库级计算机/元	嵌入式系统/元
系统价格	2000~20 000	30 000~60 000 000	600 000~1 000 000 000	50~600 000
微处理器价格	300~3000	1000~10 000	300~1500	0.05~500
系统设计的关键因素	性价比,能耗,可视化性能	吞吐量,可用性,可伸缩性,能耗	性价比,吞吐量,能源比例	价格,能耗,媒体性能,特定应用性能

1. 桌面计算机

桌面计算机 即人们经常接触到的用以学习、工作或娱乐的设备。桌面计算机覆盖了从低端到高端的整个产品范围,既有售价不到 2000 元的低端上网本,也有售价可能达到 20 000 元的工作站。

在整个价格和功能范围内,桌面计算机市场倾向于优化性价比。性能(主要根据计算性能和图形性能衡量)和系统价格对桌面计算机市场上的客户来说是最重要的,对桌面计算机设计人员来说也是最重要的。因此,最新的、最高性能的中央处理器和成本较低的中央处理器通常会首先出现在桌面系统中。

2. 服务器

服务器 相比常见的桌面计算机运行更快、负载更重,但价格也更贵。随着 20 世纪 80 年代桌面计算机的流行,服务器的作用逐渐扩大,以提供更大规模、更可靠的文件和计算服务。现如今,这样的服务器已经取代了传统的大型计算机成为大型企业计算的骨干力量。

服务器拥有若干典型的特性需求。可用性是首要保障。举个简单例子,假设需要为银行或航空公司预订系统运行 ATM 机的服务器,此类服务器系统的故障比单个桌面计算机的故障要严重得多,且这些服务器必须每周 7 天、每天 24 小时不间断运行。第二个关键特性是可扩展性。服务器系统通常会需要随着其支持的服务需求的增加或功能要求的上升而升级。因此,扩展服务器的计算能力、内存、存储和 I/O 带宽变得至关重要。最后,服务器旨在实现尽可能高的吞吐量,也就是说,服务器的整体性能(就每分钟事务数而言)也至关重要。

3. 集群/仓库级计算机

用于搜索、社交网络、视频共享、多人游戏、在线购物等目的的应用程序的增长催生了集群这样一类较为特殊的计算机系统。集群是由局域网连接的台式计算机或服务器的集合，可被看作单个较大的计算机，每个节点运行自己的操作系统，节点间使用特定的协议进行数据通信。最大的集群称为**仓库级计算机**，它们的设计使数以万计的服务器可以如同一台服务器一样对外提供服务。

性价比和功耗对仓库级计算机十分重要，因为它们往往外形非常大。计算机本身和网络设备本身就会产生较大的费用，更何况很多时候还必须每隔几年更新一次。当购买那么多计算设备时，需要特别注意其性价比，性价比提高10%意味着节省一大笔开销。仓库级计算机与服务器类似，其可用性同样十分重要。值得注意的是，仓库级计算机的可扩展性由连接计算机的局域网决定，而不是由集成的计算机硬件决定。

超级计算机与仓库级计算机相似，价格极为昂贵，耗资数亿美元，但超级计算机的不同之处在于其强调浮点性能和可长时间运行大型、通信密集型批处理程序。其紧密耦合需要使用更快的内部网络。相比之下，仓库级计算机则强调交互式应用程序、大规模存储、可靠性和高网络带宽。

4. 嵌入式系统

嵌入式系统本身是一个相对模糊的定义，人们往往意识不到自己随身携带了多个嵌入式系统，如MP3、手机或者智能卡等，而且人们在与汽车、电梯、厨房设备、电视、录像机及娱乐系统的嵌入式系统交互时也往往对此毫无觉察。正是"看不见"这一特性将嵌入式计算机与通用PC区分开来。嵌入式系统通常用在一些特定专用设备上，一般情况下，这些设备的硬件资源（如处理器、存储器等）非常有限，并且对成本较为敏感，对实时响应要求也很高。嵌入式系统早期主要应用于军事和航空、航天等领域，之后逐步广泛地应用于工业控制、仪器仪表、汽车电子、通信和家用消费类等领域。随着消费家电的智能化，嵌入式设备显得更加重要。

嵌入式计算市场的计算能力范围非常广泛，价格是该领域的计算机设计的关键因素。当然，性能需求同时存在，但主要目标通常是以最低的价格满足性能需求，而不是以更高的价格实现更高的性能。

嵌入式系统往往作为一个大型系统的组成部分被嵌入该系统中（这也是它名称的由来），嵌套关系可能相当复杂，也可能非常简单，它的表现形式多种多样。可从以下几方面来理解嵌入式系统。

(1) 嵌入式系统是面向用户、面向产品、面向应用的，它必须与具体应用相结合才会具有生命力、才更具有优势。嵌入式系统与应用紧密结合，具有很强的专用性，必须结合实际系统需求进行合理的裁剪利用。

(2) 嵌入式系统是将先进的计算机技术、半导体技术、电子技术及各个行业的具体应用相结合后的产物。因此，它必然是一个技术密集、资金密集、高度分散、不断创新的知识集成系统。

(3) 嵌入式系统必须根据应用需求对软硬件进行裁剪,满足应用系统在功能、可靠性、成本、体积等方面的要求。所以,如果能建立相对通用的软硬件基础,然后在其上开发出适应各种需要的系统,是一个比较好的发展模式。目前的嵌入式系统的核心往往是一个只有几KB到几十KB的微内核,需要根据实际的使用进行功能扩展或者裁剪。

与通用型计算机系统相比,嵌入式计算机系统具有以下特点:通常是面向特定应用的;功耗低、体积小、集成度高、成本低;具有较长的生命周期;具有固化的代码;开发需要专用开发工具和环境;系统软件需要特定的实时性操作系统开发平台;开发人员以应用专家为主;嵌入式系统是知识集成系统。

1.2 计算机系统中的抽象层次

计算机系统通过划分机器层次的方式构建,每个机器层次都实现某项特定功能。每层的实现细节对于其上一层来说都是不可见的,较低层通过提供抽象接口的方式向上层提供服务。计算机系统就是通过不同抽象层之间的转换来处理应用程序的。

1.2.1 计算机系统层次结构

通常来说,想要用计算机来解决某些问题时,需要先明确解决问题的具体步骤,一般来说,将这些步骤称为**算法**。任何有解的问题其算法描述的步骤都是有限的,并且不是唯一的,在实际应用时需要对算法的时间和空间复杂度进行分析,从而确定一个最优的选择。程序员的工作就是把抽象的算法转换为计算机可运行的程序。这个过程需要通过编程语言来完成,编程语言能唯一地确定计算机指令的执行顺序。最初编写计算机程序只能通过机器语言,然而由于机器语言是由二进制的0/1序列组成的,每组0/1序列被称为一条机器指令,人类无法直观地理解,这无疑为程序员编写程序增加了难度,于是编程语言应运而生。编程语言可以分为**高级编程语言**和**低级编程语言**两个类别。由于0/1序列组成的机器语言难以理解、难以学习、难以检查和修改,出现了由简短英文符号组成的助记符代替0/1代码的汇编语言。然而,即便是使用了助记符,学习和使用汇编语言仍然存在较高的门槛,所以出现了更贴近人类所用语言的高级编程语言。相对于低级编程语言(如机器语言、汇编语言)来说,高级编程语言有着更好的可读性,为程序员隐去了计算机的底层实现,上手更加简单,因而被绝大多数程序员使用。

图1-4为计算机系统层次结构的示意图,计算机系统可以被划分为7个层级。从高到低分别为应用语言级(L6)、高级语言级(L5)、汇编语言级(L4)、操作系统级(L3)、传统机器级(L2)、微程序机器级(L1)和硬联逻辑级(L0)。

计算机系统实现不同机器层次程序的转换主要靠翻译、解释,或两者结合的方式。**翻译**(Translation)是先用转换程序,将相邻两个机器层次中较高层次的程序整体地变换成较低层次上可运行的等效程序,然后再在下一级机器层次上去实现的技术。**解释**(Interpretation)则是在下一级机器层次上用它的一串语句或指令来仿真上一级机器层次上的一条语句或指令的功能,通过对上一层次机器语言程序中的每条语句或指令逐条解释来实现的技术。

应用语言级(L6)是为了使用计算机完成某些特定任务,解决某些特定问题而设计的,

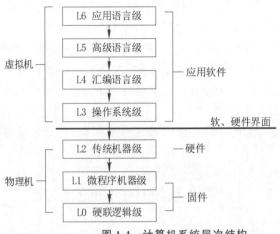

图 1-4 计算机系统层次结构

如图像处理、人工智能、信息管理等,这一级是面向一般用户的,用户可以在这一层上运行各种用户程序而不需要了解程序的底层实现。

应用语言级(L6)的程序是由高级语言级(L5)上的高级编程语言编写实现的,这一级由诸如 C/C++、Java、Python、Golang 之类的高级编程语言组成。向上,这些高级编程语言经过编写后的应用程序可以提供给上一层使用;向下,高级语言级(L5)上的程序经由编译程序翻译后形成汇编语言级(L4)上的汇编语言。

汇编语言级(L4)上的语言为汇编语言。对于 L5 的某些高级编程语言来说,首先要被翻译成汇编语言才能进一步被翻译成能够被机器直接识别的机器语言,完成汇编语言翻译的程序叫作汇编程序。用户程序的各项功能是计算机系统通过执行传统机器级(L2)上的机器语言来实现的。

操作系统级(L3)的作用是管理和分配传统机器的各种硬件资源,如 CPU、存储器、输入输出设备等。

传统机器级(L2)的语言为指令集。程序员使用指令集编写的程序由微程序机器级(L1)上的微程序进行解释执行,通常把由微程序解释指令集的过程称为仿真(Emulation)。

当某些机器没有微程序机器级(L1),即没有采用微程序技术时,那么执行指令集的工作就由硬联逻辑来完成。由硬联逻辑执行指令集的速度更快,精简指令集处理器就是采用这种方式提高运行速度的。

由于 L3 到 L6 级多用软件实现,所以通常被称为虚拟机器,而 L0 级由硬件实现,L1 级由微程序即固件实现,L2 级由硬件功能部件组成,所以被统称为物理机器。某些高级编程语言指令可以不通过编译,直接由微程序解释或者由硬件实现,如操作系统中的部分命令可直接由微程序解释,所以虚拟机器并不一定总是由软件实现的。

从 L6 到 L3 的转换过程都是软件范畴的概念,而计算机的软硬件之间需要有一个接口作为沟通桥梁,即指令集体系结构(Introduction Set Architecture,ISA)。ISA 是计算机的抽象模型,是计算机体系结构中与程序设计有关的部分,通常包含基本数据类型、指令集、寄存器、寻址模式、存储体系、中断、异常处理以及外部 I/O 等。其中,指令集即为一台计算机可以执行的所有指令的集合。而机器语言执行的就是一个由 ISA 规定好的指令组成的指令序列。不同厂商的处理器往往具有不同的 ISA，例如，Intel 的 x86 架构和龙芯的 LoongISA 架构。有时同一系列的不同处理器有着完全不同的硬件电路和内部设计，即有着不同的微架构，但是只要使用相同的 ISA，那么在其中一种处理器上可运行的程序，在使用相同 ISA 的处理器上也可以运行。

1.2.2 计算机系统的不同用户

计算机系统的用户根据在计算机上完成任务的不同可被分为最终用户、系统管理员、应用程序员及系统程序员四类，其定义如下。

最终用户（End User）是指使用应用程序解决特定问题的计算机用户，即大多数使用计算机处理邮件、编辑文档、查询数据、观看视频、玩电子游戏、使用专用软件完成特定任务的人都属于最终用户。

系统管理员（System Administrator）则会通过使用操作系统及其他软件提供的服务来对系统进行配置、管理并维护其可靠运行，从而为计算机用户搭建合理、高效、易于使用的系统环境。系统管理员能够获取、安装或升级计算机的组件和软件，维护安全策略，建立并管理用户账户和权限，对系统和数据进行备份和恢复等。

应用程序员（Application Programmer）使用高级编程语言编写应用程序，即将抽象的算法编写为程序代码的人员。

系统程序员（System Programmer）则是指设计和开发诸如操作系统、编译器、数据库管理系统等系统软件的程序员。

由于一个人会使用计算机从事各种各样的活动，所以许多时候一个人有可能既是最终用户又是应用或系统程序员，还有可能会是系统管理员。例如，对于一个 IT 公司的员工来说，在工作时会因为公司业务需要，开发一个应用程序，此时他的角色是应用程序员；而有时又会需要对公司或部门内部的业务系统进行新功能的开发，此时他的角色是系统程序员；在下班后，他会使用计算机进行购物、浏览新闻和网页或者玩计算机游戏，此时他的角色是最终用户；而在计算机卡顿需要清理，操作系统需要升级，或者对计算机的数据进行备份的时候，他又充当了系统管理员的角色。

由于不同的用户角色使用计算机实现的功能不同，加之计算机系统的层次化结构，所以对于不同用户角色来说所能看到的计算机功能特性和概念性结构是不同的。下文对不同用户角色能够感知到的计算机系统的内容进行说明。

1. 最终用户

由于计算机在最开始往往用于专业用途，高昂的价格和庞大的体积使得只有少数的专业人员能够使用。人们真正的逐渐广泛地接触计算机是在 20 世纪 80 年代初，随着 IBM、苹果等科技公司推出的个人计算机的迅速普及，以及 20 世纪 90 年代初多媒体计算机被广泛应用，尤其是互联网技术的迅速发展，使得更多的人接触并学会使用计算机。人们使用计算机看电影、听音乐、玩游戏、发邮件、上网聊天、查阅信息等，逐渐使其变成了日常生活中必不可少的一部分，各式各样的计算机应用也被开发出来，导致许多的普通人成为计算机的最终用户。综上所述，计算机的最终用户能够感知到的只有应用程序。

2. 系统管理员

系统管理员作为维护计算机系统正常稳定运行并对其进行管理的专业人员，对计算机系统的了解相比普通的计算机最终用户要深入得多。只有能够获取、安装或升级计算机的组件和软件，维护安全策略，建立并管理用户账户和权限，对系统和数据进行备份和恢复的人员才能成为系统管理员。系统管理员能够解决最终用户解决不了的问题，因此必须对操作系统提供的系统配置与管理方面的功能了如指掌。综上所述，系统管理员能够感知到的是计算机系统中部分的硬件层面、系统管理层面及相关的人机交互界面和实用程序。

3. 应用程序员

应用程序员大多数使用如上文所说的 C/C++、Java、Python、Golang 之类的更贴近人类日常用语的高级编程语言编写程序。对于应用程序员来说，不仅能看到计算机系统的计算机硬件、操作系统提供的应用编程接口（Application Programming Interface，API）以及实用程序和人机交互界面，还能看到相应的程序语言处理系统。语言处理系统包括翻译程序、编辑程序、链接程序、装入程序以及可供应用程序调用的各类函数库。这些程序和工具集通常会被封装在一起构成集成开发环境（Integrated Development Environment，IDE）。

4. 系统程序员

系统程序员在工作时会开发操作系统、编译器和实用程序等系统软件，所以需要对计算机的底层硬件和系统结构十分熟悉，在某些情况下还需要直接接触计算机硬件和指令系统。例如，直接控制和编程各种控制寄存器、用户可见寄存器、I/O 控制器和其他硬件。所以系统程序员必须熟悉指令系统、机器结构和相关机器功能特性，在必要的时候还需要直接使用汇编语言和其他低级编程语言编写代码。

图 1-5 展示了不同的计算机用户角色在计算机层次结构中所处的层级。

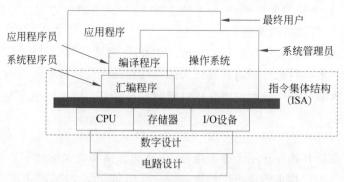

图 1-5 不同用户角色在计算机层次结构中的位置

从图 1-5 中可以看出，ISA 是硬件与软件的接口，是其沟通的桥梁，软件通过 ISA 在计算机上执行并对硬件进行控制，而 ISA 同样也体现了计算机系统硬件的所有功能。

ISA 层上面是软件部分，下面为硬件部分。硬件部分包括 CPU、主存储器和输入/输出设备等功能部件，这些功能部件是通过数字逻辑电路设计实现的。软件部分包括高层应用软件及低层系统软件，直接在 ISA 上实现汇编程序、编译器和操作系统等系统软件。系统程序员看到的机器属性是 ISA 层的内容，看到的是配置了指令系统的机器语言机器，在这个层级工作的程序员被称为机器语言程序员；在操作系统层工作的系统管理员看到的是配置了操作系统的虚拟机，被称作操作系统虚拟机；汇编语言程序员在提供汇编程序的机器级工作，所看到的机器是**汇编语言虚拟机**。大多数应用程序员用高级语言编写程序，他们看到的虚拟机是**高级语言虚拟机**。最终用户则在最上层的应用程序层进行操作。

1.2.3 冯·诺依曼架构

典型的计算机系统架构包括哈佛架构和冯·诺依曼架构。哈佛架构是一种将程序指令和数据分别进行存储的架构，程序存储器和数据存储器相互独立，即每个存储器独立编址、独立访问。在总线方面，CPU 与两个存储器之间使用了独立的总线进行通信，而这两条总线之间毫无关联。这种指令数据分开存储的方式，使得指令和数据可以同时被读取，从而提高了系统的吞吐率。然而由于其存在结构复杂、设备利用率低、成本高、软件研发难度大等问题，所以目前的家用桌面计算机多使用冯·诺依曼架构。

冯·诺依曼架构

冯·诺依曼架构也被称为冯·诺依曼模型或者普林斯顿体系结构，这种结构基于 1945 年约翰·冯·诺依曼等人在 EDVAC 报告初稿中描述的计算机体系结构。早期计算机的程序是固定的，是为了特定的任务设计的，例如，一台用于数学计算的计算机并不能进行文字编辑。对于这种计算机来说，若想更改程序需要对计算机进行重新设计，并在物理上进行重新布线、重建机器。而冯·诺依曼架构加入了程序存储的思想，也就是通过计算机内部存储器保存运算程序，程序员仅通过存储器写入相关运算指令，计算机便能立即执行运算操作，大大加快运算效率。冯·诺依曼架构计算机有着以下特点：

（1）采用程序存储的思想；
（2）指令存放在存储器中，并且指令和数据一样可以参与运算；
（3）数据和指令都以二进制的形式表示，每条指令由操作码与地址码组成；
（4）指令顺序执行；
（5）计算机由运算器、控制器、存储器、输入设备和输出设备五个基本部件组成。

图 1-6 展示了冯·诺依曼模型的架构图，主要由运算器、控制器、存储器、输入设备和输出设备五个基本部件组成。接下来对每个模块分别进行详细介绍。

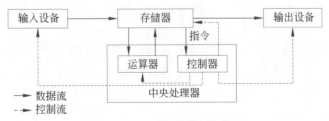

图 1-6　冯·诺依曼模型架构图

1. 运算器

一台计算机首先要有处理数据并进行运算的能力，所以一个用来完成各种算术运算和逻辑运算的处理单元是必不可少的，即为算术逻辑单元（ALU），ALU 能够在控制信号的作用下完成加、减、乘、除等算术运算，与、或、非、异或等逻辑运算，以及移位、补位等运算。

ALU是运算器的主要部件，数据是运算器的处理对象，数据的长度及数据的表示方法对运算器有着很大的影响。早期的计算机曾使用过包括符号数值码、十进制码、反码等很多种数字系统，每种数字系统所对应的ALU都有不同的设计，当前系统优先选择二进制补码的表示形式，因为二进制补码能简化ALU加法和减法的运算。

在处理位数方面，20世纪70年代的微处理器常以1、4、8或16个二进制位作为处理数据的基本单位，当时ALU运算器一次可处理4、8或16位；20世纪80年代的ALU运算器一次可处理8位或16位；20世纪90年代之后，ALU运算器一次可处理的位数已经达到32位；现在的ALU运算器一次可处理64位，甚至128位，因此现在大多数计算机的ALU是以32位、64位或128位作为ALU处理数据的长度。

在基本操作方面，对于早期的ALU运算器来说，加法是最基本的操作之一。随着计算机的发展，左右移位及乘除法等较为复杂的操作也被设计为ALU运算器的基本操作。ALU运算器的另一基本操作是逻辑操作，它可将两个数据按位进行与、或、异或操作，以及将一个数据的各位进行求非操作等。

除了整数运算器，浮点运算器也是十分重要的一大发展，在其出现之前计算机中的浮点运算都是用整数运算来模拟的，效率十分低下。而在现阶段，计算机芯片中的浮点运算器则是由专用浮点运算电路实现的。1985年，Intel推出了80386芯片，数学协处理器80387也随之诞生。80387不仅包含浮点运算器，而且还集成了很多控制功能。1989年，Intel推出80486芯片，它是将80386和数学协处理器80387及一个8KB的高速缓存器集成在一个芯片内。到了奔腾时代，CPU内部的浮点运算器开始采用流水线设计。

计算机的工作步骤

2. 控制器

控制器又称为**控制单元**（**Control Unit**），是计算机的控制中心，它控制着整个计算机有序稳定地自动执行程序。控制器在工作时会从内存中取指令，之后对指令进行翻译和分析，然后根据指令向有关部件发送控制命令，控制相关部件执行指令所包含的操作。控制器和运算器是CPU的重要组成部分。

3. 存储器

计算机的程序及程序开始执行时需要的各种数据都存储在存储器中，另外，存储器还会用来存储计算机在运行过程中产生的中间数据。存储器可以分为内部存储器（简称**内存**）和外部存储器（简称**外存**）。

1）内部存储器

内部存储器也称主存储器，其功能是对CPU中的运算数据进行暂时的存放并且与硬盘等外部存储器进行数据交换，是外存与CPU进行沟通的桥梁。在程序开始运行时，CPU会从内存中获取所需要的数据进行运算并且将运算完的数据传回内存，所以内存性能的强弱对计算机的整体运行有着直接且显著的影响。计算机的程序和数据都以二进制代码的形式存储在内存中，通常以字节为基本单位（8位），一字节占用一个拥有唯一地址号的存储单元。

内存在计算机诞生的初期是以内存芯片的形式存在的,由于其容量极小且无法拆卸和更换,因而催生出了内存条。内存条就是将内存芯片焊接在事先设计好的电路板上,并在电路板与计算机主板上设置统一的内存插槽,如此一来便解决了内存的更换与扩容问题。内存按照工作原理可分为只读存储器和随机存取存储器两种类型。

2)外部存储器

外部存储器的特点是断电后仍然能够保存数据,常见的外部存储器包括U盘、机械硬盘、固态硬盘、光盘存储器及已经被淘汰的软盘存储器。

随着技术的发展,计算机程序需要用到的数据量越来越大,为了尽可能地满足存储容量需求,加快存取速度,并且控制成本,出现了按层次分布的计算机存储系统。图1-7展示了计算机系统的存储层次,存储设备从机械硬盘到固态硬盘、内存、Cache、寄存器,速度越来越快,伴随着容量越来越小、价格越来越高,这样的结构使得对于每一层来说,都有一个速度较快、容量较小的上层作下层的高速缓存,即层次结构中的每一层都缓存来自较低一层的数据对象。

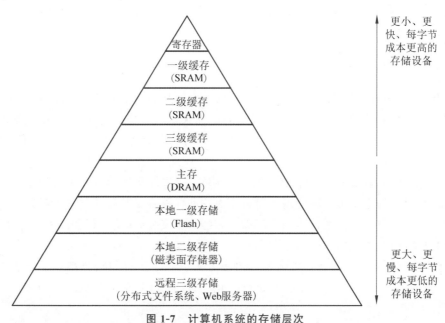

图1-7 计算机系统的存储层次

4. 输入/输出设备

当用户与计算机进行交互的时候,无法直接与CPU进行沟通,既无法直接向CPU传达指令也不能直接获取CPU的运算结果,所以就需要输入/输出设备作为与计算机进行交互的介质。事实上,我们对于计算机的操作都是在与输入/输出设备交互,如用键盘输入,用鼠标点击,这里的鼠标键盘就是输入设备;计算机的显示器显示出画面,被人眼所接收,这里的显示器就是输出设备。输入/输出设备是按照功能划分的,没有严格的界限,如智能手机的触摸屏及服务器中的网卡就既是输入设备也是输出设备。

在Linux系统中,输入/输出设备按照功能的不同被分为**字符设备**和**块设备**两种类型。**字符**是计算机中字母、数字、符号的统称,是数据结构中最小的数据存取单位,通常由8个二进制位(一字节)来表示。字符是计算机中经常用到的二进制编码形式,也是计算机中最常用到的信息形式。字符设备是以字符为单位进行数据传输并且会按照字符流的方式被顺序访问的设备,如串口和键盘;块设备中的数据被存储在固定大小的数据片中,这些数据片可以被系统随机访问,这些数据片就被称为"块"。

字符设备与块设备的主要区别在于是否可以被随机访问,即能否在访问设备时随意跳转。例如,键盘作为字符设备当输入"CPU"这个字符串时提供了一个字符流,键盘驱动也必须按照输入顺序来返回这个字符流的数据,因为键盘的输入一旦乱序则会变成没有意义的字符串,所以键盘就是典型的字符设备。而对于硬盘设备来说,由于在访问硬盘时需要获取的数据不是连续存储的,所以硬盘设备的驱动会要求读取磁盘上任意块的内容,读取的块在磁盘上起始位置不确定且位置不一定要连续,所以说硬盘可以被随机访问,故硬盘属于块设备。

1.2.4 程序的编译及执行过程

应用程序需要经过编译程序翻译成汇编语言,汇编语言被进一步翻译成机器可以理解的机器语言才能够被计算机执行,本节将详细讲述程序的编译及执行过程。

可执行文件的生成

1. 源程序到可执行程序

使用编译程序将高级语言编写的源程序翻译为可执行的目标程序的过程被称为**编译**(Compile)。简单来说,就是把更贴近人类语言的高级语言变成计算机可以识别的由 0 和 1 组成的二进制语言。如图 1-8 所示,一般来说,编译分为预处理阶段、编译阶段、汇编阶段和链接阶段。

以 C 语言为例,在编写 C 语言代码时,常会书写一些以井号(♯)开头的伪指令,如对头文件的使用、对宏的定义等。**预处理阶段**就是对这些伪指令及特殊符号进行处理,从而生成一个没有宏定义、没有条件编译语句和特殊符号的输出文件,作为编译器的输入。此文件与未处理的源文件含义相同,但表达不同。

编译阶段则是对程序进行词法分析和语法分析以确定所有的指令都合乎语法规范,并在有错误时给出提示,有时还会对代码进行优化处理,最后生成如机器语言、汇编语言等的目标代码。

在编译阶段生成汇编语言代码之后,需要通过**汇编阶段**将其翻译成目标机器指令,进而得到相应的由**代码段**和**数据段**组成的目标文件,目标文件中所存放的是与源程序功能相同的目标机器语言代码。

由汇编程序生成的目标文件可能还存在一些问题所以并不能立即就被执行。例如,某个源文件中的函数可能对另一个源文件中定义的变量或函数等进行了引用,在程序中可能调用了某个库文件中的函数等。**链接阶段**的目的就是解决这些问题,一般分为动态链接和静态链接两种类型,其主要工作是将有关的目标文件彼此相链接,也就是将某文件中引用的某符号同另一个文件中该符号的定义链接起来,使得所有的这些目标文件成为一个能够被操作系统装入并执行的统一整体。

在 Linux 操作系统中使用的 gcc 编译器把以上几个过程进行捆绑,使用户只使用一次命令就把编译工作完成。如图 1-9 所示为 gcc 代理的编译过程,以名为 program.c 的 C 文件为例,gcc 使用"gcc -E"指令进行预处理,将 program.c 文件转换成 program.i 文件;之后使用"gcc -S"指令对.c/.h 文件进行编译转换成 program.s 文件;在汇编阶段,使用"gcc -c"指令将 program.s 文件转换成 program.o 文件,最后将 program.o 文件转换成可执行程序文件 program。

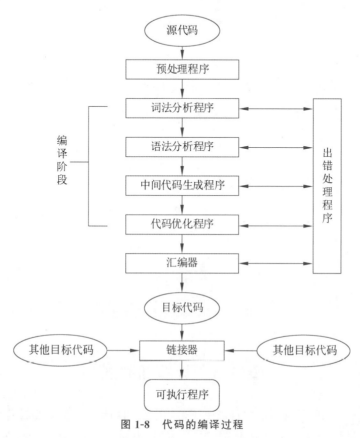

图 1-8　代码的编译过程

2. 程序的执行

根据前文所讲的内容,我们知道了源程序经过预处理、编译、汇编以及链接阶段后,生成了可执行文件,该文件分为包含程序指令的代码段和包含程序全局变量和静态数据的数据段,该文件可被计算机直接执行。计算机执行程序的方式就是将可执行文件中的指令一条一条地自动取出并执行,控制器产生的控制信号控制数据通路完成特定的指令功能。

CPU 取出并执行一条指令的时间被称为**指令周期**,不同指令的指令周期可能不同。CPU 要执行指令序列需要对指令长度进行判定,还需要确定指令的操作类型、寄存器编号及立即数。此外,如何判断操作数在寄存器中还是在存储器中、如何在一条指令执行结束后正确读取下一条指令也是 CPU 需要考虑的问题。在第 5 章将对程序的执行过程进行详细的说明。

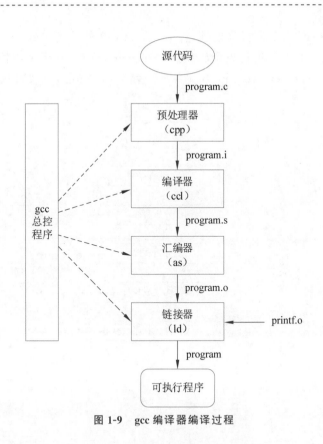

图 1-9 gcc 编译器编译过程

1.3 计算机性能

计算机
性能

计算机已经发展到了第四代,并且产生了适用于不同场景的不同类型计算机,评估计算机的性能不仅要从硬件方面入手,还要考虑软件系统的规模和复杂性。不同用户在挑选计算机时,性能是他们主要考虑的指标之一,因此如何合理地表征计算机系统的性能相当重要。

在本节中,首先介绍计算机系统的性能指标及其度量标准,重点介绍 CPU 性能及其度量因素,最后介绍使用指令性能和基准程序测试进行性能评估的方法并使用基准程序对龙芯 3A5000 进行实例测评。

1.3.1 性能的指标和度量

1. 性能的指标

由于不同的应用场合下,用户的需求不同,因此关注的侧重点也不相同。计算机系统的两个最具代表性的重要指标为响应时间和吞吐率。**响应时间**,也叫**执行时间**,是计算机完成一项任务所需的总时间,包括硬盘访问、内存访问、I/O 活动、操作系统开销和 CPU 执行时间等。**吞吐率**,也叫**带宽**,是指单位时间内计算机完成的任务数量。

性能和响应时间之间的关系,以及性能与吞吐率之间的关系是不同的。计算机的性能与响应时间成反比,即响应时间越短,单位时间内的吞吐率越大,计算机的性能越好;响应时间越长,单位时间内的吞吐率越小,计算机的性能越差。而性能和吞吐率成正比,即吞吐率越高,计算机性能越好;反之,吞吐率越低,计算机性能越差。

两个指标的关注点分别是速度和单位时间完成的任务数量,针对不同的场景所考量的指标点也不相同。例如,在"双十一"购物节时期,购物网站希望能在单位时间内尽可能及时稳定地响应尽可能多的用户请求,因此吞吐率因素被作为首要指标;而在银行等事务处理应用场合,用户希望有更快的速度以避免等待,因此响应时间因素被优先考虑;还有一些应用场合,两个因素被综合考虑。

2. 性能的度量

抛开不同的应用场景,通常情况下使用**程序的执行时间**来衡量计算机性能。也就是说,相同工作量的情况下,速度最快、耗时最短的计算机性能更好。

程序的执行时间一般以秒为单位。如上文所述,计算机完成一项任务所需的总时间,包括硬盘访问、内存访问、I/O 活动、操作系统开销和 CPU 执行时间等。由于计算机需要执行多项任务,因此实际情况下处理器在一段时间内会被多个程序(进程)轮流使用,在这种情况下,系统会更注重优化吞吐率,而不是致力于对单个程序的执行时间进行优化。

因此,我们将运行一项单独任务的时间与一般的运行时间做区分,将用户可以感受到的执行时间分为 CPU 执行时间和其他时间两部分。CPU 执行时间,也称 CPU 时间,仅仅指完成一项任务在 CPU 上花费的时间,而不考虑其他时间。其他时间,指等待 I/O 操作完成的时间或 CPU 用于执行其他程序的时间。CPU 时间可进一步被分为两部分,即用户 CPU 时间和系统 CPU 时间。用户 CPU 时间,指程序本身所花费的 CPU 时间,即真正用户程序的时间。系统 CPU 时间,指为执行程序而花费在操作系统上的时间。通常是难以区分操作系统的活动具体属于哪个用户程序的,所以区分这两种 CPU 时间是较为困难的。

我们使用系统性能来表示空载系统的响应时间,而用 CPU 性能表示用户 CPU 时间。在本节中,首先概况介绍了计算机系统性能,包含响应时间和 CPU 时间的综合考量。在通常情况下,计算机系统的性能评价一般说的就是 CPU 性能,在 1.3.2 节中将重点介绍 CPU 性能。

1.3.2 CPU 性能

CPU 性能度量的基本指标是 **CPU 执行时间**,可以由如下公式表示

$$程序的 CPU 执行时间 = 程序的 CPU 时钟周期数 \times 时钟周期长度$$

时钟周期和时钟频率互为倒数,故公式也可以表示为

$$程序的 CPU 执行时间 = \frac{程序的 CPU 时钟周期数}{时钟频率}$$

我们给出公式里两个参数的具体含义:几乎所有计算机的构建都需要基于时钟,时钟用于确定在 CPU 中何时执行计算机的不同任务。CPU 在被使用过程中,被划分为多个时间周期,一共划分为多少个时间周期就是**时钟周期数**(或称为**滴答数、时钟滴答数、时钟数、周期数**),通常是指处理器时钟,并在固定频率下运行。

通过公式可以直观得出,通过减少程序执行所需的 CPU 时钟周期数或缩短时钟周期长度,可以改进 CPU 性能。通常设计者会在两者之间进行权衡,还有些技术可以同时减少

时钟周期数以及缩短时钟周期长度。

两台计算机性能的好坏可以使用 CPU 执行时间来判别。程序的 CPU 执行时间和计算机性能成反比,即若计算机 A 和 B 的性能之比为 n,可以说计算机 A 的速度是计算机 B 的 n 倍。

例 1.1 计算机 A 的时钟频率为 2.5GHz,某个程序在其上运行需要 9s。现在有一台计算机 B,运行同一个程序它的速度是计算机 A 的 1.5 倍,计算机 B 的时钟频率为 3GHz,那么运行该程序时计算机 A 的时钟周期数是计算机 B 的多少倍?

解:计算 B 机器的 CPU 运行时间,由于计算机 B 的速度是计算机 A 的 1.5 倍,即计算机 A 的程序执行时间是计算机 B 的 1.5 倍:

$$\frac{\text{CPU 执行时间}_A}{\text{CPU 执行时间}_B} = 1.5$$

$$\text{CPU 执行时间}_B = \frac{\text{CPU 执行时间}_A}{1.5} = 6\text{s}$$

计算计算机 A 的时钟周期数:

$$\text{CPU 执行时间}_A = \frac{\text{CPU 时钟周期数}_A}{\text{时钟频率}_A}$$

$$9\text{ 秒} = \frac{\text{CPU 时钟周期数}_A}{2.5 \times 10^9 \frac{\text{时钟周期数}}{\text{秒}}}$$

$$\text{CPU 时钟周期数}_A = 9\text{ 秒} \times 2.5 \times 10^9 \frac{\text{时钟周期数}}{\text{秒}} = 22.5 \times 10^9 \text{ 时钟周期数}$$

同理,计算计算机 B 的时钟周期数:

$$\text{CPU 执行时间}_B = \frac{\text{CPU 时钟周期数}_B}{\text{时钟频率}_B}$$

$$6\text{ 秒} = \frac{\text{CPU 时钟周期数}_B}{3 \times 10^9 \frac{\text{时钟周期数}}{\text{秒}}}$$

$$\text{CPU 时钟周期数}_B = 6\text{ 秒} \times 3 \times 10^9 \frac{\text{时钟周期数}}{\text{秒}} = 18 \times 10^9 \text{ 时钟周期数}$$

计算时钟周期比:

$$\frac{\text{CPU 时钟周期数}_A}{\text{CPU 时钟周期数}_B} = \frac{22.5 \times 10^9 \text{ 时钟周期数}}{18 \times 10^9 \text{ 时钟周期数}} = 1.25$$

即运行该程序时计算机 A 的时钟周期是计算机 B 的 1.25 倍。

1.3.3 指令性能

每秒完成运算指令的条数也可以被用来衡量计算机的性能,这是因为计算机必须通过执行指令来运行程序,所以程序执行时间和程序中的指令总数及指令执行速度相关。我们使用每条指令执行的平均时间来考虑程序的 CPU 时钟周期数:

程序的 CPU 时钟周期数=程序的指令数×指令平均时钟周期数(CPI)

其中,**指令平均时钟周期数(ClockCycle Per Instruction,CPI)** 是指执行某个程序或者程序片段时每条指令所需的时钟周期平均数。计算机运行的程序不同,不同的指令需要的时间可能不同,CPI 指的是程序所有指令的时钟周期的平均数。请注意,使用 CPI 作为因素衡量计算机性能时,计算机所使用的指令系统需要是相同的,只有这样一个程序所需的总指令数才是相同的。

若已知 CPI 和一段程序运行的总指令数,可以得到程序的总时钟周期数:

$$程序的总时钟周期数 = 程序总指令条数 \times CPI$$

若已知程序中共有 n 种不同类型的指令,其中第 i 种指令的条数和 CPI 分别为 C_i 和 CPI_i,则程序的总时钟周期数可以被表示为

$$程序的总时钟周期数 = \sum_{i=1}^{n}(C_i \times CPI_i)$$

因此可以给出一段程序的综合 CPI:

$$CPI = \frac{程序的总时钟周期数}{程序的总指令条数}$$

现在可以给出 CPU 执行时间包含更多因素的公式:

$$程序的 CPU 执行时间 = 程序的指令数 \times CPI \times 时钟周期长度$$
$$= \frac{程序的指令数 \times CPI}{时钟频率}$$

公式里的三个因素事实上是相互制衡的,例如,更改指令集使得程序的指令数减少,但是同时可能会增加时钟周期长度,所以计算机的设计者需要综合考虑三个因素。

例 1.2 同一个指令系统结构有两种不同的实现方式。根据 CPI 的不同将指令分为四类(A、B、C 和 D)。

给定一个程序,有 1.0×10^6 条动态指令,四类指令比例如下:A,10%;B,20%;C,50%;D,20%。处理器 P1 的时钟频率为 3 GHz,四类指令 CPI 分别为 1、2、3、3;处理器 P2 的时钟频率为 2 GHz,四类指令 CPI 分别为 2、2、2、2。

(1) 计算给定程序执行时两个处理器的时钟周期总数。
(2) 计算给定程序执行时两个处理器的整体 CPI。
(3) 计算给定程序执行时两个处理器的 CPU 执行时间。

解:(1) 已知有四类不同的指令及数量比例,使用下述公式计算。

程序在处理器 P1 的总时钟周期数$_1$ 为

$$\sum_{i=1}^{n}(C_i \times CPI_i)$$
$$= (10^6 \times 10\% \times 1) + (10^6 \times 20\% \times 2) +$$
$$(10^6 \times 50\% \times 3) + (10^6 \times 20\% \times 3) = 2.6 \times 10^6$$

程序在处理器 P2 的总时钟周期数$_2$ 为

$$\sum_{i=1}^{n}(C_i \times CPI_i)$$
$$= (10^6 \times 10\% \times 2) + (10^6 \times 20\% \times 2) +$$
$$(10^6 \times 50\% \times 2) + (10^6 \times 20\% \times 2) = 2.0 \times 10^6$$

即给定程序执行时两个处理器的时钟周期总数分别为 2.6×10^6、2.0×10^6 个周期。

(2) 计算 CPI 公式如下:

$$\text{CPI}_1 = \frac{\text{程序的总时钟周期数}_1}{\text{程序的总指令条数}} = \frac{2.6 \times 10^6}{1.0 \times 10^6} = 2.6$$

$$\text{CPI}_2 = \frac{\text{程序的总时钟周期数}_2}{\text{程序的总指令条数}} = \frac{2.0 \times 10^6}{1.0 \times 10^6} = 2$$

即给定程序执行时两个处理器的整体 CPI 分别为 2.6、2.0。

(3) 计算 CPU 执行时间公式如下:

$$\text{程序的 CPU 执行时间}_1 = \frac{\text{程序的指令数} \times \text{CPI}_1}{\text{时钟频率}_1}$$

$$= \frac{2.6 \times 10^6 \text{ 时钟周期数}}{3 \times 10^9 \frac{\text{时钟周期数}}{\text{秒}}} \approx 0.000\ 87\text{s}$$

$$\text{程序的 CPU 执行时间}_2 = \frac{\text{程序的指令数} \times \text{CPI}_2}{\text{时钟频率}_2}$$

$$= \frac{2.0 \times 10^6 \text{ 时钟周期数}}{2.0 \times 10^9 \frac{\text{时钟周期数}}{\text{秒}}} = 0.001\text{s}$$

从例 1.2 可以看出,相同的指令在不同的处理器上所花的时钟周期总数不一定相同,同样,时钟频率高也并不一定代表程序的 CPU 执行时间短。值得注意的是,时间是唯一对计算机性能进行测量的完整而可靠的指标。所以设计者和用户在设计和选择计算机时,需要综合三个因素考虑。不同的配置会影响不同的因素变化,表 1-2 展示了一些硬件和软件指标是如何影响 CPU 性能的。

表 1-2　CPU 性能影响因素

硬件或软件指标	影 响 因 素	影 响 内 容
算法	指令数,CPI	算法决定源程序执行指令的总数量,即决定了 CPU 执行特定程序的总指令数目; 算法也可以通过使用较快或较慢的指令来影响 CPI
编程语言	指令数,CPI	编程语言书写的程序会被翻译为指令,从而决定指令数目; 编程语言也会影响 CPI,因为不用的编程语言翻译后的指令类型不同,有些语言对应的指令 CPI 较高。
编译器	指令数,CPI	编译器决定了源程序翻译成为指令的过程,所以编译器的效率既影响指令总数又影响 CPI
指令系统体系结构	指令数,时钟频率,CPI	指令系统结构影响一段程序翻译成指令后的总指令数,不同的指令系统里每条指令的周期数及处理器的时钟频率不同

除去以上三种因素考量性能之外,还有一种取代时间以度量性能的尺度是**指令速度**,其计量单位是 **MIPS**,即基于百万条指令的程序执行速度的一种度量。指令条数除以执行时间与 10^6 之积就得到了 MIPS:

$$\text{MIPS} = \frac{\text{指令数}}{\text{执行时间} \times 10^6}$$

将执行时间带入可得：

$$\text{MIPS} = \frac{\text{指令数}}{\frac{\text{指令数} \times \text{CPI}}{\text{时钟频率}} \times 10^6} = \frac{\text{时钟频率}}{\text{CPI} \times 10^6}$$

MIPS 是执行指令的速率，它规定了性能与执行时间成反比，即越快的计算机具有越高的 MIPS 值。选取一组指令，使处理器得到的平均 CPI 最小，由此得到的 MIPS 就是**峰值 MIPS**。**相对 MIPS** 是根据某个公认的参考机型来定义的相应 MIPS 值，即被测机型相当于参考机型 MIPS 的倍数。

例 1.3 假设某程序编译后的代码有 A、B、和 C 三类指令组成，占比分别为 10%、40% 和 50%，对应的 CPI 分别为 3、2 和 1。现在对该程序进行编译优化，生成的新代码中 C 类指令条数减少了 40%，其余不变。

（1）编译优化前后程序的 CPI 分别为多少？

（2）假设程序在一台时钟频率为 2GHz 的计算机上运行，则优化前后的 MIPS 分别为多少？

解：（1）分别计算优化前后的 CPI。

$$\text{CPI}_{前} = \frac{\text{程序的总时钟周期数}_{前}}{\text{程序的总指令条数}_{前}} = \frac{\sum_{i=1}^{n}(C_i \times \text{CPI}_i)}{\sum_{i=1}^{n} C_i}$$

$$= 10\% \times 3 + 40\% \times 2 + 50\% \times 1 = 1.6$$

优化后的比例变为 12.5%、50%、37.5%。

$$\text{CPI}_{后} = \frac{\text{程序的总时钟周期数}_{后}}{\text{程序的总指令条数}_{后}} = \frac{\sum_{i=1}^{n}(C_i \times \text{CPI}_i)}{\sum_{i=1}^{n} C_i}$$

$$= 12.5\% \times 3 + 50\% \times 2 + 37.5\% \times 1 = 1.75$$

（2）分别计算优化前后的 MIPS。

优化前：$\dfrac{\text{时钟频率}}{\text{CPI} \times 10^6} = \dfrac{2 \times 10^9}{1.6 \times 10^6} = 1250 \text{MIPS}$

优化后：$\dfrac{\text{时钟频率}}{\text{CPI} \times 10^6} = \dfrac{2 \times 10^9}{1.75 \times 10^6} = 1142.9 \text{MIPS}$

从例 1.3 可以看到一个很奇怪的现象，对程序进行编译优化后程序执行的速度反而变慢了。这是因为使用 MIPS 作为度量性能的指标存在几个问题。第一，MIPS 只考虑了指令执行速度，没有考虑不同指令的能力，目前指令系统复杂多样，不同的指令系统指令数也不同，无法进行比较评价。第二，即使是在同一台计算机上，不同的程序也会有不同的 MIPS 值。第三，如果一个新程序执行的指令数更多，但每条指令执行的速度更快，则 MIPS 可能会独立于性能而发生变化。因此，仅用 MIPS 进行性能评估也是不可靠的。

1.3.4 实例：处理器性能评测

本节以龙芯 3A5000 及其他若干具有代表性的处理器为例，说明如何测量处理器的性能和功耗。一组可供运行的程序集可以构成**工作负载**,可以直接采用用户的一组实际应用程序,也可以从实际程序中构建。一个典型的工作负载必须指明程序和相应的频率。

基准程序是一种用来测量计算机处理速度的一组实用程序,以便于被测量的计算机性能可以与运行相同程序的其他计算机性能进行比较。具有快速处理器的计算机在基准程序上性能极佳,但如果计算机配备的是慢速硬盘及缺少大量存储器,其性能会令用户失望。对于不同的应用场景,应选择适合的基准程序。

当消费者决定从若干竞争厂商那里购买哪种设备时,基准程序可能是最广泛使用的技术。由于这种广泛性,产生了行业标准的基准程序的需求。SPEC 成立于 1988 年,专业从事各项标准基准程序的制定。SPEC 公布了各种基准程序,它们可用来评测各种各样的系统(从服务器到 Java 虚拟机),并且公布了用 SPECmarks 测试上千个商业系统的性能结果。有了 SPEC 评估,就可以做出基于可靠信息的决策,决定采购哪些计算机元件。

为了简化结果,SPEC 使用单一的数字来归纳基准程序,即将被测计算机的执行时间标准化,将参考处理器的执行时间除以被测计算机的执行时间,这样的归一化结果产生的测量值被称为 **SPEC 分值**。SPEC 分值越大,表示的性能越好。

表 1-3 是一些典型系统的 SPEC CPU 2006 基准程序运行结果。表中给出的四个 SPEC 分值,SPECint、SPECfp 分别用于测量和对比 CPU 的整数性能、浮点性能,它们侧重于比较计算机完成单个任务的能力。SPECint_rate、SPECfp_rate 侧重于度量一台机器执行许多任务的吞吐量或速率。

表 1-3 SPEC CPU 2006 基准程序运行结果

系统	SPECint		SPECfp		SPECint_rate		SPECfp_rate	
	base	peak	base	peak	base	peak	base	peak
龙芯主板(龙芯 3A5000,2.6GHz)	27.6	28.7	29.4	30.8	78.9	82.6	78.5	80.9
Intel DH61WW 主板(Intel Celeron G540)	25.6	27.7	21.5	24.1	46.5	50.0	39.1	39.6
ASUS F2A85-M PRO 主板(AMD A8-6500 APU with Radeon HD Graphics)	29.8	31.5	32.4	34.0	80.8	84.7	42.2	42.7
Intel DH57JG 主板(Intel Core i5-650)	27.7	28.9	30.7	32.3	29.1	30.5	33.2	34.2
Intel DH67BLB3 主板(Intel Core i7-2600)	42.7	45.1	55.1	56.9	148	156	111	113

小 结

本章对计算机系统进行了概述,介绍了计算机系统及其分类,从计算机系统的层次结构出发,讲解各个抽象层之间的转换及程序编译与执行过程,最后给出计算机系统性能的评价标准及方法。

计算机是一种能自动对数字化信息进行算术和逻辑运算的高速处理装置。计算机系统由硬件和软件两部分组成,具有数据处理、数据存储、数据传输及控制功能。其中,硬件分为主机和外设两部分,主机中的主要功能模块是中央处理器与主存储器,外设中的主要模块包括外部存储器、输入设备、输出设备和其他设备;软件主要分为系统软件和应用软件。计算机的软硬件之间需要有一个接口来沟通,即为指令集体系结构(ISA)。计算机系统主要分为四类,即桌面计算机、服务器、集群/仓库级计算机和嵌入式系统。

计算机系统层次从低到高可分为 7 个层级。计算机系统执行程序时,源程序经过预处理、编译、汇编及链接阶段后,生成了可执行文件,该文件分为包含程序指令的代码段和包含程序全局变量和静态数据的数据段,可被操作系统的进程直接执行。而计算机执行程序的方式就是将可执行文件中的指令一条一条地自动取出并执行,控制器产生的控制信号控制数据通路完成特定的指令功能。

在衡量计算机性能时,着重关注 CPU 执行时间,主要受到三个因素的影响,即指令数、时钟频率和 CPI,三个因素需要被综合考量。同时,采用基准程序来测量计算机处理速度也是一种通用的方法,便于被测量的计算机性能可以与运行相同程序的其他计算机性能进行比较。

习　　题

1. 描述四种不同的计算机系统类型,并分别举例。
2. 你认为计算机系统的哪个组成部件最重要?请详细说明理由。
3. 简述计算机系统的层次结构及每个层次上的机器语言。
4. 简述冯·诺依曼架构的组成部分及功能。
5. 简述计算机系统中的不同用户类型。
6. 为什么自然语言(人类生活中使用的语言)不适合作为编程语言?
7. 以 C 语言为例简述程序编译的过程。
8. 说一说身边常见的存储设备,调查一下它们的价格并计算每 GB 的存储单价。
9. 除了书中举的触摸屏的例子,还有哪些设备既是输入设备也是输出设备?
10. 假设有相同指令系统的两种不同实现。计算机 A 的时钟周期长度为 250ps,对某程序的 CPI 为 2.0;计算机 B 的时钟周期长度为 500ps,对同样程序的 CPI 为 1.2。对于该程序,哪台计算机执行的速度更快?快多少?
11. 编译器的设计人员试图为某计算机在两个代码序列之间选择更优的排序。两个代码序列共包含三类不同的指令 A、B 和 C,其 CPI 分别为 1、2、3。

对于某特定高级语句的实现,代码序列 1 所需的指令数量如下:A 有 2 条,B 有 1 条,C 有 2 条;代码序列 2 所需的指令数量如下:A 有 4 条,B 有 1 条,C 有 1 条。

请问:哪个代码序列执行的指令数更多?哪个执行速度更快?每个代码序列的 CPI 分别是多少?

12. 有三种不同类型的处理器 M1、M2 和 M3 执行同样的指令系统。M1 的时钟频率为 2GHz,CPI 为 1;M2 的时钟频率为 3GHz,CPI 为 1.5;M3 的时钟频率为 2.5GHz,CPI 为 2。

(1) 以每秒执行的指令数为标准,哪个处理器的性能更好?

(2) 假设每个处理器执行一个程序都花费 10s 的时间,求它们的时钟周期数和指令数。

(3) 假设某种技术试图将执行时间减少 30%,但同时会引起 CPI 增加 20%。那么为达到时间减少30%的目的,时钟频率应达到多少?

13. 若两个基准测试程序 P1 和 P2 在机器 M1 和 M2 上运行,假定 M1 和 M2 的价格分别是 2000 元和 5000 元,表 1-4 给出 P1 和 P2 在 M1 和 M2 上所花的时间和指令条数。

表 1-4 P1 和 P2 在 M1 和 M2 上所花的时间和指令条数

程 序	M1		M2	
	指令条数	执行时间	指令条数	执行时间
P1	200×10^6	10 000ms	150×10^6	5000ms
P2	300×10^3	3ms	420×10^3	6ms

(1) 对于 P1,哪台机器的速度更快?快多少?对于 P2 呢?

(2) 假定 M1 和 M2 的时钟频率分别是 800MHz 和 1.2GHz,则在 M1 和 M2 上执行 P1 的平均时钟周期数 CPI 分别是多少?

(3) 在 M1 和 M2 上执行 P1 和 P2 的速度分别是多少 MIPS?从执行速度来看,哪台机器更快?

(4) 用户 1 需要大量使用程序 P1,并且用户 1 主要关心系统的响应时间,那么大量订购时,应选择 M1 还是 M2?为什么?

(5) 用户 2 使用程序 P1 和 P2 频率相似,并且用户 2 主要关心系统的响应时间,那么大量订购时,应选择 M1 还是 M2?为什么?

14. 考虑某程序在两台计算机上的性能测量结果,如表 1-5 所示。

表 1-5 某程序在两台计算机上的性能测量结果

测量内容	计算机 A	计算机 B
指令数	100 亿条	80 亿条
时钟频率	2.5GHz	2GHz
CPI	1	2

(1) 哪台计算机的 MIPS 更高?

(2) 哪台计算机更快?

第 2 章 组合电路与时序电路

电子电路中的信号可以分为两类：一类是随时间连续变化的模拟信号，另一类则是离散的数字信号。对模拟信号进行传输、变换、处理、放大、测量和显示等工作的电路为模拟电路，而处理数字信号并根据其进行算术运算和逻辑运算的电路称为**数字电路**，也称为**数字逻辑电路**或**逻辑电路**。计算机系统的最底层便是由数字电路搭建而成的，时刻发生着离散信号的传递与处理。

数字电路常采用二进制信号，其信号通常表示为"1"和"0"两个数值，对于电路中的离散信号，只需判别其高低电平，而不必确定信号具体的数值。因此，数字电路对元件的精度要求并不严格，并可通过半导体器件饱和、截止的开关特性，简单地获取数字信号。现代的数字电路便是由以半导体工艺制成的若干数字集成器件构造而成的，具有准确度高、抗干扰能力强的特点，应用十分广泛。

按照功能与结构的不同，数字电路可以分为**组合逻辑电路**和**时序逻辑电路**两大类，也可分别简称为**组合电路**与**时序电路**，这也是本章前两节的主要内容，而本章第三节则主要讲解组合电路与时序电路在计算机系统中的具体表现与应用形式。

◆ 2.1 组合电路

从逻辑功能看，组合电路中，任意时刻的输出仅取决于该时刻的输入，而与该时刻之前的电路状态无关。例如图 2-1，A、B、C 表示电路的输入，X、Y 表示电路的输出，1 表示高电平，0 表示低电平。如果某一时刻的输入 $A=1, B=0, C=0$，得到输出 $XY=01$；另一任意时刻输入 $A=1, B=0$，$C=0$，还是会得到输出 $XY=01$。也就是说，任意时刻，只要输入 A、B、C 是确定的，则输出 X 和 Y 的取值也随之确定，而与电路的过去状态无关。该电路的输出与输入之间的逻辑关系可以表示为 $X=F_x(A,B,C)$ 和 $Y=F_y(A,B,C)$。在电路结构上，组合电路也有一个共同的特点，就是其电路中不存在存储单元。其实这一点可由组合电路的逻辑功能推断，既然组合电路的输出与过去的状态无关，那么电路中也就不需要有存储单元。

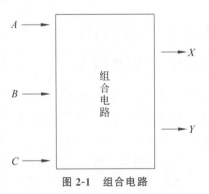

图 2-1 组合电路

下面将讲解三种描述组合电路行为最通用的方法。

（1）真值表。

（2）布尔代数表达式。

（3）逻辑图。

2.1.1 真值表

组合电路
行为描述

组合电路中不包含存储单元，所以可以通过为每个可能的输入值集合求解输出值来完全指定一条组合电路。将所有这种输入与输出之间的对应关系以表格形式记录下来，这样得到的表格就称为真值表。由于每个输入变量只有 0 和 1 两种可能的取值，对于一个有 n 个输入的组合电路，其输入变量一共有 2^n 种可能的取值组合，因此其真值表中也应有 2^n 个条目。

以如图 2-2 所示的串联开关电路为例，假设开关闭合状态用 1 表示，开关断开状态用 0 表示，灯亮用 1 表示，灯灭用 0 表示，分析此电路不难看出，只有 A、B、C 同时为 1 时，X 才为 1。据此可列出如图 2-2 所示电路的真值表，如图 2-3 所示。

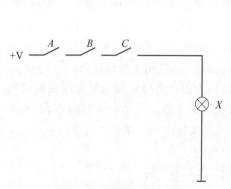

A	B	C	X
0	0	0	0
0	0	1	0
0	1	0	0
0	1	1	0
1	0	0	0
1	0	1	0
1	1	0	0
1	1	1	1

图 2-2 串联开关电路　　　　图 2-3 串联开关电路的真值表

真值表虽然可以完整描述任意组合逻辑电路，但对于一些复杂的电路，其表格规模增长极快，并且表格化的描述不够直观、难以理解。

2.1.2 布尔代数

1847 年，英国数学家乔治·布尔（George Boole）提出了一种用于描述客观事物逻辑关系的数学方法，为纪念其在数理逻辑领域做出的贡献，这种方法被称为"布尔代数"。随着数字技术的发展，布尔代数已经成为分析和设计数字系统逻辑电路的基本工具和理论基础。

布尔代数是一种二值代数系统，任何逻辑变量的取值只有两种可能：0 或 1。因此，布尔代数在某些方面与我们熟悉的实数代数有相似之处，但也不尽相同。实数代数的基本运算是加、减、乘、除，而布尔代数的三个基本运算是"与""或""非"。

两个变量 A 与 B 的"与"运算关系可以表示为

$$F = A \cdot B \quad 或 \quad F = A \wedge B$$

读作"F 等于 A 与 B"。表示：若 A、B 均为 1，则 F 为 1；否则，F 为 0。

"或"运算关系可以表示为
$$F = A + B \text{ 或 } F = A \vee B$$
读作"F 等于 A 或 B"。表示：若 A, B 中只要有一个为 1，则 F 为 1；而仅当 A, B 都为 0 时，F 才为 0。

而"非"运算为一元运算，其逻辑关系可以表示为
$$F = \overline{A} \text{ 或 } F = \neg A$$
读作"F 等于 A 非"。表示：若 A 为 0，则 F 为 1；反之，若 A 为 1，则 F 为 0。

以下 5 组公式是布尔代数的基本定律，有助于处理逻辑方程：

(1) 交换律。

$A + B = B + A$ $\qquad A \cdot B = B \cdot A$

(2) 结合律。

$(A + B) + C = A + (B + C)$ $\qquad (A \cdot B) \cdot C = A \cdot (B \cdot C)$

(3) 分配律。

$A \cdot (B + C) = A \cdot B + A \cdot C$ $\qquad A + B \cdot C = (A + B) \cdot (A + C)$

(4) 恒等率。

$A + 0 = A$ $\qquad A \cdot 1 = A$

(5) 互补律。

$A + \overline{A} = 1$ $\qquad A \cdot \overline{A} = 0$

布尔代数有一种实数代数不具备的特性：**对偶性**。交换公式中的"+"和"·"，交换 1 和 0，即可得到对偶的表达式。例如，在分配律
$$A + (B \cdot C) = (A + B) \cdot (A + C)$$
中，做如此交换，就会得到：
$$A \cdot (B + C) = (A \cdot B) + (A \cdot C)$$
这也就是另一个分配律的表达式。布尔代数的每个基本定律都具有相应的对偶性。

布尔代数还有一些其他有用的公式，例如，吸收律、重叠律、对合律。以基本定律为基础可以推导出布尔代数这些其他的公式，这里不做赘述。

2.1.3 逻辑图

逻辑图是由实现基本逻辑功能的逻辑门构建的。逻辑图中逻辑门之间连接的线路表示物理设备中真实的物理线路，因此逻辑图可以以形象的表现形式描述硬件电路。

常见的逻辑门有与门、或门、非门、与非门、异或门等。这些逻辑门的名称与逻辑功能相对应，例如，与门实现"与"逻辑关系，或门实现"或"逻辑关系。

首先讲述三种基本的逻辑门：与（AND）门、或（OR）门、非（NOT）门。AND 门和 OR 门可以有多个输入，其输出等于所有输入进行"与"操作或"或"操作的结果。NOT 门则只有一条输入线，这对应了属于一元运算的求补操作。图 2-4 中展示了这三种基本的逻辑门及对应的布尔表达式和真值表。

任何组合电路都可以由上述三种基本的逻辑门构建出来。实际中还有几种常用的逻辑门，图 2-5 中展示了三种常用的逻辑门："与非"（NAND）门、"异或"（XOR）门、"与或"（NOR）门。

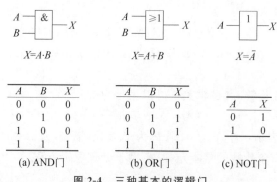

图 2-4 三种基本的逻辑门

为了简化电路中的 NOT 门,一个常见的做法是在一个门的输入或输出中添加一个表示负逻辑的圆点,以表示输入线或输出线上的逻辑值取非。例如,图 2-5 中的 NAND 门其实等价于如图 2-6 所示的组合电路。因此,NAND 门其实就等价于在 AND 门后跟一个 NOT 门,类似地,NOR 门等价于在 OR 门后跟一个 NOT 门。

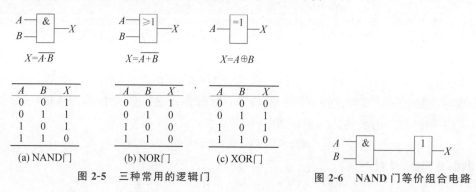

图 2-5 三种常用的逻辑门　　图 2-6 NAND 门等价组合电路

XOR 门也称异或门,其运算的代数符号为⊕,根据真值表也可看出其实现的逻辑功能为:如果异或门的输入相同,则输出 0;若输入不同,则输出 1。$A \oplus B$ 在布尔代数中体现为:

$$A \oplus B = A\bar{B} + \bar{A}B$$

2.1.4 组合电路分析

组合电路的分析

前三节讲解了三种描述组合电路行为的通用方法:真值表、布尔代数表达式和逻辑图。本节将通过一些例题讲解组合电路分析的一般方法。

例 2.1 分析如图 2-7 所示的组合电路的功能。

解:(1) 根据给定的组合电路图,写出对应的布尔表达式。

由图 2-7 可知:

$$X = \overline{\overline{AB}\,\overline{\overline{AB}}}$$

(2) 对布尔表达式进行化简。

对该布尔表达式化简如下:

$$X = AB + \overline{AB}$$

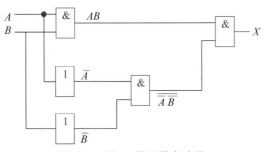

图 2-7 例 2.1 的逻辑电路图

（3）根据化简后得到的布尔表达式列出真值表，如表 2-1 所示。

表 2-1 例 2.1 的真值表

A	B	X
0	0	1
0	1	0
1	0	0
1	1	1

（4）进行逻辑功能的描述。

由表 2-1 可知，当 A、B 取值相同时，输出才为 1。因此该电路其实是同"或电路"。

例 2.2 分析如图 2-8 所示的组合电路的功能。

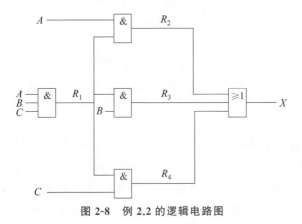

图 2-8 例 2.2 的逻辑电路图

解：由图 2-8 可知：

$$R_1 = \overline{ABC}$$
$$R_2 = A \cdot R_1 = A \cdot \overline{ABC}$$
$$R_3 = B \cdot R_2 = B \cdot \overline{ABC}$$
$$R_4 = C \cdot R_3 = C \cdot \overline{ABC}$$
$$X = \overline{R_2 + R_3 + R_4} = \overline{A \cdot \overline{ABC} + B \cdot \overline{ABC} + C \cdot \overline{ABC}}$$

对 X 化简如下：

$$X = A \cdot \overline{\overline{ABC}} + B \cdot \overline{\overline{ABC}} + C \cdot \overline{\overline{ABC}}$$
$$= \overline{\overline{ABC}(A+B+C)}$$
$$= \overline{\overline{\overline{ABC}} + \overline{A+B+C}}$$
$$= ABC + \overline{A}\overline{B}\overline{C}$$

列出真值表，如表 2-2 所示。

表 2-2　例 2.2 的真值表

A	B	C	X
0	0	0	1
0	0	1	0
0	1	0	0
0	1	1	0
1	0	0	0
1	0	1	0
1	1	0	0
1	1	1	1

由表 2-2 可知，只有当电路的输入 A,B,C 全为 0 或全为 1 时，电路的输出 X 才为 1；否则输出 X 为 0。因此，该电路是一个判断输入信号极性是否相同的电路，通常称该电路为"一致电路"。由分析可以看出，图 2-8 并不是该电路的最佳设计方案，参考化简后的表达式可以设计出更简洁的电路。

例 2.3　用"与非"门设计一个三人表决的控制电路。

解：(1) 根据逻辑功能要求进行逻辑抽象，变量设定，状态赋值。

三人表决的控制电路中，每个人都代表一个逻辑变量。假设用 A,B,C 表示参与表决的三人所对应的逻辑变量，X 表示最终表决的结果。输入中，用 1 表示同意，0 表示不同意；输出中，用 1 表示通过，0 表示未通过。

(2) 建立真值表。

三人表决应遵循少数服从多数的原则，只有当输入的逻辑变量中有两个或者两个以上取值为 1 时，输出变量才为 1，否则输出为 0。据此可以列出真值表，见表 2-3。

表 2-3　例 2.3 的真值表

A	B	C	X
0	0	0	0
0	0	1	0
0	1	0	0
0	1	1	1
1	0	0	0

续表

A	B	C	X
1	0	1	1
1	1	0	1
1	1	1	1

(3) 写出布尔表达式并化简。

$$X = \overline{A}BC + A\overline{B}C + AB\overline{C} + ABC$$
$$= BC + A\overline{B}C + AB\overline{C}$$
$$= BC + AC + AB$$

为满足使用"与非"门实现的要求,需进一步将其化简为最简与非-与非式。

$$X = BC + AC + AB$$
$$= \overline{\overline{BC + AC + AB}}$$
$$= \overline{\overline{BC} \cdot \overline{AC} \cdot \overline{AB}}$$

(4) 画出逻辑图。

根据第(3)步得到的最简与非-与非式,可以画出对应使用"与非"门设计的逻辑电路图,见图 2-9。

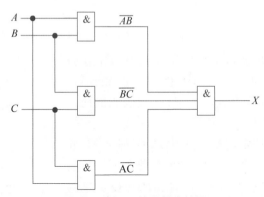

图 2-9 例 2.3 的逻辑电路图

2.2 时序电路

时序电路

与组合电路不同,时序电路的输出不仅与此刻的输入有关,还与之前的输入有关。也就是说,时序电路是有记忆的,时序电路可以记住它处于什么状态。时序电路结构如图 2-10 所示,由组合逻辑电路和存储电路两部分构成。图中 A 代表时序电路的外部输入信号,X 代表时序电路的外部输出,B 代表存储电路的输入信号(也称状态),Y 代表存储电路的输出信号(也称激励)。此图的时序电路逻辑功能的函数表达式可以简单表示为输出函数 $X = F(A, Y)$ 和激励函数 $B = G(A, Y)$。

时序电路根据其存储电路中触发器的动作特点的不同,可以分为同步时序逻辑电路和

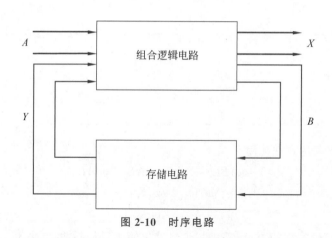

图 2-10 时序电路

异步时序逻辑电路。同步时序逻辑电路中,由统一的时钟信号控制触发器状态的变化。而在异步时序逻辑电路中,没有统一的时钟信号,触发器状态变化并不同时发生。

根据输出信号特点的不同,时序电路又可分为 Mealy 型电路和 Moore 型电路两种。Mealy 型电路中,输出信号取决于存储电路的状态和输入信号;而在 Moore 型电路中,输出信号仅取决于存储电路的状态。

本节将讲解时序电路中基本的时序元件及时序电路的描述分析方法。

2.2.1 SR 锁存器

时序电路的基本单元

SR 锁存器(也称基本 RS 触发器)是一种结构简单的基本静态存储单元。它可以以某种电平状态暂存信号,在电路中可以用来记录数字信号"0"和"1"。图 2-11 是由两个或非门所组成的 SR 锁存器,其中,S 和 R 是 SR 锁存器的输入,Q 和 $\overline{Q}$ 代表它的两个输出。S 称为置位端,R 称为复位端。

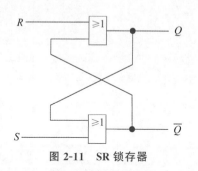

图 2-11 SR 锁存器

现在分析此电路。假定起始状态 S,R,Q 都是 0。此时位于下方的"或非"门两个输入 Q 和 S 都是 0,因此其输出 $\overline{Q}$ 为 1。位于上方的"或非"门两个输入 R 和 $\overline{Q}$ 分别为 0 和 1,因此其输出 Q 还为 0。此时电路的状态可以保持,也就是说,当 $SR=00$ 时,$Q\overline{Q}=01$ 是稳定状态。

假设此时输入 S 变为 1,下方"或非"门的输入 $QS=01$,一个门延迟后输出 $\overline{Q}=0$。上方"或非"门的输入变为 $R\overline{Q}=00$,再一个门延迟过后,输出 $Q=1$。而此时下方"或非"门的输入又变为 $QS=11$,输出 $\overline{Q}=0$,但 $\overline{Q}$ 原本就为 0,此时电路又达到稳定状态。表 2-4 记录电路的变化过程,其中,T 代表一个门延迟。

表 2-4 SR 锁存器电路变化过程

时 间	S	R	Q	$\overline{Q}$	稳定性
0	0	0	0	1	稳定
0(S 变为 1)	1	0	0	1	不稳定

续表

时间	S	R	Q	$\bar{Q}$	稳定性
T	1	0	0	0	不稳定
$2T$	1	0	1	0	稳定
$3T$	1	0	1	0	稳定
$4T$	0	0	1	0	稳定

在 $4T$ 时,再次将 S 改为 0,此时分析可知电路依然稳定。表 2-4 中比较时间为 0 和 $4T$ 的两种情况可以看出,两种情况 SR 都为 00,但 $Q\bar{Q}$ 在两种情况下分别为 01 和 10(分别称为 0 状态与 1 状态)。其实一般情况下 SR 锁存器的输入为 SR=00。当要设置锁存器时,需要将 S 置为 1 再置为 0;重置则是将 R 置为 1 再置为 0。通常 SR 不会同时置为 1,因为这样会使 $Q\bar{Q}=00$,$\bar{Q}$ 将不是 Q 的补,并且在将 SR 再次置为 0 时,无法判断锁存器将回到哪种状态。因此,实际中应不允许将 SR 同时置为 1。

SR 锁存器也可以使用"与非"门构成,如图 2-12 所示,此电路以低电平作为输入信号,所以用 $\bar{S}$ 和 $\bar{R}$ 分别表示置 1 输入端和置 0 输入端。接下来将以该 SR 锁存器为例介绍几种触发器的功能描述方法。

首先如表 2-5 所示,将触发器的次态(触发器接收触发信号之后的状态称为触发器的**次态** Q^{n+1})与现态(触发器接收触发信号之前的状态称为触发器的**现态** Q^n)以及输入信号之间的逻辑关系用表格的形式表现出来,这叫作**状态转移真值表**,也称为**状态转换表**或**状态表**。

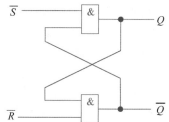

图 2-12 与非门构建的 SR 锁存器

表 2-5 图 2-12 的 SR 寄存器的状态表

$\bar{S}$	$\bar{R}$	Q^n	Q^{n+1}	功能
0	0	0	×	不允许
0	0	1	×	
0	1	0	0	置 0
0	1	1	0	
1	0	0	1	置 1
1	0	1	1	
1	1	0	0	保持
1	1	1	1	

描述触发器逻辑功能的函数表达式称为**状态方程**,也称为**次态方程**或**特性方程**。以下给出图 2-12 的 SR 寄存器的状态方程。

$$\begin{cases} Q^{n+1} = \overline{\overline{S}} + \overline{R}Q^n = S + \overline{R}Q^n \\ \overline{R} + \overline{S} = 1 \end{cases}$$

描述触发器的状态转换关系及转换条件的图形称为**状态转换图**,简称**状态图**。如图 2-13 所示,其中,圆圈表示状态,箭头表示转移的方向,箭头上的标注表示转移的条件。

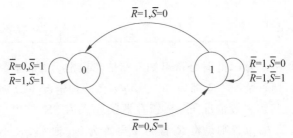

图 2-13 图 2-12 的 SR 寄存器的状态图

描述触发器输出状态随时间和输入信号变化而变化的图形称为**时序图**。如图 2-14 所示,横轴表示时间,纵轴表示电压,高电平表示 1,低电平表示 0。时序图下方给出了相应波形及对应的功能描述。

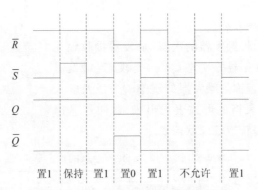

图 2-14 图 2-12 的 SR 寄存器的时序图

2.2.2 触发器的触发方式

触发器是构建时序电路的一个基本单元,它可以存储 1 位的二进制信息。触发器在输入信号的作用下,可以被置为两种稳定的状态——"0"状态或"1"状态,且在输入信号取消后依然可以保持状态不变。

与锁存器不同,触发器增加了一个触发信号的输入端。因为计算机中的设备需要以一种有序的方式协同工作,所以当需要多个触发器同时工作时,就必须产生一个全局的同步控制信号去触发它们。在计算机中会维持一个时钟,时钟持续性地生成脉冲信号作为触发器的触发信号,这个触发信号称为**时钟信号**(CLOCK),记为 CLK。

按触发信号工作方式的不同,触发器可以分为**基本触发器**、**同步触发器**、**边沿触发器**和**主从触发器**,触发方式分别为直接电平触发方式、电平触发方式、边沿触发方式和脉冲触发方式。

1. 同步触发器

图 2-15(a)是同步 RS 触发器的一种实现。这个电路由两部分组成,右侧虚线内其实是一个 SR 锁存器,左侧则是一个输入控制电路。与 SR 锁存器不同,该触发器的 SR 并不能直接输入右侧 NAND 门,需先通过两个作为使能端的 NAND 门。图 2-15(b)是同步 RS 触发器的图形符号,符号中 C1 表示 CLK 是编号为 1 的一个控制信号,1S 和 1R 则表示受 C1 控制的输入信号,只有 C1=1 时,1S 和 1R 才能起作用。如果在 CLK 输入端有负逻辑圆点,则表示 CLK 低电平为有效信号,即 C1=0 时,1S 和 1R 才起作用。

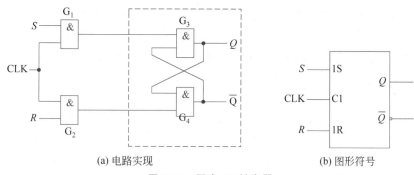

(a) 电路实现   (b) 图形符号

图 2-15 同步 RS 触发器

分析图 2-15(a)电路可知,当 CLK=0 时,不管 SR 处于什么状态,G_1G_2 的输出始终为 11,也就是说,SR 并不能通过 G_1G_2 去影响电路的输出状态,所以最终电路的输出将保持不变。而只有当 CLK=1 时,SR 才能通过 G_1G_2 加到右侧的锁存器上,从而影响 $Q\overline{Q}$ 的状态。这种触发信号的工作方式就是电平触发方式,在 CLK 的高电平期间,输入会影响触发器输出的变化;在 CLK 的低电平期间,触发器保持不变。

表 2-6 是同步 RS 触发器的状态表。在 CLK 高电平期间,当 RS 都为 1 时,G_1 和 G_2 的输出均为 0,触发器最终输出 Q 与 $\overline{Q}$ 都将为 1,这破坏了 Q 与 $\overline{Q}$ 的互补关系。并且此时当 SR 同时变为 0 或者 CLK 从 1 变为 0 时,触发器的次态将是不定的。因此,同步 RS 触发器的输入信号 RS 需同样遵守不同时置为 1 的约束条件。

表 2-6 同步 RS 触发器的状态表

R	S	Q^{n+1}
0	0	Q^n
0	1	1
1	0	0
1	1	x

实际使用的触发器通常还设有直接复位端与直接置位端,如图 2-16(a)所示,其中,$\overline{S}_D$ 是直接置位端,$\overline{R}_D$ 是直接复位端,二者不受时钟信号控制,可以使用低电平直接将触发器置 1 或置 0。

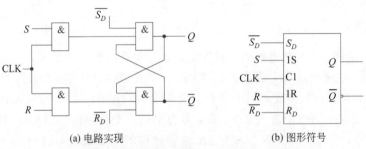

(a) 电路实现　　　　　　　　(b) 图形符号

图 2-16　带直接置位、复位端的同步 RS 触发器

同步 RS 触发器只是同步触发器中的一种,同步触发器的触发信号工作方式为电平触发,在时钟信号 CLK 作用期间,触发器的输出随输入信号的变化而变化,若在此期间,输入状态多次变化,那么触发器的输出将不确定,这降低了触发器的抗干扰能力。

2. 边沿触发器

与同步触发器相比,边沿触发器增强了触发器的抗干扰能力。与电平触发的触发器不同,边沿触发器在时钟信号 CLK 从低电平跳变到高电平时(或从高电平跳变到低电平时),输入状态的变化才会影响输出。在 CLK=1 或 CLK=0 或约定跳变未到来的情况下,输入状态的变化并不会影响输出。

边沿 D 触发器是一种常用的边沿触发器,其电路结构如图 2-17(a)所示,由两个电平触发的 D 触发器(也称为 D 型锁存器)构成。图 2-17(b)的图形符号中,CLK 输入端的">"表示触发器为边沿触发。简单分析电路如下。

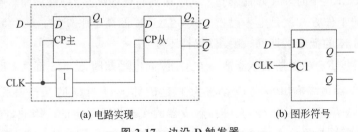

(a) 电路实现　　　　　　　　(b) 图形符号

图 2-17　边沿 D 触发器

CLK=1 时,主触发器被选通,其输出端 Q_1 随输入端 D 的变化而变化;从触发器被封锁,Q_2 保持状态不变。

CLK=0 时,主触发器保存 CLK 下降沿时 D 的取值,其输出端 Q_1 保持状态不变;从触发器被选通,输出端 Q_2 被置为与 CLK 下降沿到达瞬间 D 端相同的状态,而与之前和之后的 D 端状态无关。

边沿触发器的次态仅取决于时钟信号的上升或下降沿到来时瞬间输入的状态,而其余时刻输入信号的变化并不会影响到触发器输出的状态,因此边沿触发器大大提高了触发器的抗干扰能力。

3. 主从触发器

图 2-18(a)展示的是主从 RS 触发器的实现,其中,左侧的主触发器和右侧的从触发器

都是同步 RS 触发器。主触发器的 Q 输出连接从触发器的 S 输入,主触发器的 $\bar{Q}$ 输出连接从触发器的 R 输入,CLK 连接主触发器的使能端,CLK 的补连接从触发器的使能端。其图形符号如图 2-18(b)所示。简单分析电路如下。

CLK=1 时,主触发器接收输入信号,其输出状态取决于 RS 的状态;从触发器被封锁,输出状态保持不变。

CLK=0 时,主触发器被封锁,保持不变;从触发器则接收主触发器的状态送往输出端。

也就是说,在 CLK 为 0 期间,主触发器的状态 Q_1 随输入信号 S、R 的变化而变化;而只有下降沿到来时,最终输出端 Q 才会发生状态更新,且此输出的状态并不一定能按照此时输入信号的状态来确定。这种输出端 Q 的状态更新取决于整个脉冲期间输入信号变化的方式,称为脉冲触发方式。

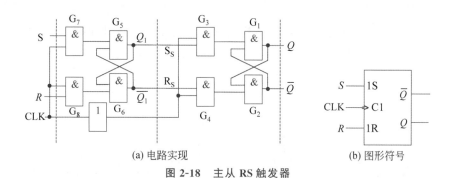

图 2-18 主从 RS 触发器

因此,使用主从触发器时,必须考虑 CLK=1 期间输入变化的所有过程,才能确定下降沿到来时最终触发器的输出。

2.2.3 触发器的逻辑功能

按逻辑功能的不同,触发器可分为 RS 触发器,JK 触发器,D 触发器和 T 触发器。2.2.2 节已经详细介绍了 RS 触发器,本小节将简单地介绍其他三种触发器的特性方程、状态表和状态转换图。

1. JK 触发器(图形符号、状态表、状态方程)

JK 触发器具有置 0、置 1、保持和翻转功能,在各类集成触发器中,JK 触发器的功能最为齐全。在实际应用中,它不仅有很强的通用性,而且可以灵活地转换成其他类型的触发器。

表 2-7 是 JK 触发器的状态表。凡是在时钟信号下逻辑功能符合此表的触发器,均为 JK 触发器。

表 2-7 JK 触发器的状态表

J	K	Q^n	Q^{n+1}
0	0	0	0
0	0	1	1

续表

J	K	Q^n	Q^{n+1}
0	1	0	0
0	1	1	0
1	0	0	1
1	0	1	1
1	1	0	1
1	1	1	0

由此也可以写出JK触发器的特性方程及状态转换图，状态转换图见图2-19，特性方程如下：

$$Q^{n+1} = J\overline{Q^n} + \overline{K}Q^n$$

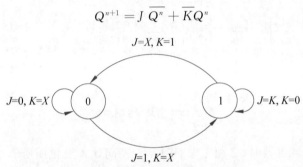

图2-19 JK触发器的状态转换图

2. D触发器

D触发器的逻辑功能十分简单，它是一个具有两种稳定状态"0"和"1"的信息存储器件，是构成多种时序电路的最基本逻辑单元，D触发器在数字系统和计算机领域中有着广泛的应用。

表2-8是D触发器的状态表。凡是在时钟信号下逻辑功能符合此表的触发器，均为D触发器。

表2-8 D触发器的状态表

D	Q^n	Q^{n+1}
0	0	0
0	1	0
1	0	1
1	1	1

由此也可以写出D触发器的特性方程及状态转换图，状态转换图见图2-20，特性方程

如下：

$$Q^{n+1} = D$$

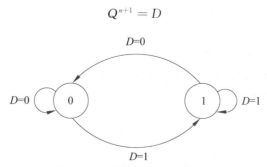

图 2-20　D 触发器的状态转换图

3. T 触发器

T 触发器是一种具有反转功能的触发器，常用于各种计数器和逻辑控制电路。与 D 触发器相同，除了时钟信号之外，T 触发器只有一个信号输入端 T。将 JK 触发器的 J 和 K 相连作为 T 输入端即可得到 T 触发器。

表 2-9 是 T 触发器的状态表。凡是在时钟信号下逻辑功能符合此表的触发器，均为 T 触发器。

表 2-9　T 触发器的状态表

T	Q^n	Q^{n+1}
0	0	0
0	1	1
1	0	1
1	1	0

由此也可以写出 T 触发器的特性方程及状态转换图，状态转换图见图 2-21，特性方程如下：

$$Q^{n+1} = T\overline{Q^n} + \overline{T}Q^n$$

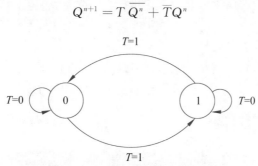

图 2-21　T 触发器的状态转换图

2.3 计算机子系统

计算机由软件系统与硬件系统组成,其内部还有许多子系统,例如,CPU 子系统、总线子系统、存储子系统、I/O 子系统等,各子系统由多种组合电路和时序电路器件构成,相互之间都定义了完美衔接的接口,相互交互,相互配合,相互协调,共同完成计算机系统的工作。

2.3.1 CPU 子系统

在使用计算机解决某个问题时,首先要针对这个问题编写对应的程序,所谓程序,就是一串有序的指令及与其相关的数据,按照这一串指令顺序地执行,就可以完成相对应的任务,将程序装入主存储器,就可以由计算机各部件相互配合自动完成取指令、执行指令的过程。综合调配完成这些任务的计算机各部件统称为中央处理器,简称 CPU。

概括来说,CPU 具有以下四项基本功能。

(1) 指令控制:指令在主存储器中顺序存储是必要的,只有按照这个顺序去执行才能保证产生正确的结果,CPU 的最重要任务就是保证主存储器中的指令序列按照正确的顺序执行。

(2) 操作控制:每条指令都代表着对应的操作信号,CPU 要将这些指令"翻译"为正确的操作信号,并传达到相关的部件,保证这些操作在执行时能够正确、稳定。

(3) 时间控制:对各种操作进行时间上的定时,就称为时间控制。只有控制每条操作按时完成,计算机才能井然有序地按时完成任务,如在车间中流水线加工零件,只有每步的零件按时完成加工,才能够保证整个组装过程井然有序。

(4) 数据加工:CPU 对相关数据进行加、减、乘、除等基本或复合型操作称为数据加工,这是 CPU 的根本任务。

最初的 CPU 仅由运算器和控制器两部分构成,随着 ULSI 技术的发展,Cache 总线仲裁器、浮点运算器等纷纷进入 CPU 内部,如今,CPU 基本由运算器、控制器、Cache 三大部分组成,如图 2-22 所示。

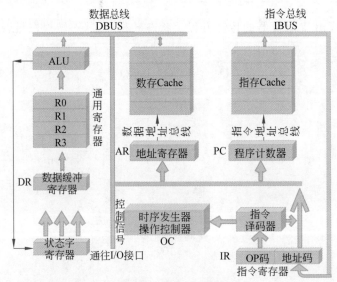

图 2-22 CPU 结构图

1. 运算器

在计算机发展的早期阶段,计算组件被称为算术逻辑单元(ALU)。ALU 可以执行算术逻辑运算、比较运算和移位运算。之后,功能组件不断发展壮大,可以进行乘法、除法、取平方等运算。本章主要介绍定点补码加法器的设计。

加法器是许多操作的基础。针对不同的性能和空间要求,有多种实现加法器的方法。进位处理是加法器的核心。根据各种进位处理方式,常见的加法器有行波进位加法器(RCA)、先行进位加法器(CLA)、跳跃进位加法器(CSKA)、进位选择加法器(CSLA)、进位递增加法器(CIA)等。其中,行波进位加法器是最简单、最直接的,但先行进位加法器的应用更为广泛。

1) 一位全加器

一位全加器是组成加法器的基本单元。一位全加器可以计算当前的两个二进制数及低位进位的一个二进制数的和,并向高位进位。图 2-23 描述了一一位全加器的逻辑电路图,其中,用 A、B、I 来代表一位全加器进行一次运算所需要的操作数,A 与 B 分别表示当前相加的

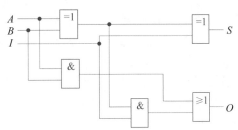

图 2-23 一位全加器图逻辑电路图

两个二进制数,I 表示由低位进位的一个二进制数;用 S 和 O 表示一位全加器进行一次运算所产生的结果,S 代表本地两个二进制数相加的结果,O 代表向高位的进位。表 2-10 给出了一位全加器的真值表。

表 2-10 一位全加器的真值表

A	B	I	S	O
1	1	1	1	1
1	1	0	0	1
1	0	1	0	1
1	0	0	1	0
0	1	1	0	1
0	1	0	1	0
0	0	1	1	0
0	0	0	0	0

2) 行波进位加法器

行波进位加法器就是由多个一位全加器逐个串接所形成的加法器,如图 2-24 所示。所谓"行波"是指每个一位全加器将来自低位的一位全加器所产生的进位作为本全加器的输入 I 来进行运算,输出 O 又将作为更高位的一位全加器的输入。图中可清晰地看出行波进位加法器的运算逻辑。

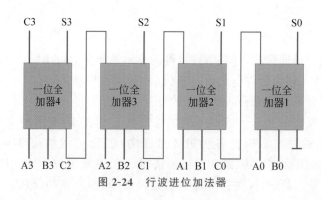

图 2-24 行波进位加法器

3）先行进位加法器

在行波进位加法器中，每个全加器必须等待低位的全加器产生并送出进位，因此当需要大量全加器串接组成大数的计算时计算延迟大大增加。在这种情况下，先行进位加法器应运而生，它的计算过程是先并行地计算每位的进位，然后每个一位全加器就可以只计算本地和进位相加的结果。此等高级运算器及后续减、乘、除法运算器不是本书阐述的重点，故不一一展开。

2. 控制器

控制器在计算机中的任务是给各部件发号施令，使它们井然有序地工作。控制器的执行过程主要包括以下三个步骤：从主存储器中取出指令并控制记录下一条指令的地址；进行指令译码、测试，生成对应的控制信号；控制 CPU、主存储器、I/O 设备之间的数据流。

结合前述运算器的内容，如果计算机要完成一项复杂的混合运算，需要首先对此项运算进行解析、拆解，并将其转换为一步一步的加、减、乘、除四项基本运算及逻辑运算。每条基本的操作就叫作一条指令，将此项混合运算进行初步的解析、拆解、转换运算后形成的所有指令的集合就是完成此混合运算的程序。

表 2-11 以 $y=ax+b-c$ 为例并简化介绍一次混合运算所需的步骤。

表 2-11 控制器控制混合运算流程表

指令地址	指令		指令操作内容	说　　明
	操作码	地址码		
1	取数	9	(9)→A	将位于存储器 9 号地址的变量 a 的值送至运算器 A 的输入端
2	乘法	12	(A)×(12)→A	完成 $a \cdot x$，结果保留在运算器 A 中
3	加法	10	(A)×(10)→A	完成 $a \cdot x+b$，结果保留在运算器 A 中
4	减法	11	(A)−(11)→A	完成 $y=ax+b-c$，结果保留在运算器 A 中
5	存数	13	A→13	运算器 A 中的结果存在存储器的 13 号地址中
6	打印		A→Print	将 A 中结果经打印机打印出来
7	停止		Stop	机器停止工作

续表

数据地址	数据	说明
9	*a*	数据 *a* 存放在 9 号单元
10	*b*	数据 *b* 存放在 10 号单元
11	*c*	数据 *c* 存放在 11 号单元
12	*x*	数据 *x* 存放在 12 号单元
13	*y*	数据 *y* 存放在 13 号单元

由表 2-11 可以看出,每条指令都需要明确向控制器表明要进行什么操作、进行操作的数据的地址及结果应存放的地址,所以一条指令至少要包括操作码、地址码两项内容。

如果用二进制代码来描述上述过程,首先要定义上面所用到的 8 种操作码,至于地址,直接转换为二进制即可,如表 2-12 所示。

表 2-12 指令二进制编码表

指令	操作码	指令	操作码
加法	001	取数	101
减法	010	存数	110
乘法	011	打印	111
除法	100	停机	000

在将指令数码化以后,就可以和数据一起以二进制的形式存储在存储器中,在冯·诺依曼架构下,并不会区分数据和指令在存储器中的存放位置,指令与数据在存储器中的存储情况如图 2-25 所示。

尽管数据和指令的存放位置并不受限,但是存储系统还是通常将指令与数据分开进行存储。控制器按照存储器中的有序指令来控制计算机各部件井然有序地完成相关任务的过程叫作**程序控制**。这就是指令在存储器中需要顺序存储的原因,也是冯·诺依曼型计算机的设计思想。计算机中预先定义的多条基本指令构成了此计算机的指令系统,这也是硬件设计的依托。计算机的指令集通常与计算机性能有很大联系,是影响计算机性能的一个重要因素。

由上述例子可知,在计算机进行程序处理时,控制器需要按照解析出的相关指令一条一条地进行处理,这就是控制器的根本任务。通俗来讲,控制器就是不断地进行取指令、解析指令、执行指令的循环。控制器取得一条指令所花费的时间被称为取指周期,控制器执行一条指令所花费的时间称为执行周期。

每当控制器取出一条指令时,存在于控制器内部的指令计数器就会加 1,并自动地指向

图 2-25 指令与数据在存储器中的存储情况

下一条指令的逻辑地址,从而可以实现执行完当前指令之后顺序地进行下一条指令的相关操作。

3. 寄存器

寄存器的功能是存储二进制数据,它由触发器组成,具有数据存储功能。一个触发器可以存储一个一位二进制数,因此需要 n 个触发器组成一个寄存器来存储一个 n 位的二进制数。

寄存器按其功能不同,可分为**基本寄存器**和**移位寄存器**两大类。基本寄存器只能并行地接收和输出数据。移位寄存器中的数据在移位脉冲的作用下逐位向左和向右移位,还可以并行输入/输出或串行输入/输出,非常灵活通用。计算机处理的数据通常是由多个二进制位组成的,例如,在大多数情况下,是 64 位或 128 位长的数据。因此,需要将这些位长的数据存储为单独的单位。寄存器是一种将若干位组合成独立单元的结构,其中的位宽可以根据需要进行调整,大到几十位甚至上百位,小到只有 1 位。实际上,寄存器是一种常用的时序逻辑电路,但该时序逻辑电路包含在存储器电路之外。寄存器的存储电路由锁存器或触发器组成。由于锁存器或触发器可以存储二进制数的 1 位,因此 n 个锁存器或触发器就可以组成一个 n 位寄存器。

对寄存器中的触发器只要求它们具有置 1、置 0 的功能即可,因而无论是用电平触发的触发器,还是用脉冲触发或边沿触发的触发器,都可以组成寄存器。如一个由电平触发的 D 触发器,在 CLK 高电平期间,Q 端的状态跟随 D 端状态的改变而改变,可以通过改变 D 输入端的值改变寄存器中的值;而当 CLK 变成低电平后,则关闭了更改寄存器中的值的渠道。

74HC175 是一个用 CMOS 边沿触发器组成的 4 位寄存器器件,根据边沿触发的动作特点可知,触发器输出端的状态仅取决于 CLK 上升沿到达时刻 D 端的状态,其工作原理如图 2-26 所示。

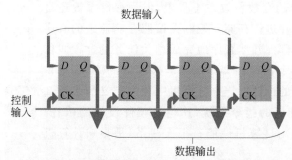

图 2-26 4 个 D 触发器合成一个 4 位寄存器

为了保证使用的灵活性,有些寄存器电路中还附加了一些控制电路,使寄存器又增添了异步置零、输出三态控制和保持等功能。这里所说的保持,是指即使 CLK 信号到达时触发器的状态也不随 D 端的输入信号而改变。

在上面介绍的两个寄存器电路中,接收数据时各位代码都是同时输入的,而且触发器中的数据是并行地出现在输出端的,因此将这种输入/输出方式称为并行输入/输出方式。

2.3.2 总线

在整个计算机系统中，如果说有什么贯穿始终，那么一定是传送信息的总线系统。在计算机发展的早期阶段，依据传送信息的种类不同，可将总线分为三类：**数据总线**、**地址总线**和**控制总线**。顾名思义，三类总线分别负责传输数据、数据地址、控制信号。这三类总线也有单向、双向传送数据的区别，地址线只能单向传送主存与设备的地址；数据线是双向的，通过数据线，设备间可以相互传送数据；控制线是双向的，CPU 通过控制线向各部件传输指令，某些部件通过控制线向 CPU 传输包括中断信号等，如图 2-27 所示。

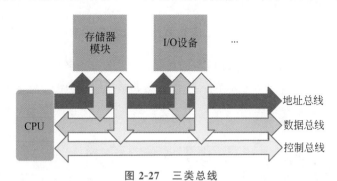

图 2-27 三类总线

双向传输的总线在传送数据时会遇到传输信息冲突的问题，除此之外，还有每次传输数据时建立传送方向的额外时间开销。为了使双向总线正确并高效地工作，可以引入三态缓冲器这一概念，它由一个输入数据(a)、一个使能控制输入(E)和一个输出(x)组成，当设备使能时，输出与输入相同；当设备禁止时，输出是和电路断开的。由输出的三种状态(0、1、断路)得名三态缓冲器。表 2-13 为三态缓冲器指令二进制编码表。

表 2-13 三态缓冲器指令二进制编码表

E	a	x
0	0	断路
0	1	断路
1	0	0
1	1	1

每个逻辑门的输出和总线之间都有一个三态缓冲器，如果要由 A 到 B 发送数据，使能 A 中的三态缓冲器，禁止 B 中的三态缓冲器；由 B 到 A 发送数据时同理。图 2-28 为使用三态缓冲器解决双向总线问题的原理图。

不管传送的信息是什么，在总线中传输时都只能通过电平脉冲的高低或有无来表示。总线的条数决定了一个总线周期内数据并行传输的位数，衡量总线性能的重要指标是总线带宽，就是总线的最高传输速度，单位是兆字节每秒(MB/s)。只关注最高传输速度的原因是因为在总线实际传输中速率还会受到线长、总线上模块数量、总线驱动/接收器性能等方面影响。

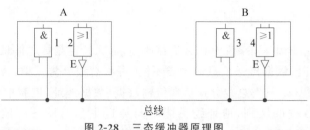

图 2-28 三态缓冲器原理图

总线上数据的传输有以下两种方式。

1. 串行传输

串行传输方式只有一条传送脉冲信号的传输线,传送一条多位数据时,只能以时序为依托,按顺序一位一位地用脉冲信号来表示所有的二进制数码,如图 2-29 所示。

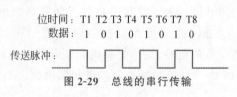

图 2-29 总线的串行传输

在串行传输中,如果遇到传送多个"0"的情况,为了避免被误认为消息传送完毕或无消息,就要设置严格的传送时序,也就是确定每位传送所应花费的时间。理论上讲,串行传输只需要一条线,成本低廉。

2. 并行传输

并行传输时总线有多条传输线,每条传输线都单独传送一位二进制数,如图 2-30 所示。通常所说的通用计算机 32 位、64 位就是指 CPU 的地址寄存器与主存之间的地址线条数。

从原理上看,并行传输方式是优于串行传输方式的,因为可以同时并行传输多位数据,可是并行传输方式在近些年来有被串行传输方式取代的势头。这是因为,首先,并行传输的前提是传输和接收部件必须遵从同一时序,但是当时钟频率达到很高时,很难准确地使数据传送的时序与时钟合拍,从底层 PCB 的布线上来说,长度稍有差异,数据的到达就会产生时序上的误差。此外,时钟频率过高还可能导致信号线之间的相互干扰,提升阻抗,导致传输延迟与错误。由于这些原因,并行传输难以实现高速化。

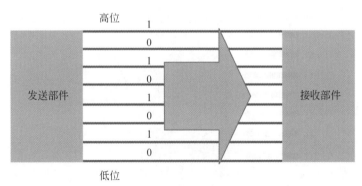

图 2-30　总线的并行传输

2.3.3　内存子系统

内存子系统由几个集成电路内存芯片构成,如图 2-31 与图 2-32 所示是两个内存芯片,每个可以存储 512 位数据。每个内存芯片会有一组地址线(A0～A5)、一组数据线(D0～D7)、一组控制线(CS、WE 和 OE)。数据线有两个箭头,表示它们应该连接到双向总线。图 2-31 表明内存中存储的是 64 个 8 位的字,这是因为数据线的宽度为 8,表示每次读出 8 位的数据,而地址线的宽度为 6,共能表示 2^6 也就是 64 个不同的数据位置。图 2-32 展示的则是同样大小的内存芯片,但是被组织成了 512 个一位的字。为了保持例子简单,方便理解,图中芯片地址线和数据线的数量少到不切实际,现在制造的内存芯片都有上亿位。

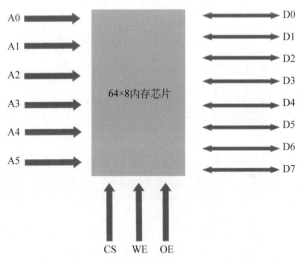

图 2-31　数据位宽为 8 的内存芯片

控制线的功能如下。

CS(Chip Select,芯片选择):使能或选择芯片。

WE(Write Enable,写使能):把一个内存字写入或存储到芯片中。

OE(Output Enable,输出使能):使能输出缓冲器,从芯片读取一个字。

要把一个字存储到芯片内,首先把地址线设置为这个字要存储的地址,然后将此对象的数据放到数据线上,CS 置 1 选择芯片,WE 置 1 来执行写入。若从芯片中读取数据则将 OE

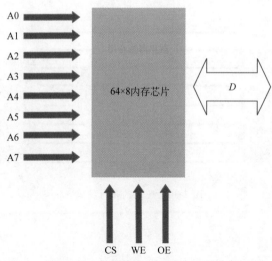

图 2-32　数据位宽为 1 的内存芯片

置 1，其他不变，读出数据将同样被放至数据线上。

如图 2-33 所示，其为一个 4×2 内存芯片的实现，它有两条数据线和两条地址线。芯片共存储 4 个 2 位的字，每位的暂存由一个 D 触发器实现。地址线驱动一个 2×4 的译码器，任意时刻，它的其中 1 位输出为 1，其余 3 位为 0。译码器为 1 的那条输出线选择一行 D 触发器，这行触发器组成芯片要访问的字。

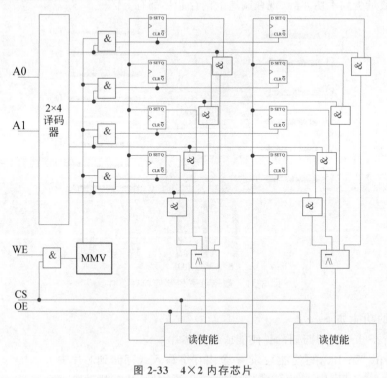

图 2-33　4×2 内存芯片

小　结

　　组合电路中,任意时刻的输出仅取决于该时刻的输入。真值表、布尔代数表达式和逻辑图是三种描述组合电路行为最通用的方法。三种表达方式中,真值表只是列出所有输入值组合对应的输出,其抽象层级最高,只描述电路的功能而不涉及电路的实现。布尔代数表达式描述电路如何工作,其三种基本的运算为 AND、OR 和 NOT。逻辑图的描述层级最接近于硬件,其图中连接门的线路即表示连接电路的物理线路。这三种方法可以用来描述、分析及设计组合电路。

　　时序电路是有记忆的,其某一时刻的输出不仅与此刻的输入有关,还与电路原来的状态有关,时序电路通常由组合电路和存储电路两部分构成。描述时序电路逻辑功能的方法有状态方程、状态转换表、状态转换图、时序图等。触发器是时序电路中的基本时序单元,按触发信号工作方式的不同,触发器可以分为基本触发器、同步触发器、边沿触发器和主从触发器,其触发方式分别为直接电平触发方式、电平触发方式、边沿触发方式和脉冲触发方式。按逻辑功能分,触发器可以分为 RS 触发器(设置/重置)、JK 触发器(设置/重置/反转)、D 触发器(数据或延迟)和 T 触发器(反转)。

　　寄存器由一组 D 触发器组成。三态缓冲器可以实现双向总线的数据传输。内存芯片是地址线、数据线、控制线和 D 触发器阵列的结合。控制线一般包括芯片选择(CS)、写使能(WE)和输入使能(OE)。整个计算机子系统是由运算器、控制器、寄存器和总线系统有机统一的耦合体系。

习　题

1. 用布尔代数证明幂等性:$A+A=A$。
2. 用布尔代数证明零元定理:$A+1=1$。
3. 用布尔代数证明吸收律:$A+A \cdot B=A$,并给出其对偶证明。
4. 用布尔代数证明合意定理:$A \cdot B+\bar{A} \cdot C+B \cdot C=A \cdot B+\bar{A} \cdot C$,并给出其对偶证明。
5. 证明德·摩尔定律:$\overline{A+B}=\bar{A} \cdot \bar{B}$。
6. 证明$(A+B) \cdot (B \cdot \bar{A})=A+B$,并给出其对偶证明。
7. 画出 $\bar{A}B+A\bar{B}$ 对应的非简略逻辑图及简略逻辑图,并构造其真值表。
8. 画出 $\overline{ABC}+\overline{\bar{A}\bar{B}\bar{C}}$ 对应的非简略逻辑图及简略逻辑图,并构造其真值表。
9. 画出 $\overline{(A+\bar{B})(\bar{B}+C)(C+\bar{D})}$ 对应的非简略逻辑图及简略逻辑图,并构造其真值表。
10. 画出 $((A \oplus B) \oplus C) \oplus D + AB\bar{C}\bar{D}$ 对应的非简略逻辑图及简略逻辑图,并构造其真值表。
11. 写出图 2-34 中逻辑图对应的布尔表达式及真值表。
12. 写出图 2-35 中逻辑图对应的布尔表达式及真值表。
13. 用"与非"门设计一个组合电路,其逻辑功能为:输入 A、B、C、D 中"1"的个数为奇数时,输出"1",否则输出"0"。
14. 假设工厂中四台设备分别需要 1kW、1kW、2kW、3kW 的电力,而两台发电机分别

图 2-34 习题 11

图 2-35 习题 12

可以提供 2kW、7kW 的电力,设备不一定同时运行,在保证设备正常工作的前提下,又要求尽量节约能源,请用"与非"门设计一个组合电路,完成自动配电功能。

15. 水坝上从低到高设置 A、B、C 三个水位线,水面处于 A 之下或 B、C 之间时,为异常状态;水面处于 A、B 之间时,为正常状态;水面浸没 C 时,为危险状态。请用"与非"门设计一个组合电路,完成上述逻辑关系。

16. 设同步 RS 触发器的初始状态为 0 态,其输入信号如图 2-36 所示,请画出 Q 和 $\bar{Q}$ 的电压波形图。

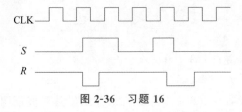

图 2-36 习题 16

17. 设同步 D 触发器的初始状态为 0 态,其输入信号如图 2-37 所示,请画出 Q 和 $\bar{Q}$ 的电压波形图,其结构如图 2-38 所示。

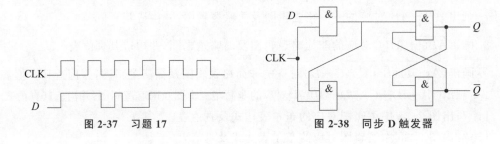

图 2-37 习题 17　　　　　图 2-38 同步 D 触发器

18. 同步 T 触发器结构如图 2-39 所示,试分析其电路原理。

19. 试用 RS 触发器构建 T 触发器。

20. 试用 D 触发器构建 JK 触发器。

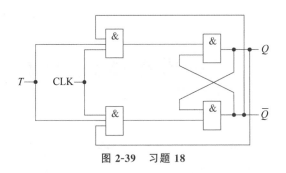

图 2-39　习题 18

21. 试用 T 触发器构建 D 触发器。
22. 分析如图 2-40 所示的时序电路的逻辑功能,给出状态转换表与状态转换图。

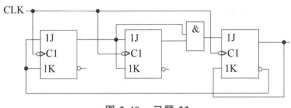

图 2-40　习题 22

23. 试描述行波进位加法器计算 1101 与 1011 相加的过程与结果。
24. 一个计算机系统的数据总线是 16 位宽:
(1) 如果有一盒 1Ki×1 动态 RAM 芯片,这台计算机最少有多少内存字节?
(2) 如果将 1KiB 芯片配置成 256×4 的设备,那么(1)中的答案又是怎样?
25. 结合本章内容试描述 74HC175 的工作过程。

第 3 章 处理器体系结构

处理器的体系结构定义了指令集和基于这一体系结构下处理器的程序设计模型。尽管相同体系结构不同型号的处理器性能不同,所面向的应用也不同,但每个处理器的实现都要遵循这一体系结构。在本章接下来的内容中,将以龙芯架构 LoongArch 为主讲解相关的指令集和汇编程序设计知识。

◆ 3.1 指令集体系结构

指令集的概念与作用

指令集架构(Instruction Set Architecture,ISA),又称指令集或指令集体系,是计算机体系结构中与程序设计有关的部分,包含基本数据类型、指令集、寄存器、寻址模式、存储体系、中断、异常处理及外部 I/O。指令集架构包含一系列的 opcode(机器语言中的操作码),以及由特定处理器执行的基本命令。

常见的指令集架构包括**复杂指令集**(Complex Instruction Set Computing,CISC)、**精简指令集**(Reduced Instruction Set Computing,RISC)、**显式并行指令计算**(Explicitly Parallel Instruction Computing,EPIC)及**超长指令**(Very Long Instruction Word,VLIW)指令集。

3.1.1 精简指令集与复杂指令集

指令集的划分

1. 复杂指令集介绍

早期的计算机部件比较昂贵,主频低,运算速度慢。为了提高运算速度,人们不得不将越来越多的复杂指令加入指令系统中,以提高计算机的处理效率,这就逐步形成复杂指令集计算机体系。

CISC 指令系统的主要特点如下。
(1) 指令系统庞大,指令功能复杂,指令条数一般多于 100 条。
(2) 指令格式多,一般大于 4 种。
(3) 指令寻址方式多,一般大于 4 种。
(4) 指令字长不固定。
(5) 各种指令均可访问内存。
(6) 不同指令使用频率相差很大。
(7) 大多数指令需要多个机器周期才能完成。

(8) 指令系统由微程序控制。

2. 精简指令集介绍

通过对 CISC 的测试,科研人员发现 CISC 指令系统中存在指令使用频率相差悬殊的问题,即一些最常用的指令仅占指令总数的 20%,但是这些指令在程序中的使用频率却占到了惊人的 80%;而剩下的复杂指令占到了指令总数的 80%,但是其使用频率却只占到 20%。同时,复杂的指令系统也带了结构的复杂性,增加了设计的时间成本和设计失误的可能性。此外,尽管超大规模集成电路技术即 VLSI 技术已经达到了很高的水平,但想要把所有 CISC 硬件集成在一个芯片上仍是极其困难的。上述种种原因均限制了计算机芯片速度的进一步提升。

针对 CISC 技术存在的一些弊病,1975 年,IBM 公司的 John Cocke 首先提出了精简指令系统的设想。1979 年,美国加州大学伯克利分校由 Patterson 教授领导的研究组,首先提出了精简指令集系统这一术语,并先后研制了 RISC-Ⅰ和 RISC-Ⅱ计算机。1981 年,美国斯坦福大学在 Hennessy 教授领导下的研究小组研制了 MIPS RISC 计算机,强调高效的流水和采用编译的方法进行流水调度,使得 RISC 技术设计风格得到很大补充和发展。

有学者认为,精简指令集计算机的出现可能是存储程序式计算机诞生以来最有意义且最重要的变革。与 CISC 相比,RISC 在指令系统的设计上采取了决然不同的方法。其主要体现在:

(1) 指令系统简单,指令条数少。
(2) 寻址方式少。
(3) 指令格式简单,指令长度固定,操作码字段位置固定。
(4) 拥有更多的通用寄存器,寄存器操作较多,减少了对存储器的访问。

3. 精简指令集与复杂指令集的对比

RISC 和 CISC 是目前设计制造微处理器的两种典型技术,虽然它们都试图在体系结构、操作运行、软件硬件、编译时间和运行时间等诸多因素中做出某种平衡,以求达到高效的目的,但采用的方法不同,在很多方面差异很大,两种指令集的主要不同如下。

(1) 指令系统:RISC 设计者把主要精力放在那些经常使用的指令上,尽量使它们简单、高效。对不常用的功能,常通过组合指令来完成。因此,在 RISC 机器上实现特殊功能时,效率可能较低,但可以利用流水技术和超标量技术加以改进和弥补。而 CISC 计算机的指令系统比较丰富,有专用指令来完成特定的功能,因此,处理特殊任务效率相对较高。

(2) 存储器操作:RISC 对存储器操作有限制,使控制简单化;而 CISC 的存储器操作指令多,操作直接。

(3) 程序:RISC 汇编语言程序一般需要较大的内存空间,实现特殊功能时程序复杂,不易设计;而 CISC 汇编语言程序编程相对简单,科学计算及复杂操作的程序设计相对容易,效率较高。

(4) 中断:RISC 在一条指令执行的适当地方可以响应中断,而 CISC 是在一条指令执行结束后响应中断。

(5) CPU:RISC CPU 包含较少的电路单元,因而面积小、功耗低;而 CISC CPU 包含丰富的电路单元,因而功能强、面积大、功耗大。

(6) 设计周期:RISC 微处理器结构简单,布局紧凑,设计周期短,且易于采用最新技术;CISC 微处理器结构复杂,设计周期长。

(7) 用户使用:RISC 微处理器结构简单,指令规整,性能容易控制,易学易用;CISC 微处理器结构复杂,功能强大,实现特殊功能容易。

(8) 应用范围:基于 RISC 指令集的设备功能强大且功耗较低,常应用在移动设备领域;而基于 CISC 指令集的设备则主要集中在功能强大且功耗较高的计算机市场中。

4. 指令集架构发展历程

1) x86 指令集架构

x86 泛指一系列基于 Intel 8086 且向后兼容的中央处理器指令集架构,是一种采取复杂指令集计算机(CISC)的指令集架构。最早的基于该指令集架构的 8086 处理器于 1978 年由 Intel 推出,为 16 位处理器。该系列较早期的处理器名称以数字来表示,由于以"86"作为结尾,包括 Intel 8086、80186、80286、80386 及 80486,因此其架构被称为"x86"。而随着计算机技术及应用领域的不断发展,出现了 32 位的 x86 指令集架构和 64 位的 x86 指令集架构,其中以 IA-32 和 x86-64 指令集架构最为著名。

2) MIPS 指令集架构

MIPS 是一种采取精简指令集计算机(RISC)的指令集架构,于 1981 年出现,由 MIPS 公司开发并授权,被广泛使用在许多电子产品、网络设备、个人娱乐设备与商业设备上。最早的 MIPS 架构是 32 位,最新的版本已经变成 64 位。其中包括 MIPS Ⅰ、MIPS Ⅱ、MIPS Ⅲ、MIPS Ⅳ,以及 MIPS Ⅴ,它们是 MIPS32/64(分别是 32 位、64 位的实现)发布的五个版本。MIPS32/64 与 MIPS Ⅰ~Ⅴ 的主要区别在于它除了用户态架构外,还定义了特权内核模式系统控制协处理器。2021 年 3 月,MIPS 宣布 MIPS 架构的开发已经结束,因为该公司正在向 RISC-V 过渡。

3) ARM 指令集架构

ARM 指令集是一个基于精简指令集计算机(RISC)的指令集架构。自 1985 年 ARMv1 指令集架构诞生以来,ARM 公司已经推出了第九代 ARM 指令集架构 ARMv9。目前,ARM 处理器已经占据了移动和嵌入式领域芯片的绝大多数市场份额,基于 ARM 指令集的 Cortex-M 与 Cortex-A 两个系列的处理器已分别在低功耗微控制器与手持移动设备领域得了巨大的成功。

4) RISC-V 指令集架构

RISC-V 是一个基于精简指令集计算机(RISC)的开源指令集架构,该项目于 2010 年始于加州大学伯克利分校,但许多贡献者是该大学以外的志愿者和行业工作者。与大多数指令集相比,RISC-V 指令集可以自由地用于任何目的,允许任何人设计、制造和销售 RISC-V 芯片和软件而不必支付给任何公司专利费。虽然这不是第一个开源指令集,但它具有重要意义,因为其设计使其适用于现代计算设备(如仓库规模云计算机、高端移动电话和微小嵌入式系统)。该指令集还具有众多支持的软件,这克服了新指令集通常的弱点。

5) LoongArch 指令集架构

LoongArch 指令集架构,简称 LA,是龙芯中科研发的完全自主的国产指令集架构。该架构包含架构翻译(Architecture Translate)的指令子集,可在软硬配合下高效率翻译诸如x86-64、ARM架构、MIPS架构、RISC-V架构等指令集架构。其拥有基础指令337条、虚拟机扩展10条、二进制翻译扩展176条、128位向量扩展1024条、256位向量扩展1018条,共计2565条原生指令。LoongArch的发布标志着中国指令集系统架构承载的软件生态走向完全自主。目前,主流开源软件在LoongArch上都已经完成移植,龙芯中科将依托CPU底层核心技术及龙芯CPU核心优势,形成更加完善的生态体系。

3.1.2 二进制翻译

当今最具商业意义的微处理器仍然牢牢地依附于传统指令集架构,其中一些已经有数十年的历史了。尽管这些指令集架构存在公认的缺点,但制造商不愿开发全新的指令集架构,因为他们可能会失去其产品现有软件基础的商业优势。另一方面,软件开发人员发现将代码移植到新的体系结构非常困难和耗时,如果架构不能获得足够的市场份额,他们就像硬件开发人员一样也面临失去大量投资的风险。这两个因素共同阻碍了处理器设计的创新,因此二进制翻译(Binary Translation)技术应运而生,它是一种可以直接翻译二进制程序的技术,可以把某种处理器上的二进制程序翻译到另一种处理器上运行。利用二进制翻译技术,可以在不同处理器之间移植二进制程序,扩大了硬件/软件的适用范围,有助于打破处理器与支持软件之间相互制约影响创新的局面。

1. 二进制翻译技术概述

二进制翻译也是一种编译技术,它与传统编译技术的差别在于其编译器的处理对象。二进制翻译处理的对象是二进制机器代码,该二进制机器代码是经过传统编译器编译生成的,经过二进制翻译处理后成为另一种机器的二进制代码,而传统编译器的处理对象是某种高级语言,经过编译器处理后生成某种机器的目标代码。二进制翻译在概念上可以分成三个部分:前端解码器、中端分析优化器和后端翻译器,它们在二进制翻译的不同阶段起着不同的作用,共同完成从源到目标的翻译。

2. 二进制翻译技术分类及比较

基于软件的二进制翻译,可以分为三类:解释执行、静态翻译、动态翻译,这三种技术的介绍与优缺点如下。

(1)解释执行是利用本地处理器代码对源处理器代码逐条实时解释并执行的过程,该过程中系统不对解释的结果进行保存或缓存,也不进行任何优化。解释器比较容易实现,且可以较容易地与老的体系结构进行兼容,但是效率很低。

(2)静态翻译指的是在离线状态下,对源代码进行整体翻译,产生本地可执行文件。例如,将某源机器上的二进制可执行程序文件完全翻译成目标机器上的二进制可执行程序文件,然后在目标机器上执行该程序,一次的翻译结果可以多次使用,离线翻译也会提供充足的时间进行优化,产生高质量代码,提高运行时效率。但是静态翻译无法摆脱执行期解释器的支持,也需要终端用户的参与,整个过程缺乏透明,给用户造成了不便。

(3)动态翻译在程序运行时对执行到的代码片段进行实时翻译,克服了静态翻译的一些缺点,如无法实现代码挖掘、动态信息收集、自修改代码和精确中断等问题。并且动态翻译器对用户完全透明,不需要用户的干涉。但是动态翻译由于在翻译过程中受到动态执行的限制,不能像静态翻译那样进行细致的优化,使得翻译生成代码的执行效率相较于静态翻译较差。三种二进制翻译技术的优缺点如表 3-1 所示。

表 3-1 三种二进制翻译技术的比较

翻译方法名称	优　　点	缺　　点
解释执行	容易开发,不需要用户干预,高度兼容	代码执行效率很差
静态翻译	离线翻译,可以进行更好的优化,代码执行效率较高	依赖解释器、运行环境的支持,需要终端用户的参与,给用户使用造成了不便
动态翻译	无须解释器和运行环境支持,无须用户参与,可利用动态信息发掘优化机会	翻译的代码执行效率不如静态翻译高,对目标机器有额外的空间开销

3. 具有代表性的二进制翻译系统

目前,二进制翻译已经得到了广泛的重视和研究,一些有代表性的二进制翻译系统如表 3-2 所示。

表 3-2 具有代表性的二进制翻译系统

名　　称	研究单位	源　平　台	目的平台
FX!32	Digital	Windows/x86	Windows/Alpha
CodeMorphing	Transmeta	x86	VLIM
Rosetta2	Apple	macOS/x86	macOS/Arm
BOA	IBM	UNIX V/PowerPC	UNIX V/PowerPC
QuickTrans-it	Transmeta	MIPS PowerPC x86	Itanium x86 PowerPC Opteron
Daisy	IBM	UNIX V/PowerPC	VLIW
BOA	IBM	UNIX V/PowerPC	UNIX V/PowerPC
Houdini	Intel	Android/ARM	Windows/x86
LAT	龙芯中科	Linux/MIPS Linux/x86 Windows/x86	Linux/LoongArch Linux/LoongArch Linux/LoongArch

由于静态二进制翻译器的局限性,所有的实用系统都不采用纯静态的翻译,而是选择动态模拟或动态翻译再加上动态优化的方式。这样就可以在保证程序能够正确执行的基础上,尽量提高效率。而且动态翻译对用户透明,无须用户对其过程进行干预。

4. 龙芯二进制翻译技术

龙芯为了兼容 x86 和 ARM 应用程序,对二进制翻译技术进行了多年的研究和实验,并把成果整合在了自主设计的 LoongArch 架构中。

目前,龙芯二进制翻译技术的产出主要分为两大部分,分别是应用级二进制翻译器、跨指令集的系统级虚拟机。在应用级二进制翻译器层面,龙芯推出了 Linux 到 Linux 的翻译器及 Windows 到 Linux 的翻译器。其中,Linux 到 Linux 的翻译器主要包括 LATM(Linux/MIPS 到 Linux/LoongArch)、LATX(Linux/x86 到 Linux/LoongArch),而 Windows 到 Linux 的翻译器主要是由开源系统 Wine 完成,其主要作用是用 Linux 的系统调用来模拟 Windows 的系统调用。在推进自主 CPU 国产化应用的过程中,有大量的打印机无法在 Linux 平台正常工作,只能运行于 Windows 平台下,而龙芯通过二进制翻译技术,使基于 Windows 开发的打印机驱动流畅运行于 LoongArch 平台的 Linux 上。在系统级虚拟机层面,通过二进制翻译技术,龙芯 CPU 上可运行 Linux 和 Windows 2000/XP/7/10 等操作系统,实现了基于 QEMU 的 LoongArch 后端及更高效的系统 LATX/SYS。同时,通过二进制翻译技术,龙芯也完成了对 Windows 打印驱动的支持,使得老旧的打印机可以正常工作运行。

针对二进制翻译目前存在的一些问题,龙芯也给出了自己的技术路线。龙芯从持续完备测试与调试环境和软硬件深度优化两个方面入手,运用面向二进制翻译的随机测试生成技术、高强度的持续集成系统技术来支持龙芯 CPU 去模拟各种 CPU 的行为以应对完备性挑战,运用从指令集开始的协同和不断迭代的方法来应对性能挑战,不断提升自身二进制翻译技术的效率。

◆ 3.2 LoongArch 指令系统概述

龙芯架构 LoongArch 是一种精简指令集计算机风格的指令系统架构。龙芯架构具有 RISC 指令架构的典型特征——指令长度固定且编码格式规整。LoongArch 的指令集采用 load/store 架构,且绝大多数指令只有两个源操作数和一个目的操作数。龙芯架构分为 32 位(LA32)和 64 位(LA64)两个版本,LA64 架构支持应用级向下二进制兼容 LA32 架构,即在应用软件范围内,采用 LA32 架构的软件的二进制可执行文件可以直接运行在兼容 LA64 架构的机器上并能够获得相同的运行结果。但对于系统软件来说,能够在 LA32 架构上运行的系统软件(如操作系统内核)的二进制并不一定能在 LA64 架构的机器上获得相同的运行结果。

龙芯架构采用基础部分(Loongson Base)加扩展部分的组织形式。其中扩展部分包括二进制翻译扩展(Loongson Binary Translation,LBT)、虚拟化扩展(Loongson Virtualization,LVZ)、向量扩展(Loongson SIMD Extension,LSX)和高级向量扩展(Loongson Advanced SIMD Extension,LASX)。在这一节中将介绍 LoongArch 指令系统的具体内容。

3.2.1 LoongArch 指令的编码与汇编助记格式

1. 指令编码格式

首先龙芯架构采用的是定长编码,其中的所有指令都是以 32 位固定长度编码的,且所有指令的地址都被要求按照 4 字节边界对齐。若访问的指令地址不对齐,就证明该指令错

指令格式

误,从而因地址错误触发异常。

在龙芯指令集中,指令编码的特点是所有的操作码都是从指令的第 31 比特(最高位)开始从高到低依次摆放,而所有的寄存器操作数域都是从第 0 比特(最低位)开始从低到高依次摆放。在这种情况下,如果指令中存在立即数操作数,立即数域就要位于寄存器域和操作码域之间,而且根据不同的指令类型立即数域会有不同的长度。大体上来说,共包含 9 种典型的指令编码格式,即 3 种只以寄存器为操作对象不含立即数的编码格式 2R、3R、4R,以及 6 种含有立即数的编码格式 2RI8、2RI12、2RI14、2RI16、1RI21、I26,其中,*R 代表指令中有 * 个寄存器操作数,I* 则表示指令中的立即数占用的数位长度。在图 3-1 中列举了这 9 种典型编码格式的具体定义。

	31 30 29 28 27 26 25 24 23 22 21 20 19 18 17 16 15 14 13 12 11 10 09 08 07 06 05 04 03 02 01 00
2R-TYPE	opcode | rj | rd
3R-TYPE	opcode | rk | rj | rd
4R-TYPE	opcode | ra | rk | rj | rd
2RI8-TYPE	opcode | I8 | rj | rd
2RI12-TYPE	opcode | I12 | rj | rd
2RI14-TYPE	opcode | I14 | rj | rd
2RI16-TYPE	opcode | I16 | rj | rd
1RI21-TYPE	opcode | I21[15:0] | rj | I21[20:16]
I26-TYPE	opcode | I26[15:0] | I26[25:16]

图 3-1 LoongArch 典型指令编码格式

此外,在 LoongArch 的指令系统中还存在少数指令的指令编码域并不完全等同于以上列出的 9 种典型指令编码格式,而是在其基础上存在一些变化,但这种指令的数目并不多且指令编码变化的幅度也不大。

2. 指令汇编助记格式

由于机器指令以二进制的形式呈现,对于人类来说比较难以记忆与使用,便催生了便于人们记忆并能描述指令功能和指令操作数的符号——助记符。助记符一般是表明指令功能的英语单词缩写。在龙芯架构当中,指令的汇编助记格式主要包括指令名和操作数两部分,龙芯架构也对指令名和操作数的前缀、后缀进行了统一考虑与规范来使得汇编编程人员和编译器开发人员可以更方便地使用。下面将对 LoongArch 的指令汇编助记格式进行介绍,但是出于理解难度的考虑,为了帮助初学者更容易地了解指令系统,本书采用的是指令数较少的 32 位 LoongArch 指令集,之后章节中暂不涉及向量指令的具体分析。

对于前缀,龙芯架构通过指令名的前缀字母来区分整数和浮点数指令。例如,指令无前缀默认为非向量整数运算指令,以字母"F"开头的是非向量浮点数指令;以"VF"开头的是

128 位向量浮点指令;以"XVF"开头的是 256 位向量浮点指令;以字母"V"开头的是 128 位向量指令;以字母"XV"开头的是 256 位向量指令。如指令"ADD.W rd,rj,rk"是整数运算指令,而指令"FADD.S fd,fj,fk"则是针对浮点数的操作指令。

在后缀部分,指令系统中的绝大多数指令都通过指令名中".XX"形式的后缀来表明指令的操作对象类型。例如,对于以整数类型数据为操作对象的指令,指令名的后缀为 B、H、W、BU、HU、WU 时分别表示该指令操作的数据类型为有符号字节、有符号半字、有符号字、无符号字节、无符号半字、无符号字。但是针对操作数为有符号数和无符号数两种情况,无论操作数是哪种类型均不会对运算结果的正确性造成影响时,指令名中携带的后缀均不带 U,但此时并不限制操作对象只能是有符号数,即使后缀中没有无符号标识"U",操作数也可以是无符号数,但此时操作数是无符号数与否对于指令的执行结果没有影响。而对于操作对象是浮点数类型的,即那些指令名是以"F""VF"和"XVF"开头的指令,其指令名后缀为 H、S、D、W、L、WU、LU 分别表示该指令操作的数据类型是半精度浮点数、单精度浮点数、双精度浮点数、有符号字、有符号双字、无符号字、无符号双字。此外,在涉及向量操作的指令中,指令名后缀.V 表示该指令是将整个向量数据作为一个整体进行操作。如指令"ADD.W rd,rj,rk"是将 rj+rk 后得到结果的[31:0]位写入通用寄存器 rd 中,即按字操作。而指令"FADD.S fd,fj,fk"则表明指令设计的三个浮点寄存器中的数据都是单精度浮点数。

还需要指出的是,用".XX"形式的后缀来指示指令的操作对象的情况并不适用于所有的指令。例如,像 SLT 和 SLTU 这种操作对象的数据位宽由所执行处理器决定的指令是不加后缀的。另外,针对 CSR、TLB 和 Cache 进行操作的特权态指令以及在不同寄存器文件之间移动数据的指令也不会添加后缀来表明操作对象的类型。

此外,在一般情况下,一条指令往往有多个操作数。当源操作数和目的操作数的数据位宽和有无符号情况一致时,指令名只有一个后缀。如果所有源操作数的数据位宽和有无符号情况一致,但是与目的操作数的不一致,那么指令名将有两个后缀依次从左往右排列,第一个后缀表明目的操作数的情况,第二个后缀表明源操作数的情况。而如果不同操作数之间的数据类型区别情况更复杂,那么指令名将有多个后缀从左往右依次列出目的操作数和每个源操作数的情况,其次序与指令助记符中后面操作数的顺序一致。例如,指令"MUL.W.HU rd,rj,rk"中,后缀 W 对应的为目的操作数 rd,HU 对应的为源操作数 rj 和 rk,表示将两个无符号半字相乘,得到的字结果写入 rd 中。

寄存器操作数通过不同的首字母表明其属于哪个寄存器文件。以"rN"来标记通用寄存器,以"fN"来标记浮点寄存器,以"vN"来标记 128 位向量寄存器,以"xN"来标记 256 位向量寄存器。其中,N 是数字,表示操作的是该寄存器文件中第 N 号寄存器。

3.2.2 LoongArch 的寄存器组

由于 LoongArch 采用的是 load/store 架构,除数据存取指令外,所有的指令都直接对寄存器和立即数进行操作,无须内存参与,而寄存器和内存的通信就由数据存取指令来完成。所以架构中会存在较多的寄存器,这也是 RISC 指令集明显区别于 CISC 指令集的一个特点。

在 LoongArch 架构中设置有 32 个通用寄存器(General-purpose Register,GR),记为 r0～r31,其中,第 0 号寄存器 r0 的值恒为 0。GR 的位宽记作 GRLEN,在本书中介绍的

LA32 架构下 GRLEN 为 32，而在 LA64 中 GRLEN 则是 64。基础整数指令与通用寄存器是正交关系，即指令中的寄存器操作数都可以采用 32 个 GR 中的任意一个。但是除了 r0 寄存器恒为 0 之外，r1 寄存器在标准的龙芯架构应用程序二进制接口中固定作为存放函数调用返回地址的寄存器，且 BL 指令中隐含的目的寄存器也一定是第 1 号寄存器 r1。

程序计数器(Program Counter，PC)则只有一个，PC 负责记录当前取指指令的地址。为了确保程序运行的稳定性与安全性，PC 寄存器中的值不能被指令直接修改，只能通过转移指令、调用陷入和调用返回指令间接修改。但是 PC 可以作为部分非转移类指令的源操作数被直接读取，PC 的宽度总是与 GR 的宽度一致。

基础整数指令涉及的寄存器如图 3-2 所示，包括通用寄存器(GR)与程序计数器(PC)。此外，对于浮点操作来说，浮点数指令涉及浮点寄存器(Floating-point Register，FR)、条件标志寄存器(Condition Flag Register，CFR)和浮点控制状态寄存器(Floating-point Control and Status Register，FCSR)。

```
31                                           0
┌────────────────────────────────────────────┐
│ r0(恒为零)                                   │
├────────────────────────────────────────────┤
│ r1                                          │
├────────────────────────────────────────────┤
│ r2                                          │
├────────────────────────────────────────────┤
│ r3                                          │
├────────────────────────────────────────────┤
│ ...                                         │
├────────────────────────────────────────────┤
│ r30                                         │
├────────────────────────────────────────────┤
│ r31                                         │
└────────────────────────────────────────────┘

┌────────────────────────────────────────────┐
│ PC                                          │
└────────────────────────────────────────────┘
```

图 3-2　LA32 下的通用寄存器和 PC

浮点寄存器 FR 共有 32 个，其位宽与其操作的数据有关，仅当实现操作单精度浮点数和字整数的浮点指令时，FR 的位宽为 32b，通常情况下，FR 的位宽为 64b。同时，基础浮点指令与浮点寄存器也存在正交关系。当位宽为 32b 时，数据总是出现在浮点寄存器的[31：0]位上，此时浮点寄存器的[63：32]位可以是任意值。LA32 下的浮点寄存器如图 3-3 所示。

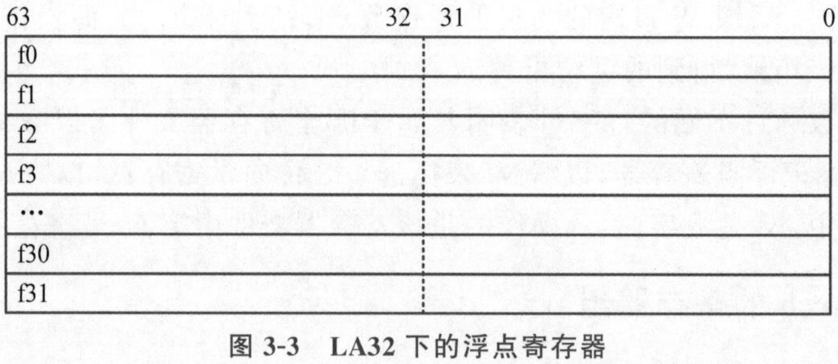

```
63                    32 31                  0
┌─────────────────────────┬──────────────────┐
│ f0                      │                  │
├─────────────────────────┼──────────────────┤
│ f1                      │                  │
├─────────────────────────┼──────────────────┤
│ f2                      │                  │
├─────────────────────────┼──────────────────┤
│ f3                      │                  │
├─────────────────────────┼──────────────────┤
│ ...                     │                  │
├─────────────────────────┼──────────────────┤
│ f30                     │                  │
├─────────────────────────┼──────────────────┤
│ f31                     │                  │
└─────────────────────────┴──────────────────┘
```

图 3-3　LA32 下的浮点寄存器

而条件标志寄存器 CFR 共有 8 个，分别记为 fcc0～fcc7，每个寄存器均支持用户进行读写。CFR 的位宽仅为 1b，用于存放浮点比较的结果，当比较结果为真则置 1，否则置 0，是浮点分支指令的判断条件。

浮点控制状态寄存器 FCSR 共有 4 个，分别记为 fcsr0～fcsr3，位宽都是 32b。其中，fcsr1～fcsr3 是 fcsr0 中部分域的别名，即访问 fcsr1～fcsr3 其实是访问 fcsr0 的某些域，进行写操作时对应的域也会被修改。

同时,龙芯架构下定义了一系列的状态控制寄存器 CSR,这些寄存器用于控制指令的执行行为,通常每个 CSR 都会包含若干域。这些寄存器负责维护机器的运行状态信息,处理异常情况等任务。例如,在 CRMD 寄存器中的第 0 位和第 1 位是负责维护当前特权等级的寄存器域,在执行特权指令之前,都需要对该域进行查询操作以确定当前用户是否具备执行指令的权限。而在异常处理的过程中也需要将 CRMD 中的 PLV、IE 分别存到 PRMD 的 PPLV、PIE 中,再将触发异常的指令的 PC 值记录到 ERA 寄存器中,以供异常处理之后返回程序执行时使用。

在运行过程中,这些状态寄存器为软件提供四种不同的读写操作模式:可读可写,只读,读取永远返回0,唯写入1有效。这些操作有效保护了系统安全并使得寄存器功能得以正常实现。龙芯架构中状态控制寄存器最多可以有 2^{14} 个,目前常用的控制状态寄存器如表 3-3 所示。通常采用 CSR.％％％％.♯♯♯♯ 的形式来指称名称缩写为 ％％％％ 的状态控制寄存器中名为 ♯♯♯♯ 的域。例如,CSR.MISC.0 就是指杂项寄存器 MISC 的保留域 0。所有控制状态寄存器的位宽,或者固定为 32 位,或者与机器所实现的具体架构是 LA32 还是 LA64 相关。对于第一种类别的寄存器,其在 LA64 架构下被 CSR 指令访问时,读返回的是符号扩展至 64 位后的值,写的时候高 32 位的值自动被硬件忽略。

此外,如果软件要操作当前系统中不存在的 CSR,即软件使用 CSR 指令访问的 CSR 对象是架构规范中未定义的,或者是架构规范中定义的可实现项但是具体硬件未实现的,此时读返回的值可以是任意值,但是写动作不应改变软件可见的处理器状态。尽管软件写这些未定义或未实现的控制状态寄存器不会改变软件可见的处理器状态,但如果想确保向后兼容,则软件不应主动写这些寄存器。

表 3-3 给出了 LA32 架构下常用的状态控制寄存器的名称与缩写标识。

表 3-3 控制状态寄存器一览表

名 称	缩 写	名 称	缩 写
当前模式信息	CRMD	异常前模式信息	PRMD
扩展部件使能	EUEN	异常配置	ECFG
异常状态	ESTAT	异常返回地址	ERA
出错虚地址	BADV	异常入口地址	EENTRY
TLB 索引	TLBIDX	TLB 表项高位	TLBEHI
TLB 表项低位 0	TLBELO0	TLB 表项低位 1	TLBELO1
地址空间标识符	ASID	低半地址空间全局目录基址	PGDL
高半地址空间全局目录基址	PGDH	全局目录基址	PGD
处理器编号	CPUID	数据保存	SAVEn(0~3)
定时器编号	TID	定时器配置	TCFG
定时器值	TVAL	定时中断清除	TICLR

续表

名称	缩写	名称	缩写
LLBit 控制	LLBCTL	TLB 重填异常入口地址	TLBRENTRY
高速缓存标签	CTAG	直接映射配置窗口	DMW0~DMW1

3.2.3 LoongArch 的寻址方式

指令的寻址方式

1. 寄存器寻址

在寄存器寻址方式(如图 3-4 所示)下,操作数就存放在 CPU 内部的寄存器中。指令中指定的寄存器号所对应的寄存器中的值即为操作数。由于无须通过访问存储器来取得操作数,因此采用寄存器寻址方式的指令具有较高的执行效率。同时寄存器寻址方式的指令字段短且执行速度快,还支持向量矩阵运算。其缺点是,CPU 中可供使用的寄存器总个数相对有限,因此寄存器使用的代价较高。

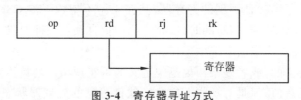

图 3-4 寄存器寻址方式

具体过程如指令:

```
add.w r4, r5, r6  ;  r4=r5+r6==4+1
```

该指令中两个操作数都是由寄存器寻址的方式获得的。在指令中指定了寄存器 r5,r6,则被指定寄存器中的内容就是指令的操作数。假设 r5 中存放的内容为 4,r6 中存放的内容为 1。在指令执行过程中,取指之后先确认指令给出的寄存器编号,然后访问寄存器 r5,r6,从中取出所需要的操作数并进行相应操作,指令执行结果存入通用寄存器 r4 中,指令执行完毕。

2. 立即数寻址

在立即数寻址方式(如图 3-5 所示)中,操作数作为指令的一部分,被包含在指令中,紧跟在操作码后面,不需要到其他地址单元中去取,取出指令也就取出了操作数,这种操作数就被称为立即数。立即数寻址方式在执行阶段不需要再取出操作数,是常见的寻址方式中速度最快的寻址方式。但是立即数寻址方式下立即数的表示范围受到指令长度的限制。

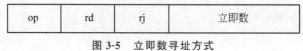

图 3-5 立即数寻址方式

具体过程如指令:

```
addi.w  r4, r5, 0x001  ; r4=r5+1==4+1
```

在指令中,r5 中存放了一个源操作数,假设为 4,对于该操作数的寻址方式就是寄存器寻址;而同时另外一个源操作数为立即数 0x001,该操作数在指令中直接给出,不需要再到其他地址单元中寻址,对于该操作数的寻址方式就是立即数寻址。指令执行过程中,首先通过寄存器寻址的方式获取 r5 中存放的操作数 4,同时通过立即数寻址的方式取得第二个操作数 0x001,将二者相加后得到的结果 5 存放到通用寄存器 r4 中,指令执行完成。

3. 基址寻址

基址寻址方式(如图 3-6 所示)下,指令中会给出一个寄存器号和一个形式地址,寄存器的内容为基准地址,而形式地址是地址偏移量。寻址操作数时需要将寄存器中的内容与指令中给出的地址偏移量相加,从而得到一个操作数的有效地址。这样一来就可以有效扩大寻址范围(基址寻址的位数大于形式地址的位数),从而可以通过加上一个基地址在更大范围的空间内设计程序。例如,原本使用形式地址只能寻址到 0~99 的地址空间,但加上一个 100 的基址之后,采用基址寻址的方式,就可以将 100~199 的地址空间也纳入寻址范围。这样整个寻址空间就变成了 0~199,有效扩大了寻址范围,在进行程序设计时能够有更多可用的地址空间。

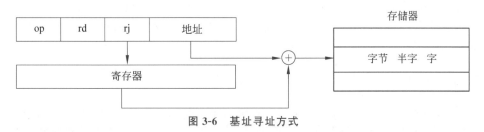

图 3-6 基址寻址方式

具体过程如指令:

```
ld.b   r4,r5,0x001   ;从内存地址为(通用寄存器 r5 的+0x001)的位置取回一个字节的数据符
                     ;号扩展后写入通用寄存器 r4
```

指令中除目的寄存器 r4 外还给出了一个寄存器 r5,一个 12b 长的立即数 0x001,假设 r5 中存放的值为 4,该指令采取基址寻址的寻址方式。指令执行过程中首先读取给出的寄存器 r5 的内容,读出为 4,将其作为寻址操作数的基址;然后获得指令中携带的立即数 0x001,并将其进行符号扩展,得到的结果与基址相加,得到操作数的实际地址 5。然后指令进行访存操作,并从地址为 5 的位置取回一个字节的数据,符号扩展后写入通用寄存器 r4,指令执行完毕。

4. 相对基址变址寻址方式

在相对基址变址寻址方式(如图 3-7 所示)下,指令中存在两个寄存器,一个作为基址寄存器,一个作为变址寄存器。当需要操作数时将两个寄存器中的值相加求和,获得的结果就是目标地址。在典型的基址变址寻址方式中,往往还需要确定一个段寄存器作为地址基准,那么相加的结果就是地址的偏移量,偏移量再加上基准地址才能获得操作数的地址。但是龙芯架构中,虚拟地址空间是线性平整的,即每个特权级在其能够访问的地址空间中没有分段,也就相当于龙芯架构的段基址就是整个内存空间的最小地址,无须再确定段寄存器。在龙芯架构中这种寻址方式主要用于普通访存指令中。

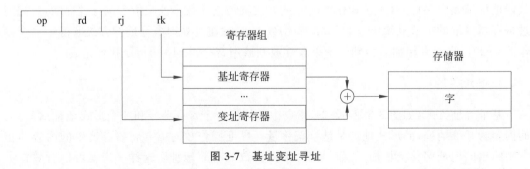

图 3-7 基址变址寻址

具体过程如指令:

```
ldx  r4, r5, r6   ;内存中某处取出一个字节的数据符号扩展后写入通用寄存器 r4,取数的地址
                  ;值等于 r5 的内容加上 r6 的内容
```

假设 r5 中的内容为 0x00000001,r6 中的内容为 0x00000002;则目标地址为 0x00000003。即指令从地址为 0x00000003 的内存位置取出一个字节的数据并进行符号扩展后存入通用寄存器 r4 中。

5. PC 相对寻址

PC 相对寻址方式(如图 3-8 所示)下,在 LoongArch 指令中会存在 16 位、21 位或 26 位三种长度的立即数。LA 的转移指令一般都会采用 PC 相对寻址方式来获得跳转的目标地址。PC 相对寻址方式中,一般先将指令码中的立即数逻辑左移两位后再进行符号扩展得到地址的偏移量,然后将获得的偏移量加上当前程序计数器 PC 的内容,获得的结果就是目标地址。PC 相对寻址的优点是其操作数地址不是固定的,会随着 PC 值的变化而变化,并且与指令地址之前总是相差一个固定值,因此便于程序浮动。

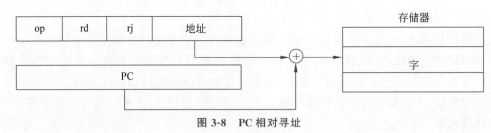

图 3-8 PC 相对寻址

具体过程如指令:

```
beq  r4, r5, 0x0001   ;比较 r4,r5 中的内容,若两者相等则跳转到地址为(PC 寄存器的值+立
                      ;即数 0x0001 左移两位后符号扩展的值)的指令处
```

假设 r4 中的值为 1,等于 r5 中的值,当前指令的 PC 值为 4。指令中指定的两个寄存器的值相同,则进行跳转,跳转的目标地址采用 PC 相对寻址的方式进行确认。指令中给出的

立即数为 0x0001，在逻辑左移两位之后变为 0x0004，接着进行符号扩展，结果为 0x00000004，将其与 PC 值 4 相加，得到跳转的目标地址 8，跳转到该位置，指令执行结束。

3.3 LoongArch32 指令集

对于一个兼容龙芯架构的 CPU，架构中的基础指令部分必须完整实现，扩展部分可以有选择地进行实现。而对于大多数的应用场景来说，基础部分已经足以支持应用。同时，龙芯架构的基础部分包含非特权指令集和特权指令集两个部分，其中，非特权指令集部分定义了常用的整数和浮点数指令。本节将根据指令的功能划分来逐一介绍龙芯架构 LoongArch32（LA32）中基础部分的指令。

3.3.1 数据处理指令

1. ADD.W 寄存器加法指令

指令格式：

```
add.w   rd, rj, rk
```

指令功能：ADD.W 将通用寄存器 rj 中的[31:0]位数据加上通用寄存器 rk 中的[31:0]位数据，所得结果的[31:0]位符号扩展后写入通用寄存器 rd 中，即 rd=rj+rk。

例如：

```
add.w   r5, r6, r7          ;r5=r6+r7
```

2. SUB.W 寄存器减法指令

指令格式：

```
sub.w   rd, rj, rk
```

指令功能：SUB.W 将通用寄存器 rj 中的[31:0]位数据减去通用寄存器 rk 中的[31:0]位数据，所得结果的[31:0]位符号扩展后写入通用寄存器 rd 中，即 rd=rj−rk。

例如：

```
sub.w   r5, r6, r7          ;r5=r6-r7
```

3. ADDI.W 带立即数的加法指令

指令格式：

```
addi.w   rd, rj, si12
```

指令功能：ADDI.W 将通用寄存器 rj 中的[31:0]位数据加上 12b 立即数 si12 符号扩

展后的 32 位数据，所得结果的[31:0]位符号扩展后写入通用寄存器 rd 中。该指令执行时不会对溢出情况做任何特殊处理。

例如：

```
addi.w  r5, r6, 5          ;r5=r6+5
```

4. ALSL.W 移位相加指令

指令格式：

```
alsl.w  rd, rj, rk, sa2
```

指令功能：ALSL.W 将通用寄存器 rj 中的[31:0]位数据逻辑左移(sa2+1)位后加上通用寄存器 rk 中的[31:0]位数据，所得结果的[31:0]位符号扩展后写入通用寄存器 rd 中。指令执行时不会对溢出情况做任何特殊处理。

例如：

```
alsl.w  r5, r6, r7, 3      ;tmp=(GR[r6][31:0]<<4)+GR[rk][31:0]将其移位后加上 r5=
                           ;SignExtend(tmp[31:0],GRLEN)所得结果的低 32 位存入 r5
```

5. LU12I.W 立即数装载指令

指令格式：

```
lu12i.w  rd, si20
```

指令功能：LU12I.W 将 20b 立即数 si20 最低位连接上 12b 的 0，然后符号扩展后写入通用寄存器 rd 中。该指令和 LA64 中的 LU32I.D,LU52I.D 指令都可以与 ORI 指令一起，用于将超过 12 位的立即数装载到通用寄存器中。

例如：

```
lu12i.w  r5, 10001000000000000000   ;在 10001000000000000000 最低位连接 12 个 0 之后
                                    ;进行符号扩展，并将结果存入 r5
```

6. SLT[U]数据比较指令

指令格式：

```
slt  rd, rj, rk
sltu rd, rj, rk
```

指令功能：SLT 将通用寄存器 rj 中的数据与通用寄存器 rk 中的数据视作有符号整数进行大小比较，如果前者小于后者，则将通用寄存器 rd 的值置为 1，否则置为 0。SLTU 则是将数据视为无符号数进行相同操作。同时，SLT 和 SLTU 比较的数据位宽与所执行机器

的通用寄存器的位宽一致。即在 LA32 下比较的数据位宽就是 32 位,而在 LA64 下比较的位宽是 64 位。

例如:

```
slt   r5, r6, r7      ;假设 r6=8,r7=9,则满足 r6 的值小于 r7,
                      ;将 r5 置为 1;否则若 r6=9,r7=8,则 r6 的
                      ;值不小于 r7,将 r5 置为 0
```

7. SLT[U]I 带立即数的数据比较指令

指令格式:

```
slti  rd, rj, si12
sltui rd, rj, si12
```

指令功能:SLTI 将通用寄存器 rj 中的数据与 12b 立即数 si12 符号扩展后所得的数据视作有符号整数进行大小比较,如果前者小于后者,则将通用寄存器 rd 的值置为 1,否则置为 0。而 SLTUI 则是将 rj 中的数据与 12b 立即数 si12 符号扩展后所得的数据都视为无符号数进行大小比较,再根据关系对 rd 进行赋值。注意 SLTUI 在对立即数进行扩展时仍然使用符号扩展方式。同时,SLTU 与 SLTUI 比较的数据位宽与所执行的机器的通用寄存器的位宽保持一致。

例如:

```
slti  r5, r6, 10      ;假设 r6=9,10 是正数,符号位为 0 则进行
                      ;扩展之后的值仍然为 10,r6<10,将 r5
                      ;置为 1;否则若 r6=11,则 r6 的值大于 10,
                      ;将 r5 置为 0
```

8. PCADDU12I 指令地址计算指令

指令格式:

```
pcaddu12i  rd, si20
```

指令功能:PCADDU12I 指令在 20b 长度的立即数 si20 的最低位连接上 12b 的 0,然后进行符号扩展,所得的数据加上该指令的 PC 值并将得到的结果写入通用寄存器 rd 中。指令操作的数据位宽与所执行机器的通用寄存器位宽一致。即符号扩展之后数据的长度在 LA32 中应该为 32b。这条指令通常可以用来计算当前指令往后第 N 条指令的地址。

9. AND、ANDI 逻辑与指令

指令格式:

```
and   rd, rj, rk
andi  rd, rj, ui12
```

指令功能：AND 指令将通用寄存器 rj 与 rk 中的数据进行按位逻辑与运算，结果写入通用寄存器 rd 中。ANDI 指令将通用寄存器 rj 中的数据与 12b 长度的立即数 ui12 零扩展之后的数据进行按位与运算，结果写入通用寄存器 rd 中。指令操作的数据位宽与所执行机器的通用寄存器位宽一致。

例如：

```
and r5, r6, r7      ;理论上寄存器中的值应该为 32 位,这里出于简便考虑,
                    ;只设 4 位,后面的逻辑指令同理。设 r6 的值为 1011,r7 的值为 0101,则两
                    ;个值按位与之后得到的数据为 0001,并将该值存入通用寄存器 r5 中
andi r5, r6, 0101   ;这里立即数也假设只有 4 位,r6 仍为 1011,结果相同
```

10. OR、ORI 逻辑或指令

指令格式：

```
or rd, rj, rk
ori rd, rj, ui12
```

指令功能：OR 指令将通用寄存器 rj 与 rk 中的数据进行按位逻辑或运算，结果写入通用寄存器 rd 中。ORI 指令将通用寄存器 rj 中的数据与 12b 长度的立即数 ui12 零扩展之后的数据进行按位或运算，结果写入通用寄存器 rd 中。指令操作的数据位宽与所执行机器的通用寄存器位宽一致。

例如：

```
or r5, r6, r7       ;仍设 r6 值为 1011,r7 为 0101,则按位或之后获得数据
                    ;1111 并将该值存入通用寄存器 r5 当中
ori r5, r6, 0101    ;r6 仍为 1011,结果相同
```

11. XOR、XORI 逻辑异或指令

指令格式：

```
xor  rd, rj, rk
xori rd, rj, ui12
```

指令功能：XOR 指令将通用寄存器 rj 与 rk 中的数据进行按位逻辑异或运算，结果写入通用寄存器 rd 中。XORI 指令将通用寄存器 rj 中的数据与 12b 长度的立即数 ui12 零扩展之后的数据进行按位异或运算，结果写入通用寄存器 rd 中。指令操作的数据位宽与所执行机器的通用寄存器位宽一致。

例如：

```
xor r5, r6, r7      ;仍设 r6 值为 1011,r7 为 0101,则按位异或之后获得数
                    ;据 1110 并将该值存入通用寄存器 r5 当中
xori r5, r6, 0101   ;r6 仍为 1011,结果相同。
```

12. NOR 逻辑或非指令

指令格式：

```
nor   rd, rj, rk
```

指令功能：NOR 指令将通用寄存器 rj 与 rk 中的数据进行按位逻辑或非运算，结果写入通用寄存器 rd 中。指令操作的数据位宽与所执行机器的通用寄存器位宽一致。

例如：

```
nor r5, r6, r7      ;仍设 r6 值为 1011,r7 为 0101,则按位或非之后获得数
                    ;据 0000 并将该值存入通用寄存器 r5 当中
```

13. NOP 空指令

指令格式：

```
nop
```

指令功能：NOP 指令在 LoongArch 中，其实是"andi r0,r0,0"指令的别名，NOP 指令的作用仅为占据 4B 的指令码位置并将 PC 加 4，除此之外不会改变其他任何软件可见的处理器状态。NOP 指令可以用于程序延时或精确计时。

14. MUL.W，MULH.W[U]乘法指令

指令格式：

```
mul.w     rd, rj, rk
mulh.w    rd, rj, rk
mulh.wu   rd, rj, rk
```

指令功能：MUL.W 指令将通用寄存器 rj 中的数据与通用寄存器 rk 中的数据进行相乘，乘积结果的[31:0]位数据写入通用寄存器 rd 中。MULH.W 将寄存器 rj 和 rk 中的数据视为有符号数进行相乘，乘积结果的[63:32]位数据写入通用寄存器 rd 中。MULH.WU 则是将 rj 和 rk 中的数据视作无符号数进行相乘，乘积结果的[63:32]位写入通用寄存器 rd 中。

例如：

```
mul.w     r4, r5, r6    ;将 r5 和 r6 中的数据进行相乘,乘积结果的[31:0]位写入 r4
mulh.w    r4, r5, r6    ;将 r5 和 r6 中的数据当作有符号数进行相乘,乘积的[63:32]
                        ;位写入 r4
mulh.wu   r4, r5, r6    ;r5,r6 当作无符号数进行相乘,结果的[63:32]位存入 r4
```

15. DIV.W[U]除法指令

指令格式：

```
        div.w   rd, rj, rk
        div.wu  rd, rj, rk
```

指令功能：两种指令都是将通用寄存器 rj 中的数据除以通用寄存器 rk 中的数据，所得的商写入通用寄存器 rd 中。区别就是 div.wu 将数据当作无符号数进行计算。而 div.w 将数据当作有符号数进行计算。同时当除数是 0 时，指令的运行结果可以是任意值，且不会因此触发任何异常。

例如：

```
        div.w   r4, r5, r6        ;假设 r5=4,r6=1,则指令运行结束后 r4=4
```

16. MOD.W[U] 取余指令

指令格式：

```
        mod.w   rd, rj, rk
        mod.wu  rd, rj, rk
```

指令功能：MOD.W 指令将 rj 和 rk 中的数据当作有符号数进行操作，MOD.WU 将其当作无符号数进行操作。两条指令都会将 rj 中的数据除以通用寄存器 rk 中的数据，所得的余数写入通用寄存器 rd 中。同时每一对求商/余数的指令对（DIV.W/MOD.W，DIV.WU/MOD.WU）的运算结果都满足余数与被除数的符号一致且余数的绝对值小于除数的绝对值。

例如：

```
        mod.w   r4, r5, r6        ;假设 r5=5,r6=6,则指令运行结束后 r4=5
```

17. SLL.W, SLLI.W 逻辑左移指令

指令格式：

```
        sll.w    rd, rj, rk
        slli.w   rd, rj, ui5
```

指令功能：SLL.W 和 SLLI.W 两条指令都是将通用寄存器 rj 中的数据逻辑左移，然后将移位结果写入通用寄存器 rd 中。不同之处在于 SLL.W 的移位位数是由 rk 中[4:0]位的数据决定的，而 SLLI.W 的移位位数是由指令中给出的无符号立即数 ui5 决定的。

例如：

```
        sll.w r4, r5, r6     ;假设 r5=4,r6=2,则指令运行结束后 r4=16
```

18. SRL.W, SRLI.W 逻辑右移指令

指令格式：

```
srl.w    rd, rj, rk
srli.w   rd, rj, ui5
```

指令功能：SRL.W 和 SRLI.W 两条指令都是将通用寄存器 rj 中的数据逻辑右移，然后将移位结果写入通用寄存器 rd 中。不同之处在于 SRL.W 的移位位数是由 rk 中[4:0]位的数据决定的，而 SRLI.W 的移位位数是由指令中给出的 5 位无符号立即数 ui5 决定的。

例如：

```
srl.w   r4, r5, r6    ;假设 r5=4,r6=2,则指令运行结束后 r4=1
```

19. SRA.W、SRAI.W 算术右移指令

指令格式：

```
sra.w    rd, rj, rk
srai.w   rd, rj, ui5
```

指令功能：SRA.W 和 SRAI.W 两条指令都是将通用寄存器 rj 中的数据算术右移，然后将移位结果写入通用寄存器 rd 中。不同之处在于 SRA.W 的移位位数是由 rk 中[4:0]位的数据决定的，而 SRAI.W 的移位位数是由指令中给出的 5 位无符号立即数 ui5 决定的。

例如：

```
srai.w  r4, r5, 1     ;假设 r5=4,则指令运行结束后 r4=2
```

20. EXT.W.{B/H} 符号扩展指令

指令格式：

```
ext.w.b   rd, rj
ext.w.h   rd, rj
```

指令功能：EXT.W.B 将通用寄存器 rj 中[7:0]位数据符号扩展后写入通用寄存器 rd 中；EXT.W.H 将通用寄存器 rj 中[15:0]位数据符号扩展后写入通用寄存器 rd 中。

例如：

```
ext.w.h  r4, r5    ;假设 r5 中[15:0]位的值为-1,则符号扩展后 32 位数为
                   ;-2147450881,将结果存入 r4 中
```

21. CL{O/Z}.W、CT{O/Z}.W 按位计数指令

指令格式：

```
clo.w rd, rj;
clz.w rd, rj;
cto.w rd, rj;
ctz.w rd, rj;
```

指令功能：CLO.W 对于通用寄存器 rj 中[31:0]位数据，从第 31 位开始向第 0 位方向计量连续比特"1"的个数，结果写入通用寄存器 rd 中；CLZ.W 对于通用寄存器 rj 中[31:0]位数据，从第 31 位开始向第 0 位方向计量连续比特"0"的个数，结果写入通用寄存器 rd 中；CTO.W 对于通用寄存器 rj 中[31:0]位数据，从第 0 位开始向第 31 位方向计量连续比特"1"的个数，结果写入通用寄存器 rd 中；CTZ.W 对于通用寄存器 rj 中[31:0]位数据，从第 0 位开始向第 31 位方向计量连续比特"0"的个数，结果写入通用寄存器 rd 中。

例如：

```
clo.w r4, r5      ;假设 r5 中除低 8 位 11011110 外全为零，则最大连
                  ;续"1"的个数就为 4，将 4 存入寄存器 r4 当中
```

22. BYTEPICK.W 四字节截取指令

指令格式：

```
bytepick.w    rd, rj, rk, sa2
```

指令功能：BYTEPICK.W 将通用寄存器 rk 中[31:0]位与通用寄存器 rj 中[31:0]位左右连接成为一个 64b(8B)的比特串，从最左侧第 sa2 个字节开始截取连续 4B，所得的 32 比特字符串符号扩展后写入通用寄存器 rd 中。

例如：

```
bytepick.w    r4, r5, r6, 2  ;若 r5, r6 除了 r5 的第 0 位为 1 外全为 0，则截取到
                             ;的 32b 的比特串只有第 16 位为 1，其他位全为 0，
                             ;该值等于十进制的 65 536，存入通用寄存器 r4 中
```

23. REVB.2H 二字节逆序排列指令

指令格式：

```
revb.2h   rd, rj
```

指令功能：REVB.2H 以每 2B 为单位对数据进行逆序排列，即将通用寄存器 rj 中[15:0]位中的 2B 逆序排列形成中间结果的[15:0]位，将通用寄存器 rj 中[31:16]中的 2B 逆序排列形成中间结果的[31:16]位，32b 的结果写入通用寄存器 rd 中。如果是对于 LA64 来说，还需要将结果进行符号扩展再写入通用寄存器 rd。

例如：

```
revb.2h   r4, r5        ;假设 r5 中 32b 内容为 0x00010001,则在指令按每
                        ;2B 进行逆序排列之后,可以得到 0x80008000,
                        ;并将该结果存入通用寄存器 r4 中
```

24. BITREV.4B 按字节逆序排列指令

指令格式:

```
bitrev.4b   rd, rj
```

指令功能:BITREV.4B 以字节为单位对数据进行逆序排列,即将通用寄存器 rj 中[7:0]位中的 8b 逆序排列形成中间结果的[7:0]位,将通用寄存器 rj 中[15:8]位中的 8b 逆序排列形成中间结果的[15:8]位,将通用寄存器 rj 中[23:16]位中的 8b 逆序排列形成中间结果的[23:16]位,将通用寄存器 rj 中[31:24]位中的 8b 逆序排列形成中间结果的[31:24]位,32 位的结果写入通用寄存器 rd 中。

例如:

```
bitrev.4b r4, r5        ;假设 r5 中的 32 位内容为 0x01010010,则经过指令
                        ;执行过程后得到的数据为 0x10100001,将该结果存
                        ;入通用寄存器 r4 中
```

25. BITREV.W 四字节逆序排列指令

指令格式:

```
bitrev.w   rd, rj
```

指令功能:BITREV.W 将通用寄存器 rj 中[31:0]位中的 32b 逆序排列形成中间结果的[31:0]位,32 位的中间结果符号扩展写入通用寄存器 rd 中。

例如:

```
bitrev.w   r4, r5       ;假设 r5 中的 32 位内容为 0x10110000,则经过指令
                        ;执行过程后得到的数据为 0x00001101,将该结果存
                        ;入通用寄存器 r4 中
```

26. BSTRINS.W 按位替换指令

指令格式:

```
bstrins.w   rd, rj, msbw, lsbw
```

指令功能:BSTRINS.W 将通用寄存器 rd 最低 32 位中的[msbw:lsbw]位替换为通用寄存器 rj 中[msbw-lsbw:0]位,得到的 32 位结果符号扩展后写入通用寄存器 rd 中。

例如:

```
bstrins.w  r4, r5, 17, 11    ;假设 r4 的内容为 0x00001000,r5 的内容为 0x1111000,
                             ;则经过指令执行之后获得的数据为 0x00000000,将结果
                             ;存入通用寄存器 r4 中
```

27. BSTRPICK.W 按位截取指令

指令格式：

```
bstrpick.w  rd, rj, msbw, lsbw
```

指令功能：BSTRPICK.W 提取通用寄存器 rj 中[msbw:lsbw]位零扩展至 32 位,所形成的 32 位结果写入通用寄存器 rd 中。

例如：

```
bstrpick.w    r4, r5, 11, 6   ;假设 r5 的内容为 0x00000800,则截取出的段为 000010,
                              ;零扩展后得到的值为 0x00000002,将结果写入通用寄存
                              ;器 r4 中
```

28. MASKEQZ,MASKNEZ 条件赋值指令

指令格式：

```
maskeqz  rd, rj, rk
masknez  rd, rj, rk
```

指令功能：MASKEQZ 和 MASKNEZ 指令进行条件赋值操作。MASKEQZ 执行时,如果通用寄存器 rk 的值等于 0,则将通用寄存器 rd 置为全 0,否则将其赋值为 rj 寄存器的值。MASKNEZ 执行时,如果通用寄存器 rk 的值不等于 0,则将通用寄存器 rd 置为全 0,否则将其赋值为 rj 寄存器的值。

例如：

```
maskeqz  r4, r5, r6    ;假设 r6 的值为 0x00000001,r5 的值为 0x00001000,
                       ;r6 不为零,则应该将 r5 的值赋值给 r4,即将 r4 的值
                       ;置为 0x00001000
```

3.3.2 转移指令

1. B,BL,JIRL 无条件跳转指令

指令格式：

```
b offs26
bl offs26
jirl rd, rj, offs16
```

指令功能：上述三条指令都是无条件跳转指令，功能比较相似但作用环境与情况不同，接下来对每条指令分别进行介绍以明确各指令的区别与特点。

B 指令无条件跳转到目标地址处，指令的跳转目标地址是将指令的 PC 值加上指令中给出的 26b 长度的立即数 offs26 逻辑左移 2 位后进行符号扩展所得到的偏移值。

例如：

```
b    1      ;假设该指令 PC 值==1,则跳转的目标地址为 0001+0100=0101,即
             ;接下来的指令从地址位置 5 开始执行
```

BL 指令无条件跳转到目标地址处，同时将该指令的 PC 值加 4 的结果写入 1 号通用寄存器 r1 中。指令跳转的目标地址是将指令码中的 26b 长度的立即数 offs26 逻辑左移 2 位后再符号扩展，所得的偏移值加上该分支指令的 PC。在 LA ABI（龙芯应用程序二进制接口）中，1 号通用寄存器 r1 作为返回地址寄存器 ra。

例如：

```
bl   3      ;假设指令 PC 值等于 1,则跳转的目标地址为 13。同时将 PC 加 4 获
             ;得的结果存入通用寄存器 r1 中,r1 的值等于 5
```

JIRL 无条件跳转到目标地址处，同时将该指令的 PC 值加 4 的结果写入通用寄存器 rd 中。该指令的跳转目标地址是将指令码中的 16b 立即数 offsl6 逻辑左移 2 位后再符号扩展，所得的偏移值加上通用寄存器 rj 中的值。要注意的是，当 rd 等于 0 时，JIRL 的功能即是一条普通的非调用间接跳转指令。同时，rd 等于 0，rj 等于 1 且 offsl6 等于 0 的 JIRL 常作为调用返回间接跳转使用。

例如：

```
jirl r4, r5, 3  ;假设指令 PC 值等于 1,r5 的值等于 1,则跳转的目标地址为 13,
                 ;同时将 PC 加 4 获得的结果存入 r4 中,此时 r4 等于 5
```

2. BEQ、BNE、BLT[U]、BGE[U]条件跳转指令

指令格式：

```
beq     rj, rd, offs16
bne     rj, rd, offs16
blt     rj, rd, offs16
bge     rj, rd, offs16
bltu    rj, rd, offs16
bgeu    rj, rd, offs16
```

指令功能：涉及指令较多，接下来对每条指令分别进行介绍与示例。但是六条分支指令的跳转目标地址计算方式都是将指令码中的 16b 立即数 offsl6 逻辑左移 2 位后再符号扩展所得的偏移值加上该分支指令的 PC。

1）BEQ 相等跳转指令

指令将通用寄存器 rj 和通用寄存器 rd 的值进行比较，如果两者相等则跳转到目标地

址,否则不跳转。

```
beq   r4, r5, 1  ;假设 r4 等于 4 等于 r5,指令 PC 值等于 1,则满足跳转条件,跳
                 ;转的目标地址为 5
```

2) BNE 不相等跳转指令

指令将通用寄存器 rj 和通用寄存器 rd 的值进行比较,如果两者不相等则跳转到目标地址,否则不跳转。

```
bne   r4, r5, 1  ;假设 r4 等于 4,r5 等于 5,指令 PC 值等于 1,r4 的值不等于 r5
                 ;的值,则满足跳转条件,跳转的目标地址为 5
```

3) BLT,BLTU 小于跳转指令

BLT 指令将通用寄存器 rj 和通用寄存器 rd 的值视作有符号数进行比较,如果前者小于后者则跳转到目标地址,否则不跳转。BLTU 指令则是将两寄存器中的值视作无符号数进行比较。

```
blt   r4, r5, 1  ;假设 r4 等于 4,r5 等于 5,指令 PC 值等于 1,r4 的值小于 r5 的
                 ;值,则满足跳转条件,跳转的目标地址为 5
```

4) BGE,BGEU 大于或等于跳转指令

指令将通用寄存器 rj 和通用寄存器 rd 的值视作有符号数进行比较,如果前者大于或等于后者则跳转到目标地址,否则不跳转。BGEU 指令则是与 BLTU 一样,将两寄存器中的值视作无符号数进行比较。

```
bge   r4, r5, 1  ;假设 r4 等于 5,r5 等于 4,指令 PC 值等于 1,r4 的值大于 r5 的
                 ;值,则满足跳转条件,跳转的目标地址为 5。r4 的值等于 r5 时
                 ;也会进行跳转
```

3.3.3 访存指令

1. LD.{B[U]/H[U]/W} 普通访存指令读指令

指令格式:

```
ld.b    rd, rj, si12
ld.h    rd, rj, si12
ld.w    rd, rj, si12
ld.bu   rd, rj, si12
ld.hu   rd, rj, si12
```

指令功能:LD.B 从内存取回一个字节的数据符号扩展后写入通用寄存器 rd;LD.H 从内存取回一个长度为半字的数据符号扩展后写入通用寄存器 rd;而 LD.W 从内存取回一个字的数据写入通用寄存器 rd。LD.{BU/HU}则是从内存取回一个字节/半字的数据进行零

扩展后写入通用寄存器 rd。

这些指令的访存地址计算方式是将通用寄存器 rj 中的值与符号扩展后的 12b 长度的立即数 si12 相加求和。对于 LD.{H[U]/W} 指令,只要其访存地址是自然对齐的,都不会触发非对齐例外;否则将触发非对齐例外。

例如:

```
ld.b   r4, r5, 1      ;假设 r5 中的数据为 3,则取数据的目标地址为 4,即从内存
                      ;地址为 4 的地方取出 8b 长度的数据放入 r4 中
```

2. ST.{B/H/W} 普通访存指令写指令

指令格式:

```
st.b   rd, rj, si12
st.h   rd, rj, si12
st.w   rd, rj, si12
```

指令功能:ST.B 指令将通用寄存器 rd 中[7:0]位数据写入内存中;ST.H 指令将通用寄存器 rd 中[15:0]位数据写入内存中;ST.W 指令将通用寄存器 rd 中[31:0]位数据写入内存中。

三条指令的访存地址的计算方式和读指令相同,都是将通用寄存器 rj 中的值与符号扩展后的 12b 长度的立即数 si12 相加求和。同时对于这三条指令,只要访存地址是自然对齐的,都不会触发非对齐例外;否则将会触发非对齐例外。

例如:

```
st.b r4, r5, 1     ;假设 r4 中的数据为 0x00001111,则 st.b 指令将其[7:0]位
                   ;即 0x11 写入内存中,写入的目标地址为 r5 中的数据加上 1。
st.w r4, r5, 1     ;同样,st.w 指令则是将[31:0]位数据写入内存中,即将
                   ;0x00001111 写入内存,目标地址位 r5 数据加上 1
```

3. PRELD 预取 Cache 指令

指令格式:

```
preldhint, rj, si12
```

指令功能:PRELD 从内存中预取一个 Cache 行的数据进入 Cache 中。其访存地址的计算方式是将通用寄存器 rj 中的值与符号扩展后的 12b 立即数 si12 相加求和。该访存地址落在待预取的 Cache 行内。

PRELD 指令中的 hint 提示处理器预取的类型以及取回的数据填入哪一级 Cache。hint 从 0 到 31 有 32 个可选值。目前 hint=0 定义为 load 预取至一级数据 Cache,hint=8 定义为 store 预取至一级数据 Cache。其余 hint 值的含义暂未定义,处理器执行时视同 NOP 指令处理。

如果 PRELD 指令的访存地址的 Cache 属性不是 cached，那么该指令不能产生访存动作，视同 NOP 指令处理。同时，PRELD 指令不会触发任何与 MMU 或地址相关的例外。

例如：

```
preld   0, r5, 1    ;hint 等于 0 表示处理器预取的类型为 load 预取,取回的数
                    ;据应该填入一级数据 Cache。假设 r5 中的数据为 1,则指令的访存地址
                    ;为 2,即从内存地址为 2 的位置预取一个 Cache 行的数据放入一级数
                    ;据 Cache
```

4. LL.W、SC.W 原子访存指令

指令格式：

```
ll.w    rd, rj, si14
sc.w    rd, rj, si14
```

指令功能：LL.W 和 SC.W 这一对指令用于实现原子的"读-修改-写"访存操作序列。LL.W 指令从内存指定地址取回一个字的数据符号扩展后写入通用寄存器 rd，与之配对的 SC.W 指令操作同样宽度的数据且访问相同的内存地址。访存操作序列原子性的维护机制是，LL.W 执行时记录下访问地址并置上一个标记(LLbit 置为 1)，SC.W 指令执行时会查看 LLbit，仅当 LLbit 为 1 时才真正产生写动作，否则不写。当软件需要一定成功完成一个原子的"读-修改-写"访存操作序列时，需要构建一个循环来反复执行 LL-SC 指令对直至 SC 成功完成。为了构建这个循环，SC.{W/D}指令会将其执行成功与否的标志(也可以简单理解为 SC 指令执行时所看到的 LLbit 值)写入通用寄存器 rd 中返回。而如果 LL-SC 指令对访问地址的存储访问属性不是 Cached，那么指令的执行结果会是不确定的。

在 LL-SC 指令对执行的过程中，下面这些情况会使得 LLbit 标记清零：

(1) 执行了 ERTN 指令且执行时 CSR.LLBCTL 中的 KLO 位不等于 1；

(2) 其他处理器核或 Cache Coherent I/O master 对该 LLbit 对应的地址所在的 Cache 行执行完成了一个 store 操作。

原子访存意味着这一对指令通常是需要放在一起使用的。尤其是对于 SC.W 来说，没有 LL.W 指令将 LLbit 置 1，就永远不会执行；而对于 LL.W 来说，如果该位置的 LLbit 没有被恢复为 0，就无法再次执行。这样就保证了整个"读-修改-写"过程的原子性。

扩展——边界检查访存指令

除了上述两种类型的访存指令外，LoongArch 在 64 位指令集中还设计了可以直接判断访问地址是否合法的边界检查访存指令：LD{GT/LE}.{B/H/W/D}，ST{GT/LE}.{B/H/W/D}。这些指令的访存地址直接来自于通用寄存器 rj 中的值，前一组指令中，后缀为 B/H/W 的指令功能就是从内存中取回一个字节/半字/字的数据符号扩展后写入通用寄存器 rd，而后缀为 D 的指令是从内存中取回一个双字的数据写入通用寄存器 rd；对于后一组指令，则是分别将通用寄存器 rd 中的[7:0]/[15:0]/[31:0]/[63:0]位数据写入通用寄存器 rd。

指令对访存地址进行检查的原理是当 LDGT.{B/H/W/D}、STGT.{B/H/W/D}指令执行时,会检查通用寄存器 rj 中的值是否大于通用寄存器 rk 中的值,如果条件不满足则终止访存操作并触发边界检查异常,进入异常处理;当 LDLE.{B/H/W/D}、STLE.{B/H/W/D}指令执行时,会检查通用寄存器 rj 中的值是否小于通用寄存器 rk 中的值,如果条件不满足则终止访存操作并触发边界检查异常,进入异常处理。

3.3.4 栅障指令

栅障指令即内存屏障,也被称为内存栅栏、内存栅障、屏障指令等。栅障指令是一类同步屏障指令,其功能是使得 CPU 或编译器在对内存进行操作的时候,严格按照一定的顺序来执行,也就是说,在栅障指令之前和在它之后的指令不会由于系统优化等原因而导致顺序混乱。而大多数现代计算机为了提高性能都会采取乱序执行的指令执行方式,这样一来,栅障指令的实现就成为指令集设计中不可忽略的部分。

栅障指令之前的所有写操作都要写入内存;栅障指令之后的读操作都可以获得同步屏障之前的写操作的结果。因此,对于那些读写敏感的程序块,可以在写操作之后和读操作之前都插入栅障指令来保证正确性。

龙芯 LoongArch 架构的指令集中也包含这种指令。

1. DBAR 访存操作栅障指令

指令格式:

```
dbar hint
```

指令功能:DBAR 指令用于完成 load/store 访存操作之间的栅障功能。其携带的立即数 hint 用于指示该栅障的同步对象和同步程度。

hint 值为 0 是默认必须实现的,其指示一个完全功能的同步栅障。只有等到之前所有 load/store 访存操作彻底执行完毕后,"DEAR 0"指令才能开始执行;且只有"DEAR 0"执行完成执行后,其后所有 load/store 访存操作才能开始执行。如果没有专门的功能实现,其他所有 hint 值都必须按照 hint=0 执行。

2. IBAR 处理器同步栅障指令

指令格式:

```
ibar hint
```

指令功能:IBAR 指令用于完成单个处理器核内部 store 操作与取指操作之间的同步,即确保在取指操作之前的所有 store 操作都已经执行完成。其携带的立即数 hint 用于指示该栅障的同步对象和同步程度。

与 DBAR 指令相同,hint 的值为 0 是默认必须实现的。这能够保证"IBAR 0"指令之后的取指操作一定能够观察到"IBAR 0"指令之前所有 store 操作的执行效果,从而保证取值操作中取得的指令是正确的。

3.3.5 浮点处理指令

1. 基础浮点数指令编程模型概述

基础浮点指令不能脱离基础整数指令而单独实现,且大部分浮点指令都有与其一一对应的基础整数指令。所以在某个角度上可以理解为浮点指令是操作更加细化、限制更加复杂的基础整数指令。在本节中出于学习难度和学习过程中的实践应用需要的考虑,将简单介绍 LA32 架构下非特权子集基础部分中的浮点数指令以供读者参考。

通常来说,LoongArch 的架构规范是允许在某些成本敏感且浮点数处理性能需求极低的嵌入式场景中不对基础浮点数指令进行实现支持的。同时,在实现基础浮点数指令时,实现的指令集合是否包含操作双精度浮点数的指令与架构是 32 位的还是 64 位的是没有关系的。即在 32 位架构下实现基础浮点数指令也可以包含操作双精度浮点数的指令。

首先,浮点数指令的操作对象主要包括单精度浮点数和双精度浮点数。关于数据的表示方式在前面的章节已经进行了介绍,部分浮点数指令也会对定点数据进行操作,包括字。字数据类型均采用二进制补码的编码方式。

同时,浮点数指令还会产生一些非数结果,这些非数结果可能是来自于 NaN 传播,也可能是直接生成的。由 NaN 传播造成非数结果的情况有两种:①当指令由于含有 SNaN 的源操作数而生成 Invalid Operation 浮点例外,但是 Invalid Operation 浮点例外使能无效时,会产生一个 QNaN 结果。这个 QNaN 的数值产生原则是选择源操作数中优先级最高的 SNaN,将其传播为对应的 NaN。②当源操作数中没有 SNaN,但有 QNaN 存在时,会选择优先级最高的 QNaN 作为该指令的执行结果。除了这两种情况外,其他需要产生 QNaN 结果的情况都将直接把指令执行的结果置为默认的 QNaN 值。规定默认的单精度 QNaN 的值为 0x7FC00000,默认的双精度 QNaN 的值为 0x7FF8000000000000。

浮点数指令编程主要涉及的寄存器有 32 个浮点寄存器 FR,1 个条件标志寄存器 CFR 和 4 个浮点控制状态寄存器 FCSR。

基础浮点数指令的运行过程中可能会造成浮点异常,浮点异常是指当浮点处理单元不能以常规的方式处理操作数或者浮点计算的结果时,浮点功能部件将产生相应的例外。LoongArch 架构中基础浮点指令支持 IEEE 754-2008 中所定义的五个浮点异常:不精确(I)、下溢(U)、上溢(O)、除零(Z)、非法操作(V)。一条浮点指令在执行过程中,可以同时产生多个浮点异常。而在指令执行过程中产生了浮点异常但没有进入异常处理程序的时候,浮点处理单元将生成一个默认的结果。此时由不同的浮点异常造成的默认结果其产生的方式也不同。

2. LA32 包含的基础浮点数指令

表 3-4 中给出的是 LA32 架构下的基础浮点数指令,不再针对每条指令做过多介绍。

表 3-4　基础浮点数指令表

指令类型	指　　　令
浮点运算类指令	FADD.S, FADD.D, FSUB.S, FSUB.D, FMUL.S, FMUL.D, FDIV.S, FDIV.D, FMADD.S, FMADD.D, FMSUB.S, FMSUB.D, FNMADD.S, FNMADD.D, FNMSUB.S, FNMSUB.D, FMAX.S, FMAX.D, FMIN.S, FMIN.D, FMAXA.S, FMAXA.D, FMINA.S, FMINA.D, FABS.S, FABS.D, FNEG.S, FNEG.D, FSQRT.S, FSQRT.D, FRECIP.S, FRECIP.D, FRSQRT.S, FRSQRT.D, FSCALEB.S, FSCALEB.D, FLOGB.S, FLOGB.D, FCOPYSIGN.S, FCOPYSIGN.D, FCLASS.S, FCLASS.D
浮点比较指令	FCMP.cond.S, FCMP.cond.D
浮点转换指令	FCVT.S.D, FCVT.D.S, FFINT.S.W, FFINT.D.W, FTINT.W.S, FTINT.W.D, FTINTRM.W.S, FTINTRM.W.D, FTINTRP.W.S, FTINTRP.W.D, FTINTRZ.W.S, FTINTRZ.W.D, FTINTRNE.W.S, FTINTRNE.W.D, FRINT.S, FRINT.D
浮点搬运指令	FMOV.S, FMOV.D, FSEL, MOVGR2FR.W, MOVGR2FRH.W, MOVFR2GR.S, MOVFRH2GR. S, MOVGR2FCSR, MOVFCSR2GR, MOVFR2CF, MOVCF2FR, MOVGR2CF MOVCF2GR,
浮点转移指令	BCEQZ, BCNEZ
浮点访存指令	FLD.S, FLD.D, FST.S, FST.D

3.3.6　特权指令

出于安全的考虑，指令集中有部分指令是不允许用户进行直接操作的，因此产生了特权指令这一概念。同样，龙芯架构中将处理器核分为 4 个**特权等级**（Privilege Level，PLV），从 PLV0 到 PLV3。所有特权等级中，PLV0 是具有最高权限的特权等级，也是唯一可以使用特权指令并访问所有特权资源的特权等级。PLV1 到 PLV3 这三个特权等级都不能执行特权指令访问特权资源，但是三个特权等级在 MMU 采用映射地址翻译模式下具有不同的访问权限。

在 LA32 架构下，处理器核的特权等级被精简为两个，分别是 PLV0 和 PLV3，当前处理器核处于哪个特权等级由 CSR.CRMD 中 PLV 域的值唯一确定。对于 Linux 系统来说，架构中仅 PLV0 级可对应核心态，PLV3 级对应用户态。

下面将列出龙芯架构下的特权指令，并介绍其功能与实现原理。注意所有的特权指令仅在 PLV0 特权等级下才能访问，但是可以在 PLV3 特权等级下执行 Hit 类 CACOP 指令。介绍的指令中 IOCSR 访问指令，TLB 维护指令中的 TLBCLR、TLBFLUSH，以及软件页表遍历指令在龙芯给出的 32 位精简指令集中并没有列出，但是对于 LA32 架构来说，这些指令都是应该实现存在的。

1. CSR 访问指令

指令格式：

```
CSRRD, CSRWR, CSRXCHG
csrrd     rd, csr_num
csrwr     rd, csr_num
csrxchg   rd, rj, csr_num
```

指令功能：CSRRD、CSRWR 和 CSRXCHG 指令都是用于支持软件访问 CSR 的指令。CSRRD 指令的功能是将指定的 CSR 的值写入通用寄存器 rd 中；CSRWR 指令是将通用寄存器 rd 中的旧值写入指定 CSR 中，同时将该指定 CSR 中的旧值更新到通用寄存器 rd 中；而 CSRXCHG 指令则是根据通用寄存器 rj 中存放的写掩码信息，将通用寄存器 rd 中的旧值写入指定的 CSR 寄存器中对应写掩码为 1 的那些比特，该 CSR 中的其余比特位保持不变，同时将该 CSR 的旧值更新到通用寄存器 rd 中。

所有的 CSR 寄存器均采用独立的寻址空间。前面这三条指令中对 CSR 进行寻址的寻址值都来自于指令中的 14b 立即数 csr_num。CSR 的寻址单位是一个 CSR 寄存器，即 0 号 CSR 的 csr_num 是 0，1 号 CSR 的 csr_num 是 1，以此类推。

所有 CSR 寄存器的位宽要么是 32 位，要么与架构中的 GR 等宽，因此 CSR 访问指令不区分位宽。而在我们采用的 LA32 架构下，所有 CSR 寄存器的位宽都是 32 位。同时当 CSR 访问指令访问一个架构中未定义或硬件未实现的 CSR 时，读操作返回全 0 值，写操作不修改处理器的任何软件可见状态。

2. IOCSR 访问指令

指令格式：

```
IOCSR{RD/WR}.{B/H/W}
iocsrrd.b    rd,rj
iocsrrd.h    rd,rj
iocsrrd.w    rd,rj
iocsrwr.b    rd,rj
iocsrwr.h    rd,rj
iocsrwr.w    d,rj
```

指令功能：上述指令都用于访问 IOCSR。所有 IOCSR 寄存器采用独立的寻址空间，寻址基本单位为字节。所有数据在 IOCSR 空间中采用小尾端存储格式。IOCSR 空间采用直接地址映射方式，物理地址直接等于逻辑地址。IOCSR{RD/WR}.{B/H/W} 指令的 IOCSR 地址来自于通用寄存器 rj。

IOCSRRD.{B/H/W} 指令从 IOCSR 空间的指定地址处取回字节/半字/字长度的数据符号扩展后写入通用寄存器 rd 中；IOCSRWR.{B/H/W} 指令将通用寄存器 rd 中的[7:0]/[15:0]/[31:0]位数据写入 IOCSR 空间的指定地址开始处。除以上指令之外还有 IOCSRRD.D 和 IOCSRWR.D 指令只出现在 LA64 架构中。

IOCSR 寄存器通常可以被多个处理器核同时访问。多个处理器核上 IOCSR 访问指令的执行满足顺序一致性条件。

3. Cache 维护指令

指令格式：

```
CACOP
cacop   code,rj,si12
```

指令功能：CACOP 指令主要用于 Cache 的初始化以及 Cache 一致性维护。

通用寄存器 rj 的值加上符号扩展后的 12b 长度立即数 si12，将得到 CACOP 指令所用的虚拟地址 VA，其将用于指示被操作 Cache 行的位置。

CACOP 指令访问哪个 Cache 以及进行何种 Cache 操作由指令中 5b 长度的 code 决定。其中，code[2:0]位表明指令操作的 Cache 对象，code[4:3]位表明指令的操作类型。

code[2:0]=0 时表示指令操作的是一级私有指令 Cache。

code[2:0]=1 时表示指令操作的是一级私有数据 Cache。

code[2:0]=2 时表示指令的操作目标是二级共享混合 Cache。

code[4:3]=0 时表示指令用于 Cache 初始化(Store Tag)，即将指定 Cache 行的 tag 置为全 0。假设被访问的 Cache 有(1<<Way)路，每一路有 (1<<Index)个 Cache 行，每个 Cache 行大小为(1<<Offset)字节，那么采用地址直接索引方式意味着，操作该 Cache 的第 VA[Way-1:0]路的第 VA[Index+Offset-1:0ffset]个 Cache 行。

code[4:3]=1 时表示指令的操作类型是采用地址直接索引方式来维护 Cache 一致性(Index Invalidate/Invalidate and Writeback)。地址直接索引方式的定义请见上一段的描述，维护一致性的操作是对指定的 Cache 进行无效并写回的操作。如果被操作的是指令 Cache，那么仅需要进行无效操作，并不需要将 Cache 行中的数据写回。写回的数据进入到哪一级存储中由具体实现的 Cache 层次及各级间的包含或互斥关系决定。对于数据 Cache 或混合 Cache，由具体实现决定是否仅在 Cache 行数据为脏时才将其写回。

code[4:3]=2 时表示指令的操作类型是采用查询索引方式维护 Cache 一致性(Hit Invalidate/Invalidate and Writeback)。这里维护 Cache 一致性的操作与上面一段所述一致。所谓查询索引方式，是将 CACOP 指令的 VA 视作一个普通 load 指令去访问待操作的 Cache，如果命中则对命中的 Cache 行进行操作，否则不做任何操作。由于这个查询过程可能涉及虚实地址转换，所以在这种情况下 CACOP 指令可能触发 TLB 相关的例外。不过，由于 CACOP 指令操作的对象是 Cache 行，所以这种情况下并不需要考虑地址对齐与否。

code[4:3]=3 表示该指令要实现自定义的 Cache 操作，即用户自己设计该 CACOP 指令所要实现的操作，架构规范中不予明确的功能定义。

4. TLB 维护指令

1) TLBSRCH

指令格式：

```
tlbsrch
```

指令功能：使用 CSR.ASID 和 CSR.TLBEHI 的信息在 TLB 中进行查询。如果在 TLB 中有对应项，就将命中项的索引值写入 CSR.TLBIDX 的 Index 域，同时将 CSR.TLBIDX 的 NUL 位置为 0；如果在 TLB 中没有对应项，那么将 CSR.TLBIDX 的 NUL 位置为 1。

TLB 中各项的索引值计算规则是，从 0 开始依次递增编号，从第 0 行至最后一行。

2) TLBRD

指令格式：

```
tlbrd
```

指令功能：使用 CSR.TLBIDX 的 Index 域的值作为索引值来读取 TLB 中的指定项。如果指定位置处是一个有效的 TLB 项，那么将该 TLB 项的页表信息写入 CSR.TLBEHI、CSR.TLBELO0、CSR.TLBELO1 和 CSR.TLBIDX.PS 中，且将 CSR.TLBIDX 的 NUL 位的值置为 0；如果指定位置处是一个无效 TLB 项，则需要将 CSR.TLBIDX 的 NUL 位的值置为 1，并且最好对读出内容进行屏蔽保护，比如不对 CSR.ASID.ASID、CSR.TLBEHI、CSR.TLBELO0、CSR.TLBELO1 和 CSR.TLBIDX.PS 更新或将其全置为 0。

同时需要注意区别有效/无效 TLB 项和 TLB 中的页表项有效/无效，这两种表述是不相同的两个概念。而如果访问所用的 index 值（即 CSR.TLBIDX 的 Index 域的值）超过了 TLB 的范围，则处理器的行为不确定。

3）TLBWR

指令格式：

```
tlbwr
```

指令功能：TLBWR 指令将与 TLB 相关的 CSR 中所存放的页表项信息写入 TLB 的指定项中。被填入的页表项信息来自于 CSR.TLBEHI、CSR.TLBELO0、CSR.TLBELO1 和 CSR.TLBIDX.PS。如果 CSR.TLBIDX.NUL=1，那么 TLB 中会被填入一个无效 TLB 项；仅当 CSR.TLBIDX.NUL=0 时，TLB 中才会被填入一个有效 TLB 项。

执行 TLBWR 时，页表项写入 TLB 的位置是由 CSR.TLBIDX 的 Index 域的值指定的。具体的对应规则是：TLB 中各项的索引值从 0 开始依次递增编号，从第 0 行至最后一行。

4）TLBFILL

指令格式：

```
tlbfill
```

指令功能：TLBFILL 指令将与 TLB 相关的 CSR 中所存放的页表项信息填入 TLB 中。被填入的页表项信息来自于 CSR.TLBEHI、CSR.TLBELO0、CSR.TLBELO1 和 CSR.TLBIDX.PS。如果 CSR.TLBIDX.NUL=1，那么 TLB 中会被填入一个无效 TLB 项；仅当 CSR.TLBIDX.NUL=0 时，TLB 中才会被填入一个有效 TLB 项。

该指令与 TLBWR 的区别之处在于 TLBWR 是将页表项信息写入一个指定的 TLB 项中，而执行 TLBFILL 时，页表项被填入 TLB 的哪一项，是由硬件随机选择的。

5）TLBCLR

指令格式：

```
tlbclr
```

指令功能：根据与 TLB 相关的 CSR 中的信息使 TLB 中的内容无效，以达到维持 TLB 与内存之间页表数据的一致性的目的。这里给出未实现 LVZ 扩展的情况下，TLBCLR 指令的功能定义。

当 CSR.TLBIDX.Index 落在 MTLB 范围内（大于或等于 STLB 项数）时，执行 TLBCLR，将 MTLB 中所有 G=0 且 ASID 等于 CSR.ASID.ASID 的页表项无效掉。

当 CSR.TLBIDX.Index 落在 STLB 范围内（小于 STLB 项数）时，执行一条 TLBCLR，将 STLB 中由 CSR.TLBIDX.Index 低位所指示的那一组中所有路中 G=0 且 ASID 等于 CSR.ASID.ASID 的页表项无效掉。

6) TLBFLUSH

指令格式：

```
tlbflush
```

指令功能：根据与 TLB 相关的 CSR 中的信息使得 TLB 中的内容无效，以达到维持 TLB 与内存之间页表数据的一致性的目的。这里给出未实现 LVZ 扩展的情况下，TLBFLUSH 指令的功能定义。

当 CSR.TLBIDX.Index 落在 MTLB 范围内（大于或等于 STLB 项数）时，执行 TLBFLUSH，将 MTLB 中所有页表项无效掉。

当 CSR.TLBIDX.Index 落在 STLB 范围内（小于 STLB 项数）时，执行一条 TLBFLUSH，将 STLB 中由 CSR.TLBIDX.Index 低位所指示的那一组中所有路中的页表项无效掉。

7) INVTLB

指令格式：

```
invtlb op, rj, rk
```

指令功能：INVTLB 指令用于使 TLB 中的内容失效，从而达到维持 TLB 与内存之间页表数据的一致性。

在指令的三个源操作数中，op 是 5b 长度的立即数，用于指示操作类型。

通用寄存器 rj 的[9:0]位存放无效操作所需的 ASID 信息（称为"寄存器指定 ASID"），其余比特必须填 0。当 op 所指示的操作不需要 ASID 时，应将通用寄存器 rj 设置为 r0。

通用寄存器 rk 中用于存放无效操作所需的虚拟地址信息（称为"寄存器指定 VA"）。当 op 所指示的操作不需要虚拟地址信息时，应将通用寄存器 rk 设置为 r0。

各 op 对应的操作如表 3-5 所示，未在表中出现的 op 将触发保留指令例外。

表 3-5　INVTLB 指令的 OP 对应操作表

op	操作
0x0	清除所有页表项
0x1	清除所有页表项。此时操作的效果与 op=0 完全一致
0x2	清处 G=1 的所有页表项
0x3	清除 G=0 的所有页表项

续表

op	操作
0x4	清除 G=0,且 ASID 等于寄存器指定 ASID 的所有页表项
0x5	清除 G=0,且 ASID 等于寄存器指定 ASID,且 VA 等于寄存器指定 VA 的页表项
0x6	清除 G=1 或 ASID 等于寄存器指定 ASOD,且 VA 等于寄存器指定 VA 的页表项

以上三条指令使得页表项无效的条件是越来越宽松的,换句话说,也就是在同一条件下后一条指令相对于前一条可以使得更多的页表项无效。在具体使用环境中可以按照需求进行搭配使用。

5. 软件页表遍历指令

1) LDDIR

指令格式:

```
lddir rd, rj,level
```

指令功能:LDDIR 指令用于在软件页表遍历过程中目录项的访问。LDDIR 指令中的 5b 长度立即数 level 用于指示当前访问的是哪一级页表。level=1 对应 CSR.PWCL 中的 PT,level=2 对应 CSR.PWCL 中的 Dir1,level=3 对应 CSR.PWCL 中的 Dir2,level=4 对应 CSR.PWCH 中的 Dir3。

同时,如果通用寄存器 rj 的第[6]位是 0,表明此时 rj 中的内容是第 level 级页表的基址的物理地址。这种情况下执行 LDDIR 指令,会根据当前处理的 TLB 重填地址来访问 level 级页表,并取回其对应的 level+1 级页表的基址,将其写入通用寄存器 rd 中。

如果通用寄存器 rj 的第[6]位是 1,表明此时通用寄存器 rj 中的内容是一个大页(Huge Page)的页表项。在这种情况下,执行 LDDIR 指令后,通用寄存器 rj 中的值将被直接写入通用寄存器 rd 中。

2) LDPTE

指令格式:

```
ldpte    rj, req
```

指令功能:LDPTE 指令用于在软件页表遍历过程中页表项的访问。LDPTE 指令中的立即数 req 用于指示访问的是偶数页还是奇数页。访问偶数页时结果将被写入 CSR.TLBRELO0,访问奇数页时结果将被写入 CSR.TLBRELO1。

如果通用寄存器 rj 的第[6]位是 0,表明此时 rj 中的内容是 PTE 那一级页表的基址的物理地址。这种情况下执行 LDPTE 指令,会根据当前处理的 TLB 重填地址访问 PTE 级页表,取回页表项将其写入应的 CSR 中。

如果通用寄存器 rj 的第[6]位是 1,表明此时 rj 中的内容是一个大页(Huge Page)的页表项。这种情况下执行 LDPTE 指令,直接将通用寄存器 rj 中的值转换成最终的页表项格式后写入对应的 CSR 中。

3.3.7 其他杂项指令

除前面分类介绍的这些指令以外，LoongArch 中还存在少量杂项指令来帮助使用人员进行开发工作。同时杂项指令也分为普通指令与需要在特权态下才能运行的特权指令，首先对普通指令进行介绍。

1. 普通指令

1) SYSCALL 系统调用指令

指令格式：

```
syscall code
```

指令功能：当 SYSCALL 指令执行时，将立即无条件地触发系统调用异常，而在指令码中的 code 域携带的信息可以提供给异常处理例程作为所传递的参数使用。

2) BREAK 断点设置指令

指令格式：

```
break code
```

指令功能：当 BREAK 指令执行时，将立即无条件触发断点异常，使得当前进程停止运行，指令码中 code 域携带的信息可以提供给异常处理例程作为所传递的参数使用。

3) RDCNTV{L/H}.W、RDCNTID 计时器信息读取指令

指令格式：

```
rdcntvl.w    rd
rdcntvh.w    rd
rdcntid      rd
```

指令功能：龙芯指令系统定义了一个恒定频率计时器，其主体是一个 64 位的计数器，称为 Stable Counter。Stable Counter 在复位后置为 0，随后每个计数时钟周期自增 1，当计数至全 1 时自动绕回至 0 继续自增。同时每个计时器都有一个软件可配置的全局唯一编号，称为 CounterID。恒定频率计时器的特点在于其计时频率在复位后保持不变，无论处理器核的时钟频率如何变化。

RDCNTV{L/H}.W 指令用于读取恒定频率计时器信息，三条指令的区别在于所读取的 Stable Counter 信息不同。其中，RDCNTVL.W 读取 Counter 的[31:0]位写入通用寄存器 rd 中，RDCNTVH.W 读取 Counter 的[63:32]位。RDCNTID Counter ID 号信息写入通用寄存器 rj 中。

龙芯架构 32 位精简版中的 RDCNTVL.W rd、RDCNTVH.W rd 和 RDCNTID rj 指令实际上分别对应 32 位龙芯架构中的 RDTIMEL.W rd,zero、RDTIMEH.W rd,zero 和 RDTIMEL.W zero,rj 这三种 RDTIME{L/H}.W 指令的特殊使用。

4) CPUCFG 功能特性识别指令

指令格式：

```
cpucfg rd, rj
```

指令功能：CPUCFG 指令用于软件在执行过程中动态识别所运行的处理器中实现了龙芯架构中的哪些功能特性。这些指令系统功能特性的实现情况记录在一系列配置信息字中，CPUCFG 指令执行一次可以读取一个配置信息字。

使用 CPUCFG 指令时，源操作数寄存器 rj 中存放待访问的配置信息字的编号，指令执行后所读取的配置信息字信息写入通用寄存器 rd 中，每个配置信息字为 32b。

2. 特权杂项指令

1) ERTN 异常处理返回指令

指令格式：

```
ertn
```

指令功能：ERTN 指令用于从异常处理返回，将该异常对应的 PPLV、PIE 等信息更新至 CSR.CRMD 中，同时跳转到异常所对应的 ERA 处开始取指令。其中，异常对应的 PPLV、PIE 信息都来自于 CSR.PRMD 寄存器，而例外对应的 ERA 来自于 CSR.ERA 寄存器。

同时执行 ERTN 指令时，如果 CSR.LLBCTL 中的 KLO 位不等于 1，则将 LLbit 置为 0，否则不对 LLbit 进行修改。

2) IDLE 进程等待指令

指令格式：

```
idle level
```

指令功能：执行 IDLE 指令之后，处理器核心将停止取指操作进入等待状态直到核心被中断唤醒或被复位。从停止状态中被中断唤醒之后处理器核执行的第一条指令将是 IDLE 指令之后的那一条。

3) DBCL 调试模式指令

指令格式：

```
dbcl code
```

指令功能：DBCL 指令执行后将立即进入调试模式。

3.4 汇编语言源程序格式

汇编语言
实例

计算机上执行的是机器代码，是使用字节序列编码更低级的操作。GCC 的 C 语言"编译器"（区别于通常提到的具备完整编译流程的编译器，这个编译器只完成对高级语言的编译功能)的输出形式是汇编代码,汇编代码给出程序中的每一条指令,是机器代码的汇编表示。然后 GCC 调用"汇编器"和"连接器",通过汇编代码生成机器可以读懂的机器代码。当使用 Java、C、C++ 等高级语言时,编译器帮我们屏蔽了程序从编译到运行的细节,在现代化编译器的帮助下,使用高级语言生成的程序,与熟练的汇编程序员写出的汇编程序几乎一样高效。但即使编译器屏蔽了有关汇编的大部分细节,能够阅读和编写汇编代码仍然是一项重要技能,通过阅读汇编代码可以理解编译器的优化效率,并分析代码逻辑的低级运行方式。

LoongArch 程序的源文件可包含汇编语言源文件、C 语言源文件、C++ 源文件、引入文件、头文件等,这些文件都是文本格式的文件,因此可以使用简单的文本编辑器或者其他的编程开发环境进行编辑。LoongArch 源程序文件名的扩展名如表 3-6 所示。

表 3-6 常用 LoongArch 源程序文件类型

文 件 类 型	扩 展 名
汇编语言源文件	.s
C 语言源文件	.c
C++ 源文件	.cpp
引入文件	.inc
头文件	.h

3.4.1 汇编语言程序的结构

汇编代码是机器代码的符号表示,由操作数和操作码组成,不同的处理器的汇编指令表示形式不同,本书重点讲解 LoongArch 汇编语言指令。在详细介绍 LoongArch 汇编语言之前,先给出一个基于 C 语言程序的汇编程序示例,来帮助读者提前对 LoongArch 汇编语言程序的结构有一个大概的了解。

首先设计一个简单的 C 语言源文件。

```
#include <stdio.h>

int main(void)
{
    printf("Hello World!\n");
    printf("Welcome to LoongArch World!\n");

    return 0;
}
```

在 Linux 环境下通过终端命令行将其翻译成汇编代码文件。

```
Linux>gcc -S hello.c -o hello.s
```

其中，命令 gcc 指的是 GCC 的 C 语言编译器，-S 和 -o 选项则分别代表生成汇编代码和输出目标，其中 hello.s 表示输出目标文件。

命令执行完成后在当前文件夹中会出现一个名为 hello.s 的汇编源文件，接下来就可以使用文本编辑器或 cat 命令查看 hello.s 文件，如下。在汇编文件中总共有三种类型的语句：指令，汇编语言指示器/伪指令，宏。其中，指令使用助记符方式表述使得汇编编程人员能够更加方便地读懂程序结构。

```
        .file    1 "hello.c"
        .text
        .section  .rodata
        .align   3
.LC0:
        .ascii   "Hello World!\000"
        .align   3
.LC1:
        .ascii   "Welcome to LoongArch World!\000"
        .text
        .align   2
        .globl   main
        .type    main, @function
main:
        addi.d   $r3,$r3,-16
        st.d     $r1,$r3,8
        stptr.d  $r22,$r3,0
        addi.d   $r22,$r3,16
        la.local $r4,.LC0
        bl       %plt(puts)
        la.local $r4,.LC1
        bl       %plt(puts)
        or       $r12,$r0,$r0
        or       $r4,$r12,$r0
        ld.d     $r1,$r3,8
        ldptr.d  $r22,$r3,0
        addi.d   $r3,$r3,16
        jr  $r1
        .size    main, .-main
        .section.note.GNU-stack,"",@progbits
        .ident   "GCC: (Debian 8.3.0-6.lnd.vec.20) 8.3.0"
```

要想运行该程序，还需要将 hello.s 编译成二进制可执行文件：

```
Linux>gcc -C hello.s -o hello
```

然后执行命令：

```
Linux>./hello
```

终端中将会输出：

```
Hello World!
Welcome to LoongArch World!
```

关于 LoongArch 的编译器、链接器、调试器的使用将在后面的章节做简单介绍。

下述代码为 LoongArch 汇编语言的一般格式，由上述这段汇编代码可以知道，LoongArch 的汇编语言程序一般由两个段组成：数据段和代码段，并以空白行表示汇编程序的结束。main 表示代码段程序入口地址，且声明为全局标号。

```
#LoongArch 汇编语言的一般格式

.globl main

.data       #数据变量声明
            #…
.text       #代码段部分

main:       #指示主程序的开始
            #…

#程序的结束，以空行表示汇编程序结束
```

3.4.2 汇编语言的行构成

汇编指令是机器指令的符号表现形式，包含操作数和操作码。本书主要讲解 LoongArch 汇编指令，每个 LoongArch 汇编语言程序的语句都可以由 4 部分组成，格式如下：

```
[标号:]  操作码  [操作数1,操作数2,操作数3,操作数4]  [#语句的注释]
```

(1) 标号：表示指令在存储器中的地址，为可选项。

(2) 操作码：表示执行何种操作，所有指令都需要有操作码。

(3) 操作数：表示操作的对象（地址或数据），不同指令的操作数的个数不同，可能的个数为 0~4。

(4) 注释：解释作用，方便程序员阅读本行汇编代码的作用，为可选项。汇编程序自动忽略此部分。

其中，标号和语句的注释可以根据具体情况决定其有无，有的指令没有操作数，因此操作数也可以没有。LoongArch 汇编器对标识符的大小写敏感，书写标号及指令时字母的大小写要一致。一个 LoongArch 指令、伪指令、寄存器名可以全部为大写，也可以全部为小写，但不要大小写混合使用。注释使用"#"符号，注释的内容从"#"开始到该行的结尾结束。

例 3.1 设 C 语言语句为 a＝b＊c＊d＊e，通过分析之前章节的 LoongArch 汇编指令，写出对应的汇编代码块。

解：LoongArch 汇编指令格式如图 3-9 所示，一般有 1～4 个操作数，单字乘法指令是 3 个操作数。与 RISC 架构的两操作数乘法指令不同，LoongArch 三操作数指令实现 b、c、d、e 四数相乘并把结果保存在 a 中，需要采用如图 3-10 所示的 3 条指令。

```
mul.w    a, b, c
操作码   操作数
```

图 3-9 LoongArch 三操作数指令构成

```
mul.w a,b,c # a = b * c
mul.w a,a,d # a = b * c * d
mul.w a,a,e # a = b * c * d * e
```

图 3-10 a＝b＊c＊d＊e 对应的指令序列

例 3.2 设 C 语言语句为 a＝(b＋c)＊(d＋e)，通过分析之前章节的 LoongArch 汇编指令，写出对应的汇编代码块。

解：对于更复杂的算术运算指令，如图 3-11 所示，编译器分解语句为汇编指令：首先，计算 $b+c$ 的值并将结果存在临时变量如 tmp0 内；然后计算 $d+e$ 的值，存在临时变量 tmp1 内；最后将 tmp0＊tmp1 的值保存在 a 中。

```
add.w tmp0, b, c        # tmp0 = b + c
add.w tmp1, c, d        # tmp1 = c + d
mul.w a, tmp0, tmp1     # a = tmp0 * tmp1
```

图 3-11 a＝(b＋c)＊(d＋e) 对应的汇编指令序列

由此可知，一条高级语言语句普遍情况下由多条汇编语言指令实现。不同微处理器表示的算术运算操作如 add.w、mul.w 等的符号表示也不同，操作数 a、b、c、d、tmp0、tmp1 的存取方式也不同。

3.4.3 伪指令

汇编文件要经过汇编器的处理之后变成基础的指令组合到机器上运行，而在这个过程中有时候需要一些指令来指引汇编程序处理源文件的流程。汇编指示器/伪指令就是用来指导汇编器如何处理代码的，常见的伪指令有 .text、.data、.global、.ascii，此外还有一些和指令集系统架构相关的指示器：x86 中的 DB，mips 中的 .set。在 LoongArch 汇编语言源程序中当然也存在对应的伪指令内容，它们所完成的操作称为伪操作。需要与指令进行区别的是伪操作不是像机器指令那样在计算机运行时由机器一对一地执行，而是由汇编程序在源程序的汇编期间进行处理。伪指令在源程序中的作用是为完成汇编程序做各种准备工作的，这些伪指令仅在汇编过程中起作用，一旦汇编结束，伪指令的使命就完成。不同汇编程序支持的伪指令可能有所不同，本书针对 LoongArch GCC 8.3.0 编译器讲解汇编伪指令，对一些常用的伪操作进行介绍，另外还有一些未涉及的内容，读者可以在需要时查阅相关手册。

1. .align n

.align n 指令可以使得存储空间的分配从 2^n 的整数倍开始进行,如 align 3 表示下一个存储地址双字边界对齐。.align 的作用范围只限于紧跟它的那条指令或者数据。

2. .text

定义用户代码段,且让汇编程序将后续代码添加到用户代码段。也可以使用作用相同的 text<地址>的模式,地址为可选参数,用来指示用户代码段的起始地址。

3. .data

定义用户数据段,且让汇编程序将后续数据添加到用户数据段。也可以使用作用相同的 data<地址>的模式,地址为可选参数,用来指示用户数据段的起始地址。

4. .globl name

使变量 name 被声明为全局变量,全局变量可以被外部文件所使用。而如果该变量是以其他方式(通过表现为标签)进行定义,汇编器将导出该变量,否则汇编程序会导入该变量。通常,汇编程序会导入未定义的符号。

5. .ascii str

存储 str 字符串,且支持 ascii string[,string]…的形式,此时指令将会把字符串列表中的每个字符串存入内存中连续的位置。ascii 指令不为空填充字符串,必须在每个字符串周围加上引号,同时可以使用反斜杠字符。

6. .asciiz str

存储 str 字符串,同时在该字符串的尾部添加 null 作为字符串结束符。asciiz 指令同样支持 asciiz string[,string]…的形式,此时指令将列表中的每个字符串保存到内存的连续位置并添加一个空值,同时可以使用反斜杠字符。

7. .byte b1,…,bn

指令将 $b_1,\cdots,b_n$ 存储到任意地址开始的连续的 n 个字节的存储空间中。注意数据都是以字节为单位的,即 $b_1 \sim b_n$ 都是 8b 长度的值。

8. .double df1,…,dfn

指令将 n 个双精度浮点数据存放到连续的 $8 \times n$ 个字节的存储空间中,同时指令自动将其数据在内存中对齐到双字边界,即从 8 字节的整数倍地址开始存放。该自动对齐的特性可以使用 align 0 指令来禁用。

9. .dword d1,…,dn

指令将 $d_1,\cdots,d_n$ 这 n 个双字数据存放到连续的 $8 \times n$ 个字节的存储空间中,同时指令自动将其数据在内存中对齐到双字边界,即从 8 字节的整数倍地址开始存放。该自动对齐的特性可以使用 align 0 指令来禁用。

10. .float f1,…,fn

指令将 $f_1,\cdots,f_n$ 这 n 个单精度浮点数存放到连续的 $4×n$ 个字节的存储空间中,同时指令会自动将其数据在内存中对齐到单字边界,即从 4 字节的整数倍地址开始存放。该自动对齐的特性可以使用 align 0 指令来禁用。

11. .half h1,…,hn

指令将 $h_1,\cdots,h_n$ 这 n 个半字数据存放到连续的 $2×n$ 个字节的存储空间中,同时指令会自动将其数据在内存中对齐到半字边界,即从 2 字节的整数倍地址开始存放。该自动对齐的特性可以使用 align 0 指令来禁用。

12. .word w1,…,wn

指令将 $w_1,\cdots,w_n$ 这 n 个字数据存放到连续的 $4×n$ 个字节的存储空间中,同时指令会自动将其数据在内存中对齐到字边界,即从 4 字节的整数倍地址开始存放。该自动对齐的特性可以使用 align 0 指令来禁用。

13. .space n

指令将位置计数器向前移动 n 个字节的距离,汇编程序用零填充空间。

14. .set option

.set 指令可以指示汇编程序启用或禁用某些选项来处理之后的汇编代码,典型的有:

.set push——保存所有设置。

.set pop——恢复保存的设置。

.set reorder/noreorder——让/不让汇编程序重新排序指令。

.set at/noat——让/不让汇编程序在指令别名(li,la 等)中使用寄存器 $at。

15. .bgnb 和.endb

bgnb 用于设置语言块的开始,endb 用于设置语言块的结束。bgnb 和 endb 指令分隔了语言块和变量集。这两条指令的作用域可以是一个完整的程序,也可以是一个嵌套的作用域(如 C 语言中的"{}"块)。

16. .ent 与.end

ent proc_name 设置一个程序 proc_name 的开始,而 end proc_name 指令设置程序 proc_name 的结束。这个指令组合可以在用户想要收集调试器生成的信息时使用。

17. .repeat 和.endr

repeat 指令用于开启重复块,endr 指令则用于关闭重复块。在.repeat 指令和.endr 指令之间重复所有指令或数据。其中，在 repeat 指令后需要表达式来定义数据重复的次数，即使用时应该以 repeat expression 的形式。而且使用 .repeat 指令时，不能在块中使用需要重定位的标签、分支指令或值。

例 3.3 图 3-12 给出的是一个汇编程序中的数据段定义，假设计算机采用的是小端存储模式，尝试根据图中信息分析该数据段在计算机中的存储映像。

```
.data 0x10013000
str1: .ascii "loongarch"
str2: .asciiz "loongarch32"
b1: .byte 1,2,3,4
h1: .half 1,2,3,4
w1: .word 1,2,3,4
```

图 3-12 数据段定义

解：观察图中给出的数据段定义，首先是 .data 指令定义了用户数据段，并给出了起始位置的地址为 0x10013000，即数据段从地址 0x10013000 开始分配存储空间。

然后是第一个字符串 str1，str1 使用的是 ascii 指令，在字符串的末尾并不会插入一个 null，且每个字符占一个字节，故 str1 占用了 9B 的存储空间。然后是第二个字符串 str2，str2 的定义使用的是 asciiz 指令，所以会在字符串的末尾添加一个 null，所以 str2 占用了 12B 的存储空间。剩余部分分别定义了 4 个字节类型数据，4 个半字类型数据，4 个字类型数据。字节类型数据每个数据占用一个字节的存储空间，所以共使用了 4B 的存储空间。在存放完字节类型数据后，第一个空的存储空间地址应该是 0x10013019，但是对于半字类型数据使用的 half 指令来说，会自动地将数据对齐到半字边界，也就是从 2B 的倍数地址开始存放，所以 4 个半字类型数据是从 0x1001301a 开始存放，每个数据占用 2B 存储空间，共占用了 8B 存储空间。同时注意采用的是小端存储模式，即将数据的高字节保存在内存的高地址中，而数据的低字节保存在内存的低地址中。存放完毕后第一个空闲的存储空间的地址为 0x10013022，但同样对于 word 指令来说，其自动将数据对齐到字边界，即从 4B 的整数倍地址开始存放，则是从 0x10013024 处开始存放数据，每个字符占 4B 存储空间，共占用 16B 存储空间，按小端存储模式进行存放。

存储映像如图 3-13 所示。

地址	0	1	2	3	4	5	6	7	8	9	a	b	c	d	e	f
10013000	6C	6F	6F	6E	67	61	72	63	68	6C	6F	6F	6E	67	61	72
10013010	63	68	33	32	00	01	02	03	04		01	00	02	00	03	00
10013020	04	00			01	00	00	00	02	00	00	00	03	00	00	00
10013030	04	00	00	00												

图 3-13 边界对齐的存储映像

而如果在 w1: .word 1,2,3,4 的前面添加一条 align 0 指令，则在 align 0 指令的作用下，word 指令不会再自动将数据进行字边界对齐，那么最后的 4 个字类型数据就会直接从 0x10013022 处开始存放，此时数据段的存储映像如图 3-14 所示。

3.4.4 宏指令

首先认识一下什么是宏指令。宏指令的核心就在于宏，宏是源程序中一段具有独立功能的程序代码。宏将一段汇编符号指令序列整体定义为一条宏指令，只需要在源程序中进行一次定义，就可以多次使用这段代码，而使用的时候只需要在对应位置添加一条宏指令语

地址	0	1	2	3	4	5	6	7	8	9	a	b	c	d	e	f
10013000	6C	6F	6F	6E	67	61	72	63	68	6C	6F	6F	6E	67	61	72
10013010	63	68	33	32	00	01	02	03	04		01	00	02	00	03	00
10013020	04	00	01	00	00	00	02	00	00	00	03	00	00	00	04	00
10013030	00	00														

图 3-14 取消边界对齐的存储映像

句就可以了。

宏指令这个概念减轻了汇编语言编程人员在编写程序时的工作量，有效提高了工作效率。而若在源程序中使用了宏与宏指令，则需要由宏汇编程序将各条宏汇编指令翻译为与宏指令相对应的汇编指令序列，即在源程序被汇编时，汇编程序将对每个宏调用进行宏展开。用户和宏汇编程序都可以进行宏指令定义，所有宏指令共同构成宏指令库。注意在定义或使用宏指令时，如果对应的那段汇编符号指令序列中有用到的操作数，则在宏指令语句中也应该得到体现，在定义时要使用哑元标识各操作数，然后在宏调用的展开过程中使用实元取代宏定义中的哑元。一般来说，实元的个数应该与哑元相等，但汇编程序并不对这个过程做严格要求。若实元的个数大于哑元，则对多余的实元不进行考虑与使用；若哑元的个数多于实元，则没有实元对应的哑元全部作为"空"处理。

在 x86 的汇编语言中，宏指令可以被指令集架构确定，也可由开发人员自己通过一组宏定义的伪指令实现定义，而在 MIPS 和 LA 架构下，主要使用的是架构提供的宏指令组来辅助编程。接下来挑选几条 LoongArch 架构下支持的宏指令进行介绍。

1. 取符号地址

宏指令格式：

```
la rd, label with addend          //将符号 label 的地址加载到通用寄存器 rd
la.global rd, label with addend   //加载定义在任意位置的符号
la.local rd, label with addend    //加载定义在当前模块内的符号
```

该宏指令通常可以被用来初始化基址寻址方式中使用的基址寄存器。
例如，若在数据段中定义了一个字符串：

```
str1: .ascii"LoongArch"
```

那么在汇编设计中可以使用宏汇编指令：

```
la r4, str1
```

在指令执行完成后，就会将字符串 str1 的首地址存储到通用寄存器 r4 中。

2. 取立即数以初始化寄存器

宏指令格式：

```
li rd, s32      //将有符号立即数 s32 加载到寄存器 rd 中
li rd, u32      //将无符号立即数 u32 加载到寄存器 rd 中
```

以上两条指令都是加载 32 位的数据进入寄存器中,若对于 LA64 架构下的 64 位机器,则将低 32 位进行符号扩展后填入寄存器。同时对于 64 位的机器还有指令 dli rd,s64 和指令 dli rd,u64 来进行 64 位的操作。但是对于本书使用的 LA32 架构来说,后两条宏指令不具备使用价值。

例如,要加载立即数 4 到通用寄存器 r4 中,可以使用以下宏指令:

```
li r4, 0x00000004
```

除此之外,龙芯还设计了如表 3-7 所示的宏指令或更详细的指令实现方式要求。

表 3-7 其他宏指令

宏指令格式	指令描述
jr rd	jirl $r0,%1,0;在子程序调用完成等情况下进行跳转
move rd,rs	or %1,%2,$r0;将寄存器 rs 中的内容存入寄存器 rd 中
nop	andi $r0,$r0,0x0;插入一条空指令,不做任何操作
la.got　rd,label	通过 GOT 加载地址
la.pcrel　rd,label+addend	通过 PC 相对偏移量加载地址
la.abs　rd,label	通过绝对地址加载地址

3.5　汇编语言机器级表示

用汇编语言或高级语言编写的程序,必须经过汇编、解释或编译后,形成二进制的机器指令,才能在计算机上运行。本节简要介绍在 LoongArch 指令集下,C 语言转换成机器代码的过程以及其中涉及的基本问题。

3.5.1　过程调用的机器级表示

过程调用的过程中会将数据以参数和返回值的形式与调用过程的相关操作一起在所涉及的函数间进行传递。除此之外,在进入过程调用时会为过程的局部变量分配空间,并在调用退出时将这些空间进行释放。而因为栈的先进后出的结构特性对于函数调用以及返回机制中的特点表现得十分贴合,所以数据传递、局部变量的分配和释放都是通过操纵程序栈来实现的。

要介绍过程调用,一般采用 C 语言程序作为基础,C 语言作为典型的面向过程编程(Procedure Oriented Programming)语言,在调用过程中,将参数传递给被调用过程,经过处理后,以参数的形式返回结果给调用过程。面向过程的编程方式使得程序的编写只需关注本模块过程的编写逻辑,便于用户对汇编代码逻辑的理解。在 C 语言中,过程又称为函数,本节即介绍 C 语言的函数调用的机器级表示。

1. 过程调用的执行步骤

过程调用主要涉及三个方面的内容：传递控制、传递数据和内存管理。传递控制包括如何开始执行被调用过程的代码，并确保程序能够返回到调用开始的地方；传递数据则要向被调用过程传递其所需要的参数并将调用过程的返回值传回调用过程；最后对于内存管理来说，需要注意的是在过程执行的过程中如何分配内存，以及在被调用过程执行完毕后及时释放其所消耗的内存。

下面以 C 语言的函数调用为例，假定进行调用操作的函数为 L，被调用的函数为包含一个参数的函数 M，则函数调用的步骤如下。

（1）L：函数 L 在 M 能够访问到的地方放置入口参数，入口参数应该是一个实参。

（2）L：执行调用指令，L 保存函数的返回地址，然后将控制权转移给 M。

（3）M：M 对 L 的执行现场进行保存，且同时给自身要用的非静态局部变量分配存储空间。

（4）M：执行 M 的函数体，实现调用功能。

（5）M：被调用函数执行完后恢复函数 L 的现场，同时释放函数 M 使用的局部变量空间。

（6）M：执行返回指令，取出返回地址等信息，并将控制权转移给 L。

在整个过程中函数 L 完成了（1）、（2）两步，其中，步骤（2）是通过调用指令实现的，调用指令能够将控制权从函数 L 转移到函数 M。步骤（3）～（6）要在函数 M 中完成，其中，（3）是准备阶段，保存 L 的现场并为 M 的非静态局部变量分配空间，（5）则是结束阶段，恢复 L 的现场并释放 M 的局部变量所占用的空间，最后在步骤（6）时执行返回指令回到函数 L。

2. 函数调用过程中的堆栈和栈帧

前面提到在过程调用中，需要保存函数 L 的执行现场信息，那么这些信息要如何保存，保存在什么地方？这就引出了程序栈的概念。

其实在计算机中，程序栈（Call Stack）就是一块内存区域，这个区域内的数据满足先进后出的原则，而在这块区域中存放某个程序正在运行函数的信息。程序栈由栈帧（Stack Frames）组成，栈帧指的就是为单个过程分配的那一小部分的栈空间，所以每个栈帧就对应于一个未完成运行的函数。在当今流行的计算机体系架构中，大部分计算机的参数传递，包括 LoongArch 架构，局部变量的分配和释放都是通过操纵程序栈来实现的。栈用来传递函数参数，存储返回地址信息，保存寄存器以供恢复调用前处理机状态。每次调用一个函数，都要为该次调用的函数实例分配栈空间，这也就形成了栈帧，即栈帧这个说法主要是为了描述函数调用关系的。

图 3-15 描述了典型的栈帧组织方式，在图中可以看到计算机的栈空间采用的是向下增长的方式，即从高地址空间向低地址空间增长。栈指针（Stack Pointer）始终指向的是栈顶的位置，帧指针（Frame Pointer）则是指向当前帧的起始位置。当前帧（Current Frame）所示即为当前函数（被调用者）的帧，调用帧（Caller's Frame）是当前函数的调用者的帧。

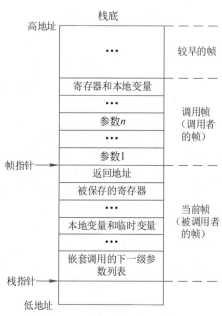

图 3-15　典型的栈帧组织方式

3. 函数的调用过程示例

下面以一个例子说明函数调用的机器级实现。假定有一个函数 add 实现两个整数的相加，返回值是结果的整型值，另一个 caller 函数调用 add 函数以计算 $128+256$ 的值，对应 C 语言代码如下。

```c
int add(int a, int b)
{
    return (a +b);
}
int caller(void)
{
    int tmp1 =128, tmp2 =256;
    int sum_value =add(tmp1, tmp2);
    return sum_value;
}
```

该程序经 GCC 编译后，caller 函数对应的代码如下。

```
    .align    2                    #存储边界 4 字节对齐
    .globl    caller               #全局化声明 caller 函数
    .type     caller, @function
caller:
    addi.d    $r3,$r3,-32          #$r3=$r3-32 更新 r3 中存放的地址信息
    st.d      $r1,$r3,24           #$M[$r3+24]$r1,将 r1 中的内容写入内存中保存
```

```
st.d      $r22,$r3,16       #$M[$r3+16]$r22,将 r22 中的内容写入内存中保存
addi.d    $r22,$r3,32       #$r22=$r3+32,确认一个新的基址以供操作
addi.w    $r12,$r0,128      #$r12=128,将 128 存入通用寄存器 r12
st.w      $r12,$r22,-20     #$M[$r22-20]$r12,将 128 存入内存的栈中参数位置
addi.w    $r12,$r0,256      #$r12=256,将 256 存入通用寄存器 r12
st.w      $r12,$r22,-24     #$M[$r22-24]$r12,将 256 存入内存的栈中参数位置
ldptr.w   $r13,$r22,-24     #将 256 读入寄存器 r13
ldptr.w   $r12,$r22,-20     #将 128 读入寄存器 r12
or        $r5,$r13,$r0      #将 r13 的值复制到 r5,通过 r5 进行参数传递
or        $r4,$r12,$r0      #将 r12 的值复制到 r4,通过 r4 进行参数传递
bl        add               #调用 add 函数,进行相加操作
or        $r12,$r4,$r0      #在 add 函数中,相加的结果存入了寄存器 r4,将 r4 的值
                            #复制到寄存器 r12 中
st.w      $r12,$r22,-28     #$M[$r22-28]$r12,将运算结果存入内存
ldptr.w   $r12,$r22,-28     #将运算的结果再读入寄存器 r12
or        $r4,$r12,$r0      #将 r12 的值复制到 r4 中
ld.d      $r1,$r3,24        #将之前保存的 r1 中的内容从内存中取回,恢复 r1
ld.d      $r22,$r3,16       #将之前保存的 r22 中的内存从内存中取回,恢复 r22
addi.d    $r3,$r3,32        #恢复 r3 中的地址信息。
jr        $r1               #函数运行结束,返回
.size     caller, .-caller
```

其中,调用指令之前的部分负责对当前现场进行保存,并准备被调用函数所需要的参数,然后调用发生。被调用函数执行完毕后的结果通过传递参数的寄存器进行反馈,并恢复调用前的执行现场,然后返回主程序。由于例子中没有实现主程序,所以返回时 jr 宏指令直接通过默认的 r1 返回。

示例的程序中调用的 add 函数并没有再调用其他函数,但在实际的程序设计与运行情况中,被调用的子程序往往还会再次调用其他子程序,形成嵌套调用。在嵌套调用的时候,每一次调用时都会有一个返回地址,此时就可以解释在图 3-15 中为什么要将返回地址放在被调用函数的栈帧中。这是因为如果不将返回地址存放在栈中,而是通过某个或某些寄存器进行保存,那么再多的寄存器也不一定能够满足实际的运行需要,会出现上一级的返回地址被新一级调用的返回地址覆盖,最终无法返回到正确位置的问题。被调用程序中留出的嵌套调用参数区域同样也是为了保护参数的正确性。这样也就解释了上面例程的汇编结果中为什么要将 r12 和 r13 先存入栈中。嵌套调用中,每一次的调用是逐级进行的,而当返回时也是逐级返回,直到返回到主程序,每一级具体的调用过程与单次调用的过程是相同的。

3.5.2 选择语句的机器级表示

1. if 语句

C 语言主要通过选择结构和循环结构来控制程序中程序的执行顺序,其中,if 语句是选择结构中的一种两分支程序设计语句,在某种条件下执行一段程序,否则执行另一段程序,因此需要加入条件判断指令和跳转指令。if 语句通用表示形式如下。

```
if(cond_expr)
    then_statement
else
    else_statement
```

其中，cond_expr 是条件表达式，根据其值为真（1）或假（0），分别选择 then_statement 和 else_statement 执行，下面以 if 语句的 C 语言实现为示例。

```c
int if_test(int cond_expr)
{
    if(cond_expr)
        printf("The expression is True");
    else
        printf("The expression is False");
}
```

使用 GCC 编译之后得到如下代码，从中可以读出，在程序.L2 处打印 if 后表达式为假的情况，否则打印 if 后表达式为真的情况。

```
.LC0:
    .ascii      "The expression is True\000"
    .align      3
    .LC1:
    .ascii      "The expression is False\000"
    .text
    .align      2               #存储边界 4 字节对齐
        .globl if_test          #全局化声明 if_test 函数
.type           if_test, @function
    if_test:
    addi.d      $r3,$r3,-32     #$r3=$r3-32,更新 r3 中存放的地址信息
    st.d        $r1,$r3,24      #M[$r3+24]<-$r1,将 r1 的内容写入内存中保存
    st.d        $r22,$r3,16     #M[$r3+16]<-$r22,将 r22 的内容写入内存中保存
    addi.d      $r22,$r3,32     #$r22=$r3+32,确认一个新的基地址以供操作
    or          $r12,$r4,$r0    #$r12=$r4|$r0=$r4,将 r4 的值复制到 r12 中,即将函
                                #数参数值写入 r12
    slli.w      $r12,$r12,0     #逻辑左移,取低 32 位有效数据并扩展成 64 位
    st.w        $r12,$r22,-20   #M[$r22-20]<-$r12,将 r12 的内容写入内存中保存
    ld.w        $r12,$r22,-20   #$r12<-M[$r22-20],从内存中读出 r12 的内容
    beqz        $r12,.L2        #$r12=0?成立则跳转至程序.L2 处
    la.local    $r4,.LC0        #.LC0 地址传送至$r4
    bl          %plt(printf)    #打印指令
    b           .L3             #跳转至程序.L3 处
.L2:
    la.local    $r4,.LC1        #.LC1 地址传送至 r4
    bl  %plt(printf)            #打印指令
```

```
.L3:
    nop                     #空指令
    or $r4,$r12,$r0         #$r4=$r12|$r0=$r12,将r12的值复制到r4
    ld $d1,$r3,24           #将之前保存的r1中的内容从内存中取回,恢复r1
    ld $d22,$r3,16          #将之前保存的r22中的内容从内存中取回,恢复r22
    addi $r3,$r3,32         #恢复r3中的地址信息
    jr $r1                  #函数运行结束,返回
```

2. switch 语句

解决多分支选择问题可以使用连续的 if else 语句,虽然 C 语言没有限制 if else 能够处理的分支数量,但当分支过多时,用 if else 语句处理会不太方便,而且容易出现 if else 配对出错的情况。因此通常使用 switch 语句来实现多分支选择问题,它可以直接跳转到某个条件处的语句执行,而不用按照顺序一一判断测试条件。

下面利用一个简单的 C 语言实例来说明 switch 语句的应用。

```c
void switch_test(int a)
{
switch (a) {
case 1:
        printf("a==1");
        break;
case 2:
        printf("a==2");
        break;
case 3:
        printf("a==3");
        break;
default:
        printf("default");
        break;
    }
}
```

将其进行 GCC 编译获得的结果如下。

```
    .section    .rodata
    .align      3
.LC0:
    .ascii      "a==1\000"
    .align      3
.LC1:
    .ascii      "a==2\000"
    .align      3
```

```
.LC2:
    .ascii    "a ==3\000"
    .align    3
.LC3:
    .ascii    "default\000"
    .text
    .globl    funcC
    .type     funcC, @function
funcC:
    addi.d    $r3,$r3,-32       #$r3=$r3-32,更新 r3 中存放的地址信息
    st.d      $r1,$r3,24        #M[$r3+24]<-$r1,将 r1 的内容写入内存中保存
    st.d      $r22,$r3,16       #M[$r3+16]<-$r22,将 r22 的内容写入内存中保存
    addi.d    $r22,$r3,32       #$r22=$r3+32,确认一个新的基地址以供操作
    or        $r12,$r4,$r0
                                #$r12=$r4|$r0=$r4,将 r4 的值复制到 r12,即将函数参数值写入 r12
    slli.w    $r12,$r12,0       #逻辑左移,取低 32 位有效数据并扩展成 64 位
    st.w      $r12,$r22,-20     #M[$r22-20]=$r12,将 r12 的内容写入内存中保存
    ld.w      $r13,$r22,-20     #$r13=M[$r22-20],将 r12 的内容从内存中读到 r13 中
    addi.w    $r12,$r0,2        #$r12=$r0+2=0x2
    beq       $r13,$r12,.L2     #$r13=$r12?成立则跳转到程序.L2 处
    ld.w      $r13,$r22,-20     #$r13=M[$r22-20],将 r12 的内容从内存中读到 r13 中
    addi.w    $r12,$r0,3        #$r12=$r0+3=0x3
    beq       $r13,$r12,.L3     #$r13=$r12?成立则跳转到程序.L3 处
    ld.w      $r13,$r22,-20     #$r13=M[$r22-20],将 r12 的内容从内存中读到 r13 中
    addi.w    $r12,$r0,1        #$r12=$r0+1=0x1
    bne       $r13,$r12,.L4     #$r13!=$r12?成立则跳转到程序.L4 处
    la.local  $r4,.LC0          #.LC0 地址传送至 r4
    bl        %plt(printf)      #打印指令
    b         .L5               #跳转至程序.L5 处
.L2:
    la.local  $r4,.LC1          #.LC1 地址传送至 r4
    bl        %plt(printf)      #打印指令
    b         .L5               #跳转至程序.L5 处
.L3:
    la.local  $r4,.LC2          #.LC2 地址传送至 r4
    bl        %plt(printf)      #打印指令
    b         .L5               #跳转至程序.L5 处
.L4:
    la.local  $r4,.LC3          #.LC3 地址传送至 r4
    bl        %plt(printf)      #打印指令
    nop                         #空指令
.L5:
```

```
        nop                         #空指令
        ld.d    $r1,$r3,24          #将之前保存的r1中的内容从内存中取回,恢复r1
        ld.d    $r22,$r3,16         #将之前保存的r22中的内容从内存中取回,恢复r22
        addi.d  $r3,$r3,32          #恢复r3中的地址信息
        jr      $r1                 #函数运行结束,返回
```

从switch语句的龙芯汇编指令可知,过程switch_test的switch共有4个case分支,在机器代码中分别用标号.L2,.L3,.L4,.L5来标识这4个分支,分别对应条件a=1,a=2,a=3和其他情况。在汇编语言中,通过不断从内存中读取变量a的值并与数值1,2,3进行比较,并跳转到相应的程序中执行打印任务。而除了直接跳转这种方式,switch语句的汇编指令还可通过跳转表的形式来实现程序的跳转,跳转表实现了a的取值与跳转标号之间的对应关系。跳转表中存放的是段内直接近转移的8字节偏移地址,因而每个表项的偏移量分别为0,8,16,24,…,这个偏移量与跳转表首地址相加就是转移目标的地址。

3.5.3 循环结构的机器级表示

1. do while 语句

C语言中的do while语句形式如下。
```
do
{
    loop_body_statement
}while(cond_expr);
```

该循环结构的执行过程可以用以下更接近于机器级语言的低级行为描述结构来描述。

```
loop:
    loop_body_statement
    c = cond_expr;
    if(c)goto loop;
```

在这里给出一个do while语句的C实例以及该C实例的龙芯汇编指令表示。

```
int do_while_test(int n)
{
  int i = 0;
  int result = 0;
  do{
      result += 1;
      i += 1;
  }while(i<n);
  return result;
}
```

该示例经GCC编译后的结果如下。

```
do_while_test:
    addi.d     $r3,$r3,-48      #$r3=$r3-48,更新 r3 中存放的地址信息
    st.d       $r22,$r3,40      #M[$r3+40]<-$r22,将 r22 的内容写入内存中保存
    addi.d     $r22,$r3,48      #$r22=$r3+48,确认一个新的基地址以供操作
    or         $r12,$r4,$r0
                                #$r12=$r4|$r0=$r4,将 r4 的值复制到 r12,即将函数参数值写入 r12
    slli.w     $r12,$r12,0      #逻辑左移,取低 32 位有效数据并扩展成 64 位
    st.w       $r12,$r22,-36    #M[$r22-36]<-$r12,将 r12 的内容写入内存中保存
    st.w       $r0,$r22,-20     #M[$r22-20]<-$r0,保存变量 i 初始值
    st.w       $r0,$r22,-24     #M[$r22-24]<-$r0,保存变量 result 初始值
.L2:
    ld.w       $r12,$r22,-24    #$r12<-M[$r22-24],从内存中读取变量 result 值到 r12
    addi.w     $r12,$r12,1      #$r12=$r12+1,完成变量 result 加 1
    st.w       $r12,$r22,-24    #M[$r22-24]<-$r12,将 result 新值写入内存中保存
    ld.w       $r12,$r22,-20    #$r12<-M[$r22-20],从内存中读取变量 i 值到 r12
    addi.w     $r12,$r12,1      #$r12=$r12+1,完成变量 i 加 1
    st.w       $r12,$r22,-20    #M[$r22-20]<-$r12,将变量 i 新值写入内存中保存
    ld.w       $r13,$r22,-20    #$r13<-M[$r22-20],从内存中读取变量 i 值到 r13
    ld.w       $r12,$r22,-36    #$r12<-M[$r22-36],将函数参数值写入 r12
    blt        $r13,$r12,.L2    #$r13<$r12?成立则跳转至程序 L2 处
    ldptr.w    $r12,$r22,-24    #将 result 值读入寄存器 r12 中
    or         $r4,$r12,$r0     #$r4=$r12|$r0=$r12,将 r12 的值复制到 r4
    ld.d       $r22,$r3,40      #将之前保存的 r22 中的内容从内存中取回,恢复 r22
    addi.d     $r3,$r3,48       #恢复 r3 中的地址信息
    jr         $r1              #函数运行结束,返回
```

对于 do while 语句来说,程序会先执行 do 中的语句再去进行循环条件的判断。因此从龙芯汇编指令代码中可以看出,跳转指令 blt 是在执行完一遍变量 result 加 1 和 i 加 1 后才执行的。

2. while 语句

while 语句是一种循环语句,当条件满足时循环执行某一段程序,否则退出循环。在这里需要注意,while 语句只有条件成立时才执行循环,do while 语句则无论条件成立与否,都至少要执行一次循环,do while 是先执行再判断,即使第一次判断为否也会执行一次。C 语言中的 while 语句形式如下。

```
while(cond_expr)
    loop_body_statement
```

该循环结构的执行过程可以用以下更接近于机器级语言的低级行为描述结构来描述。

```
    c=cond_expr;
    if(!c) goto done;
```

```
loop:
    loop_body_statement;
    c = cond_expr;
    if(c) goto loop;
done:
```

在这里给出一个 while 语句的 C 语言实例以及该 C 语言实例的龙芯汇编指令表示。

```
intwhile_test(int n)
{
  int i = 0;
  int result = 0;
  while(i<n)
    {
      result += 1;
        i += 1;
    }
  return result;
}
```

该程序经 GCC 编译后获得的结果如下。

```
while_test:
    addi.d    $r3,$r3,-48      #$r3=$r3-48,更新 r3 中存放的地址信息
    st.d      $r22,$r3,40      #M[$r3+40]<-$r22,将 r22 的内容写入内存中保存
    addi.d    $r22,$r3,48      #$r22=$r3+48,确认一个新的基地址以供操作
       or     $r12,$r4,$r0     #$r12=$r4|$r0=$r4,将 r4 的值复制到 r12,即将函数参
                               #数值写入 r12
    slli.w    $r12,$r12,0      #逻辑左移,取低 32 位有效数据并扩展成 64 位
    st.w      $r12,$r22,-36    #M[$r22-36]<-$r12,将 r12 的内容写入内存中保存
    st.w      $r0,$r22,-20     #M[$r22-20]<-$r0,保存变量 i 初始值
    st.w      $r0,$r22,-24     #M[$r22-24]<-$r0,保存变量 result 初始值
    b         .L2              #无条件跳转指令,跳转到程序.L2 处
.L3:
    ld.w      $r12,$r22,-24    #$r12<-M[$22-24],从内存中读取变量 result 值到 r12
    addi.w    $r12,$r12,1      #$r12=$r12+1,完成 result+1
    st.w      $r12,$r22,-24    #M[$r22-24]<-$r12,将 result 新值写入内存中保存
    ld.w      $r12,$r22,-20    #$r12<-M[$22-20],从内存中读取变量 i 值到 r12
    addi.w    $r12,$r12,1      #$r12=$r12+1,完成 i+1
    st.w      $r12,$r22,-20    #M[$r22-20]<-$r12,将 i 新值写入内存中保存
.L2:
    ld.w      $r13,$r22,-20    #$r13<-M[$r22-20],从内存中读取变量 i 值到 r13
    ld.w      $r12,$r22,-36    #$r12<-M[$r22-36],从内存中读取变量 result 值到 r12
```

```
blt $r13,$r12,.L3      #$r13<$r12?成立则跳转至.L3
ldw $r12,$sw22,-24     #将result值读入寄存器r12中
or  $r4,$r12,$r0       #r4=$r12|$r0=$r12,将r12的值赋给r4
ldw $r22,$r3,40        #将之前保存的r22中的内容从内存中取回,恢复r22
addi $sd3,48           #恢复r3中的地址信息
$r1                    #函数运行结束,返回
```

在变量 i 和变量 result 在内存中进行存储后,程序跳转至.L2 处执行。在.L2 程序中判断变量 i 和参数 n 的大小,如果符合条件则跳转至程序.L3 处执行程序,完成变量 result 和 i 加 1 的操作。

3. for 语句

for 语句也是一种循环控制语句,在 C 语言中 for 语句的形式如下。

```
for(begin_expr;cond_expr;update_expr)
    loop_body_statement
```

for 循环结构的执行过程大多可以用以下更接近机器级语言的低级行为描述结构来描述。

```
  begin_expr;
  c = cond_expr;
  if(!c) goto done;
loop:
      loop_body_statement
      update_expr;
      c = cond_expr;
      if(!c) goto loop;
  done:
```

在这里给出一个 for 语句的 C 语言实例。

```
intfor_test(int n)
{
  int i=0;
  int result =0;
  for(i=0;i<n;i++)
     result +=1;
  return result;
}
```

该程序经 GCC 编译后获得的结果如下。

```
for_test:
```

```
    addi.d    $r3,$r3,-48      #$r3=$r3-48,更新 r3 中存放的地址信息
    st.d      $r22,$r3,40      #M[$r3+40]<-$r22,将 r22 的内容写入内存中保存
    addi.d    $r22,$r3,48      #$r22=$r3+48,确认一个新的基地址以供操作
    or        $r12,$r4,$r0     #$r12=$r4|$r0=$r4,将 r4 的值复制到 r12,即将函数
                               #$参数值写入 r12
    slli.w    $r12,$r12,0      #逻辑左移,取低 32 位有效数据并扩展成 64 位
    st.w      $r12,$r22,-36    #M[$r22-36]<-$r12,将 r12 的内容写入内存中保存
    st.w      $r0,$r22,-20     #M[$r22-20]<-$r0,保存变量 i 初始值
    st.w      $r0,$r22,-24     #M[$r22-24]<-$r0,保存变量 result 初始值
    st.w      $r0,$r22,-20     #M[$r22-20]<-$r0,保存变量 i 初始值
    b         .L2              #无条件跳转指令,跳转到程序.L2 处
.L3:
    ld.w      $r12,$r22,-24    #$r12<-M[$22-24],从内存中读出变量 result 值到 r12
    addi.w    $r12,$r12,1      #$r12=$r12+1,完成 result+1
    st.w      $r12,$r22,-24    #M[$r22-24]<-$r12,将 result 新值写入内存中保存
    ld.w      $r12,$r22,-20    #$r12<-M[$22-20],从内存中读出变量 i 的值到 r12
    addi.w    $r12,$r12,1      #$r12=$r12+1,完成 i+1
    st.w      $r12,$r22,-20    #M[$r22-20]<-$r12,将 i 的新值写入内存中保存
.L2:
    ld.w      $r13,$r22,-20    #$r13<-M[$r22-20],从内存中读出变量 i 值到 r13
    ld.w      $r12,$r22,-36    #$r12<-M[$r22-36],从内存中恢复 r12 的值,即函数参
                               #数值
    blt       $r13,$r12,.L3    #$r13<$r12?成立则跳转至.L3
    ldptr.w   $r12,$r22,-24    #将 result 值读入寄存器 r12 中
    or        $r4,$r12,$r0     #r4=$r12|$r0=$r12,将 r12 赋值给 r0
    ld.d      $r22,$r3,40      #将之前保存的 r22 中的内容从内存中取回,恢复 r22
    addi.d    $r3,$r3,48       #恢复 r3 中的地址信息
    jr        $r1              #函数运行结束,返回 jr  $r1
```

小　　结

本章从指令集的体系结构出发,对复杂指令集(CISC)和精简指令集(RISC)做了简要介绍。RISC 与 CISC 各有优劣,RISC 的寻址方式少,没有复杂功能指令;而 CISC 指令结构复杂,不适合做流水处理。两套指令集也在发展的过程中相互借鉴和融合,如 Pentium Pro、Nx586、K5 等,它们接收 CISC 指令后将其分解分类成 RISC 指令以便在同一时刻能够执行多条指令。基于 RISC 和 CISC 架构,列举了数个经典架构指令集的发展历程。针对于平台的程序兼容性,针对二进制翻译技术做简要介绍,特别是 LoongArch 架构处理器,在保持高性能的基础上,实现了多系统、多指令集的程序级兼容。

本章以 LoongArch 架构为例,从 LoongArch 架构指令编码、汇编助记格式及寄存器组织出发,详细介绍其指令系统,并引申出 LoongArch 计算机系统的寻址方式。其次,详细说明了 LA32 的每条指令的格式及功能。

在介绍了 LA 汇编的基础上,引出汇编语言在机器上的表示。说明了汇编语言的源程

序格式及源程序的行构成,在 Linux 的 GCC 编译平台上对高级语言至汇编语言的转换过程做简要说明。其次,针对高级语言最常见的过程调用、选择分支语句以及循环语句,在 LA 汇编的层面做详细介绍。

从本章可以看出,编译器在将 C 语言之类的高级语言转换为机器代码时,需对其代码对应的汇编指令以及目标平台的处理器架构有充分的了解。深刻理解程序的机器级表示,才能写出高效、正确的程序,更能在程序出错时更快地定位错误根源。

习 题

1. 现代计算机系统中主要使用哪两种架构的指令集?这两种指令集分别有什么特点?它们之间最大的不同又是什么?

2. 请描述三种基于软件的二进制翻译技术的名称及其优缺点。

3. LoongArch 架构下指令共有几种典型编码格式?这些编码格式之间的区别又是什么?一条计算机指令可以分为哪两部分?

4. LoongArch 架构下基础整数指令主要涉及哪些寄存器?其中比较特殊的寄存器又是哪几个?其分别特殊在什么方?

5. LoongArch 指令集中使用的汇编助记符是如何区分指令的操作数类型的?在 LoongArch 指令中可以包含几种立即数操作数?LoongArch 指令最大可以包含多少位的立即数?

6. 什么是汇编语言?汇编语言与机器语言之间存在什么关系?

7. 请说出 LoongArch 使用的几种寻址方式的特点,并就基址寻址和 PC 相对寻址两种方式分别设计一个例子来叙述寻址流程。同时介绍一下还有没有其他常见但 LoongArch 中没有涉及的寻址方式(如基址变址寻址和相对基址变址寻址等)?

8. 请说出指令 jirl r4,r5,0x0004 和指令 beq r4,r5,0x0103 分别使用了什么寻址方式?且假设 r5 中的值为 0x10014000,请计算指令 jirl 和 beq 的目标地址。

9. 已知某程序的数据段中存在一个字节类型数组 A[3]、一个字类型数组 B[4]和一个半字类型数组 C[4]。假设 A 中的数据全为 1,B 中的数据全为 2,C 中的数据全为 3,机器采用大端存储模式时,三个数组在计算机系统中的存储映像是什么样的?假设数据段的首地址为 0x10014000。

10. 给出一个结构的声明如下:

```
struct{
    char        a;
    int         b;
    double      c;
    long long   d;
    short       e;
    float       f;
}tlb;
```

假设将其在龙芯架构下进行编译,那么在这个结构中每个成员的偏移量分别是多少?该结构所占用的总大小又是多少字节?当前的成员定义顺序是使得结构所占空间最小的最优顺序吗?如果不是,请给出调整后的顺序。注意在定义变量时不使用指令 align 0 来取消自动边界对齐。

11. 请介绍一下什么是宏指令?在使用宏指令时需要注意什么?为什么要使用宏指令?

12. 请用汇编指令设置一个数据段,在该数据段中定义以下变量:

(1) 不添加字符串结束符的字符串变量'Learing LoongArch'。

(2) 添加字符串结束符的字符串变量'Make me Happy！ '。

(3) 字节类型数组{1,2,3}。

(4) 字类型数组{4,5}。

(5) 双精度浮点类型数据{6}。

(6) 边界对齐的字类型数组{7,8}。

13. 假设已知寄存器 $r4＝0x10010030,尝试使用汇编指令(指令序列)分别实现以下功能。

(1) 将内存中地址为 0x10010030 的字类型数据读入通用寄存器 r5。

(2) 将内存中地址为 0x10010031 的无符号字节数据读入通用寄存器 r5。

(3) 将内存中地址为 0x10010032 的有符号字节数据读入通用寄存器 r5。

(4) 将通用寄存器 r12 中的数据完整存入地址为 0x10010048 的字存储空间。

(5) 将通用寄存器 r12 中的[15:0]位数据存入地址为 0x1001004c 的半字存储空间。

(6) 将通用寄存器 r12 中的[31:16]位数据存入地址为 0x1001004e 的半字存储空间。

14. 尝试给 4.4.1 节中给出的示例 C 程序编译获得的汇编语言程序添加注释。

15. 尝试编制一个汇编语言程序,求出首地址为 DATA 的 100B 大小的字数组中的最小偶数,并把它存放到通用寄存器 r4 中。

16. 尝试编制一个汇编语言程序,使得程序将小写字母组成的字符串转换成大写字母。

17. 尝试编制一个汇编语言程序,将通用寄存器 r4 中[15:0]位表示的十六进制数转换为 ASCII 码,并将转换结果按照原本数位从高到低依次对应地存放到 r5,r6,r7,r8 四个通用寄存器中。例如,当 r4 的低 16 位数据为 3C14H 时,将 33H 写入 r5,43H 写入 r6,31H 写入 r7,34H 写入 r8。

第4章 程序的加载与运行

程序(Program)是为实现特定目标或解决特定问题而用计算机语言编写的指令集合。指令是指计算机执行某种操作的命令,它由一串二进制字符组成。程序的执行过程就是其中的指令的执行过程。计算机硬件只能理解并执行机器语言程序,由于机器语言的二进制指令可读性较差,因此人们发明了易读的高级编程语言来编写程序,本章主要介绍从高级语言程序到可执行的指令之间的转换过程,同时介绍提高程序运行速度的指令流水线技术,主要内容包含:由源代码生成可执行目标文件的过程中涉及的程序编译与汇编过程、目标文件格式、静态及动态链接方式;可执行目标文件运行时的装载与执行过程、动态地址转换;流水线技术等。

◆ 4.1 可执行目标文件的生成

对于计算机来说,用二进制字符对指令进行编码很自然,也很有效。然而,人们在理解和操作二进制字符时却存在许多困难,比起一长串的二进制数字符,人们更熟悉读写具体的符号和单词,汇编语言因此出现。但汇编语言的代码编写难度大、可读性差,同时用汇编语言编写的程序只能在采用完全相同指令集的一类计算机上运行。为了减轻程序员的工作负担,增强程序的通用性,人们进一步设计了编写容易、可读性好并且可移植的高级编程语言。现在大多数开发者使用的语言如C、C++、Python、Java等都属于高级编程语言。高级编程语言通过编译处理变成汇编语言,而汇编语言又通过汇编器转换成计算机可以理解的机器语言,进而在计算机中运行。本节将详细描述如何将人们可读的高级编程语言翻译成计算机可执行指令格式的过程,如图4-1所示。

(1) 预处理是生成可执行目标文件的第一步。在编写C语言的代码时,我们常会书写一些以#开头的伪指令,比如对头文件的使用、对宏的定义等。预处理阶段就是对这些伪指令以及特殊符号进行处理,例如,将系统中的头文件插入程序文本中进行替换。

(2) 编译是生成可执行目标文件的第二步。它获取经过预处理的高级语言源代码后通过编译生成汇编语言程序。编译器主要由词法分析程序、语法分析程序、中间代码生成程序和代码优化程序四个部分组成。

(3) 汇编是生成可执行目标文件的第三步。编译后的汇编语言程序由汇编

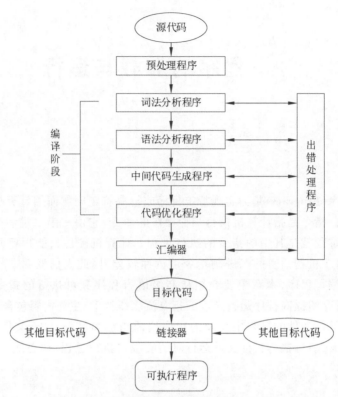

图 4-1 建立一个可执行文件的过程

序翻译成带有偏移量的机器语言指令,并把这些指令打包生成可重定位目标文件。

(4)链接是最后一步。它以一个或多个可重定位目标文件和库文件作为输入,并将它们组合生成单个可执行目标文件。在此过程中,它解析对外部符号的引用,为函数和变量分配最终地址,并修改代码和数据以重新建立新的地址引用(称为重定位的过程)。

4.1.1 编译

高级语言源程序转换成可执行目标文件时,在编译之前首先要预处理。以 C 语言程序为例,预处理过程主要是对源代码做了如下操作。

- 删除所有的代码注释信息。
- 删除所有的 ♯define 并展开所有宏定义。
- 插入所有 ♯include 文件的内容到源文件中的对应位置,include 过程是递归执行的。
- 其他信息。

GCC 编译器可以使用 gcc -E hello.c -o hello.i 命令对源文件 hello.c 进行预编译,并且把预编译的结果输出到 hello.i 文件中。

编译就是由编译器将预处理后的文件进行词法分析、语法分析、语义分析并优化后生成相应的汇编语言程序。高级语言编写的程序比使用汇编语言编写的代码少得多,所以进行程序开发的效率更高。使用命令 gcc -S hello.i -o hello.s 来编译预处理阶段生成的文件,或者也可以使用命令 gcc -S hello.c -o hello.s 将预处理与编译两个步骤合二为一。下方代码为 C 语言程序对应的 LoongArch 汇编代码的一个实例。

高级语言程序代码	LoongArch 汇编代码
int f, g, y	.data
	f:
	g:
	y:
	.text
int main(void)	main:
{	addi $sp, $sp, -4
f = 2;	sw $ra, 0($sp)
g = 3;	addi $a0, $0, 2
y = sum(f, g);	sw $a0, f
return y;	addi $a1, $0, 3
}	sw $a1, g
	jal sum
	sw $v0, y
	lw $ra, 0($sp)
	addi $sp, $sp, 4
	jr $ra
int sum(int a, int b){	sum:
return(a +b);	add $v0, $a0, $a1
}	jr $ra

4.1.2 汇编

汇编语言是计算机机器语言二进制指令的一种文本形式。由于汇编语言用符号代替了二进制编码,所以汇编语言比机器语言更具有可读性。汇编语言中的符号命名通常对应具体的操作模式,如操作码、寄存器说明等,相对于机器语言阅读更简单。另外,汇编语言还允许编程人员使用标号(label)来识别、命名特定的存储字用以保存指令和数据,如表 4-1 所示。

表 4-1 一个语句的三种表示

C 语言	a＝b＋1；

汇编语言	mov 0x804a01c, %eax
	add $0x1, %eax
	mov %eax, 0x804a018

机器语言	a1 1c a0 04 08 83 c0 01 a3 18 a0 04 08

汇编器的作用在于将汇编语言程序翻译成二进制机器指令和二进制数据文件。汇编器读入一个汇编语言源文件并产生多个目标文件。由于最终运行的可执行目标文件由多个不同模块的目标文件组合产生，因此在汇编阶段不可能为每条指令确定运行的最终地址，所以单个目标文件都包含机器指令和用于将多个目标文件合并为程序的记录（重定位）信息。这就是汇编生成的目标文件也被称为可重定位目标文件的原因。可重定位目标文件的结构与可执行目标文件的结构是一致的，它们之间只存在一些细微的差异。可重定位目标文件是无法被执行的，它还需要经过链接这一步操作后才能生成可执行目标文件，最终被执行。

Linux 系统中的目标文件格式叫作 ELF(Executable Linkable Format)，ELF 可重定位目标文件的格式如表 4-2 所示。可以使用 readelf 或 objdump 程序以查看目标文件或可执行文件的各组成部分（称作节，Sections）。

表 4-2 ELF 可重定位目标文件组成

节	描述
ELF header	ELF 头，保存魔数(magic number)、程序入口等信息
.text	保存程序中的所有指令信息
.rdata	也称为.rodata 节，保存只读数据，例如字符串常量、被 const 修饰的变量
.data	保存已初始化的全局变量和局部静态变量，它通常是可执行文件中最大的部分
.bss	保存未初始化的全局变量和局部静态变量
.symtab	保存定位和重新定位程序符号所需的信息定义和引用
.rela.text	存放需要被重定位的指令信息
.rela.data	存放需要被重定位的数据
.debug	调试符号表，包含程序中定义的局部变量和类型、定义和引用的全局变量以及原始的源文件
.line	源程序中行号和.text 节中机器指令之间的映射
.strtab	包含.symtab 节中的符号以及节头表中的节名
Section Header Table	节头表，包含文件中各节的说明信息

ELF header 是 ELF 文件中最重要的一个部分，header 中保存了如下的内容。

(1) ELF 的魔数。

(2) 文件机器字节长度。

(3) 操作系统平台。

(4) 硬件平台。

(5) 程序的入口地址。

(6) 节头表(Section Header Table)的位置和长度。

(7) 节的数量。

(8) 其他信息。

从 header 中可以获取很多有用的信息，其中一种重要的信息就是节表的位置和长度。节是对 ELF 文件内不同类型数据的一种分类。例如，汇编时把所有的代码（指令）放在同一个节中,并且给这个节起名为.text;把所有已初始化的数据放在.data节;把所有未初始化的数据放在.bss节;把所有只读的数据放在.rodata节。通过header中的节表信息可以从ELF文件中获取到节表,在ELF中节表的重要性仅次于header。节表中保存了ELF文件中所有的节的基本属性,包括每个节的节名、节在ELF文件中的偏移、节的长度及节的读写权限等,节表决定了整个ELF文件的结构。

将数据(指令在ELF文件中也算是一种数据)分成不同的类型,然后分别存放在不同的节中的原因有:

(1) 便于进行区分。
(2) 便于给节设置读写权限,有的节只需要设置只读权限。
(3) 方便CPU缓存的生效。
(4) 有利于节省内存,例如,程序有多个副本情况下,此时只需要一份代码段即可。

4.1.3 链接

大多数大的程序包括不止一个文件。如果程序员只改变其中的一个文件,那么重新编译和汇编其他文件就会导致时间和资源的浪费。实际上,程序总是会调用库文件中的函数,而这些库文件几乎是不变的。如果高级语言代码的文件不变,那么与之相关联的目标文件就不需要更新。

链接器(Linker)将可重定位目标文件和库函数链接生成可执行目标文件。由汇编程序生成的可重定位目标文件由于可能还存在一些问题所以并不能立即就被执行。例如,某个源文件中的函数可能对另一个源文件中定义的变量或函数等进行了引用;在程序中可能调用了某个库文件中的函数等。链接的目的就是解决这些问题,其主要工作是将有关的目标文件彼此相连接,也就是将某文件中引用的某符号同另一个文件中该符号的定义连接起来,使得所有这些目标文件成为一个能够被操作系统装入执行的统一整体。

链接处理可以分为以下两种类型。

(1) 静态链接。

静态链接模式会把函数代码从静态链接库复制到目标执行文件,因此,程序执行时,代码将被加载到进程的虚拟地址空间中。静态链接库实际上是包含库中的一个或一组相关函数代码的对象文件的集合。

(2) 动态链接。

动态链接方式会把函数代码插入动态链接库或共享对象的某个对象文件中,链接程序只在最终的可执行程序中记录对象名称和少量其他的登记信息。执行可执行文件时,所有动态链接库内容将映射到相关进程的虚拟地址中。动态链接程序会基于可执行程序中记录的信息找到相应的函数代码。

对于可执行文件中的函数调用,可以使用动态链接或静态链接方法。使用动态链接,最终的可执行文件相对较短。如果共享对象由多个进程使用,则内存只需要保留一份要共享的代码,从而可以节约内存。但是,使用动态链接并不绝对优于静态链接。在某些情况下,动态链接可能会导致一些性能上的下降。

如图4-2所示将各个文件合并的工具就是链接器,它具体执行以下3个步骤。

(1) 搜索程序库,找到被本程序调用的库函数。

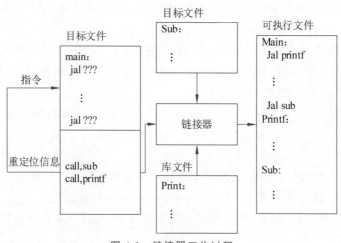

图 4-2 链接器工作过程

(2) 分配每个模块代码的存储器位置,并且调整绝对引用实现指令的重定位。

(3) 实现文件之间的引用。

链接器的第一步是为了保证程序中所有的标号都被事先定义好。链接器匹配全局符号和各个文件中的未定义的引用。文件中的全局标号用来标记其他文件的引用,使它们可以同时引用同一个变量。不能匹配的引用则表明虽然该符号可用,但并没有在其他文件中定义。当所有的标号都可以被引用时,链接器接下来分配每个模块所占用的内存。由于每个文件是被单独汇编,所以汇编器不可能事先知道 A 模块的数据和指令将出现在 B 模块的哪个位置。当链接器将一个模块换入内存时,所有相关的引用都必须重定位以保证映射正确。因为链接器知道所有的重定位信息,所以能确定所有的引用位置,从而能够有效地定位这些引用。

链接器最终将生成一个可执行目标文件。可执行目标文件的格式基本与可重定位目标文件相似,唯一差别在于它所包含的所有引用和重定位信息都已经合法化了。表 4-3 列出了 ELF 可执行目标文件格式。

表 4-3 ELF 可执行目标文件格式

可执行目标文件	格 式	说 明
	ELF header	ELF 头,保存魔数、程序入口等信息
	Segment header table	描述可执行文件中的代码和数据到存储空间中的映射关系
只读(代码)段	.init、.fini	用于执行时的初始化和结束
	.text	保存程序中的所有指令信息
	.rdata	也称为.rodata 节,保存只读数据,例如,字符串常量、被 const 修饰的变量
可读写(数据段)	.data	保存已初始化的全局变量和局部静态变量,它通常是可执行文件中最大的部分
	.bss	保存未初始化的全局变量和局部静态变量

续表

可执行目标文件	格　式	说　明
无须在存储空间中映射的信息	.symtab	保存定位和重新定位程序符号所需的信息定义和引用
	.debug	调试符号表，包含程序中定义的局部变量和类型、定义和引用的全局变量以及原始的源文件
	.line	源程序中行号和.text 节中机器指令之间的映射
	.strtab	包含.symtab 节中的符号以及节头表中的节名
	Section Header Table	节头表包含文件中各节的说明信息

目标文件既可用于程序的链接，也可用于程序的执行。表 4-4 中描述了 ELF 文件的两个视图：链接视图和执行视图。当程序或库被链接时使用链接视图处理目标文件中的节，其包含大量目标文件信息，如数据、指令、重定位信息、符号、调试信息等。程序运行时使用执行视图来处理节。段是对相关节进行分组的一种方式。例如，文本段对可执行代码进行分组，数据段对程序数据进行分组，动态段对与动态加载相关的信息进行分组，每个段由一个或多个节组成。

节与段的概念较为相似，但在这里需要做一些区分，节主要在目标代码文件中表示内容布局，其存储的信息用于链接器对代码重定位；而段则是当文件载入内存执行时采用的组织方式，用来建立可执行文件的进程映像。目标代码中的节都会被链接器组织到可执行文件的各个段中。具体的联系将在表 4-4 中进行展现。

表 4-4　简化的目标文件格式：链接视图和执行视图

链　接　视　图	执　行　视　图
ELF 头	ELF 头
程序头表(可选)	程序头表
节 1	段 1
…	段 2
节 n	…
…	…
…	段 n
节头表	段头表(可选)

◆ 4.2　可执行目标文件的运行

正常情况下，链接之后得到的程序就可以运行了。在运行前，可执行程序是以文件的形式存储在计算机存储设备中，操作系统内核需将程序装入内存中才可执行程序。操作系统中的加载器(Loader)负责把一个可执行文件加载到内存中。加载器会执行内存加载前的访问验证，首先，操作系统内核确认目标文件是一个可执行映像，并读取可执行目标文件的头

信息,并对类型、访问权限、内存需求和运行指令的能力进行验证。具体的操作流程包括:

(1) 为程序的执行分配主存空间。

(2) 将地址空间从辅助存储器复制到主存储器。

(3) 将.text 和.data 节从可执行文件复制到主内存中。

(4) 将程序参数(如命令行参数)复制到堆栈中。

(5) 初始化寄存器:设置 esp(堆栈指针)指向栈顶,清除其余部分。

(6) 跳转到开始例程,它的作用是将 main()的参数从堆栈中复制出来,并且跳转到 main()。

地址空间是包含程序代码、堆栈和数据段的内存空间,换言之,就是程序运行时使用的所有数据。运行时的内存布局,通常由三个段(文本、数据和堆栈)组成,简化形式如图 4-3 所示,左侧为可执行文件中的存储信息,右侧为虚拟存储空间中的存储信息,加载器根据可执行目标文件中的程序头表信息,将可执行目标文件中的相关节的内容与虚拟地址空间中的只读代码段和读、写数据段建立映射。

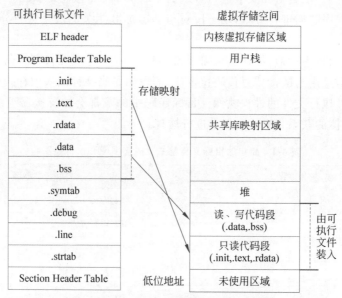

图 4-3 可执行目标文件运行时内存布局

4.2.1 加载

1. 加载的方式

程序执行时所需要的指令和数据必须在内存中才能正常运行,最简单的办法就是将其全都装入内存中,这就是静态装入。很多情况下程序所需要的内存空间大于物理内存大小,当内存不够时,根本的解决办法就是添加内存设备。但是相对于磁盘来说,内存价格较为昂贵,所以人们想尽各种办法,希望能够在不添加内存的情况下运行更多的应用程序,尽可能高效地利用内存。通过研究发现,程序的运行具有空间和时间上的局部性,所以可以将程序当前最常用的部分驻留在内存中,而将一些不太常用的数据存放在磁盘里面,这就是动态装入的基本原理。

覆盖装入(Overlay)和页映射(Paging)是两种典型的动态加载方法,两种方法都采用了典型的动态加载思想,但在具体的实现方式上存在差别,接下来对其分别进行介绍。

1) 覆盖装入

覆盖装入的方法把挖掘内存潜力的任务交给了程序员,程序员在编写程序的时候必须手工将程序分割成若干块,然后编写一个小的辅助代码来管理这些模块何时应该驻留内存而何时应该被替换掉。

2) 页映射

页映射是虚拟存储机制的一部分,它随着虚拟存储的发明而诞生。每个程序被运行起来以后,它将拥有自己独立的虚拟地址空间(Virtual Address Space),这个虚拟地址空间的大小由计算机的硬件平台决定,具体是由CPU的位数决定的。页映射是将内存和所有磁盘中的数据和指令按页为单位划分成若干个页,之后所有的装载和操作的单位就是页。页映射机制以页为单位,当内存中需要某个程序模块时就将其对应的页调入内存,若内存已满则调出当前空闲或无用的页,这个过程由操作系统处理。

2. 从操作系统角度看可执行文件的装载

目前被广泛使用的动态装载方法是页映射,下面从操作系统的角度来理解该装载方法。如果程序使用地址直接进行操作,那么每次页被装入时都需要进行重定位。在虚拟存储中,现代的硬件内存管理单元(MMU)都提供地址转换的功能。有了硬件的地址转换和页映射机制,操作系统动态加载可执行文件的方式与静态加载有了很大的区别。

程序是一个静态的概念,它就是一些预先编译好的指令和数据集合的一个文件;进程则是一个动态的概念,它是程序运行时的一个过程。从操作系统的角度来看,一个进程最关键的特征是它拥有独立的地址空间,这使得它有别于其他进程。很多时候一个程序被执行的同时都伴随着一个新的进程的创建,创建一个进程,然后装载相应的可执行文件并且执行时只需要做以下三件事情。

(1) 创建一个独立的虚拟地址空间。一个虚拟空间由一组页映射函数将虚拟空间的各个页映射至相应的物理空间,那么创建虚拟空间实际上并不是创建空间而是创建映射函数所需要的相应的数据结构。

(2) 读取可执行文件头,并且建立虚拟空间与可执行文件的映射关系。当程序执行发生页错误时,操作系统将从物理内存中分配一个物理页,然后将该"缺页"从磁盘中读取到内存中,再设置缺页的虚拟页和物理页的映射关系,这样程序才得以正常运行。当操作系统捕获到缺页错误时,它应知道程序当前所需要的页在可执行文件中的哪一个位置。这种映射关系只是保存在操作系统内部的一个数据结构。Linux中将进程虚拟空间中的一个段叫作虚拟内存区域(Virtual Memory Area,VMA);在Windows中将这个叫作虚拟段(Virtual Section)。

(3) 将CPU的指令寄存器设置成可执行文件的入口地址,启动运行。操作系统通过设置CPU的指令寄存器将控制权转交给进程,由此进程开始执行。这一步看似简单,实际上在操作系统层面上比较复杂,它涉及内核堆栈和用户堆栈的切换、CPU运行权限的切换。不过从进程的角度来看,这一步可以简单地认为操作系统执行了一条跳转指令,直接跳转到可执行文件的入口地址。

上面的步骤执行完之后，可执行文件的真正指令和数据都没有被装入内存中。操作系统只是通过可执行文件头部的信息建立起可执行文件和进程虚拟内存之间的映射关系而已。当 CPU 开始打算执行这个地址的指令时，发现是个空页面，于是它就认为这是一个页错误（Page Fault）。CPU 将控制权交给操作系统，操作系统有专门的页错误处理例程来处理这种情况。操作系统将查询这个数据结构，然后找到空页面所在的 VMA，计算出相应的页面在可执行文件中的偏移，然后在物理内存中分配一个物理页面，将进程中该虚拟页与分配的物理页之间建立映射关系，然后把控制权再还给进程，进程从刚才页错误的位置重新开始执行。随着进程的执行，页错误也会不断地产生，操作系统也会为进程分配相应的物理页面来满足进程执行的需求。当然有可能进程所需要的内存会超过可用的内存容量，特别是在有多个进程同时执行的时候，这时候操作系统就需要精心组织和分配物理内存，甚至有时候应将分配给进程的物理内存暂时收回等，这就涉及操作系统的虚拟存储管理，第 6 章将详细介绍相关内容。

3. Linux 装载 ELF 简介

计算机的操作系统启动程序固化在硬件上，每次计算机上电时，都将自动加载启动程序，之后的每一个程序、每一个应用都是不断地 fork 出来的新进程。下面将以 Linux 系统装载可执行文件为例具体介绍加载流程。当在 shell 中运行可执行程序时也是由 shell 进程 fork 出一个新进程，在新进程中调用 exec 函数装载可执行文件并执行。

1) execve()

当 shell 中输入执行程序的指令之后，shell 进程获取到输入的指令，并执行 execve() 函数，该函数的参数是输入的可执行文件名和形式参数，还有就是环境变量信息。execve() 函数对进程栈进行初始化，即压栈环境变量值，并压栈传入的参数值，最后压栈可执行文件名。初始化完成后调用 sys_execve()。

2) sys_execve()

该函数进行一些参数的检查与复制，而后调用 do_execve() 函数。

3) do_execve()

该函数在当前路径与环境变量的路径中寻找给定的可执行文件名，找到文件后读取该文件的前 128 字节。读取这 128 字节的目的是为了判断文件的格式，每个文件的开头几个字节都是魔数，可以用来判断文件类型。读取了前 128 字节的文件头部后，将调用 search_binary_handle()。

4) search_binary_handle()

该函数将去搜索和匹配合适的可执行文件装载处理程序。Linux 中所有被支持的可执行文件格式都有相应的装载处理程序。以 Linux 中的 ELF 文件为例，接下来将会调用 ELF 文件的处理程序：load_elf_binary()。

5) load_elf_binary()

该函数执行以下三个步骤。

（1）创建虚拟地址空间：实际上指的是建立从虚拟地址空间到物理内存的映射函数所需要的相应的数据结构（即创建一个空的页表）。

(2) 读取可执行文件的文件头,建立可执行文件到虚拟地址空间之间的映射关系。

(3) 将 CPU 指令寄存器设置为可执行文件入口(虚拟空间中的一个地址)。

load_elf_binary()函数执行完毕。事实上,装载函数执行完毕后,可执行文件真正的指令和数据都没有被装入内存中,只是建立了可执行文件与虚拟内存之间的映射关系,以及分配了一个空的页表,用来存储虚拟内存与物理内存之间的映射关系。

6) 程序返回到 execve()中

此时从内核态返回到用户态,且寄存器的地址被设置为了 ELF 的入口地址,于是新的程序开始启动,发现程序入口对应的页面并没有加载(因为初始时是空页面),此时引发一个缺页错误,操作系统根据可执行文件和虚拟内存之间的映射关系,在磁盘上找到缺的页,并申请物理内存,将其加载到物理内存中,并在页表中填入该虚拟内存页与物理内存页之间的映射关系。之后程序正常运行,直至结束后回到 shell 父进程中。

4.2.2 程序执行过程

一个程序的执行过程如下。

(1) 操作系统在创建进程之后,跳转到这个进程的入口函数。

(2) 入口函数对程序运行环境进行初始化,包括堆、I/O、线程、全局变量的构造等。

(3) 入口函数在完成初始化之后,调用 main()函数,开始执行程序的主体。

(4) main()函数执行完毕之后返回到入口函数,入口函数进行清理工作,最后通过系统调用结束进程。

图 4-4 显示了一个典型的 C 进程的内存布局。进程在基地址上加载节(对应于图中的"文本"和"数据")。栈段是分配局部(自动)变量的地方。在 C 程序中,局部变量是在函数体(包括 main()或其他未定义为静态的左花括号)的左花括号内声明的变量。数据按照后进先出(LIFO)的规则弹出或压入栈。栈保存局部变量、临时信息/数据、函数参数、返回地址等。当调用一个函数时,将创建一个堆栈帧并将其压入栈顶部。这个堆栈帧包含诸如函数被调用的地址及函数完成时跳转回的地址(返回地址)、参数、局部变量,以及被调用函数所需的任何其他信息等。当一个函数返回时,堆栈帧从堆栈中弹出。通常堆栈向下增长,这意味着调用链中更深的项位于较小数字的地址上,并朝向堆。堆是动态内存(由 malloc()、calloc()、realloc()和 new()获得)的来源。堆上的所有内容只能通过指针访问其中的一部分。当在堆上分配内存时,进程的地址空间会增长。释放的内存(通过 free()和 delete()调用实现释放)将返回到堆。堆是向上增长的,它的末尾由一个称为 break 的指针标记,可以将 break 指针(通过 brk()和 sbrk()系统调用)移动到一个新位置,以增加可用堆内存的数量。每个堆栈帧由一个保护页分隔,以检测堆栈帧之间的堆栈溢出。在进程的地址空间中间,有一个区域是为共享对象保留的。

创建新进程时,进程管理器首先将可执行文件中的两个段映射到内存中,然后它解码程序的 ELF 头。如果程序头指示可执行文件链接到共享库,进程管理器将从程序头中提取动态解释器的名称。动态解释器指向一个包含运行时链接器代码的共享库。进程管理器将在内存中加载此共享库,然后将控制传递给这个库中的运行时链接器代码。

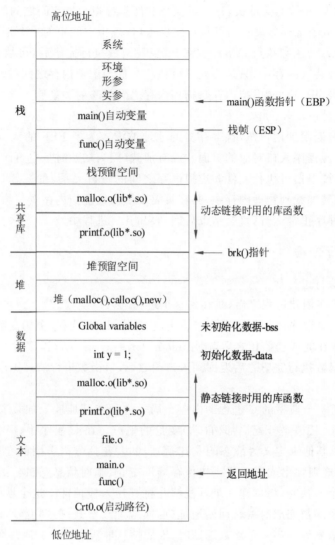

图 4-4 进程内存布局

1. 动态链接共享库

当与共享对象链接的程序启动或程序请求动态加载共享对象时，将调用运行时链接程序。所以符号的解析是在以下两者之一完成的。

(1) 加载时动态链接——应用程序从磁盘(磁盘文件)读取到内存中并定位未解析的引用。加载时加载器找到所有必要的外部符号，并将对每个符号的所有引用(之前都归零)更改为相对于程序开头的内存引用。

(2) 运行时动态链接——应用程序从磁盘(磁盘文件)读取到内存中，未解析的引用被保留为无效(通常为零)。第一次访问无效的、未解析的引用会导致软件陷阱。运行时动态链接器确定此陷阱发生的原因并寻找必要的外部符号。

加载共享库(.so 文件)时，运行时链接器会执行多项任务。动态部分向链接器提供有关此库链接到的其他库的信息。它还提供需要应用的重定位和需要解析的外部符号信息。运行时链接器将首先加载任何其他所需的共享库(这些库本身可能引用其他共享库)。然后它将处理每个库的重新定位,有些重定位是库的局部重定位,而其他重定位则需要运行时链接器来解析全局符号。对于后一种情况,运行时链接器将在库列表中搜索该符号。一旦应用了所有重定位,就会调用在共享库的 init 部分中注册的任何初始化函数。

2. 符号名称解析

当运行时链接器加载一个共享库时,必须解析该库中的符号。在这里,符号解析的顺序和范围很重要。如果共享库调用的函数碰巧存在程序加载的多个库中,则在这些库中搜索此符号的顺序至关重要。这就是操作系统定义了几个可以在加载库时使用的选项的原因。所有具有全局作用域的对象(可执行文件和库)都存储在一个内部列表(全局列表)中。默认情况下,任何全局范围的对象都会将其所有符号提供给任何加载的共享库。全局列表最初包含可执行文件和在程序启动时加载的任何库。

3. 动态地址转换

从内存管理的角度来看,具有多任务处理功能的现代操作系统,通常实现动态重定位而不是静态重定位。所有程序在地址空间中的布局实际上是相同的。这种动态重定位(也称为动态地址转换)提供了一种错觉:

(1) 每个进程可以使用从 0 开始的地址,即使其他进程正在运行,或者即使同一个程序运行了多次。

(2) 地址空间受到保护。

(3) 可以欺骗进程使其认为它的内存比可用的物理内存大得多。

在动态重定位中,地址在每次引用时都动态变化。虚拟地址(也称为逻辑地址)由进程生成,而物理地址是运行时物理内存中的实际地址。地址转换通常由集成在处理器内部的内存管理单元(MMU)完成。虚拟地址是相对于进程的,每个进程都认为它的虚拟地址从 0 开始,进程甚至不知道它在物理内存中的位置,代码完全按照虚拟地址执行。MMU 可以拒绝转换进程内存范围之外的虚拟地址,例如生成分段错误,这为每个进程提供了保护。在转换过程中,甚至可以根据需要在磁盘和内存之间移动进程的部分地址空间(通常称为交换或分页)。这使得进程的虚拟地址空间比可用的物理内存大得多。进程的动态重新定位如图 4-5 所示,具体细节请参考第 6 章内容。

4.2.3 指令执行介绍

计算机要完成的任务事先会编写成程序以文件的形式存在硬盘中,当执行程序时,首先将可执行目标文件加载到内存中,然后计算机将文件中的指令取到 CPU 中自动完成。在程序执行之前,存放在主存储器中的每条指令和数据都有地址,指令的起始地址存放在专门的寄存器程序计数器(PC)里。通常情况下,计算机每执行一条指令可认为是分为五个阶段进行,即取指令、指令译码、执行指令、访存取数、结果写回,然后将取指令后修改的下一条指令的地址放到 PC 里面,之后继续根据 PC 的内容去取下一条指令,如此循环往复,如图 4-6 所示。通常把取出并执行一条指令的时间称为指令周期。

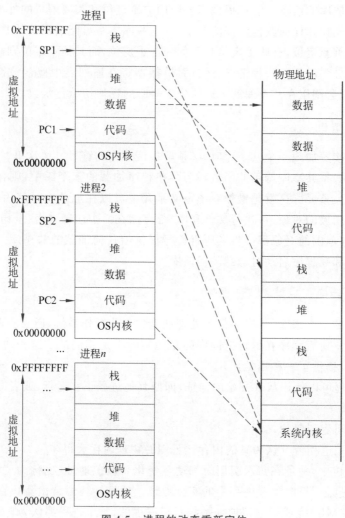

图 4-5 进程的动态重新定位

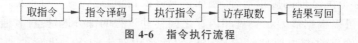

图 4-6 指令执行流程

1. 取指令阶段

取指令(Instruction Fetch, IF)阶段是将一条指令从主存中取到指令寄存器的过程。程序计数器(PC)中的数值,用来指示取出指令在主存中的位置。当一条指令被取出后,(PC)+"1"= PC 形成下条指令地址,这里的"1"指的是一条指令的字节数;

2. 指令译码阶段

取出指令后,计算机立即进入指令译码(Instruction Decode, ID)阶段。在指令译码阶段,指令译码器按照预定的指令格式,对取回的指令进行拆分和解释,识别区分出不同的指令类别以及各种获取操作数。

3. 执行指令阶段

在取指令和指令译码阶段之后，接着进入执行指令（Execute,EX）阶段。此阶段的任务是完成指令所规定的各种操作，具体实现指令的功能。为此，CPU 的不同部分被连接起来，协同执行所需的操作。

例如，如果要求完成一个加法运算，算术逻辑单元（ALU）将与一组输入和一组输出连通，输入端提供需要相加的数值，输出端将含有最后的运算结果。

4. 访存阶段

根据指令需要，有可能要访问主存，读取操作数，这样就进入了访存（Memory,MEM）阶段。此阶段的任务是：根据指令地址码，得到操作数在主存中的地址，并从主存中读取该操作数用于运算。

5. 结果写回阶段

作为最后一个阶段，结果写回（Writeback,WB）阶段把执行指令阶段的运行结果数据"写回"到某种存储部件：结果数据经常被写到 CPU 的内部寄存器中，以便被后续的指令快速地存取；在有些情况下，结果数据也可被写入主存。许多指令还会改变程序状态字寄存器中标志位的状态，这些标志位标识着不同的操作结果，可被用来影响程序的动作。

在指令执行完毕、结果数据写回之后，若无意外事件（如结果溢出等）发生，计算机将接着从程序计数器（PC）中取得下一条指令地址，开始新一轮的循环，下一个指令周期将顺序取出下一条指令。许多新型 CPU 可以同时取出、译码和执行多条指令，具有并行处理的特性。

◆ 4.3 流水线技术

随着计算机能够处理的任务越来越多，人们对于高性能处理器的需求也不断增加，其中流水线技术是一种搭建高性能处理器的关键技术。通过指令流水线，处理器将多条指令的执行重叠起来，实现了指令的并行执行。这种指令并行方式的优点是增加了处理器的指令吞吐率，但它同时也会引发额外的问题。CPU 如何组织一条指令流水线，指令流水线会引发什么样的问题，而这些问题又是如何解决的，弄懂这些是理解流水线技术的关键。

在第 3 章中介绍了指令集可分为 RISC 指令集和 CISC 指令集，其中，RISC 指令集更适合流水线技术的设计，主要有以下原因：在 RISC 指令集中，指令的长度相同或相近，因此指令的取值和译码阶段具有更高的可预测性，而 CISC 指令集由于指令长度不同，取指和译码的时钟周期数不确定，这阻碍了流水线的运行；此外，流水线要求将一条指令的执行周期分为多个阶段，每个阶段用到的资源不会相互影响，RISC 指令集由于其简单性和少量指令而易于分成多个阶段，而 CISC 指令集具有更复杂的指令和寻址方式，因此更难被划分为多个阶段；从冒险角度而言，RISC 指令集只允许进程通过寄存器访问内存，而 CISC 指令集允许进程直接访问内存，这一点也会导致在 RISC 指令集中并不常见的数据冒险在 CISC 指令集中更有可能发生。

CISC指令集的复杂性比RISC指令集更高,因此通常需要分为更多的流水线阶段。在RISC指令集中,ARMv7系列处理器使用三级流水线,ARMv9系列处理器使用五级流水线,经典的MIPS指令集同样使用五级流水线;而在CISC指令集中,以Intel的奔腾系列为例,首款奔腾处理器使用五级流水线,后续的奔腾Pro使用12级流水线,奔腾4使用20级甚至31级流水线。当然,对于CPU而言,流水线的级数并不是越多越好,对于CPU性能的衡量,仍然需要关注指令吞吐率等实际性能指标。

4.3.1 流水线方式

流水线的概念

流水线方式可以将复杂过程分解成多个阶段,每个阶段可以与其他阶段同时进行。这种方式与工厂中的生产流水线非常相似,因此称为流水线方式。本节将以实际生活中的例子引入流水线方式并进行讲解,旨在帮助读者理解流水线技术的根本思想和实现方式,想要直接了解计算机中流水线的读者,可以从4.3.2节"指令流水线"开始阅读。

为了帮助读者理解流水线方式的具体思想,这里以工厂流水线为例。假设某个工厂要制作一个玩具模型,整个过程可以分为以下四个阶段。

(1) 制造零件,即制造模型所需的所有零件。

(2) 喷漆,即按要求为零件喷漆上色。

(3) 组装,将零件组装为一个完整模型。

(4) 包装出厂,将制作完成的模型封装为商品。

经过这样四个阶段,一个玩具模型就被制造出来;重复这四个阶段,就可以继续制造下一个玩具模型。如图4-7所示,如果使用流水线方式,可以将整个模型制作过程加速多倍,节省大量时间。具体来说,当第一批零件制作完成,被送往下一个车间喷漆,这时生产零件的机器空闲,就可以开始制作第二批零件;同理,当第一批零件喷漆完成,被送往下一个车间进行组装,这时就可以开始第二批零件的喷漆;当第一个模型组装完成,就会被送往下一个车间进行包装,这时就可以开始组装第二个模型。这样一来,模型制造的所有阶段都在同时进行,也就是说,所有流水线的步骤都在并行。当然,并行的前提是,这四个阶段的执行是在不同的车间,用到不同的资源。

流水线的精妙之处在于,对于任何一个玩具模型的制造步骤都没有减少,制造一个模型的总时长也没有缩短,但是制造多个模型的总体时间缩短了,原因在于通过多个子过程之间的并行,单位时间内完成的任务变多了。总结而言,流水线提高了模型制造过程的吞吐率,如果有足够多的模型制造任务,那么虽然制造单个模型的时长没有缩减,但它减少了完成任务的总体时间。

当衡量流水线的加速效果时,经常提到加速比的概念。加速比的定义如下。

$$加速比 = \frac{不使用流水线的执行时间}{使用流水线的执行时间}$$

为了计算理想情况下的加速比,可以假设模型制造的每个阶段占用的时长相等,同时有足够多的任务需要去完成。在这种情况下,因为同一时刻在执行4个任务,所以总体加速比会无限接近于4。也就是说,加速倍数与同一时刻能够并行执行的任务数有直接的关系。从在图4-7中可以看出,当只有3个任务的时候,加速比只有2,这是因为流水线没有完全填满。因此想要充分实现流水线的性能,必须要有足够多的任务,避免出现流水线未填满的情况。

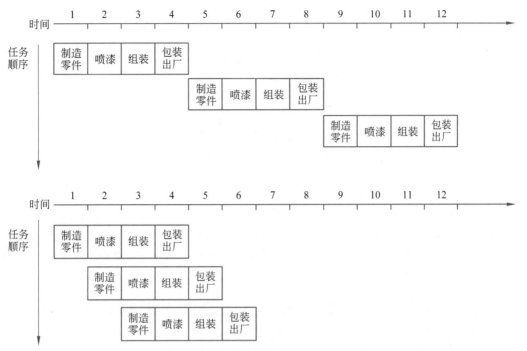

图 4-7 工厂制作玩具模型的流水线示意图

4.3.2 指令流水线

将流水线方式应用到指令执行过程中,就形成了指令流水线。简单来说,指令流水线是一种实现多条指令重叠执行的技术。一条指令的执行一般需要经过多步操作,每个操作与其他操作之间可以同时执行,而流水线方式能够充分利用这些操作之间的并行性。为了解释指令流水线过程,这里以 RISC 指令集中的 LoongArch 指令集为例。在 LoongArch 指令集中,一条指令的执行可以分为以下五步操作。

(1) 取指令,将指令从指令存储器中取出。

(2) 指令译码,同时读取寄存器。LoongArch 的指令格式允许同时进行这两步操作。

(3) 执行操作或计算地址。

(4) 从数据存储器中读取操作数。

(5) 将结果写回寄存器。

假设在 LoongArch 指令集中,指令执行的每步操作时长都相等,得到的流水线过程如图 4-8 所示。在这条指令流水线中,一条指令的执行可以分为五个阶段,同时代表这是一个五级流水线,因此在理想情况下,流水线的加速比能够达到 5。但是在实际指令执行过程中,指令流水线的加速比无法达到理想值,主要原因是:理想情况下假设流水线的每个阶段运行时间相等,但是在实际指令运行过程中,每个阶段的运行时间有长有短,为了使时钟周期能够满足所有阶段的运行,必须要让时钟周期的时长满足最慢的阶段。下面用一个例题来讲解实际指令执行中的流水线过程,这里规定每个时钟周期执行流水线中的一步操作。

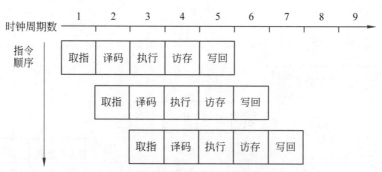

图 4-8 指令流水线示意图

例 4.1 LoongArch 中的单周期指令模型与指令流水线。

为了具体演示 LoongArch 中的流水线过程,首先选择四个常见的指令,分别是取字(ld.w)、存字(st.w)、加(add.w)和分支(beq)。如图 4-9 所示,描述了每个指令包含的阶段和所用时长,这里假设主要功能的所用时长分别为:存储器的存取时间为 200ps,寄存器读写的用时为 100ps,ALU 操作的用时为 200ps。请问在这种情况下:

指令类型	取指令	读寄存器	ALU操作	数据存取	写寄存器	总时间
取字(ld.w)	200ps		200ps	200ps	100ps	800ps
存字(st.w)	200ps	100ps	200ps	200ps		700ps
加法(add.w)	200ps	100ps	200ps		100ps	600ps
分支(beq)	200ps	100ps	200ps			500ps

图 4-9 不同类型指令的总执行时间

(1) 在单周期指令模型中,完成一条指令的时钟周期应为多长?
(2) 如果使用指令流水线,时钟周期应该设置为多长?
(3) 如果执行 3 条指令,加速比为多少?
(4) 如果执行无数条指令,理想情况下加速比为多少?

解:

(1) 在单周期指令模型中,一个时钟周期执行一条指令,因此时钟周期的时间长度必须满足最慢的指令。在我们考虑的 4 条指令中,最慢的是取字(ld.w)指令,总时长为 800ps,因此时钟周期应设置为 800ps。

(2) 与单周期指令模型类似,指令流水线的时钟周期必须要满足最慢的步骤,在指令执行的五个步骤中,耗时最长的是存储器的存取和 ALU 操作,均为 200ps,因此指令流水线的时钟周期为 200ps。

(3) 如图 4-10 所示,单周期指令模型执行单条指令的时间为 800ps,因此执行 3 条指令所需时间为 2400ps。在指令流水线中,一个时钟周期执行指令周期中的一个子过程,所需时间为 200ps,因此执行一条指令所需时间为 1000ps。从图 4-10 可以看出,执行 3 条指令所需时间为 1400ps。因此,加速比为 2400/1400≈1.7,这里加速比较小的原因是流水线未填满,同时由于指令流水线的时钟周期需要考虑最慢的步骤,因此指令流水线下单条指令的执行时长为 1000ps,大于单周期指令模型 800ps 的单条指令执行时间。

（4）首先考虑将指令数量与执行时间联系起来，假设指令数量为 n，那么单周期指令模型中，指令的执行时间为(时钟周期×指令数量)＝ $800\times n$；在指令流水线中，由于除了第一条指令需要 1000ps 外，每增加一条指令，执行时间增加 200ps，因此指令的执行时间为 $1000+200(n-1)= 800+200\times n$。因此，当 n 趋于无穷时，加速比为 $\dfrac{800\times n}{800+200\times n}$。

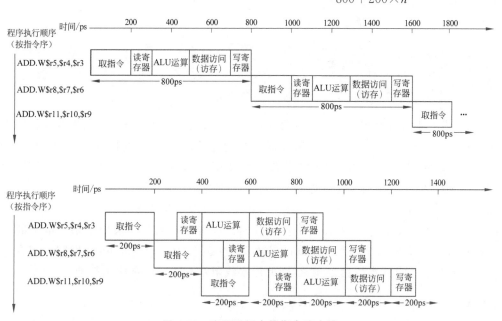

图 4-10　实际运行中的指令流水线

总结来说，流水线是一种可以将多条指令的执行过程相互重叠的技术，它所带来的性能提升不是通过缩短单条指令的执行时间，而是通过提高指令的吞吐率来实现的。在理想情况下，流水线的加速比为流水线的级数，但是在实际指令运行中，由于各阶段耗时不同，往往无法达到理想情况下的加速比。

4.3.3　流水线存在的问题

在流水线中存在这样一种情况，在下一个时钟周期内，待执行指令无法正常执行，这种情况称为冒险(Hazard)。出现冒险的原因是，若继续按指令流水线的方式来执行指令，可能会导致不正确的计算结果。接下来会介绍三种比较典型的流水线冒险，以及常见的避免流水线冒险的技术。

流水线冲突

1. 数据冒险

数据冒险(Data Hazard)指的是，一条指令的执行需要使用前一条指令的运行结果，但是这个运行结果还没有被写回。引发数据冒险，主要跟数据读写的顺序有关，常见的会引发数据冒险的读写依赖有以下三种：写后读(Read After Write，RAW)依赖、读后写(Write After Read，WAR)依赖和写后写(Write After Write，WAW)依赖。首先分别解释这三种读写依赖的意义，这里假设指令 A 先于指令 B 执行，RAW 指的是，指令 A 会将数据写入寄存器，而指令 B 会读取指令 A 写入寄存器的内容，也就是写后读；WAR 指的是，指令 A 会读取寄存器的内容,而指令 B 会将数据写入寄存器,也就是读后写;WAW 指的是,指令 A 会将数据写入寄存器,而指令 B 也会将数据写入寄存器,覆盖指令 A 的写入数据,也就是写后写。在我们的指令流水线过程中,如果指令不是乱序执行,就只会遇到 RAW 的数据冲突,当然,如果指令是乱序执行,即不按照原本顺序执行,那么以上三种冲突都有可能发生。这里主要关注 RAW 的数据冲突。

假设有如下这样一个指令序列:

```
add.w $r5, $r3, $r4
sub.w $r7, $r5, $r6
add.w $r9, $r7, $r8
```

其中,第 1、2 条指令和 2、3 条指令之间都有 RAW 依赖,原因是第 2 条指令的执行需要读取第 1 条指令的计算结果(存储在寄存器 r5),同理,第 3 条指令的执行需要读取第 2 条指令的计算结果(存储在寄存器 r7)。结果如图 4-11 所示,必须等待上一条指令的写回阶段结束,下一条指令的译码阶段才能开始进行,否则就会引发数据错误。为了保证指令的正确执行,最直接的解决办法就是阻塞下一条指令,让第 2 条指令等待 3 个时钟周期,这样等待第 1 条指令将结果写入寄存器,第 2 条指令才开始读取寄存器内容。采用阻塞来解决数据冒险的效果如图 4-12 所示。流水线阻塞的具体实现方式称为气泡(Bubble),即阻止寄存器内容改变并通知下一级流水线指令无效,因此流水线阻塞有时又会被称为气泡。

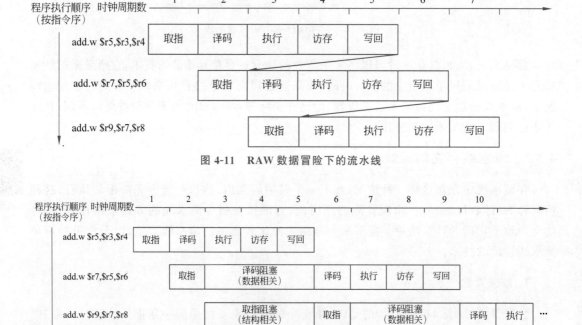

图 4-11 RAW 数据冒险下的流水线

图 4-12 用阻塞解决数据冒险

使用流水线阻塞技术,虽然避免数据错误的产生,但是指令流水线的效率会大大降低,因为数据冒险的发生过于频繁并且导致的延迟太长,因此产生了另一种解决方法,称为前递

（Forwarding）或者旁路（Bypassing）。前递的含义是从内部资源中直接提前得到缺少的运算项。还是以刚才的指令为例，第 2 条指令的执行需要用到第 1 条指令的运算结果，原本的解决方法是等待运行结果写回内存，现在则可以更进一步，一旦第 1 条指令得到 ALU 的运算结果，就将它作为第 2 条指令的一个输入项，如图 4-13 所示。在这种情况下，将原本 3 个时钟周期的延迟减少到 1 个时钟周期，大大提高了指令流水线的效率，减少了数据冒险所带来的影响。

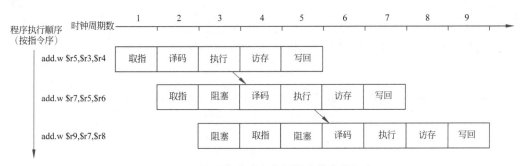

图 4-13　使用前递减少数据冒险带来的阻塞

2. 控制冒险

控制冒险（Control Hazard）指的是尚未确定是否发生的分支指令，如何进行下一次取指的问题。图 4-14 表示了分支指令 beq 会出现的控制冒险。当分支指令 beq 经过执行阶段，才能得出下一条指令的执行地址并将它输入程序计数器（PC），但是此时指令流水线已经取回下一条指令，这时就可能导致取回错误的指令。

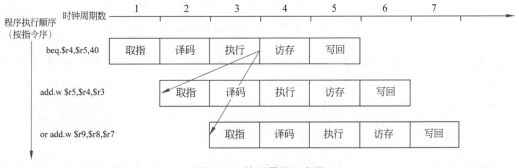

图 4-14　控制冒险示意图

为了解决这个问题，最直接的方法还是使用阻塞。为了在分支指令 beq 执行阶段完成前阻塞后续指令，这里需要引入两个时钟周期的阻塞。这种方法能够确保指令正确执行，但是它对流水线的效率影响较大。

如果能增加专用的运算资源将转移指令条件判断和计算下一条指令 PC 的处理调整到译码阶段，那么转移指令后面的指令只需要阻塞一个时钟周期。除此之外，还有一种减少流水线阻塞等待的转移指令延迟槽技术，简单地说，就是位于分支指令后面的一条指令，不管分支发生与否其总是被执行。结合译码阶段增加专用硬件判断下一条指令的 PC 地址和延迟槽技术，就能避免控制冒险带来的延迟，保证流水线的全速运行。

对很多计算机而言，阻塞的方式代价太大，为了减少阻塞带来的延迟，产生了另一种消除控制冒险的技术，叫作预测（Prediction）。预测的方法，在预测正确的情况下不会降低流水线的效率，但在预测错误的情况下，需要回到预测错误的位置重新执行正确的分支。有几种分支预测的方法，最简单的一种就是总预测分支未发生，这样当预测正确时，流水线就会正常执行，只有当转移发生时才会产生阻塞，图4-15给出了例子。

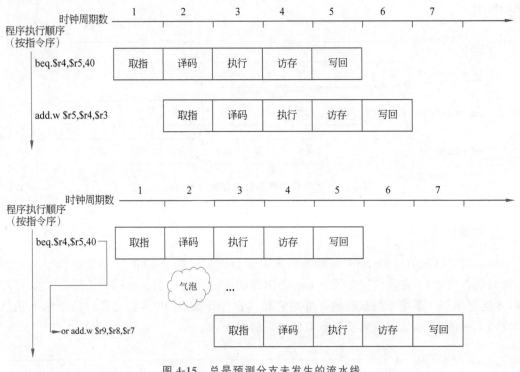

图4-15 总是预测分支未发生的流水线

还有更加成熟的技术称为分支预测（Branch Prediction），也称为动态分支预测，它的预测会基于本身及其他分支跳转的历史记录，并且会动态改变分支预测结果。在这种情况下，分支预测的成功率能够达到90%以上。

3. 结构冒险

结构冒险（Structure Hazard）指的是，硬件不支持多条指令在同一时钟周期内执行的情况。假设并行的两个阶段申请同一硬件资源，就会导致资源的抢夺，那么在这个时钟周期内，总有一方申请的资源无法得到满足，这种情况就会导致结构冒险。

结构冒险最经常发生在功能单元未能完全流水化的情况下，因此此时的功能单元不能满足每个时钟周期执行一条指令；或者某一资源不足以满足流水线中的指令组合，如寄存器只有一个写端口，但是指令想在一个时钟周期内写两次。这里用图4-12所示的例子来说明，由于第2条指令需要读取第1条指令的写回结果，因此第2条指令的译码阶段会被阻塞，这时它的指令地址被保存在PC（指令计数器）中。当第3条指令想要进入取指阶段，这时PC单元被上一条指令占用，此时两条指令的执行需要使用同一个单元模块，就会出现结构冒险。

结构冒险通常使用阻塞来解决,只需要将流水线阻塞到所需单元可用即可。虽然结构冒险的代价很大,会大大降低流水线效率,但是有时系统还是会允许结构冒险的存在,原因是如果想要将所有功能单元流水化,或者保证资源总是够用,成本过于高昂。如果结构冒险很少发生,那么就不必耗费大量成本来避免它。当然,对于某些发生频率较高的结构冒险,最好的解决方式是增加资源数量,当资源数量能够满足需求,阻塞的频率就会大大降低。

4.3.4 流水线与异常处理

关于异常的详细介绍在第 7 章,想要对异常有更深入了解的读者可以提前阅读第 7 章,本节将简要概述流水线处理器如何对异常进行处理。异常的来源包括外部事件、指令执行中的错误、数据完整性问题、地址转换异常、系统调用和陷阱以及需要软件纠正的操作等,而在流水线处理器中,这些不同类型的异常可能发生在流水线的不同阶段。例如,访存地址错误异常,可能在取指阶段和访存阶段产生;保留指令异常和系统调用异常,可能在译码阶段产生;整数溢出异常,可能在执行阶段产生;而中断可能在任何时候发生。

异常通常被分为可恢复异常和不可恢复异常。不可恢复异常通常发生在出现严重的系统硬件错误时,在这种情况下,系统可能会在处理异常之后面临重启,因此,处理器对不可恢复异常的响应机制非常简单,只要立即终止当前的执行,记录软件所需的信息,然后跳转到异常处理入口即可。然而,对可恢复异常的处理比较困难,原因是可恢复异常需要非常精确的处理,也就是常说的精确异常的概念。精确异常的含义是,当异常处理完成,回到产生异常的地方继续执行,程序依旧能正确执行,就像没有产生异常一样。要达到精确异常的效果,要求异常处理过程完成以下两件事:发生异常的指令前面的所有指令都执行完成,而发生异常的指令后面的所有指令都没有执行。这样是为了保证机器状态处于发生异常的指令正在执行的状态,这条指令前面的指令都执行完成(修改了机器状态),而它后面的指令都未开始执行(未修改机器状态)。

流水线处理器中,这些不同类型的异常可能发生在流水线的不同阶段,所以实现精确异常需要设计详细的异常处理机制。以下给出一个例子。

(1) 当某一级流水发生异常时,在流水线中记录发生异常的事件,等到写回阶段再处理。

(2) 如果在执行阶段要修改机器状态(如状态寄存器),保存下来直到写回阶段再修改。

(3) 指令的 PC 值随指令流水前进到写回阶段为异常处理专用。

(4) 将外部中断作为取指的异常处理。

(5) 指定一个通用寄存器(或一个专用寄存器)为异常处理时保存 PC 值专用。

(6) 当发生异常的指令处在写回阶段时,保存该指令的 PC 及必需的其他状态,置取指的 PC 值为异常处理程序入口地址。

4.3.5 流水线优化技术

衡量处理器的性能时,通常会用到 CPI(Clock cycle Per Instruction),它表示每条计算机指令执行所需的时钟周期,规定

$$CPI = \frac{执行程序所需的时钟周期数}{所执行的指令条数}$$

一个流水化处理器的 CPI 等于理想 CPI 和冒险产生的阻塞耗费的周期之和：

流水线 CPI＝理想 CPI＋结构冒险阻塞＋数据冒险阻塞＋控制冒险阻塞

从上述公式可知，想要提高流水线处理器的性能时，可以从以下两个角度入手：降低理想 CPI，或者降低各种冒险带来的阻塞。

1. 多发射数据通路

多发射数据通路是一种降低理想 CPI 的技术，它的思想是让每一级流水线能够处理更多的指令。这里以双发射流水线为例，它意味着每一个时钟周期取两条指令，执行两次译码并读寄存器数据，还能同时执行两次指令运算操作和访存操作，同时写回两条指令的执行结果。因此，双发射流水线能够将理想 CPI 降低为单发射流水线的一半。想要处理器支持双发射，就必须要将所有资源翻倍，比如存储器必须支持双端口操作。除此之外，还要增加对阻塞判断的逻辑，因为如果在同一个时钟周期内的两条指令存在指令相关，也需要进行阻塞。包括数据相关、控制相关、结构相关的三种冒险的阻塞机制的逻辑都需要进行调整。

这里举一个简单的例子，以展示双发射流水线会引发的阻塞。如图 4-16 所示，这里规定只有两条指令都不被阻塞时，它们才会同时执行，因此第 3 条指令和第 7 条指令会发生陪同阻塞。第 5 条指令与第 6 条指令没有发生陪同阻塞，因为这两条指令间存在数据冒险，第 6 条指令的译码阶段需要用到第 5 条指令的执行结果，因此第 5 条指令先执行，只有第 6 条指令因为数据冒险被阻塞。多发射数据通路技术在理想情况下能够成倍地减少理想 CPI，但是在实际情况中，由于各类冒险引起的阻塞，它所能达到的执行效率会远低于预期值。

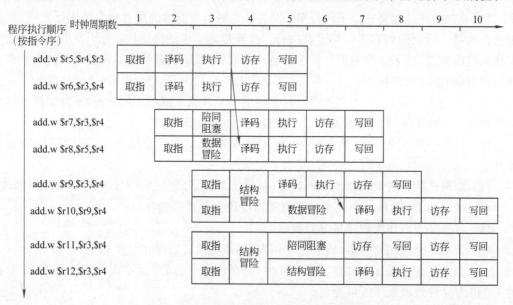

图 4-16　双发射处理器的流水线示意图

2. 动态调度

多发射数据通路拓宽了指令执行的道路，让多条指令可以同时执行，但是指令之间的依赖关系并不会产生变化，如果后一条指令的执行依赖前一条指令的运行结果，那么它依然会被阻塞。这种情况下,会考虑另一种优化方式,那就是:如果能动态地改变指令的执行顺序,让不相关的指令先执行,是否就能避免上述阻塞呢?动态调度技术就是基于这种思想而被设计出来。考虑一个更具体的例子,假设有以下三条指令:

```
div.w $t3, $t2, $t1
add.w $t5, $t4, $t3
sub.w $t8, $t7, $t6
```

当执行到第二条指令的译码和读寄存器阶段时,由于它的运行需要用到第一条 div 指令的计算结果,因此会阻塞三个时钟周期,直到第一条指令将计算结果写回到 $t3 中,才能继续执行第二条指令。但是观察第三条指令发现,它的执行与前两条指令并没有依赖关系,如果在阻塞期间让第三条指令先执行,并不会引发任何冒险。这种情况下,如果采用动态调度的流水线,在第二条指令被阻塞的情况下,允许第三条指令越过尚未执行的第二条指令提前执行,就能降低这段代码的整体运行时间。

想要实现动态调度,需要改动原本的流水线过程。第一个改动是需要把原本的译码阶段分成两个阶段,分别是"发射"阶段和"读操作数"阶段。发射阶段要完成指令译码,并检查结构相关;读操作数阶段,如果有数据冒险则需要等待,直到允许读取操作数。假设让等待读取操作数的指令一直占用译码功能单元,那么后续指令就无法进入执行状态,也无法提前执行。因此,需要一个结构来存放这些需要等待的指令,一般称之为保留站或者发射队列,它是动态调度中最关键的部件之一。保留站除了要具有指令存储功能,还需要记录指令之间的相关关系,同时监控其他指令的执行状态,这样才能正确控制保留站中指令的执行时间。刚才假设指令在读取操作数之前就进入了保留站,这里还有其他可能,如指令在读取寄存器之后才进入保留站,这时保留站还需要负责更新操作数,以保证运算结果的正确性。

保留站在处理中过程的位置如图 4-17 所示,当指令进入保留站后,保留站会保存指令所需的所有信息,包括有效位、就绪位异常信息、控制信息和寄存器源操作数。指令经过原本译码阶段分成的"发射"阶段和"读操作数"阶段,就可以进入保留站。保留站会在每个时钟周期选择一条没有被阻塞的指令,送往执行单元,这个动作叫作"发射"。

想要实现一个保留站,最核心的就是设计一个调度算法来挑选未被阻塞的指令。由于在动态调度中,指令是乱序执行的,因此按指令顺序执行时只需要考虑 RAW 数据冒险不同,这里可能产生 WAR 和 WAW 的数据冒险。下面是 WAR 数据冒险的例子。假设有以下的指令序列:

```
div.w $r7, $r6, $r5
add.w $r4, $r7, $r3
sub.w $r3, $r8, $r9
```

这里 sub.w 和 add.w 指令间存在 WAR 冒险,因为 sub.w 指令的执行不依赖于 div.w 和 add.w 指令的运算结果,因此在乱序执行时,add.w 指令需要等待 div.w 指令的运算结果,而 sub.w 指令可以先于 add.w 指令执行。但是由于 add.w 指令需要读取寄存器 r3 的值,而 sub.w 指令会更新寄存器 r3 的值,这时就会产生错误。

WAW 数据冒险与 WAR 冒险类似。假设有如下指令序列:

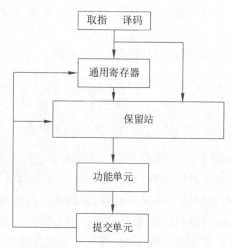

图 4-17　动态调度流水线示意图

```
div.w $r7, $r6, $r5
add.w $r4, $r7, $r3
sub.w $r4, $r8, $r9
```

这里 sub.w 和 add.w 指令间存在 WAW 冒险。因为 sub.w 指令的执行不依赖于 div.w 和 add.w 指令的运算结果，因此在乱序执行时，add.w 指令需要等待 div.w 指令的运算结果，而 sub.w 指令可以先于 add.w 指令执行。但是由于 add.w 指令和 sub.w 指令都会修改寄存器 r4 的值，而按顺序执行，sub.w 指令运算的结果应该被保存下来，如果 sub.w 指令先于 add.w 指令执行，最终寄存器 r4 的值就会保存为 add.w 指令的运算结果，这时 sub.w 指令之后读取寄存器 r4 的指令就会读取到错误的值。

想要解决 WAR 和 WAW 冒险，最基本的方法当然是阻塞。我们规定，如果一条指令与前面尚未执行完毕的指令间存在 WAR 或者 WAW 冒险，那么就阻塞它，直到与之冲突的指令执行完毕。这种阻塞的方法又被称为记分板办法。

当然，也有更好的解决办法，称为寄存器重命名。寄存器重命名是基于这样一种思想产生的：不论是 WAR 还是 WAW，都是后续写入的内容覆盖了之前的内容，因而导致数据错误。假设给后续写入的值一个新的寄存器地址，那么它就不会覆盖之前的内容，这样就能消除 WAR 和 WAW 冒险，从而保证数据的正确性。例如，存在 WAR 和 WAW 冒险的指令序列如下：

```
div.w $r3, $r10, $r11
add.w $r5, $r4, $r3
sub.w $r3, $r7, $r6
mul.w $r9, $r8, $r3
```

经过寄存器重命名，会变成：

```
div.w $R_1, $r10, $r11
add.w $r5, $r4, $R_1
sub.w $R_2, $r7, $r6
mul.w $r9, $r8, $R_2
```

这样就避免了 WAR 和 WAW 冒险。

除此之外,动态调度还会产生一个额外的问题,那就是指令提交顺序对异常处理的影响。当我们想要实现精确异常时,希望机器状态处于发生异常的指令正在执行的状态,这条指令前面的指令都执行完成(修改了机器状态),而它后面的指令都未开始执行(未修改机器状态),但是当指令进行乱序调度时,原先在流水线中的执行顺序已经被打乱,应该如何保证异常指令后面的指令都未执行呢?

这里用到了一个结构叫作重排序缓冲区(ROB),它的核心思想是允许指令乱序执行,但是强制指令顺序提交。在流水线中,增加了一个"提交"阶段,只有处于这一阶段的指令才能够修改机器状态并对软件可见,也就是说,原本的写回阶段现在不能直接修改机器状态,但可以更新并维护一个临时的机器状态,这一机器状态是软件不可见的。ROB 是一个先进先出(FIFO)的队列,它保证指令有序性的方法是:所有指令在译码后,都按照程序的顺序进入队列尾部,当指令执行完毕后,按序从队列头部提交。当指令提交时,一旦出现异常,那么所有在异常指令后面的指令都被清空。这就保证了,当一条异常指令出现在 ROB 头部时,它前面的所有指令都被执行完毕并修改了机器状态,而它后面的所有指令都没有完成提交,因此没有修改机器状态,这也就达成了我们对精确异常的要求。

下面总结一下实现动态调度后流水线各阶段的调整。

(1) 取指阶段。取指阶段不变。

(2) 译码阶段。译码阶段被拆分成译码和发射两个阶段。发射阶段会在保留站以及 ROB 有空时,根据操作类型把操作队列的指令送到保留站,同时在 ROB 中指定一项来对该指令结果进行临时的保存。发射过程中会对寄存器的值和结果状态域进行读取,当结果状态域指出结果寄存器已被重命名到 ROB 时则读取 ROB。

(3) 执行阶段。只有当已准备好所需要的操作数时才会执行,否则根据结果 ROB 号侦听结果总线,并对结果总线的值进行接收。

(4) 写回阶段。写回阶段会把结果送到结果总线并释放保留站,之后 ROB 根据结果总线修改相应项。

(5) 提交阶段。当已经写回了队列中第一条指令的结果,并且没有异常发生时,把该指令的结果从 ROB 写回到寄存器或存储器并释放相应的 ROB 项;当队列头的指令发生了异常或者转移指令猜测错误时则对操作队列和 ROB 等进行清除。

3. 转移预测

在流水线的控制冒险中提到,转移指令会引发控制冒险,解决办法是通过专门的硬件将转移指令处理放到译码阶段,同时应用延迟槽技术,避免了五级流水线中控制冒险的阻塞。但是为了提高处理器主频,流水线会被进一步切分,取指阶段会被划分为多个阶段,导致延迟的时钟周期数增加;在多发射数据通路中,如果延迟槽数量与单发射数据通路相同,延迟依然无法避免。

关注转移指令的一个原因是它会引发控制冒险,另一个原因则是它在程序执行中出现非常频繁,在一个应用程序中,平均每 5~7 条指令就会有一条转移指令,而在多发射数据通路中,遇到转移指令的频率会更高,假设原本 6 个时钟周期遇到 1 条转移指令,那么在双发射数据通路中,每 3 个时钟周期就会遇到 1 条转移指令,因此降低控制冒险的延迟对于降低程序执行时间效果明显。在这种情况下,如果单纯使用阻塞的方法来避免控制冒险,就会大大降低流水线的效率。

为了降低转移指令带来的延迟,一种常见的处理方式是采用硬件转移预测机制,转移预测有时又称为分支预测,现代处理器普遍采用这种方式来解决控制冒险带来的阻塞。硬件转移预测的核心思想是预测转移指令的目标地址,并从目标地址继续执行,这样就避免了阻塞。如果猜测正确,流水线就能全速运行,但如果猜测错误,那么就需要撤销错误执行的指令,重新从正确的地址开始执行。因此,硬件转移预测的实现分为两步:第一步是在取指或译码阶段进行预测,预测的内容包括是否跳转以及目标地址,然后根据预测结果取后续指令;第二步是在转移指令执行完毕之后,确认转移条件以及转移地址是否预测正确,如果正确则正常执行,如果错误就需要清空流水线来取消错误执行的指令,并从正确的目标地址重新开始执行。

可以看出,如果发生预测错误,之前错误执行的时钟周期就相当于发生阻塞。因此,提高预测准确率对于提高流水线效率以及提高处理器性能有至关重要的作用。因此,人们观察转移指令并发现,它具有两个突出特点:首先是转移指令的局部性,即少数转移指令占据了绝大多数的转移执行次数;其次是转移指令具有可预测性,因为多数转移指令的执行结果具有规律性。

这里简单介绍转移指令的可预测性,它包含单条转移指令的重复性和不同指令之间的相关性。首先是单条转移指令的重复性,它与程序中的循环有关,例如 for 循环中的 TTT…TF(成功 n 次,紧接着失败 1 次),以及 while 循环中的 FFF…FT(失败 n 次,紧接着成功 1 次)。其次是不同指令之间存在的相关性,它体现在 if…else…结构中,如果 if 判定失败,则 else 一定执行。

下面是几种常用的转移预测方法。转移预测可以分为静态预测和动态预测,在静态预测中,第一种情况是总是预测跳转不发生,顺序执行下一条指令;另一种就是总是预测跳转发生,从目标地址取指执行。静态预测的实现简单,但是预测的准确率较低,于是后来出现了动态预测的方法。

动态预测与静态预测最大的不同是,它会根据历史记录中是否跳转来决定这一次的预测结果。动态预测的主要依据是转移指令重复性的特点,它对于循环类型的指令有很好的预测效果。例如,一段 for 循环的代码 for(i = 0;i < 10;i++){},这条指令前 9 次都会跳转,而第 10 次不跳转,如果用 1 表示跳转,用 0 表示不跳转,这段指令的转移模式就是 1111111110。那么,假设以上一次是否跳转作为转移预测的结果,除去第一次预测时的不确定性,后续的 9 次预测有 8 次是正确的,准确率能够达到 89%,这种方案称为 1-bit 动态预测。1-bit 动态预测对次数较多的单层循环有较好的效果,但是考虑以下的双层循环:

```
for(i =0;i <10;i++)
```

```
for (j=0;j<10;j++)
    ...
```

在这种情况下,每次进入和退出内层循环时,都会出现两次预测错误;外层循环除去外层和内层循环第一次预测的不确定性,后续每次进入内层循环和从内层循环退出的第一次预测也都会发生错误。因此,最终的准确率为 80/98≈82%,远低于单层循环的情况。这时,有一种改进途径就是使用 2-bit 动态预测。2-bit 动态预测的工作原理如图 4-18 所示。

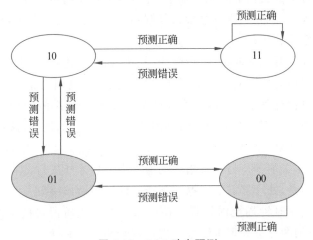

图 4-18　2-bit 动态预测

(1) 当处于 00 状态时,预测指令不跳转——如果预测成功,则保持 00 状态不变;如果预测失败,则调整为 01 状态。

(2) 当处于 01 状态时,预测指令不跳转——如果预测成功,则调整为 00 状态;如果预测失败,则调整为 10 状态。

(3) 当处于 10 状态时,预测指令跳转——如果预测成功,则调整为 11 状态;如果预测失败,则调整为 01 状态。

(4) 当处于 11 状态时,预测指令跳转——如果预测成功,则保持 11 状态不变;如果预测失败,则回调整为 10 状态。

使用 2-bit 动态预测后,还是以前面的两重循环为例,这里只考虑内层循环。假设内层循环起始状态为 00,在第 1 轮中,第 1 次预测不跳转,错误后状态变为 01;第 2 次仍然预测不跳转,错误后状态变为 10;第 3 次预测跳转,正确后状态变为 11;后续一直预测正确,保持 11 状态,直到第 10 次,预测跳转,错误后状态变为 10。在后续 9 轮中,都是预测跳转,每一轮都是最后一次预测错误。因此,使用 2-bit 动态预测后,内层循环在第 1 轮中错误 3 次,后续每轮错误 1 次,准确率为 88/100 = 88%。

◆ 小　　结

本章主要介绍了程序如何在计算机上运行,从高级语言程序到可执行的指令之间的转换过程,同时介绍了提高程序运行速度的指令流水线技术,主要内容有:程序的编译、汇编、链接、装载、执行过程以及指令执行周期、指令流水线、流水线存在的问题、流水线异常处理、流水线优化技术等。

编译器将高级语言程序转换成一种机器能理解的符号形式的汇编语言程序,汇编器可以将汇编语言翻译成二进制指令,汇编器读入一个汇编语言源文件并产生多个目标文件。在目标文件中,包含机器指令和用于将多个目标文件合并为程序的记录信息。链接器将目标文件和库函数链接生成可执行文件,链接处理可以分为静态链接和动态链接两种类型。加载器负责把一个可执行文件加载到内存中,并负责为程序的执行分配主内存、将地址空间从辅助存储器复制到主存储器、将程序参数复制到堆栈中、初始化寄存器等过程。此时程序中的指令已经准备好开始运行。

指令的执行过程主要包括取指令、指令译码、执行指令、访存、结果写回。通常把取出并执行一条指令的时间称为指令周期。为了加快指令执行速度引入指令流水线技术,指令流水线通过充分利用执行过程中 5 个操作之间的并行性来实现多条指令重叠执行。但是流水线中也会存在下一条指令不能在下一个时钟周期内正确执行的情况,这种情况称为冒险,它会导致不正确的计算结果。冒险主要有三种:数据冒险、控制冒险、结构冒险。数据冒险指的是,一条指令的操作必须等待另一条指令的操作完成后才能进行,主要跟数据读写的顺序有关。控制冒险指的是,处理器需要根据一条指令的结果做出决策。结构冒险指的是,硬件不支持多条指令在同一时钟周期内执行。在流水线的不同阶段可能会产生不同类型的异常,此时需要设计详细的异常处理机制来实现精确异常处理。为了提高流水线处理器的性能,可行的思路是:降低理想 CPI,或者降低各种冒险带来的阻塞。多发射数据通路是一种降低理想 CPI 的技术,它的思想是让每级流水线能够处理更多的指令。动态调度技术动态地改变指令的执行顺序,让不相关的指令先执行,以此避免阻塞。转移预测常被用来解决控制冒险带来的阻塞。

◇ 习 题

1. 请分别列举高级编程语言和低级编程语言的优劣。
2. UNIX 命令行为什么被称为解释器而非编译器?
3. 简要介绍从高级语言编写的程序到机器代码的处理过程。
4. 静态链接和动态链接有什么差别?
5. 加载可执行目标文件时,加载器根据哪个表的信息对可装入段进行映射?
6. 一条指令的执行需要经过哪些步骤?
7. 简述下面的汇编代码如何装入内存并执行。

```
main:
addi.w $sp, $sp, -4
    st.w $r1, $sp,0
    addi.w $a0,$r0, x
    addi.w $a1,$r0, y
    bl diff
```

```
    ld.w $r1, $sp, 0
    addi.w $sp, $sp, 4
    jr $r1
diff:
    sub.w $v0, $a0, $a1
    jr $r1
```

8. 程序执行过程中有以下指令序列：

```
add.w $r5, $r4, $r4
sub.w $r7, $r6, $r4
add.w $r8, $r4, $r4
add.w $r9, $r5, $r4
sub.w $r11 $r10, $r9
```

在五级指令流水线下，是否会产生冒险？如果产生冒险，会产生哪些类型的冒险？

9. 请给出题目 8 中指令流水线的示意图（如图 4-12 所示）。

10. 请计算题目 8 中指令流水线的加速比，并计算使用前递技术下的加速比。

11. 在题目 8 的 5 条指令后面，增加指令：add.w $r12，$r11，$r4。这时，如果使用具有前递技术的双发射数据通路，是否会产生冒险？如果产生冒险，会产生哪些类型的冒险？

12. 请给出题目 11 中指令流水线的示意图（如图 4-16 所示）。

13. 程序中有以下循环代码段：

```
for(i=0;i<100;i++)
    for(j=0;j<50;j++)
        ...
```

处理器使用 1-bit 动态预测和 2-bit 动态预测，内层循环和外层循环分别能达到多少正确率？

第5章 数据的机器级表示和运算

现代计算机存储和处理的信息在计算机内部的存储形式都是一致的,均为由0和1组成的字符串,即二进制编码。在计算机中,常用的数据表示格式有两种:一是定点格式,二是浮点格式。所谓定点格式,即在计算机中存储数据的小数点位置是确定的,通常定点数都表示为纯小数和纯整数。纯小数的小数点固定在数的最左边,纯整数的小数点固定在数的最右边,均可省略,因此计算机中可用"纯整数"来表示整数。所谓浮点格式,是指一个数的小数点的位置不是固定的,浮点数利用指数使得小数点的位置可以上下浮动。因此一般来说,浮点格式能表示的数的范围比定点格式大得多,但是其要求的处理硬件相对定点格式则更为复杂。

在本章中,将着重介绍各类数据的表示方法和算术运算方法。

◆ 5.1 数据类型及编码方式概述

从外部形式来看,虽然计算机也可以处理十进制数值、图、声音、文字、视频等一些常见的数据,但是这些形式的数据难以直接在计算机内部存储、传输、运算,仅仅是为了从键盘等输入设备输入或者从屏幕等输出设备输出。在计算机内部只有两类基本数据类型:数值数据和非数值数据。数值数据分为整数和实数,用来比较数据大小,整数用定点数表示,实数用浮点数表示;非数值数据是一个位串,没有大小之分,可以用来表示逻辑值、字符等信息。这些信息都需要经过二进制编码才能存储在计算机内部。

数据以二进制的形式存放在计算机内部有许多优点。

(1) 技术上容易实现:二进制只有两种状态0和1,使用双稳态电路可以轻松地表示出二进制的每一位。

(2) 运算规则简单:二进制运算规则简单,易于实现,并且可以用逻辑运算实现算术运算。

(3) 抗干扰能力强,可靠性高:用二进制表示数据时,因为每位数据只有高低两个状态,当受到一定程度的干扰时,仍能可靠地分辨出它是高还是低。

数值数据和非数值数据有不同的编码方式。数值数据有两大类表示方法:一类是直接用二进制数表示,例如,原码、反码、补码;一类是用二进制编码的十进制数表示,例如,ASCII码、BCD码。非数值数据由一个二进制位串表示,其中,西文字符使用最广泛的是ASCII编码方式,中文字符常见的有UTF-8编码方式等。

当确定数值数据的编码方式、进位记数制、定点还是浮点表示之后,其代表的值就可以转化成二进制 0/1 序列存储在计算机中。

5.1.1 数值数据及其编码方式

数据的表示

1. 数值数据类型

数值数据分为整数和实数。整数分为无符号整数和带符号整数。在计算机内部由定点数表示,实数在计算机内部由浮点数表示。

所谓定点数,即小数点的位置约定在固定位置的数。定点数可以表示定点整数和定点小数,定点整数的小数点总是固定在数的右边,定点小数的小数点总是固定在数的左边,所以用定点整数来表示整数,定点小数来表示浮点数的尾数部分。

定点数表达方式直观,但是表示范围较小,不适合表达非常大或者非常小的数。最终,绝大多数现代的计算机系统采纳了浮点数表达方式。所谓浮点数,即小数点位置约定可变的数。这种表达方式利用科学记数法来表达实数,即用一个尾数、一个基数、一个指数以及一个表示正负的符号来表达实数。

例如,对于十进制数 $X=111$,可表示为以下形式。

$$X = 0.1101111 \times 2^7$$
$$= 0.01101111 \times 2^8$$
$$= 0.001101111 \times 2^9$$

2. 数值数据的编码方式

1) 定点数编码表示

定点数编码有原码、反码、补码、移码四种表示方式。

2) 浮点数编码表示

目前几乎所有的计算机都采用 IEEE 754 标准来表示浮点数。

3) 十进制数的表示

计算机中的数都是由二进制表示和计算的,对于十进制,可以通过数值进制公式进行转换后计算和显示。但除了这种编码方式之外,计算机为了显示和计算方便,对十进制还定义了新的编码方式:ASCII 码字符表示、BCD 码表示。

ASCII 码将十进制数看成由 0~9 字符组成的字符串,每一个字符占一个字节,也就是 8 位二进制数,0 和 9 分别对应 ASCII 码中的 30H 和 39H。

例如,十进制数 90 经过 ASCII 编码可表示为 3930H。

如果只是对十进制数进行打印或者显示,用 ACSII 码非常方便,但是这种形式的十进制数计算起来非常不便,因为高 4 位编码含有非数值信息,必须要转换为二进制数或者 BCD 码才能计算。

BCD 码用 4 位二进制数来表示十进制数。十进制 0~9 共 10 个数字,而 4 位二进制位可以组合出 16 种状态,所以从 16 种状态中选取 10 种状态就可以表示十进制数,并且可以产生多种 BCD 码。BCD 码分为有权 BCD 码和无权 BCD 码。

有权 BCD 码指表示十进制数的 4 位二进制数的每一位都有一个确定的权。其中最常用的编码是 8421 码,它选取 4 位二进制数并按顺序取前 10 个代码与十进制数字对应,每位权从左到右为 8、4、2、1,因此称为 8421 码。

例如,十进制数 321 的 8421 码为 0011 0010 0001B。

与有权码相对应,无权码的每个十进制位没有确定的权。无权码方案中用的较多的是余 3 码和格雷码。余 3 码是在 8421 码的基础上,把每个代码都加 0011 形成的,优点是执行十进制数加法时能正确进位,且为减法运算提供便利。格雷码规则是任何两个相邻的代码只有一个二进制位的状态不同,其余 3 个二进制必须相同,这样设计的好处在于从一个编码变到下一个编码时,只有一位发生变化,编码速度最快,利于电路的设计和运行。余 3 码和格雷码的编码方案如表 5-1 所示。

表 5-1 余 3 码与格雷码编码方案

十进制数	余 3 码	格雷码 1	格雷码 2
0	0011	0000	0000
1	0100	0001	0100
2	0101	0011	0110
3	0110	0010	0010
4	0111	0110	1010
5	1000	1110	1011
6	1001	1010	0011
7	1010	1000	0001
8	1011	1100	1001
9	1100	0100	1000

5.1.2 非数值数据及其编码方式

非数值数据的表示

非数值数据类型包括逻辑值、字符等数据,在计算机内部由一个二进制位串表示。逻辑值是一串 0/1 序列,在形式上和二进制数并无差别,只是代表含义不同。例如,逻辑值可以表示逻辑表达式中逻辑值的真假,真为 1,假为 0。字符如拉丁字母、数字、标点符号、汉字等,不能直接在计算机内部进行处理,也需要对其进行二进制编码。所有字符的集合称为字符集,字符集中每一个字符都有一串二进制代码与其对应,所有字符对应的二进制代码集合则称为码表。当确定字符集和编码之后,外部字符和内部的二进制串就有了一一对应的关系。

1. 西文字符编码方式

计算机是由美国人发明的,美国人为了让计算机能够表示字母、标点符号等字符,设计了字符编码。英文字符数量少,不超过 127 种,用 7 位二进制数就足以表示所有的西文字符。目前,计算机中使用最广泛的字符集及其编码是 ASCII 码。

如表 5-2 所示,每一个字符都由一个 8 位的二进制串表示,最高位为 b_7,通常为 0,也可以用来奇偶校验,最低位为 b_0。ASCII 编码有以下两个规律。

(1) 便于与十进制数转换。字符 0~9 在 ASCII 码中,$b_6b_5b_4$ 高三位编码都是 011,而低四位 $b_3b_2b_1b_0$ 分别对应 0~9 的 8421 码,转换为十进制数非常方便。

(2) 便于大小写字母的转换。大写字母与小写字母的差别仅在 b_5 这一位上,若为 1,则为小写字母,反之为大写字母。仅需要更改一位就可以完成大小写字母的转换。

表 5-2 ASCII 码表

	$b_6b_5b_4=$ 000	$b_6b_5b_4=$ 001	$b_6b_5b_4=$ 010	$b_6b_5b_4=$ 011	$b_6b_5b_4=$ 100	$b_6b_5b_4=$ 101	$b_6b_5b_4=$ 110	$b_6b_5b_4=$ 111
$b_3b_2b_1b_0=$ 0000	NUL	DLE	SP	0	@	P	`	p
$b_3b_2b_1b_0=$ 0001	SOH	DC1	!	1	A	Q	a	q
$b_3b_2b_1b_0=$ 0010	STX	DC2	"	2	B	R	b	r
$b_3b_2b_1b_0=$ 0011	ETX	DC3	#	3	C	S	c	s
$b_3b_2b_1b_0=$ 0100	EOT	DC4	$	4	D	T	d	t
$b_3b_2b_1b_0=$ 0101	ENQ	NAK	%	5	E	U	e	u
$b_3b_2b_1b_0=$ 0110	ACK	SYN	&	6	F	V	f	v
$b_3b_2b_1b_0=$ 0111	BEL	ETB	'	7	G	W	g	w
$b_3b_2b_1b_0=$ 1000	BS	CAN	(	8	H	X	h	x
$b_3b_2b_1b_0=$ 1001	HT	EM	)	9	I	Y	i	y
$b_3b_2b_1b_0=$ 1010	LF	SUB	*	:	J	Z	j	z
$b_3b_2b_1b_0=$ 1011	VT	ESC	+	;	K	[	k	{
$b_3b_2b_1b_0=$ 1100	FF	FS	,	<	L	\	l	|
$b_3b_2b_1b_0=$ 1101	CR	GS	-	=	M	]	m	}
$b_3b_2b_1b_0=$ 1110	SO	RS	.	>	N	^	n	~
$b_3b_2b_1b_0=$ 1111	SI	US	/	?	O	_	o	DEL

2. 汉字的编码方式

汉字总共有 6 万多个,数量巨大,只有 8 位的 ASCII 码明显不能满足编码汉字的需求。要让汉字能够在计算机内部表示、传输、交换,有以下三个难点。

(1) 输入困难。用键盘输入西文字符非常方便,一个或者两个西文字符对应于键盘上的一个按键。如果也让一个汉字对应一个按键,那是不可能的事情。必须通过按键来对汉字进行编码。

(2) 编码复杂。第一,汉字数量巨大,ASCII 码不能满足存储汉字的需要,必须设计一种全新的编码方式;第二,新的编码方式不能与 ASCII 码混淆。

(3) 输出困难。要使汉字在屏幕上显示或者打印,必须把汉字用人们可以阅读的方块字的形式表现出来,也就是存放汉字的字形。

所以,要实现计算机对汉字信息的处理,汉字系统必须处理以下几种汉字代码:输入码、内码、字模点阵码。

5.1.3 进位记数制

1. 进制数的表示

在日常生活中,人们常使用十进制表示数据,而在计算机系统中则采用二进制来表示数据。事实上,任意一个数都可用下式表示:

$$\begin{aligned}
N &= (d_{n-1}d_{n-2}\cdots d_1 d_0 . d_{-1}\cdots d_{-m})_r \\
&= d_{n-1}r^{n-1} + d_{n-2}r^{n-2} + \cdots + d_1 r^1 + d_0 r^0 + d_{-1} r^{-1} + \cdots + d_{-m} r^{-m} \\
&= \sum_{i=-m}^{n-1} d_i r^i
\end{aligned} \tag{5.1}$$

其中,r 被称为基值;n、m 是代表整数位和小数位位数的正整数;d_i 为系数,可以是 $0 \sim r-1$ 数码中的任意一个,是用来代表第 i 位的数码;r^i 则为第 i 位的权重。

因此,任意一个十进制数 $D = d_{n-1}d_{n-2}\cdots d_1 d_0 . d_{-1}\cdots d_{-m}$ 都可以表示成如下形式。

$$\begin{aligned}
N(D) = &\, d_{n-1} 10^{n-1} + d_{n-2} 10^{n-2} + \cdots + d_1 10^1 + d_0 10^0 + \\
&\, d_{-1} 10^{-1} + \cdots + d_{-m} 10^{-m}
\end{aligned} \tag{5.2}$$

其中,系数 $d_i (i = n-1, n-2, \cdots 1, 0, -1, \cdots, -m)$ 可以是 0,1,2,3,4,5,6,7,8,9,10 这 10 个数字符号中的任意一个,基值 $r = 10$。以十进制数 1563.21 为例,其代表的值为:

$$(1563.21)_{10} = 1 \times 10^3 + 5 \times 10^2 + 6 \times 10^1 + 3 \times 10^0 + 2 \times 10^{-1} + 1 \times 10^{-2}$$

在上式中,10^i 为第 i 位上的权。在进行十进制数运算时,采用"逢十进一"的计算规则,即每位计满十之后就要向高位进一。

类似地,任意一个二进制数 $B = d_{n-1}d_{n-2}\cdots d_1 d_0 . d_{-1}\cdots d_{-m}$ 均可表示为如下形式。

$$N(B) = d_{n-1} 2^{n-1} + d_{n-2} 2^{n-2} + \cdots d_1 2^1 + d_0 2^0 + d_{-1} 2^{-1} + \cdots + d_{-m} 2^{-m} \tag{5.3}$$

与十进制不同的是,二进制的基值是 2,系数 d_i 只可取 0 和 1,运算时采用"逢二进一"的运算法则。例如,二进制数 $(1101.01)_2$ 代表的值是:

$$(1101.01)_2 = 1 \times 2^3 + 1 \times 2^2 + 0 \times 2^1 + 1 \times 2^0 + 0 \times 2^{-1} + 1 \times 2^{-2} = (13.25)_{10}$$

扩展到一般情况,在 R 进制的数字系统中,系数 d_i 的取值范围应该为 $0 \sim R-1$,采用

"逢 R 进一"的进位规则。如表 5-3 所示为常用的二进制、八进制、十进制、十六进制使用的进位规则、系数取值与表示符号。

表 5-3　不同进制的进位规则、基本符号与表示

进制	二 进 制	八 进 制	十 进 制	十 六 进 制
进位规则	逢二进一	逢十进一	逢八进一	逢十六进一
系数取值	0,1	0,1,2,…,7	0,1,2,…,9	0,1,2,…,A,B,C,D,E,F
表示符号	B(binary)	O(octal)	D(decimal)	H(hexadecimal)

表 5-4 则给出了二进制、八进制、十进制与十六进制数的对照。

表 5-4　四种进制数的对照

二进制数	八进制数	十进制数	十六进制数	二进制数	八进制数	十进制数	十六进制数
0000	0	0	0	1000	10	8	8
0001	1	1	1	1001	11	9	9
0010	2	2	2	1010	12	10	A
0011	3	3	3	1011	13	11	B
0100	4	4	4	1100	14	12	C
0101	5	5	5	1101	15	13	D
0110	6	6	6	1110	16	14	E
0111	7	7	7	1111	17	15	F

虽然在计算机内部,所有的信息都是采用二进制编码表示,但是在日常生活中,人们通常使用八进制、十进制或十六进制等数据表示方式。因此,计算机在数据输入前和输入后都必须进行进制间的转换。以下将介绍各进位记数制之间的转换。

2. 进制数的转换

1) R 进制数转换成十进制数

在进行 R 进制数转换成十进制数时采用"按权展开"即可。例如:

$(1110.01)_2 = 1 \times 2^3 + 1 \times 2^2 + 1 \times 2^1 + 0 \times 2^0 + 0 \times 2^{-1} + 1 \times 2^{-2} = (14.25)_{10}$

$(215.4)_8 = 2 \times 8^2 + 1 \times 8^1 + 5 \times 8^0 + 4 \times 8^{-1} = (141.5)_{10}$

$(C5F.C)_{16} = 12 \times 16^2 + 5 \times 16^1 + 15 \times 16^0 + 12 \times 16^{-1} = (3167.75)_{10}$

2) 十进制数转换成 R 进制数

在进行十进制数转换成 R 进制数时,要将整数部分和小数部分分别转换。本书主要采用"重复相除(乘)"的方法,这种方法的规则是在进行整数部分的转换时,整数部分除以 R 取余数,直到商为 0 为止;在进行小数部分的转换时,小数部分乘以 R 取整数,直到小数部分为 0(或按照精度要求确定位数)。

(1) 整数部分的转换。

从上文中可知,针对整数部分的转换采取除以 R 取余数,直到商为 0 为止的转换方式。

先得到的余数作为右边低位上的数位,后得到的余数作为左边高位上的数位。

例 5.1 以十进制转二进制为例,将十进制数 215 转换成二进制数。

解:将 215 处以 2,将每次的余数按照从低位到高位的顺序排列。

重复除以 2	得商	取余数	
215÷2	107	1	最低位
107÷2	53	1	
53÷2	26	1	
26÷2	13	0	
13÷2	6	1	
6÷2	3	0	
3÷2	1	1	
1÷2	0	1	最高位

所以,$(215)_{10} = (11010111)_2$。

(2) 小数部分的转换。

从上文中可知,针对小数部分的转换采取乘以 R 取整数,直到小数部分为 0 为止的转换方式。最后,将上面的整数部分作为左边高位上的数位,下面的整数部分作为右边低位上的位数。

例 5.2 以十进制转二进制为例,将十进制小数 0.8125 转换成二进制数。

解:将 0.8125 乘以 2,将每次结果的整数部分按照从高位到低位排序。

重复乘以 2	得小数部分	取整数	
0.8125×2	0.6250	1	最高位
0.6250×2	0.2500	1	
0.2500×2	0.5000	0	
0.5000×2	0.0000	1	最低位

所以,$(0.8125)_{10} = (0.1101)_2$。

当然,在转换过程中,可能乘积的小数部分总得不到 0,这种情况下得到的是近似值。

例 5.3 以十进制转二进制为例,将十进制小数 0.624 转换成二进制数。

解:将 0.624 乘以 2,将每次结果的整数部分按照从高位到低位排序。

重复乘以 2	得小数部分	取整数	
0.624×2	0.248	1	最高位
0.248×2	0.496	0	
0.496×2	0.992	0	
0.992×2	0.984	1	最低位

所以,$(0.624)_{10} = (0.1001\cdots)_2$。

(3) 含整数和小数部分的十进制数转换成 R 进制数。

只要将十进制数的整数部分与小数部分分别进行转换,再将转换后的 R 进制整数与小数组合起来,便可以得到一个完整的 R 进制数。

例 5.4 以十进制转二进制为例,将十进制数 215.8125 转换为二进制数。

解:由例 5.1 和例 5.2 可知:

$$(215)_{10} = (11010111)_2$$
$$(0.8125)_{10} = (0.1101)_2$$

因此,只需将二者结合起来就可,即:
$$(215.8125)_{10} = (11010111.1101)_2$$

3) 二进制数、八进制数与十六进制数的相互转换

(1) 八进制数转换为二进制数。

在进行八进制转换成二进制时,需要按从高位到低位的顺序,将每一个八进制数字转换为对应的 3 位二进制数字。八进制数字与二进制数字的对应关系如下。

$$(0)_8 = (000)_2 \quad (1)_8 = (001)_2$$
$$(2)_8 = (010)_2 \quad (3)_8 = (011)_2$$
$$(4)_8 = (100)_2 \quad (5)_8 = (101)_2$$
$$(6)_8 = (110)_2 \quad (7)_8 = (111)_2$$

(2) 二进制数转换为八进制数。

在进行二进制转换为八进制数时,需要将二进制的整数部分按照从低位到高位的顺序,每 3 位二进制数字用对应的 1 位八进制数字来替换。如果最后高位不足 3 位时,则需要采取高位补 0 的方式来凑满 3 位。而针对二进制小数部分,则按照从高位到低位的顺序,每 3 位二进制数字用对应的 1 位八进制数字来替换。如果最后低位不足 3 位时,则需要采取低位补 0 的方式来凑满三位。例如:

$$(111001.11)_2 = (71.6)_8。$$

(3) 十六进制转换为二进制。

类似于八进制转换为二进制的方法,只需将每一个十六进制数字按照高低位次序改写成等值的 4 位二进制即可,十六进制数字与二进制数字的对应关系如下。

$$(0)_{16} = (0000)_2 \quad (1)_{16} = (0001)_2$$
$$(2)_{16} = (0010)_2 \quad (3)_{16} = (0011)_2$$
$$(4)_{16} = (0100)_2 \quad (5)_{16} = (0101)_2$$
$$(6)_{16} = (0110)_2 \quad (7)_{16} = (0111)_2$$
$$(8)_{16} = (1000)_2 \quad (9)_{16} = (1001)_2$$
$$(A)_{16} = (1010)_2 \quad (B)_{16} = (1011)_2$$
$$(C)_{16} = (1100)_2 \quad (D)_{16} = (1101)_2$$
$$(E)_{16} = (1110)_2 \quad (F)_{16} = (1111)_2$$

(4) 二进制转换为十六进制。

二进制数转换为十六进制数与二进制数转换为八进制数的规则类似。将二进制的整数部分按照从低位到高位的顺序,每 4 位二进制数字用对应的 1 位十六进制数字来替换。如果最后高位不足 4 位时,则需要采取高位补 0 的方式来凑满 4 位。而针对二进制小数部分,则按照从高位到低位的顺序,每 4 位二进制数字用对应的 1 位十六进制数字来替换。如果最后低位不足 4 位时,则需要采取低位补 0 的方式来凑满 4 位。例如:

$$(11101001.11)_2 = (E9.C)_{16}$$

5.2 整数的表示

如上所述,纯整数的小数点固定在数的最右侧,因此用"定点纯整数"来表示整数,计算机中的整数可分为无符号整数和有符号整数。本节将重点讨论整数的表示方法,本节所提及的无符号数和有符号数均为整数而不涉及小数。

定点整数的表示

在数据计算阶段,计算机中的立即数均存放在寄存器中,通常称寄存器存储数字的位数为机器字长。有符号数和无符号数的区别,就在于寄存器中是否有位置存放符号。无符号数,即没有符号的数,机器字长的全部二进制位均用来表示数值位。相对的,有符号数,需要寄存器留出一位存放数值的符号。因此,无符号数只能表示非负数,而有符号数能够表示负数、零和正数。

5.2.1 无符号数编码

假设有一个整数数据有 n 位,可用 x 表示或者写成 $x_{n-1}x_{n-2}\cdots x_1x_0$ 形式。将 x 看作一个二进制表示的数,就获得了 x 的无符号编码方法,在这种编码方式中,每个 x_i 都取值为 0 或 1。

对于二进制数 $x = x_{n-1}x_{n-2}\cdots x_1x_0$,令 $[x]_D$ 为 x 的十进制整数表示,则有

$$[x]_D = \sum_{i=0}^{n-1} x_i 2^i \tag{5.4}$$

例如:

$$\begin{cases} [0001]_D = 0\times 2^3 + 0\times 2^2 + 0\times 2^1 + 1\times 2^0 = 0+0+0+1 = 1 \\ [0101]_D = 0\times 2^3 + 1\times 2^2 + 0\times 2^1 + 1\times 2^0 = 0+4+0+1 = 5 \\ [1001]_D = 1\times 2^3 + 0\times 2^2 + 0\times 2^1 + 1\times 2^0 = 8+0+0+1 = 9 \\ [1111]_D = 1\times 2^3 + 1\times 2^2 + 1\times 2^1 + 1\times 2^0 = 8+4+2+1 = 15 \end{cases} \tag{5.5}$$

无符号数编码方式简单易懂,对于 n 位的无符号数,其能代表的数值范围很好计算,最小值为 0,最大值为 $2^n - 1$。例如,对于 16 位机器字长的无符号数,其能表示的最大数据范围是 0~65 535。

5.2.2 有符号数编码

1. 机器数和真值

正如上面所提,无符号数只能表示非负数,但是计算机的运算过程中,不可避免地会遇到负数运算的问题,由于机器只能识别 0 和 1,不能直接识别"正"和"负",因此可以用 0 表示"正",用 1 表示"负",这样"正""负"符号就被表示成计算机可以识别的数字,规定在计算机中用一个数的最高位存放符号,有效数字存放在符号位之后,这样就组成了有符号数。

例如,对于有符号数+10011,在机器中可以表示为 010011,而有符号数-10011,在机器中可以表示为 110011。一个有符号数在计算机中的二进制表示形式叫作这个数的机器数,将机器数所对应的真正的数值叫作真值。例如,上述 010011 和 110011 为机器数,而其真正表示的带"+""-"符号的数为真值。

一旦将真值转换为机器数,即将"+""−"号数字化,符号和数值就会形成新的编码,下面将介绍机器数的4种编码方式,分别是原码、补码、反码和移码。

2. 原码表示法

原码表示是机器数最简单的一种表示形式,一个数的原码表示直接由符号位和数值位构成,符号位0代表正数,1代表负数,数值位即为真值的绝对值。

对于整数 x,其原码表示的定义为

$$[x]_原 = \begin{cases} 0, x, & 2^n > x \geqslant 0 \\ 2^n - x, & 0 \geqslant x > -2^n \end{cases} \quad (5.6)$$

式中,x 为真值,n 为整数的位数。

例如,$x = +10010$,则 $[x]_原 = 010010$。$x = -10010$,则 $[x]_原 = 110010$。

一般情况下,对于正数 $x = +x_n x_{n-1} \cdots, x_1 x_0$,则有

$$[x]_原 = 0 x_{n-1} x_{n-2} \cdots x_1 x_0 \quad (5.7)$$

对于负数 $x = -x_n x_{n-1} \cdots, x_1 x_0$,则有

$$[x]_原 = 1 x_{n-1} x_{n-2} \cdots x_1 x_0 \quad (5.8)$$

当 $x = 0$ 时,则有

$$\begin{cases} [+0]_原 = 0000000 \\ [-0]_原 = 1000000 \end{cases} \quad (5.9)$$

原码表示法十分简单易懂,即符号位加上真值绝对值的二进制数,与真值的对应关系直观。但是原码的缺陷在于0的表示不唯一,给使用带来了不便,更重要的是加减法的操作十分复杂,当进行加法运算时,首先要判断两数是否同号,同号则相加,异号则相减。进行减法运算时,先要比较两个数的绝对值大小,然后使用绝对值大的数减去绝对值小的数,最后还要赋予结果正确的符号,这种运算过程十分复杂费时。为了解决这些问题,人们提出了补码表示法。

3. 补码表示法

1)模运算

在学习补码之前,首先以时钟为例,了解一下模运算和补数的概念。

在模运算系统中,若 A、B、M 满足 $A = B + K \times M$(K 为整数),则记为 $A \equiv B \pmod{M}$。即 A、B 各除以 M 后的余数相同,称为 A 和 B 模 M 同余。假如现在时钟指向9点,要将它拨向4点,最简单的则有两种拨法:一是逆时针拨5格;二是顺时针拨7格。这两种方法最终的结果是一样的,时钟的指针都会指向6点。令顺时针为正,逆时针为负,则容易得到:

$$9 - 5 = 4$$
$$9 + 7 = 16 \equiv 4 \pmod{12}$$

由于时钟转一圈为12h,一旦时间超过了12点,"12"就会自动丢失而不被显示,即 $16 - 12 = 4$,因此,16点和4点在时钟中均显示为4点。也就是说,在时钟系统中,-5 和 $+7$ 是等价的。在数学上称12为模,写作 mod 12,称 $+7$ 是 -5 以12为模的补数,即

$$-5 \equiv 7 \pmod{12}$$

也可以说对模 12 而言，+7 和 −5 互为补数，同理有：
$$-1 \equiv 11 (\mod 12)$$
$$-2 \equiv 10 (\mod 12)$$
$$-8 \equiv 4 (\mod 12)$$

从这里不难看出，在时钟系统中，可以通过补数原理来找到顺时针拨时针的操作代替逆时针拨时针的操作。等价到其他模运算系统中也是成立的，当进行减法运算时，可以将负数用其补数表示，这样就可以把减法转换为加法。

例 5.5 假设算盘只有 3 位，且只能做加法，使用此算盘计算 410−242 的结果。

解：此算盘是一个 3 位十进制模运算系统，其模为 10^3，当运算结果超过 3 位时，则最高位需要舍弃，只能使用低 3 位表示结果，−242 的补数为 10^3-242，因此
$$410-242 \equiv 410+(10^3-242) \equiv 168 (\mod 10^3)$$

计算机系统也是模运算系统，在计算机中数的存储、运算都只支持有限位，因此计算机中的机器数的位数也都是有限位。与算盘类似，计算机中进行减法运算时，也可以将负数转换为补数，从而将加减法运算统一为加法运算。

2) 补码的定义

对于整数 x，其补码表示的定义为

$$[x]_{\text{补}} = \begin{cases} 0, x & 2^n > x \geqslant 0 \\ 2^{n+1}+x, & 0 \geqslant x \geqslant -2^n \end{cases} (\mod 2^{n+1}) \tag{5.10}$$

式中，x 为真值，n 为整数的位数。

例如，$x=+10010$，则 $[x]_{\text{补}}=010010$。$x=-10010$，则 $[x]_{\text{补}}=101110$。

例 5.6 求 0 的补码表示。

解：根据公式(3.10)
$$[+0]_{\text{补}} = 00\cdots0$$
$$[-0]_{\text{补}} = 2^{n+1}+(-0) = 100\cdots00 (\mod 2^{n+1}) = 00\cdots0$$

由上述结果可知，补码的 0 表示是唯一的，这在运算中将减少 +0 和 −0 的转换。同时，在 n 位原码表示中，$100\cdots0$ 用来表示 −0，但在补码表示中，$100\cdots0$ 表示最小负整数 -2^{n-1}。

例 5.7 设补码的位数为 7，求 +110111 和 −110111 的补码表示。

解：根据式(3.10)，补码的位数为 7，即补码数值位数为 6，即 $n=6$。
$$[+110111]_{\text{补}} = 0110111$$
$$[-110111]_{\text{补}} = 2^7+(-110111) = 1001001$$

3) 补码与真值的转换

对于原码来说，与真值之间的转换是很简单的，只需要对符号进行转换，数值部分不需要变换。对于补码来说，正数的转换方式与原码相同，但是对于负数来说，需要做减法运算。引入补码的一个原因就是补码可以统一加减法，但是在求补码的过程中又重新使用了减法运算。

例 5.8 设补码位数为 8，求 −1101100 的补码表示。

解：$[-1101100]_{\text{补}} = 2^8-1101100 = 100000000-1101100$
$$= 11111111+00000001-1101100$$
$$= 11111111-1101100+00000001$$

$= 10010011 + 00000001 = 10010100$

在例 5.8 中,把 2^8 改写成 $100000000 = 11111111 + 00000001$,发现原式变成了 $[x]_{\text{补}} = 11111111 - x_6 x_5 \cdots x_0 + 00000001 = 1\bar{x}_6 \bar{x}_5 \cdots \bar{x}_0 + 00000001$。

由此得到规律,对于负数求补码时,可以看作对其原码 $1x_{n-1}x_{n-2}\cdots x_0$ 除了符号位外,每位取反,最后 $+1$,简称"求反加 1"。通过这种方式,就可以在求负数补码时避免减法运算。同理,已知负数的补码 10010100 求真值时,可以通过以上由真值求补码的计算方法推导得到。可以直接想到的方法是与例 5.4 中做相反的操作,即对除符号位的其余部分"减 1 求反"$1111111 - (0010100 - 1)$,该过程可以转换为 $(1111111 - 0010100) + 1$,也是进行"求反加 1"操作。因此,由补码求真值的方法可以概括如下:若符号位为 0,则真值的符号为正,数值位不变;若符号位为 1,则真值的符号为负。数值部分可以由补码除首位外的部分"取反加 1"得到。

例 5.9 求补码 01101100 和 10010110 的真值。

解:对于补码 01101100,符号位为 0,因此真值为正,对于补码 10010110,符号位为 1,因此真值为负。

$$[01101100]_{\text{真}} = +1101100$$
$$[10010100]_{\text{真}} = -(1101011 + 1) = -1101100$$

4. 反码表示法

反码通常用来作为由原码求补码或者由补码求原码的中间过渡,对于整数 x,其反码表示的定义为:

$$[x]_{\text{反}} = \begin{cases} 0, x & 2^n > x \geqslant 0 \\ (2^{n+1} - 1) + x, & 0 \geqslant x > -2^n \end{cases} (\bmod (2^{n+1} - 1)) \quad (5.11)$$

式中,x 为真值,n 为整数的位数。

例如,$x = +10010$,则 $[x]_{\text{反}} = 010010$。$x = -10010$,则 $[x]_{\text{反}} = 101101$。

简单来说,正数的反码与其原码补码一样,负数的反码表示就是添加符号位 1 之后,对其余部分取反。负数的补码可采用"取反加 1"的方法得到,因此负数的反码也可如此定义:在相应的补码表示中末尾减 1。

例 5.10 已知两数的补码分别为 $[x]_{\text{补}} = 010011$ 和 $[y]_{\text{补}} = 110011$,分别求其反码。

解:通过符号位判断易得 010011 为正数补码,110011 为负数补码,因此,有

$$[x]_{\text{反}} = 010011$$
$$[y]_{\text{反}} = 110011 - 1 = 110010$$

例 5.11 求 0 的反码。

解:由式(5.11)易得:

$$[+0]_{\text{反}} = 00000000$$
$$[-0]_{\text{反}} = 100000000 - 1 + (-0) = 11111111$$

由此可得,对于反码来说,0 的表示不唯一,且表示的范围比补码少一个最小负数,反码在计算机中很少被使用,有时被用作数码变换中的中间表示形式。

5. 移码表示法

对于正数 x,其移码表示的定义为

$$[x]_{\text{移}} = 2^n + x \quad (2^n > x \geqslant -2^n) \tag{5.12}$$

式中，x 为真值，n 为整数的位数。

例如，$x = +10010$，则 $[x]_{\text{移}} = 110010$。$x = -10010$，则 $[x]_{\text{移}} = 001110$。

其实移码就是在真值上加上一个偏移量常数 2^n，移码表示法相比其他表示方法可以很清楚地从其移码形式上直接判断其真值的大小，这个性质可以用来判断浮点数的阶码大小。浮点数实际上是用两个定点数表示的，用定点小数表示浮点数的尾数，用定点整数表示浮点数的阶（即指数）。阶既可以是正数也可以是负数，当进行浮点数的加减运算时，必须先比较两个数阶的大小使之相等。而由于补码、原码与反码不能直观地表示真值之间的大小，因此引入移码表示法，给每个阶加上一个正常数，使所有阶都转换为正整数，这样对浮点数的阶进行比较时，就是对正整数进行比较，可以直观地按从左向右的顺序进行对比，极大地简化了对阶的操作。

例 5.12 求 $+1101100$，-1101100，$+1110000$，-1110000 的补码和移码。

解：

$[+1101100]_{\text{补}} = 01101100 \quad [+1101100]_{\text{移}} = 2^7 + 1101100 = 11101100$

$[-1101100]_{\text{补}} = 10010100 \quad [-1101100]_{\text{移}} = 2^7 - 1101100 = 00010100$

$[+1110000]_{\text{补}} = 01110000 \quad [+1110000]_{\text{移}} = 2^7 + 1110000 = 11110000$

$[-1110000]_{\text{补}} = 10010000 \quad [-1110000]_{\text{移}} = 2^7 - 1110000 = 00010000$

根据例 5.12，可以很容易地发现，同一个真值的补码和移码仅差一个符号位。

◆ 5.3 整数运算

在 5.1 节中，介绍了关于整数的表示方法，在计算机中，需要进行大量的数值运算，在本节中将介绍整数的运算方法，主要包括五种运算，分别是移位运算，加、减法运算和乘、除法运算。

5.3.1 移位运算

移位运算分为两种，分别是逻辑移位和算术移位。无符号数的移位称为逻辑移位，即移位不考虑符号位的问题；有符号数的移位称为算术移位，需要考虑符号位的问题。

逻辑移位在左移时，高位移出，低位补 0；右移时，低位移出，高位补 0。对于无符号数的逻辑左移，若最高位移出的是 1，则发生溢出。例如，寄存器内容为 01011011，逻辑左移后内容为 10110110，逻辑右移后为 00101101，换算成十进制即为 91，逻辑左移后得到 182，逻辑右移后得到 45，可以很轻易地得到逻辑左移相当于原数乘以 2，逻辑右移相当于原数除以 2。但是当寄存器内容最高位为 1，且发生逻辑左移时，就会发生溢出。例如，寄存器内容为 10110100，逻辑左移后内容为 01101000，左移后数值不仅没有乘以 2，反而变小了，这是因为最高位的 1 左移时被舍弃。

算术移位相比逻辑移位则较为复杂，当机器数为正时，原码、补码、反码在左移、右移时，都在空位补 0 即可。当机器数为负时，则三者的移位规则有所不同。

(1) 对于负数原码，由于负数的原码数值部分与真值相同，在移位时保持符号位不变，其余位置添 0 即可。例如，当原码为 1,0101 时，算术左移后为 1,1010，算术右移后为

1,0010。

(2) 对于负数反码,由于负数反码除了符号位之外与负数原码正好相反,在移位时保持符号位不变,其余位置所添代码应与原码所添代码相反,即添1。例如,当反码为1,1100时,算术左移后为1,1001,算术右移后为1,1110。

(3) 对于负数补码,当对其由低位向高位找到第一个1时,在此"1"左边各位与其反码相同,而在"1"和"1"的右边与原码相同,因此左移时,低位添0,与原码左移规则相同;右移时,高位添1,与反码右移规则相同。

必须注意的是,对于算术移位,不论是正数还是负数,移位后其符号位必须保持不变,这是算术移位的重要特点。

5.3.2 加减法运算

整数加、减法运算是最基本的运算方式。目前,计算机中都是采用补码表示法进行加、减法运算。

1. 补码加法

整数补码的加法公式:

$$[x]_\text{补} + [y]_\text{补} = [x+y]_\text{补} \quad (\bmod\ 2^{n+1}) \tag{5.13}$$

式中,x,y 为真值,n 为整数的位数。

式(5.13)的理论基础在于,在模 2^{n+1} 的意义下,两数的补码之和等于该两数之和的补码,可分为3种情况来证明。

(1) $x>0, y>0$,由于 x,y 均大于0,因此二者之和为正数。由补码定义得到:

$$[x]_\text{补} + [y]_\text{补} = x+y = [x+y]_\text{补} \quad (\bmod\ 2^{n+1})$$

(2) $x \cdot y < 0$,即 x,y 异号,令 $x>0, y<0$,根据补码定义:

$$[x]_\text{补} = x, \quad [y]_\text{补} = 2^{n+1} + y$$

因此:

$$[x]_\text{补} + [y]_\text{补} = x + 2^{n+1} + y = [x+y]_\text{补} \quad (\bmod\ 2^{n+1})$$

(3) $x<0, y<0$,由于 x,y 均小于0,因此二者之和为负数。由补码定义:

$$[x]_\text{补} = 2^{n+1} + x, \quad [y]_\text{补} = 2^{n+1} + y$$

因此:

$$\begin{aligned}[x]_\text{补} + [y]_\text{补} &= 2^{n+1} + x + 2^{n+1} + y \\ &= 2^{n+1} + 2^{n+1} + x + y = [x+y]_\text{补} \quad (\bmod\ 2^{n+1})\end{aligned}$$

例 5.13 $x=+1100, y=+0010$,求 $[x+y]_\text{补}$ 及 $x+y$。

解:

$$[x]_\text{补} = 01100, \quad [y]_\text{补} = 00010$$

由式(5.13)得到 $[x+y]_\text{补} = [x]_\text{补} + [y]_\text{补} = 01100 + 00010 = 01110$。

还原成真值得到 $x+y = +1110$。

例 5.14 $x=+1010, y=-0101$,求 $[x+y]_\text{补}$ 及 $x+y$。

解:

$$[x]_\text{补} = 01010, \quad [y]_\text{补} = 11011$$

由式(5.13)得到$[x+y]_{补}=[x]_{补}+[y]_{补}=01010+11011=100101=00101$。

还原成真值得到$x+y=+0101$。

2. 补码减法

由式(5.13)易得补码减法公式：

$$[x-y]_{补}=[x+(-y)]_{补}=[x]_{补}+[-y]_{补} \quad (5.14)$$

已知$[y]_{补}$求$[-y]_{补}$的方法是：$[y]_{补}$所有位取反，然后对末位加1。

以下欲证$[-y]_{补}=-[y]_{补}$：

由式(5.13)得到$[x]_{补}+[y]_{补}=[x+y]_{补} \pmod{2^{n+1}}$，令$x=-y$，易得

$$[-y]_{补}+[y]_{补}=[-y+y]_{补}=[0]_{补}=0$$

得证$[-y]_{补}=-[y]_{补}$，代入式(5.14)中，可得：

$$[x-y]_{补}=[x]_{补}+[-y]_{补}=[x]_{补}-[y]_{补} \quad (5.15)$$

例 5.15 $x=+1010, y=+0101$，利用补码减法公式求$[x-y]_{补}$及$x-y$。

解：

$$[x]_{补}=01010, \quad [y]_{补}=00101, \quad [-y]_{补}=11011$$

由式(5.14) $[x-y]_{补}=[x]_{补}+[-y]_{补}=01010+11011=100101=00101$。

还原成真值得$x-y=+0101$。

3. 溢出与检测方法

在补码的加减运算过程中，可能会产生"溢出现象"。

例 5.16 $x=+1010, y=+1101$，求$x+y$。

解：

$$[x]_{补}=01010, \quad [y]_{补}=01101$$

$$[x+y]_{补}=[x]_{补}+[y]_{补}=01010+01101=10111$$

可以看出两个正数相加的结果成了负数，这显然是错误的。

例 5.17 $x=-1010, y=-1101$，求$x+y$。

解：

$$[x]_{补}=10110, \quad [y]_{补}=10011$$

$$[x+y]_{补}=[x]_{补}+[y]_{补}=10110+10011=101001=01001 \pmod{2^5}$$

可以看出两个负数相加的结果成了正数，这显然也是错误的。

之所以发生这样的错误，是因为在上述两个例题的计算过程中，运算结果产生了溢出。所谓"溢出"，就是出现了运算结果的绝对值大于机器字长所能表示的最大范围数的现象。

对于两个正数相加，其结果大于机器字长所能表示的最大正数，称为正溢；两个负数相加，其结果小于机器字长所能表示的最小负数，称为负溢。而对于两个异号的数相加，则不会产生溢出。在加法运算中，溢出现象的表现为相同符号的两个数参与运算后，结果符号与操作数符号不同。

对于整数加法溢出的判断，一般有两种方法，分别是单符号位判断和双符号位判断。

1) 单符号位判断法

由例 5.16 和例 5.17 可以总结出溢出时的两种进位特征，当两个正数相加产生溢出时，

其符号位相加产生的进位为 0,而最高有效位相加产生的进位为 1。两个负数相加时,其符号位相加产生的进位为 1,最高有效位相加产生的进位为 0。换句话说,当最高有效位和符号位产生的进位不同时,则发生溢出,否则不发生溢出。

因此,当计算机采用单符号位判断法时,通常用最高有效位产生的进位和符号位产生的进位进行异或操作,若异或结果为 1,则发生了溢出,若异或结果为 0,则不发生溢出。

例 5.18 $x=+0010, y=+1101$,求 $x+y$。

解:
$$[x]_补 = 00010, \quad [y]_补 = 01101$$
$$[x+y]_补 = [x]_补 + [y]_补 = 00010 + 01101 = 01111$$

如例 5.18,其最高有效位相加时未产生进位,进位为 0,符号位相加时也未产生进位,进位也为 0,因此 $0 \oplus 0 = 0$,不发生溢出。例 5.16 中,符号位相加时进位为 0,最高有效位相加时进位为 1,因此 $0 \oplus 1 = 1$,发生了溢出。同理,例 5.17 中,符号位相加时进位为 1,最高有效位相加时进位为 0,$1 \oplus 0 = 1$,发生了溢出。

2) 双符号位判断法

在介绍双符号位判断法之前,首先简单介绍一下双符号位补码编码方法,这种编码方法在溢出判断和阶码运算时都有特殊作用。

双符号位补码又叫变形补码,它与普通补码的区别在于用两位表示符号位,00 表示正号,11 表示负号,其余部分与普通补码相同。其表示方法满足以下公式。

$$[x]_补 = \begin{cases} 00, x, & 2^n > x \geqslant 0 \\ 2^{n+2} + x, & 0 \geqslant x \geqslant -2^n \end{cases} \pmod{2^{n+2}} \tag{5.16}$$

在进行双符号位补码加法运算时,双符号位要与数值部分一同参与运算,运算结果要模 2^{n+2},即符号位产生的进位要自动丢失,这与补码运算的规则是一样的。当两个双符号位补码相加后,如果结果的符号位为 00 或 11 则表示没有发生溢出,若符号位为 01 或者 10 则表示发生了溢出。

例 5.19   采用双符号位判断法,判断例 5.16 中是否发生溢出。

解:
$$[x]_补 = 001010, \quad [y]_补 = 001101$$
$$[x+y]_补 = [x]_补 + [y]_补 = 001010 + 001101 = 010111$$

结果符号位出现了 01,发生了溢出,显然只有两正数相加溢出时符号位才会出现"01",因此"01"表示正溢。

例 5.20   采用双符号位判断法,判断例 5.17 中是否发生溢出。

解:
$$[x]_补 = 110110, \quad [y]_补 = 110011$$
$$[x+y]_补 = [x]_补 + [y]_补 = 110110 + 110011 = 1101001 = 101001 \pmod{2^6}$$

结果符号位出现了 10,发生了溢出,显然只有两负数相加溢出时符号位才会出现"10",因此"10",表示负溢。

5.3.3 乘法运算

计算机中,乘法运算是除了加、减运算之外的又一个非常重要的运算,本节将从人工乘法切入,介绍原码乘法和补码乘法。

1. 人工乘法

设 $x=1010$,$y=1101$,求 $x\times y$。

解:

$$
\begin{array}{r}
1\ 0\ 1\ 0 \quad (x) \\
\times\ 1\ 1\ 0\ 1 \quad (y) \\
\hline
1\ 0\ 1\ 0 \quad x\cdot 1\cdot 2^0 \\
0\ 0\ 0\ 0 \quad\ \ \ x\cdot 0\cdot 2^1 \\
1\ 0\ 1\ 0 \quad\quad\ \ x\cdot 1\cdot 2^2 \\
1\ 0\ 1\ 0 \quad\quad\quad\ x\cdot 1\cdot 2^3 \\
\hline
1\ 0\ 0\ 0\ 0\ 0\ 1\ 0
\end{array}
$$

由此得 $x\times y=10000010$,计算过程与十进制乘法相同,从 y 的最低位开始计算,若这一位是"1",则将 x 写下,否则,写下全 0。由于乘数 y 每位的权值不同,需要对每位的乘法运算结果进行不同位数的左移操作,最后进行加法运算得到结果。

人工乘法的思路对于计算机而言不完全适用。首先,对于两个 n 位字长的数相乘,乘积可能为 $2n$,超过了机器字长;其次,对于只有两个操作数相加的加法器,不能够做将 n 个数直接相加的操作。因此在计算机中,可以执行多次"移位-加法"操作来实现乘法,以下讨论如何实现对人工乘法的改进,使得其能被计算机实现。

对于上例,假设 $x=1010=x_3x_2x_1x_0$,$y=1101=y_3y_2y_1y_0$ 分别存放在寄存器 A 和 B 中。寄存器 C 和 D 用来存放结果的高位和低位。

第 1 步:计算 $x\cdot y_0=1010$,此结果称为部分积,将结果放入寄存器 C 中。此时寄存器 C 和 D 中存放的数为 1010,XXXX(用 X 表示寄存器 D 中的二进制数还未更新)。

第 2 步:将寄存器 C 和 D 中的数右移 1 位,寄存器 C 中低位移出的数放入寄存器 D 的高位。此时寄存器 C 和 D 中存放的数为 0101,0XXX。

第 3 步:计算 $x\cdot y_1=0000$,将此结果与寄存器 C 中的数相加得 0101,得到新的部分积 0101 存放在寄存器 C 中,此时寄存器 C 和 D 中存放的数为 0101,0XXX。

第 4 步:重复第 2 步的操作,此时寄存器 C 和 D 中存放的数为 0010,10XX。

第 5 步:计算 $x\cdot y_2=1010$,将此结果与寄存器 C 中的数相加,得到新的部分积 1100 存放在寄存器 C 和 D 中,此时寄存器 C 和 D 中存放的数为 1100,10XX。

第 6 步:重复第 2 步的操作,此时寄存器 C 和 D 中存放的数为 0110,010X。

第 7 步:计算 $x\cdot y_3=1010$,将此结果与寄存器 C 中的数相加,得到新的部分积 10000 存放在寄存器 C 和 D 中,此时寄存器 C 和 D 中存放的数为 10000,010X。

第 8 步:重复第 2 步的操作,此时寄存器 C 和 D 中存放的数为 1000,0010 即为最终结果。

在上述过程中,不难发现寄存 B 每次只需用到一位,可以用寄存器 B 来实现原本寄存器 B 和寄存器 D 的功能。$x\cdot y_m$ 的乘法操作可以直接判断 y_m 的值来实现,同时如果 $y_m=0$,则无须更新部分积。显然,以上操作计算机都可完成,上述步骤可归纳如下:

(1) 乘法运算可用移位和加法来实现。

(2) 由乘数的末位的值决定被乘数是否与部分积的高位相加。若为 1,则被乘数需要与部分积的高位相加,形成新的部分积,否则被乘数不需要与部分积相加。

(3) 每次(2)的操作完成后,乘数的当前末位值已经失去了作用,乘数右移一位,次末位成为新的末位,空出的高位用来存放部分积的最低位。部分积右移一位,形成新的部分积。这样可以节省一个寄存器,只需要三个寄存器就可以完成上述乘法操作。

2. 原码乘法

1) 原码一位乘

原码的表示只是在真值的基础上加了符号位,因此原码的乘法可以分为两部分,一部分是符号位的运算,可以通过两数原码符号位的逻辑异或求得;第二部分是数值位的运算,可以直接使用5.3.3节中人工乘法的计算过程的原理。

设$[x]_原=x_n x_{n-1} x_{n-2} \cdots x_1 x_0$,$[y]_原=y_n y_{n-1} y_{n-2} \cdots y_1 y_0$,则:

(1) 符号位运算:$x_n \oplus y_n$。

(2) 数值位运算:设$x^* = x_{n-1} x_{n-2} \cdots x_1 x_0$ 与 $y^* = y_{n-1} y_{n-2} \cdots y_1 y_0$ 分别表示两数的绝对值,则运算公式为

$$\begin{aligned}
x^* \cdot y^* &= x^*(y_{n-1} y_{n-2} + \cdots y_1 y_0) \\
&= x^*(2^{n-1} y_{n-1} + 2^{n-2} y_{n-2} + 2^{n-3} y_{n-3} + \cdots + 2^1 y_1 + 2^0 y_0) \\
&= x^*(2^{n-2}(y_{n-1} + y_{n-2}) + 2^{n-3} y_{n-3} + \cdots + 2^1 y_1 + 2^0 y_0) \\
&= x^*(2^{n-3}(2(y_{n-1} + y_{n-2}) + y_{n-3}) + \cdots + 2^1 y_1 + 2^0 y_0) \\
&= 2(2(2(2(\cdots) + x^* y_3) + x^* y_2) + x^* y_1) + x^* y_0
\end{aligned}$$

在人工乘法的计算过程中,首先计算$x^* y_0$作为部分积,而后部分积右移舍弃低位后加$x^* y_1$,实际上,这步操作也就相当于对$2 \cdot x^* y_1$加部分积作为新的部分积,再舍弃低位。令z_i作为第i次的部分积。

$$z_0 = 0 + x^* y_0 = x^* y_0$$
$$z_1 = x^* y_1 + 2^{-1} z_0$$
$$z_2 = x^* y_2 + 2^{-1} z_1$$
$$\cdots$$
$$z_{n-1} = x^* y_{n-2} + 2^{-1} z_{n-2}$$

例 5.21 $[x]_原=01010$,$[y]_原=00111$,求$[x \cdot y]_原$。

解:根据原码一位乘运算规则

(1) 符号位运算:$0 \oplus 0 = 0$。

(2) 对数值部分进行运算,$x^* = x_3 x_2 x_1 x_0 = 1010$,$y^* = y_3 y_2 y_1 y_0 = 0111$,表5-5为数值部分运算的具体步骤。

注:乘数在右移后,高位表示的是部分积右移出的低位,表5-5中用","将二者分隔开。

表5-5 例5.21原码一位乘数值运算

操 作	部分积	乘 数	说 明
第1步:更新部分积	1010	0111	乘数末位为1,更新部分积
第2步:逻辑右移	0101	0,011	右移部分积和乘数,乘数的$y_1=1$成为新低位

续表

操 作	部 分 积	乘 数	说 明
第3步:更新部分积	0101+1010=1111	0,011	乘数末位为1,更新部分积
第4步:逻辑右移	0111	10,01	右移部分积和乘数,乘数的$y_2=1$成为新低位
第5步:更新部分积	0111+1010=10001	10,01	乘数末位为1,更新部分积
第6步:逻辑右移	1000	110,0	右移部分积和乘数,乘数的$y_3=0$成为新低位
第7步:更新部分积	1000	110,0	乘数末位为0,不需要更新部分积
第8步:逻辑右移	0100	0110	最终结果

综上,数值部分运算结果为 01000110,符号部分运算结果为 0,因此 $[x \cdot y]_原$ =001000110。

通过对例 5.21 的运算过程分析可知,在对两个 4 位二进制数进行乘法运算时需要做 4 次"更新部分积,移位"操作。同理,当对两个 8 位二进制数进行乘法运算时需要做 8 次"更新部分积,移位"操作,原因是乘数的每一位都需要与被乘数进行乘法运算。乘数末位值与部分积对应操作如表 5-6 所示。

表 5-6 乘数末位值与部分积对应操作

乘数末位 y_m	部分积操作	说 明
0	右移一位	乘数的末位为 0 时,其与被乘数相乘结果为 0
1	新部分积等于原部分积加被乘数后右移一位	乘数的末位为 1 时,部分积需要先更新,再移位

2) 原码两位乘

由上述分析可知,原码一位乘时需要对乘数逐位进行判断来决定对部分积的操作,这种方法太过耗时,可以同时对乘数的多位进行判断来减少计算步骤以缩短计算时间。

原码两位乘在原理上与原码一位乘相同,分为符号位运算和数值位运算两部分,符号位运算通过两数原码符号位异或得到;数值位运算是每次用两位乘数的数值来决定对部分积的操作。原码两位乘部分积操作如表 5-7 所示。

表 5-7 原码两位乘部分积操作

乘数末两位 $y_{m+1}y_m$	部分积操作
00	右移一位
01	新部分积等于原部分积加被乘数后右移两位
10	新部分积等于原部分积加两倍被乘数后右移两位
11	新部分积等于原部分积加三倍被乘数后右移两位

例 5.22 假设乘数末两位为 $y_{m+1}y_m=11$,被乘数为 0101,部分积为 0,分别使用原码一位乘法和原码两位乘法计算部分积。

解:

(1) 原码一位乘。

对于 $y_m=1$，新部分积=0+0101=0101，部分积右移得 0010(+)，乘数右移。

对于 $y_{m+1}=1$，新部分积=0010+0101=0111，部分积右移得 0011(++)，乘数右移。

(2) 原码两位乘。

对于 $y_{m+1}y_m=11$，三倍被乘数=1111。

新部分积=0+1111=1111，部分积右移两位得 0011(++)，乘数右移两位。

显然上述两种方法结果相同，原位两位乘可由原位一位乘组合而来。

在计算机中，获得二倍乘数或者四倍乘数是很简单的，只需要做左移操作就可实现，但是要想直接获得三倍乘数则比较复杂。当乘数末位为"11"时，部分积需要加三倍被乘数然后右移两位。这里可以分为三步完成，首先部分积减一倍被乘数，其次再加四倍被乘数，最终右移两位。实际上，加四倍被乘数然后右移两位的操作等价于先右移两位再加一倍被乘数，也就可看作先右移两位，然后对被乘数的 y_{m+2} 执行加 1 操作。这个"1"的进位用触发器 C 存储，显然，只有当 $y_{m+1}y_m=11$ 时才会产生进位，由此得到原码二位乘的运算规则如表 5-8 所示。

表 5-8 原码二位乘的运算规则

乘数末两位 $y_{m+1}y_m$	进位 C	操　　作
00	0	部分积右移两位，乘数右移两位，C 保持为 0
01	0	部分积加一倍被乘数后右移两位，乘数右移两位，C 保持为 0
10	0	部分积加两倍被乘数后右移两位，乘数右移两位，C 保持为 0
11	0	部分积减一倍被乘数后右移两位，乘数右移两位，C 更新为 1
00	1	部分积加一倍被乘数后右移两位，乘数右移两位，C 更新为 0
01	1	部分积加两倍被乘数后右移两位，乘数右移两位，C 更新为 0
10	1	部分积减一倍被乘数后右移两位，乘数右移两位，C 保持为 1
11	1	部分积右移两位，乘数右移两位，C 保持为 1

在原码两位乘运算中引入了减法操作，计算机中一般采用补码的方式来完成，参与乘法运算的操作数也要是补码，因此右移时应该遵守补码右移规则。运算时，部分积和被乘数设 3 位符号位，最高位为真正符号位，其余两位防止运算时发生溢出。乘数位数为偶数时，乘数有两位符号位，以预防乘数最高位为 11 的情况出现，此时置 $C=1$，与符号位 00 一起，形成 $y_{m+1}y_mC=001$ 的状态，此时只需更新部分积而不需要右移。当乘数位数为奇数时，只需在乘数位前增加一个 0 作为符号位。

例 5.23　$x=+101110,y=-110110$，用原码两位乘求 $[x \cdot y]_原$。

解：$x^* = 101110$，$y^* = 110110$，$[x^*]_{被乘数} = 000101110$，$[y^*]_{乘数} = 00110110$。
$[-x^*]_补=111010010,2[x^*]_{被乘数}=001011100$。

根据原码两位乘运算规则：

(1) 符号位运算 1⊕0=1。

(2) 数值位运算如表 5-9 所示。

表 5-9 例 5.23 数值位运算

操 作	部分积	乘 数	C	说 明
更新部分积	0+001011100 =001011100	00110110	0	$y_{m+1}y_mC=100$,部分积加两倍被乘数,C 保持 0
右移	000010111	00,001101	0	右移部分积和乘数
更新部分积	000010111+000101110 =001000101	00,001101	0	$y_{m+1}y_mC=010$,部分积加被乘数,C 保持 0
右移	000001001	0100,0011	0	右移部分积和乘数
更新部分积	000010001 + 111010010 =111100011	0100,0011	1	$y_{m+1}y_mC=110$,部分积加$[-x^*]_{\text{补}}$,C 置 1
右移	111111000	110100,00	1	右移部分积和乘数
更新部分积	111111000+000101110 =000100110	110100,00	0	$y_{m+1}y_mC=001$,部分积加被乘数,C 置 0

最终的数值为运算结果为 000100110110100,结合符号位运算结果得$[x \cdot y]_{\text{原}}=$1100110110100。

原码的两位乘提高了乘法的速度且原码乘法实现起来较为容易,但是由于计算机中使用补码做加减运算,在进行复杂运算的时候,遇到乘法需要先把补码转换为原码进行乘法运算,然后再转换为补码进行加减法运算,这反而使得运算变得复杂。

3. 补码乘法

1) 补码一位乘运算

补码乘法递推公式推导复杂,分为以下三种情况进行讨论。

设$[x]_{\text{补}}=x_nx_{n-1}x_{n-2}\cdots x_1x_0$,$[y]_{\text{补}}=y_ny_{n-1}y_{n-2}\cdots y_1y_0$。

(1) 被乘数 x 为任意值,乘数 y 为正值,则:

$$[x \cdot y]_{\text{补}}=[x]_{\text{补}} \cdot y \tag{5.17}$$

证明:

根据补码定义$[x]_{\text{补}}=2^{n+1}+x$,$[y]_{\text{补}}=y$,式中,x,y 分别是被乘数和乘数的真值,有

$$[x]_{\text{补}} \cdot [y]_{\text{补}}=(2^{n+1}+x) \cdot y=2^{n+1} \cdot y+x \cdot y$$

因为 y 是正整数,因此 $2^{n+1} \cdot y = 2^{n+1} (\bmod\ 2^{n+1})$,得到

$$[x]_{\text{补}} \cdot [y]_{\text{补}}=2^{n+1} \cdot y+x \cdot y=2^{n+1}+x \cdot y \quad (\bmod\ 2^{n+1})$$

由补码定义得$[x \cdot y]_{\text{补}}=2^{n+1}+x \cdot y=[x]_{\text{补}} \cdot [y]_{\text{补}}=[x]_{\text{补}} \cdot y$,得证。

(2) 被乘数 x 为任意值,乘数 y 为负值,则:

$$[x \cdot y]_{\text{补}}=[x]_{\text{补}} \cdot (0y_{n-1}y_{n-2}\cdots y_1y_0)+2^n[-x]_{\text{补}} \tag{5.18}$$

证明:

因为 $y<0$,$[y]_{\text{补}}=y_ny_{n-1}y_{n-2}\cdots y_1y_0=1y_{n-1}y_{n-2}\cdots y_1y_0$。

由负数补码定义$[y]_{\text{补}}=2^{n+1}+y$,因此:

$$y=[y]_{\text{补}}-2^{n+1}=1y_{n-1}y_{n-2}\cdots y_1y_0-2^{n+1}=0y_{n-1}y_{n-2}\cdots y_1y_0-2^n$$

$x \cdot y=x \cdot (0y_{n-1}y_{n-2}\cdots y_1y_0-2^n)=x \cdot 0y_{n-1}y_{n-2}\cdots y_1y_0-x \cdot 2^n$,因此:

$$[x \cdot y]_{\nolinebreak 补} = [x \cdot 0y_{n-1}y_{n-2}\cdots y_1y_0 - x \cdot 2^n]_{\nolinebreak 补}$$
$$= [x \cdot 0y_{n-1}y_{n-2}\cdots y_1y_0]_{\nolinebreak 补} + [-x \cdot 2^n]_{\nolinebreak 补}$$

将 $0y_{n-1}y_{n-2}\cdots y_1y_0$ 视为一个正数,则 $[x \cdot 0y_{n-1}y_{n-2}\cdots y_1y_0]_{补} = [x]_{补} \cdot (0y_{n-1}y_{n-2}\cdots y_1y_0)$。

同理 $[-x \cdot 2^n]_{补} = 2^n[-x]_{补}$。

因此 $[x \cdot y]_{补} = [x]_{补} \cdot (0y_{n-1}y_{n-2}\cdots y_1y_0) + 2^n[-x]_{补}$,得证。

例 5.24 $[x]_{补} = 01011,[y]_{补} = 01110$,求 $[x \cdot y]_{补}$。

解:显然乘数大于 0,根据式(5.17)得 $[x \cdot y]_{补} = [x]_{补} \cdot y$,乘法运算时可按照原码一位乘得运算方法,但是需要注意的是,此时进行的是补码运算,因此做加法和移位运算时应该按照补码的规则来进行,对被乘数和部分积都取两位符号位,以保证有足够的位数存储最终结果。计算结果如表 5-10 所示。

表 5-10 例 5.24 计算过程

操 作	部 分 积	乘 数	说 明
更新部分积	000000	1110	乘数末位为 0,无须更新部分积
右移	000000	0,111	
更新部分积	000000+001011=001011	0,111	乘数末位为 1,更新部分积
右移	000101	10,11	
更新部分积	000101+001011=010000	10,11	乘数末位为 1,更新部分积
右移	001000	010,1	
更新部分积	001000+001011=010011	010,1	乘数末位为 1,更新部分积
右移	001001	1010	最终结果

因此 $[x \cdot y]_{补} = 010011010$(单符号位表示)。

例 5.25 $[x]_{补} = 01011,[y]_{补} = 11110$,求 $[x \cdot y]_{补}$。

解:显然乘数小于 0,根据式(5.18):
$$[x \cdot y]_{补} = [x]_{补} \cdot (0y_{n-1}y_{n-2}\cdots y_1y_0) + 2^n[-x]_{补}$$

$[-x]_{补} = 10101, 2^n[-x]_{补} = 101010000, [x]_{补} \cdot (0y_{n-1}y_{n-2}\cdots y_1y_0)$ 的计算过程如表 5-11 所示。

表 5-11 例 5.25 计算过程

操 作	部 分 积	乘 数	说 明
更新部分积	000000	1110	乘数末位为 0,无须更新部分积
右移	000000	0,111	
更新部分积	000000+001011=001011	0,111	乘数末位为 1,更新部分积
右移	000101	10,11	
更新部分积	000101+001011=010000	10,11	乘数末位为 1,更新部分积

续表

操 作	部 分 积	乘 数	说 明
右移	001000	010,1	
更新部分积	001000＋001011＝010011	010,1	乘数末位为1,更新部分积
右移	001001	1010	最终结果

$$[x]_{补} \cdot (0y_{n-1}y_{n-2}\cdots y_1y_0) = 010011010$$
$$[x \cdot y]_{补} = [x]_{补} \cdot (0y_{n-1}y_{n-2}\cdots y_1y_0) + 2^n[-x]_{补}$$
$$= 010011010 + 101010000 = 111101010$$

(3) 被乘数 x 与乘数 y 都为任意值,可使用比较法计算,又名 Booth 算法。

式(5.17)和式(5.18)可归纳为:

$$[x \cdot y]_{补} = [x]_{补} \cdot (0y_{n-1}y_{n-2}\cdots y_1y_0) - 2^n y_n[x]_{补} \tag{5.19}$$

当 $y_n = 0$ 时,式(5.19)与式(5.17)显然相同,当 $y_n = 1$ 时,式(5.19)变为

$$[x \cdot y]_{补} = [x]_{补} \cdot (0y_{n-1}y_{n-2}\cdots y_1y_0) - 2^n[x]_{补} \tag{5.20}$$

在证明式(5.12)时,已证得$[-x]_{补} = -[x]_{补}$,带入式(5.20)可得式(5.18),因此式(5.19)成立。将式(5.19)改写如下:

$$[x \cdot y]_{补} = [x]_{补} \cdot (0y_{n-1}y_{n-2}\cdots y_1y_0) - 2^n y_n[x]_{补}$$
$$= [x]_{补}(-2^n y_n + 2^{n-1}y_{n-1} + 2^{n-2}y_{n-2} + \cdots + 2^0 y_0)$$
$$= [x]_{补}(-2^n y_n + 2^{n-1}y_{n-1} + 2^{n-2}y_{n-2} + \cdots + 2^0 y_0)$$
$$= [x]_{补}(-2^n y_n + 2^n y_{n-1} - 2^{n-1}y_{n-1} + 2^{n-1}y_{n-2} - 2^{n-2}y_{n-1} + \cdots +$$
$$2^1 y_0 - 2^0 y_0)$$
$$= [x]_{补}[2^n(y_{n-1} - y_n) + 2^{n-1}(y_{n-2} - y_{n-1}) + \cdots 2^1(y_0 - y_1) + 2^0(0 - y_0)]$$

令 z_i 代表部分积,由部分积的右移操作代替高位的乘2操作可得:

$$z_0 = 2^0(0 - y_0)[x]_{补}$$
$$z_1 = (y_0 - y_1)[x]_{补} + 2^{-1}z_0$$
$$z_2 = (y_1 - y_2)[x]_{补} + 2^{-1}z_1$$
$$\cdots$$
$$z_{n-1} = (y_{n-2} - y_{n-1})[x]_{补} + 2^{-1}z_{n-2}$$
$$z_n = (y_{n-1} - y_n)[x]_{补} + 2^{-1}z_{n-1}$$

由此可得 Booth 乘法计算方法,每步乘法由$(y_i - y_{i+1})$决定原部分积加$[x]_{补}$或加$[-x]_{补}$或加 0 然后部分积右移。最终由$(y_{n-1} - y_n)$决定原部分积加$[x]_{补}$或加$[-x]_{补}$或加 0 但是不移位,得到最终结果,计算时需要引入附加位。对应的操作如表 5-12 所示。

表 5-12 Booth 算法操作

乘数末两位 $y_{m+1}y_m$	差 值	操 作
00	0	部分积右移
01	1	部分积加$[x]_{补}$后右移
10	-1	部分积加$[-x]_{补}$后右移
11	0	部分积右移

例 5.26 $[x]_补=01101,[y]_补=11010$,用 Booth 算法计算$[x \cdot y]_补$。

解:部分积和被乘数取两位符号位,计算过程如表 5-13 所示。

表 5-13 例 5.26 计算过程

操 作	部 分 积	乘 数	附加位	说 明
更新部分积	000000	11010	0	$z_0=2^0(0-y_0)[x]_补=0$
右移	000000	0,1101	0	右移部分积和乘数,乘数低位移到附加位
更新部分积	000000+110011=110011	0,1101	0	部分积加$[-x]_补$
右移	111001	10,110	1	
更新部分积	111001+001101=000110	10,110	1	部分积加$[x]_补$
右移	000011	010,11	0	
更新部分积	000011+110011=110110	010,11	0	部分积加$[-x]_补$
右移	111011	0010,1	1	
更新部分积	111011	0010,1	1	$(y_{n-1}-y_n)$决定原部分积加$[x]_补$或加$[-x]_补$或加 0 但是不移位,得到最终结果

$[x \cdot y]_补=110110010$(单符号位表示)。

2) 补码两位乘运算

补码两位乘由补码一位乘推导而来,以下做简单推导。

设$y_{m+1}y_my_{m-1}=011$,由 $y_my_{m-1}=11$ 可知,需要对部分积做右移操作,即 $2^{-1}z_i$,由 $y_{m+1}y_m=01$ 可知,需要对部分积做加$[x]_补$运算后右移的操作,即 $2^{-1}(2^{-1}z_i+[x]_补)$,可整合为 $2^{-2}(z_i+2[x]_补)$,即当$y_{m+1}y_my_{m-1}=011$ 时,需要对部分积做加$2[x]_补$运算后右移两位。运算规则如表 5-14 所示。需要注意的是,在运算时,为防止运算过程中溢出,对被乘数和部分积取三位符号位,当乘数的数值位为偶数时,取两位符号位,最后一步不移位。当乘数的数值位为奇数时,可以在高位补 0 变为偶数位简化操作。

表 5-14 补码两位乘运算规则

乘数末三位$y_{m+1}y_my_{m-1}$	操 作
000	$z_{i+1}=2^{-2}z_i$
001	$z_{i+1}=2^{-2}(z_i+[x]_补)$
010	$z_{i+1}=2^{-2}(z_i+[x]_补)$
011	$z_{i+1}=2^{-2}(z_i+2[x]_补)$
100	$z_{i+1}=2^{-2}(z_i+2[-x]_补)$
101	$z_{i+1}=2^{-2}(z_i+[-x]_补)$
110	$z_{i+1}=2^{-2}(z_i+[-x]_补)$
111	$z_{i+1}=2^{-2}z_i$

例 5.27 $[x]_\text{补}=01101$,$[y]_\text{补}=11010$,计算$[x \cdot y]_\text{补}$。

解：对被乘数取三位符号位，乘数取两位符号位，因此：

$$[x]_\text{补}=0001101, \quad [y]_\text{补}=111010, \quad [-x]_\text{补}=1110011$$

计算过程如表 5-15 所示。

表 5-15 例 5.27 计算过程

操 作	部 分 积	乘 数	附加位	说 明
更新部分积	0000000+1100110=1100110	111010	0	$y_{m+1}y_my_{m-1}=100$，加$2[-x]_\text{补}$
右移	1111001	10,1110	1	右移两位
更新部分积	1111001+1110011=1101100	10,1110	1	$y_{m+1}y_my_{m-1}=101$，加$[-x]_\text{补}$
右移	1111011	0010,11	1	右移两位
更新部分积	1111011	0010,11	1	$y_{m+1}y_my_{m-1}=111$，部分积不需要更新，得到最终结果

因此，$[x \cdot y]_\text{补}=110110010$（单位符号位）。

5.3.4 除法运算

1. 人工除法

设 $x=111011$,$y=110$,求 $x \div y$。

```
              1 0 0 1
      1 1 0 ) 1 1 1 0 1 1
              1 1 0
                1 0 1 1
                1 1 0
                  1 0 1
```

与十进制除法相同，对被除数从左向右开始计算，计算步骤如下。

(1) 比较 111 和 110 的大小，由于 111＞110，结果添 1，余数为 1。

(2) 余数 1 左移，加上被除数的下一位组成 10，比较 10 和 110 的大小，由于 10＜110，结果添 0，余数为 10。

(3) 余数 10 左移，加上被除数的下一位组成 101，比较 101 和 110 的大小，由于 101＜110，结果添 0，余数为 101。

(4) 余数 101 左移，加上被除数的下一位组成 1011，比较 1011 和 110 的大小，由于 1011＞110，结果添 1，余数为 101。

得最终结果 $x \div y=1001$，余数为 101。

上述规则运用到计算机中需要做部分改进，可以发现：

(1) 在计算时，每次只有被除数的高位或余数与除数进行比较大小的运算。

(2) 比较大小时，需要两数直接相减，通过差的正负决定结果是添 0 还是添 1。

(3) 人工算法在更新部分商时，可以直接向低位添 1 或 0，在计算机中，这是不容易实现的，计算机中可将部分商向左移位，再在低位更新商。

2. 原码除法

原码除法与原码乘法运算一样,可以分为以下两步进行。

(1) 符号位运算,可通过操作数的符号异或得到。

(2) 数值位运算,可使用人工除法中总结出的规则。

在整数除法中,需要满足以下规则。

(1) |被除数|≥|除数|,除数的位数可以为除数的两倍。

(2) 被除数和除数不为 0,当被除数为 0 时,结果恒为 0,计算没有意义。当除数为 0 时,结果为无穷大,在计算机中无法存储表示。

(3) 要求被除数的高 n 位比除数(n 位)小,否则为溢出。

(4) 如果被除数和除数的位数都是单字长,要在被除数前面加上一个字的 0,扩展成双倍字长进行运算。

在数值位运算时,由于对余数的处理方法不同,可将原码除法分为恢复余数法和不恢复余数法两种。

1) 恢复余数法

在除法过程中,当余数减除数得到的新余数为负时,需要新余数加上除数,将其恢复成原来的余数。

例 5.28 $x=+100111, y=-110$,求 $[x \div y]_原$。

解:$[x]_原 = 0100111, [y]_原 = 1110$。

$x^* = 100111$, $y^* = 110$,$[x^*]_补 = 0100111$,$[y^*]_补 = 0110$,$[-y^*]_补 = 1010$

(1) 符号位运算:1⊕0=1。

(2) 数值位计算过程如表 5-16 所示。

表 5-16 例 5.28 数值位计算过程

被除数/余数	商	说　明
0100,111(高位运算)+1010 =1110,111	0	高位余数−除数($+[-y^*]_补$)为 1110,是负数, 该位商为 0 恢复余数
1110,111+0110 =0100,111	0	
1001,110	0X	左移余数和商
1001,110(高位运算)+1010 =0011,110	01	高位余数−除数($+[-y^*]_补$)为 0011,为正数, 该位商为 1 左移余数和商
0111,100	01X	
0111,100(高位运算)+1010 =0001,100	011	高位余数−除数($+[-y^*]_补$)为 0001,为正数, 该位商为 1 余数和商左移
0011,000	11X	

续表

被除数/余数	商	说　明
0011,000（高位运算）+1010 =1101,000	110	高位余数－除数（+$[-y^*]_{补}$）为 1101,为负数, 该位商为 0 恢复余数
1101,000（高位运算）+0110 =0011,000	110	

因此 $x^* \div y^* = 110$。

结合符号位运算结果得$[x \div y]_{原} = 1110$。

在上述过程中,当余数为负时,计算机需要恢复余数,这使得计算效率降低,操作也不规则,下面介绍加减交替法。

2) 加减交替法

加减交替法又称不恢复余数法,是恢复余数法的改进算法。

通过总结恢复余数法可得(以下的加减法操作都是对高位做加减法)。

(1) 当余数高位≥0时,商低位更新为1,余数左移一位减除数,即 $2 \cdot R_i - y^*$。

(2) 当余数高位<0时,商低位更新为0,先恢复余数即 $R_i + y^*$,再左移一位减除数即 $2 \cdot (R_i + y^*) - y^*$ 等价于 $2 \cdot R_i + y^*$。

例 5.29　$x = +100111, y = -110$,求$[x \div y]_{原}$。

解:$[x]_{原} = 0100111, [y]_{原} = 1110$。

$x^* = 100111$,　$y^* = 110$,　$[x^*]_{补} = 0100111$,　$[y^*]_{补} = 0110$,$[-y^*]_{补} = 1010$。

(1) 符号位运算：1⊕0=1。

(2) 数值位计算过程如表 5-17 所示。

表 5-17　例 5.29 数值位计算过程

被除数/余数	商	说　明
0100,111（高位运算）+1010 =1110,111	0	余数为负,商为 0
1101,110	0X	余数和商左移
1101,110（高位运算）+0110 =0011,110	01	高位+$[y^*]_{补}$=0011,余数为正,商为 1
0111,100	01X	余数和商左移
0111,100（高位运算）+1010 =0001,100	011	高位+$[-y^*]_{补}$=0001,余数为正,商为 1
0011,000	11X	余数和商左移
0011,000（高位运算）+1100 =1111,000	110	高位+$[-y^*]_{补}$=1111,余数为负,商为 0

数值位计算结果为 110。

结合符号位运算结果得$[x \div y]_{原} = 1110$。

3. 补码除法

补码的除法也分为余数恢复法和加减交替法，后者应用较多，在此只讨论加减交替法。

在原码除法过程中，在更新部分商时，是根据余数和除数的绝对值大小决定商值为 1 或为 0，比较结果是由 $[R]_{余} - y^*$ 的正负来决定的。实际上是比较余数和除数的绝对值大小，在补码运算时，也需要比较二者绝对值大小，但是由于补码的符号位和数值位一同参与运算，因此需要依据操作数的正负来分情况讨论。

(1) 当操作数符号相同时，做减法，若余数与除数同号，则表示"够减"，即被减数的绝对值大于减数，否则表示"不够减"。

(2) 当操作数符号不同时，做加法，若余数与除数异号，则表示"够减"，否则表示"不够减"。

确定了余数和除数的绝对值大小之后，需要决定部分商的更新规则，商值需要根据两操作数符号是否相同分情况讨论。因为在两操作数异号的情况下，商为负，除了末位商，其余的每位的商都与真值相反，因此，部分商的更新规则如下。

(1) 当操作数符号相同时，商为正，"够减"时，商为 1，否则商为 0。

(2) 当操作数符号不同时，商为负，"够减"时，商为 0，否则商为 1。

综上所述，可以发现，当余数和除数同号时，不论操作数是否同号，商值都为 1；当余数和除数异号时，商值都为 0，因此商值的确定方法如表 5-18 所示。

表 5-18　商值的确定方法

余数与除数是否同号	商　　值
是	1
否	0

在整数除法中，被除数的高 n 位绝对值必须小于除数的绝对值，否则会溢出。当操作数同号时，被除数高位减除数所得余数必然与除数同号，此时商为 0；同理，当操作数异号时，商的首位一定为 1。综上，操作数同号，商首位为 0，否则首位为 1，因此在计算过程中，商的符号自动生成。若商的符号发生了错误，证明发生了溢出，对于二者相除等于 1 的情况，需要特殊处理，在这里不做讨论。

新余数的生成与原码的加减交替法非常相似，计算规则如下。

(1) 余数与除数同号，商为 1，则新余数 = 2·余数 + $[-y]_{补}$。

(2) 余数与除数异号，商为 0，则新余数 = 2·余数 + $[y]_{补}$。

要注意的是，这种方法求出来的商是反码形式，对于负商，要对商加 1，得到正确的补码表示形式。

若对商的精度没有特别要求，商的末位可采用"末位置 1"法，最大的误差为 $|2^{-n}|$。

例 5.30　$x = +100111, y = -110$，求 $[x \div y]_{补}$。

解：$[x]_{补} = 0100111, [y]_{补} = 1010, [-y]_{补} = 0110$，

两操作数异号，因此计算过程如表 5-19 所示。

表 5-19　例 5.30 计算过程

被除数/余数	商	说　明
0100.111（高位运算）+1010 =1110.111	1	两操作数号,做加法得到余数,余数与除数同号,商值为 1
1101.110	1X	执行 $2 \cdot R_i + [-y]_{补}$,先左移
1101.110（高位运算）+0110 =0011.110	10	$+[-y]_{补}$ 得余数,与除数异号,商值为 0 执行 $2 \cdot R_i + [y]_{补}$,先左移
0111.100	10X	
0111.100（高位运算）+1010 =0001.100	100	$+[y]_{补}$ 得余数,与除数异号,商值为 0 执行 $2 \cdot R_i + [y]_{补}$,先左移
0011.000	100X	
0011.000（高位运算）+1010 =1101.000	1001	$+[y]_{补}$ 得余数,与除数异号,商值为 0 对负数商结果+1,从反码结果得到商的正确补码值

因此 $[x \div y]_{补}=1001+1=1010$。

◆ 5.4　浮点数表示与运算

5.1 节和 5.2 节介绍了定点整数的表示和运算,显然,上述表示方法并不能有效地表示非常大或者非常小的数字,例如,$X=2^{99}$,若是使用上述表示方法则 X 至少需要一百位来表示。因此,引入浮点数表示方法来表示形如 $x \times 2^y$ 的数。

5.4.1　浮点表示法

浮点数的表示

1. 浮点数表示形式

对于任意实数 X,浮点数可表示为以下形式:

$$X=(-1)^S \cdot M \cdot R^E$$

（1）S 为符号位,取值为 0 或 1,当 $S=0$ 时,X 表示正数,$S=1$ 时,X 表示负数。

（2）M 是二进制定点纯小数（小数点固定在数的左侧）,称为 X 的尾数。

（3）R 为基数,在计算机中可以取值为 2、4、8 等。

（4）E 是二进制定点整数,称为 X 的阶码。阶码的位数决定了 X 的表示范围,阶码的值决定了小数点的位置。

例如,对于二进制数 $X=111.011$,可表示为以下形式:

$$X=0.111011 \times 2^{11}$$
$$=0.0111011 \times 2^{100}$$
$$=0.00111011 \times 2^{101}$$

需要注意的是,$X=11.1011 \times 2^1$ 这种表示方法是不合规的,因为 M 必须是纯小数。另外,将 M 的最高位为 1 的浮点数称为规格化数,即 $X=0.111011\times2^{11}$ 是浮点数的规格化表示形式,其精度最高。

2. 浮点数表示范围

假设浮点数阶码为 m 位,尾数为 n 位,从浮点数表示形式可知,绝对值最小的浮点数表示形式是 $0.00\cdots01\times R^{-11\cdots11}$,绝对值最大的浮点数表示形式是 $0.11\cdots1\times R^{11\cdots11}$。

它在数轴上的表示范围如图 5-1 所示。

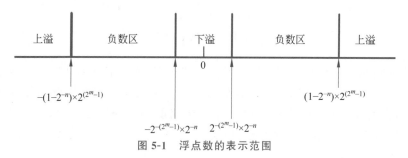

图 5-1 浮点数的表示范围

由图 5-1 可知,浮点数能表示的最大正数为 $2^{(2^m-1)}\times(1-2^{-n})\times2^{(2^m-1)}$,最小正数为 $2^{-(2^m-1)}\times2^{-n}$,最大负数为 $-2^{-(2^m-1)}\times2^{-n}$,最小负数为 $-(1-2^{-n})\times2^{(2^m-1)}$。浮点数的表示范围要远大于定点数的表示范围,其表示范围可总结如下。

$$2^{-(2^m-1)}\times2^{-n}\leqslant|X|\leqslant2^{(2^m-1)}\times(1-2^{-n})$$

当浮点数阶码大于最大阶码时,称为上溢,此时机器进行中断溢出处理;当浮点数阶码小于最小阶码时,称为下溢,由于溢出的数值通常很小,因此将尾数各位置为 0,按机器零处理,机器可正常运行。

3. 浮点数规格化

浮点数的尾数的有效位数决定了浮点数的精度,为了提高精度,需要尽可能使得浮点数尾数的位数被高效率运用,即需要对浮点数进行规格化操作。对浮点数进行规格化处理,不仅能够使得浮点数的精度提高,同时也可以使浮点数表示具有唯一性,对于不同基数的浮点数,由于其规格化后数的形式不同,其规格化过程也略有差异。

当基数为 2 时,需要保证尾数的最高位为 1 的数是规格化数。规格化操作有两种:左规和右规。左规时,尾数左移一位,阶码减 1;右规时,尾数右移一位,阶码加 1。

同理,当基数为 4 时,需要保证尾数的高两位不全为 0,左移时,尾数左移两位,阶码减 1;右移时,尾数右移两位,阶码加 1。

4. IEEE 754 标准

20 世纪 70—80 年代,每个计算机制造商都有自己的浮点数表示规则和运算方法,在不同结构计算机之间进行数据传输时需要进行数据格式的转换,为了解决这个问题,IEEE 在 20 世纪 70 年代后期成立委员会制定浮点数标准,于 1985 年完成了浮点数标准 IEEE 754 的制定,目前几乎所有计算机都采用的是 IEEE 754 标准。

在此标准中,最常用的两种浮点格式分别为:32 位单精度格式和 64 位双精度格式,如

图 5-2 所示。

(a) 32 位单精度格式

(b) 64 位双精度格式

图 5-2　IEEE 754 浮点数表示格式

32 位单精度格式中包括 1 位符号位 S，8 位阶码 E 和 23 位尾数 M；64 位双精度格式中包括 1 位符号位 S，11 位阶码 E 和 52 位尾数 M。二者的基数都默认为 2，尾数使用原码表示，由于规格化尾数的第一位总为 1，因此为节约空间可省略第一位的 1，该省略位称为隐藏位，因此 23 位和 52 位的尾数实际上分别表示了 24 位和 53 位的有效数字。IEEE 754 规定隐藏位的 1 在小数点之前。

阶码使用移码表示法，需要注意的是，其偏置常数不是通常 n 位移码所用的 2^{n-1}，而是 $(2^{n-1}-1)$，即单精度和双精度浮点数阶码的偏置常数分别为 127 和 1023。IEEE 754 对于尾数和阶码的规定可以带来以下两个好处。

(1) 尾数的位数可以多表示一位，提高浮点数的精度。

(2) 阶码表示范围更大，使得浮点数的表示范围更广。

表 5-20 和表 5-21 分别给出了 IEEE 754 单精度浮点数和双精度浮点数对各种形式数的解释。

表 5-20　单精度浮点数

值 的 类 型	单精度（64 位）			
	符号	阶码	尾 数	值
正 0	0	0	0	0
负 0	1	0	0	0
正无穷大	0	255（全 1）	0	$+\infty$
负无穷大	1	255（全 1）	0	$-\infty$
规格化非零正数	0	$0<E<255$	M	$2^{E-127}\times(1.M)$
规格化非零负数	1	$0<E<255$	M	$-2^{E-127}\times(1.M)$
非规格化正数	0	0	$M\neq 0$	$2^{-126}\times(0.M)$
非规格化负数	1	0	$M\neq 0$	$-2^{-126}\times(0.M)$

表 5-21　双精度浮点数

值的类型	双精度(64位)			
	符号	阶码	尾数	值
正0	0	0	0	0
负0	1	0	0	0
正无穷大	0	2047(全1)	0	$+\infty$
负无穷大	1	2047(全1)	0	$-\infty$
规格化非零正数	0	$0<E<2048$	M	$2^{E-1023}\times(1.M)$
规格化非零负数	1	$0<E<2048$	M	$-2^{E-1023}\times(1.M)$
非规格化正数	0	0	$M\neq0$	$2^{-1022}\times(0.M)$
非规格化负数	1	0	$M\neq0$	$-2^{-1022}\times(0.M)$

这里需要注意的是,非规格化数的特点是阶码全为0,尾数的高位有一个或连续几个0,但是不能全为0。因此对于非规格化数其隐藏数位为0。

例5.31 将十进制数-0.75转换为IEEE 754单精度浮点数格式。

解:$(-0.75)_{10}=(-0.11)_2=(-1.1)_2\times2^{-1}=(-1)^S\times1.M\times2^{E-127}$,

因此$S=1,M=0.100\cdots0,E=(126)_{10}=(01111110)_2$,

由此可得其单精度浮点数形式为 1 0111 1110 1000 0000…0000 000。

5.4.2 浮点数计算

本节主要讲解了浮点数加、减法运算的工作原理及运算过程,并给出了浮点数乘、除法运算的公式示例。

1. 加减运算

首先考虑十进制加法的例子:$0.45\times10^5+0.12\times10^4$,在计算过程中,首先需要实现对阶操作,计算过程如下。

$$0.45\times10^5+0.12\times10^4=0.45\times10^5+0.012\times10^5$$
$$=(0.45+0.012)\times10^5$$
$$=0.462\times10^5$$

从十进制加法的例子中不难理解浮点数加减法的运算规则,即:

假设两浮点数$x=M_x\cdot R^{E_x},y=M_y\cdot R^{E_y}$,令$E_x\leqslant E_y$,则

$$x+y=(M_x\cdot2^{E_x-E_y}+M_y)\cdot2^{E_y}$$
$$x-y=(M_x\cdot2^{E_x-E_y}-M_y)\cdot2^{E_y}$$

由上述可得,浮点数加减法运算需要按照以下步骤进行:对阶、尾数运算、尾数规格化、舍入、阶码溢出判断。

以下对这五个步骤进行进一步分析。

1) 对阶

对阶的目的是使两数的阶相等，使得尾数可以相加减。对阶时首先求出阶差，按照小阶向大阶看齐的原则，阶小的尾数右移，右移的位数是两个阶的差的绝对值。每次右移时阶码加1，直到两操作数阶码相同。在右移时，可能会发生数位的丢失，影响结果的精度。

2) 尾数运算

完成对阶之后两浮点数的阶相同，可以直接对对阶之后的两个尾数进行加减法运算。

3) 尾数规格化

如 5.3.1 节中所述，对运算后的尾数进行规格化处理。

4) 舍入

在对阶和规格化操作的过程中，尾数的低位可能会丢失，影响精度，因此采用舍入法提高尾数的精度，一般可采用以下两种方法。

(1) "0 舍 1 入"：在尾数右移时，若移出的最高位是 0，则舍去，若移出的最高位是 1，则在末位加 1，假如这样做之后尾数又一次溢出，则需要再进行一次右规操作。

(2) "置 1"：尾数右移时，不论移出的最高数值位是 0 或是 1，都对末位置 1。

5) 阶码溢出判断

在尾数规格化和舍入过程中，可能对结果的阶码进行加减操作，可能会造成结果阶码的溢出问题。若阶码为全 1，即结果的阶码比最大允许值还大，则发生"上溢"；若结果的阶码比最小允许值还小，则发生"下溢"。由此看出，浮点数运算是否溢出不通过尾数来判断，而是通过阶码是否溢出来判断。

2. 乘除运算

浮点数乘除运算需要在运算前对操作数进行判 0 处理、规格化操作、溢出判断，并保证参加运算的操作数是正常的规格化浮点数。

乘除运算的步骤与加减运算类似，区别在于加减运算需要对阶，而乘除运算则不需要，二者对于后续规格化、舍入、溢出判断的处理步骤都相同。

假设两浮点数 $x = M_x \cdot R^{E_x}$，$y = M_y \cdot R^{E_y}$，则乘除运算的结果如下。

$$x \times y = (M_x \cdot R^{E_x}) \cdot (M_y \cdot R^{E_y}) = (M_x \cdot M_y) \cdot 2^{E_x + E_y}$$

$$x / y = (M_x \cdot R^{E_x}) / (M_y \cdot R^{E_y}) = (M_x / M_y) \cdot 2^{E_x + E_y}$$

◆ 小 结

现代计算机存储的信息都是采取二进制数据表示的，在本章中研究了其中最重要的数据表示形式，包括无符号数和有符号数。在有符号数中，补码是表示有符号整数的最常见的方式，计算机中最基本的加减运算都是通过补码运算方法实现的。乘法运算和除法运算可以通过原码和补码实现，在本章中详细介绍了原码和补码乘除法的原理和运算过程。

当需要表示的数值过大或者过小时就需要引入浮点数表示方法，大多数机器在表示浮点数时均遵循 IEEE 754 标准，其中最常见的精度是单精度(32 位)和双精度(64 位)。本章中简要介绍了浮点数在计算机中的存储和表示方式及运算过程，由于在计算机中编码位数是有限的，与传统的运算相比，计算机的运算在超出表示范围时会引起数值的溢出。

希望读者通过阅读本章内容能对计算机的机器级表示方法和运算有深入透彻的理解。

◇ 习 题

1. 设 x 为整数，$[x]_{补}=1x_1x_2x_3x_4x_5$（$[x]_{补}$ 一共 6 位，第 1 位是 1），若 $x<-16$，求 $x_1x_2x_3x_4x_5$ 应如何取值。

2. 已知 $[x]_{补}=11101$，求 $[x]_{反}$、$[x]_{原}$ 和 x。

3. 已知 $[x]_{反}=11101$，求 $[x]_{补}$、$[x]_{原}$ 和 x。

4. 总结一下无符号数移位和原码，补码，反码移位的规律。

5. 若 $[x]_{补}>[y]_{补}$，讨论是否有 $x>y$。

6. 使用原码加减交替法计算 $x\div y$。
   (1) $x=+11010, y=+1101$。
   (2) $x=+10010, y=-1001$。
   (3) $x=-10010, y=+1001$。

7. 使用补码加减交替法计算 $x\div y$。
   (1) $x=+11010, y=+1101$。
   (2) $x=+10010, y=-1001$。
   (3) $x=-10010, y=+1001$。

8. 使用原码一位乘法计算 $x \cdot y$。
   (1) $x=+11010, y=+10101$。
   (2) $x=+10010, y=-10111$。
   (3) $x=-10010, y=+10100$。

9. 使用原码两位乘法计算 $x \cdot y$。
   (1) $x=+11010, y=+10101$。
   (2) $x=+10010, y=-10111$。
   (3) $x=-10010, y=+10100$。

10. 使用补码两位乘法计算 $x \cdot y$。
    (1) $x=+11010, y=+10101$。
    (2) $x=+10010, y=-10111$。
    (3) $x=-10010, y=+10100$。

11. 设机器字长为 16 位，若表示有符号数则采用 1 位符号位，求出以下情况下，其能表示的数的范围。
    (1) 原码表示的整数。
    (2) 无符号数。

12. 设机器字长为 8 位，求出采用一位和两位符号位能表示的数的范围。

第6章 层次化结构存储

本章主要介绍构成计算机中层次化存储结构的存储器的分类、工作原理和组成方式，主要包括高速缓存的基本工作原理、虚拟存储器系统的实现技术，以及 Flash 存储器、磁盘存储器和非易失性存储器等不同类型存储器的特点，使读者建立起如何利用不同类型的存储器构造层次化结构的存储系统的概念，同时介绍 I/O 系统的定义与组成、I/O 系统的软硬件层次结构、I/O 系统的工作过程以及用户级 I/O 软件、系统级 I/O 和 I/O 栈的相关内容。

◆ 6.1 存储技术

存储技术的进步是计算机发展的重要基石。早期的计算机存储容量有限，小到只有几 KB，1982 年引入的 IBM PC-XT 有 10MB 的磁盘。而到 2020 年，磁盘的存储容量相比于 PC-XT 已经增长了近百万倍，与磁盘的发展境况类似，内存的大小也从 20 世纪 80 年代的几十 B 发展到如今的几十 GB。

6.1.1 存储器

存储器是计算机系统的重要组成部分，它作为计算机的"仓库"用来存放程序和数据。根据存储材料的性能以及使用方法的不同，存储器有以下几种不同的分类办法。

1. 按存储介质分类

存储介质是指存储数据的载体，其具有截然不同且相对稳定的两个物理状态来存储二进制代码"0"和"1"。存储介质主要有半导体器件、磁性材料和光盘等。

1）半导体存储器

用半导体集成电路工艺支撑的存储数据信息的固态电子器件，简称半导体存储器。这类存储器的优点是速度快、体积小、功耗和成本低。

2）磁表面存储器

磁表面存储器利用涂覆在载体表面的具有两种不同的磁化状态的磁性材料来表示二进制信息"0"和"1"，磁表面存储器通过磁头与基体之间的相对运动来读写数据。这类存储器的优点为存储容量大、单位价格低、记录介质可以重复使用、存储数据可以长期保存而不丢失。其缺点是存储速度较慢、对工作环境要求较高。

3）光盘存储器

光盘存储器是一种采用光存储技术存储信息的容器,它采用聚焦激光束在盘式介质上非接触地记录高密度信息,以介质材料光学性质的变化来表示所存储信息的"0"和"1"。由于容量大、价格低、携带方便及交换性好等特点,光盘存储器是计算机中一种重要的辅助存储器,然而,随着当今存储器技术快速的发展,光盘存储器已经逐渐没落。

2. 按存储方式分类

按照存储方式,存储器可被分为随机访问存储器、只读存储器、串行访问存储器和相联存储器。

1）随机访问存储器

随机访问存储器(Random Access Memory,RAM)的特点是存储器的任何一个存储单元的内容都可以随机存取,而且存取时间与存储单元的物理位置无关,通常作为操作系统或其他正在运行中程序的临时数据存储介质。由于存储信息原理的不同,RAM 又分为静态 RAM(Static RAM,SRAM)和动态 RAM(Dynamic RAM,DRAM)。前者基于触发器逻辑原理寄存信息,后者是利用电容内存储电荷的多少来代表一个二进制比特是"1"还是"0"。表 6-1 总结了 SRAM 和 DRAM 的存储特性。

表 6-1　SRAM 和 DRAM 的存储特性

	每位晶体管数	相对访问时间	是否需要刷新	是否敏感	相对成本	应　　用
SRAM	6	1×	否	否	1000×	高速缓存存储器
DRAM	1	10×	是	是	1×	主存、帧缓冲区

由表 6-1 可知,SRAM 的存取速度要比 DRAM 更快,且对诸如光、电噪声等干扰并不敏感,抗干扰能力更强。但是,SRAM 使用了更多的晶体管,这意味着 SRAM 相较于 DRAM 集成度更低、成本更高、功耗更大。

2）只读存储器

只读存储器(Read Only Memory,ROM)以非破坏性读出方式工作,是只能读出无法写入信息的存储器。由于信息一旦被写入就固定下来,即使切断电源信息也不会消失,所以只读存储器通常被用来存放固定不变的程序、常数和汉字字库,甚至用于操作系统的固化。它与随机存储器可共同作为主存的一部分,统一构成主存的地址域。

目前已有可重写的只读存储器,常见的有掩膜 ROM(Mask ROM,MROM)、可擦除可编程 ROM(Eletrical Programmable ROM,EPROM)、电可擦除可编程 ROM(Eletrical Erasable Programmable ROM,EEPROM)。ROM 的电路比 RAM 的简单、集成度高、成本低,是一种非易失性存储器。

3）串行访问存储器

如果存储器只能按照某种顺序来存取,也就是说,存取时间与存储单元的物理位置有关,则这种存储器称为串行访问存储器。串行访问存储器又可分为顺序存取存储器(Sequential Access Memory,SAM)和直接存取存储器(Direct Memory Access,DAM)。顺序存取存储器是完全串行的访问存储器,如磁带,信息以顺序的方式从存储介质的始端开始写入或读出；直接存取存储器是部分串行的访问存储器，如磁盘存储器，它介于顺序存取和随机存取之间，故而也被称为半顺序存取存储器。

4）相联存储器

上述三类存储器都是按所需信息的地址来访问，但有些情况下可能不知道所访问信息的地址，只知道要访问信息的内容特征，此时，只能按内容检索到存储位置进行读写。相联存储器是一种不根据地址寻址而是根据存储内容来进行存取的存储器，可以实现快速的查找快表。相联存储器在写入信息时按照顺序写入，不需要地址。

3. 按信息的可保存性分类

1）非永久记忆的存储器

指断电后信息就消失的存储器，又称为易失性存储器，如半导体存储器 RAM。

2）永久性记忆的存储器

指断电后仍能保存信息的存取器，又称为非易失性存储器，常见的有磁性材料做成的存储器以及半导体存储器 ROM。

4. 按在计算机系统中的作用分类

按在计算机系统中的作用不同，存储器可被分为高速缓冲存储器、主存储器、辅助存储器。

1）高速缓冲存储器

高速缓冲存储器是存在于主存与 CPU 之间的一种存储器，由静态存储芯片（SRAM）组成，具备容量小、速度快的特点，其存取速度接近于 CPU 的速度。高速缓冲存储器中一般寄存当前 CPU 正在使用或即将使用到的指令和数据以减少或消除 CPU 与内存之间的速度差异对系统性能带来的影响。

2）主存储器

主存储器，简称主存，是计算机系统的重要组成部分，被用来存放指令和数据，并由 CPU 直接随机存取。主存储器一般采用半导体存储材料，由存储体、控制线路、地址寄存器、数据寄存器和地址译码电路五部分组成。

3）辅助存储器

把系统运行时直接和主存交换消息的存储器称为辅助存储器，简称辅存。辅助存储器最突出的特点是容量大、价格低但存取速度慢。一般地，目前大多采用磁盘存储器或闪存作为辅存。

6.1.2 存储技术发展趋势

存储器技术的发展具有以下几个十分重要的特点。

（1）不同的存储技术有着不同的性能和价格。通俗地讲，具备更好性能的存储设备往往需要花费更多的成本，具有较高的价格。对于当下的各种存储器，在性能方面，SRAM 的读写性能要优于 DRAM，而 DRAM 的速度优于磁盘的速度。在价格方面，SRAM、DRAM、磁盘存储器的价格与其性能呈现相反的趋势，性能更好的存储技术往往每字节具有更高的价格。

（2）不同存储技术的价格和性能属性以截然不同的速率变化着。几十年来，传统的存储设备更新换代，体积由当年的巨大越变越小，而容量却从当年的微小越变越大。与此同时,器件的存储速度也得到大幅上升。表 6-2~表 6-4 分别总结了从 1985 年以来的不同的存储技术的价格和性能趋势。由表可知,自 1985 年到 2020 年以来,SRAM、DRAM 和磁盘的性能、容量呈现上升的态势,其中,SRAM 上升得略微缓慢,而 DRAM 和磁盘趋势类似,性能、容量提升得非常快。与性能相反,三种存储设备的价格处于逐年降低的趋势。

表 6-2 SRAM 价格、性能趋势

度量标准/年	1985	1990	1995	2000	2005	2010	2015	2020	2020∶1985
人民币/MB	20 300	2240	1792	700	525	420	175	20	1015
访问时间/ns	150	35	15	3	2	1.5	1.3	1	150

表 6-3 DRAM 价格、性能、容量趋势

度量标准/年	1985	1990	1995	2000	2005	2010	2015	2020	2020∶1985
人民币/MB	6160	700	210	7	0.7	0.62	0.14	0.025	26 400
访问时间/ns	200	100	70	60	50	40	20	10	20
典型容量/MB	0.256	4	16	64	2000	8000	16 000	32 000	123 000

表 6-4 磁盘价格、性能、容量趋势

度量标准/年	1985	1990	1995	2000	2005	2010	2015	2020	2020∶1985
人民币/GB	700 000	56 000	2100	70	50	21	2.1	0.3	2 300 000
寻道时间/ns	75	28	10	8	5	3	3	3	25
容量/GB	0.01	0.16	1	20	160	1500	3000	5000	500 000

(3) DRAM 和磁盘的性能发展滞后于 CPU 的性能。如图 6-1 所示,CPU 的发展速度要远远快于存储设备的发展速度。从 1980 年到 2010 年,CPU 的性能提升了约一万倍,而内存的性能仅提升了十倍左右。为了弥补处理器与内存之间的速度差异,现代计算机合理地利用了应用程序的局部性原理,接下来就讨论这个问题。

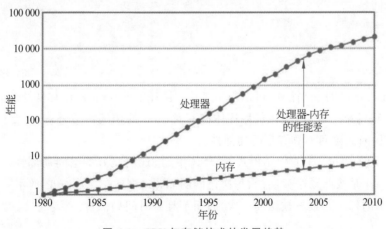

图 6-1 CPU 与存储技术的发展趋势

6.2 局部性原理与层次化存储结构

考虑到计算机系统的性能,较为良好的方案当然是使用性能优越的 SRAM 当作存储设备。然而,由于其容量较小、价格高昂以及断电数据丢失等特性,当下计算机系统不得不使用性能较差的磁盘等设备,这会导致计算机性能的下降。因此,本节将介绍现代计算机系统为提高计算机性能使用的一种比较通用的层次化存储方案。

6.2.1 局部性

程序的局部性原理

在计算机科学中,访问局部性,也称为局部性原理,是描述存储器访问模式中频繁访问相同值或相关存储位置的现象的术语。局部性通常有以下两种形式。

时间局部性:时间局部性指被访问的某个存储单元在一个较短的时间间隔内很可能又被访问。

空间局部性:空间局部性指被访问的某个存储单元的邻近单元在一个较短的时间间隔内很可能也被访问。

在现代计算机的软硬件中,处处体现着局部性原理。在硬件上,计算机通过引入高速缓存来保存最近被使用的指令和数据,通常这些指令和数据访问频率比较高,具备较高的局部性。操作系统用主存来缓存磁盘文件中最近被使用的磁盘块。在应用程序的设计中,Web 浏览器将最近的文档放到本地磁盘上,利用的也是时间局部性。一般来说,有良好局部性的程序比局部性差的程序具有更好的运行效率。例如,代码段 1 展示了一个 C 高级语言程序段。

代码段 1

```
int sumvec (int arr[N])
{
    int i, sum =0;
    for (i =0; i <N; i++)
        sum +=arr[i];
    return sum;
}
```

通过上述程序段的 for 循环,可以得出结论:循环中的 sum 操作有良好的时间局部性。因为在 for 循环结束之前,每次执行循环体都有对 sum 的访问。另外,sum 是一个基址,只能得到一个值,因此访问不具有空间局部性。

表 6-5 展示了向量 arr 的引用模式,循环体中的 arr 有良好的空间局部性。正如在表中看到的,向量 arr 是按照顺序存储的,每次访问的 arr[i]总是在 arr[i−1]的下一个位置。另外,由于 arr 中的每个元素只被访问一次,因而不具有时间局部性。

表 6-5 代码段 1 中数据的引用模式

地址	0	4	8	12	16	20	24	28
内容	arr0	arr1	arr2	arr3	arr4	arr5	arr6	arr7
访问顺序	1	2	3	4	5	6	7	8

在上面的程序段中,连续对 arr 的引用,称为步长为 1 的引用模式。同理,在一个连续的向量中,每隔 k 个元素对向量进行访问,称为步长为 k 的引用。一般来说,随着步长的增加,空间局部性会下降。对于多维数组而言,步长对空间局部性的影响显得尤为重要。代码段 2 展示了两个稍微复杂些的函数。

代码段 2

```
int sumArrRow (int arr[M][N])
{
    int i, j, sum = 0;
    for (i = 0; i < M; i++)
        for (j = 0; j < N; j++)
            sum += arr[i][j];
    return sum;
}
int sumArrCol (int arr[M][N])
{
    int i, j, sum = 0;
    for (j = 0; j < N; j++)
        for (i = 0; i < M; i++)
            sum += arr[i][j];
    return sum;
}
```

当运算的数据为 2×3 大小时,sumArrCol 函数的运行时间是 sumArrRow 运行时间的将近两倍。实际上,数组在内存中是以行优先的方式存储的,sumArrRow 函数在 for 循环中访问数组的顺序如表 6-6。

表 6-6 数据的引用模式

地址	0	4	8	12	16	20
内容	arr00	arr01	arr02	arr10	arr11	arr12
访问顺序	1	2	3	4	5	6

在 sumArrRow 函数中,双重嵌套循环按照行优先顺序读数据的元素。也就是,内层循环读第一行的元素,然后读第二行并以此类推。元素被访问的步长为 1。其访问的顺序和数组在内存中的存储方式是一样的,因此具备很好的空间局部性。

而对于 sumArrCol 函数,唯一的区别在于交换了 i 和 j 的顺序。这样交换循环对于它的局部性有何影响?因为它按照列顺序来扫描数组,而不是按照行顺序,因此,其元素被访间的步长要更长,长度为 3。因此,其空间局部性要较差,sumArrCol 函数在内存中的存放方式如表 6-7 所示。

表 6-7 数据的引用模式

地址	0	4	8	12	16	20
内容	arr00	arr01	arr02	arr10	arr11	arr12
访问顺序	1	3	5	2	4	6

取指令的局部性:因为程序的指令是放在内存中的,程序运行时,CPU 必须取出这些指令,sumvec 函数中 for 循环体中的指令是按照连续的内存顺序执行的,因此具有很好的空间局部性。而且,循环体又被执行了很多次,所以对于循环体中的指令而言,它们也有很好的时间局部性。

6.2.2 存储器层次结构

存储的金字塔结构

6.1 节提到不同存储技术的性能差异很大,性能较好的技术具有价格高昂、容量小的特点,且 CPU 与主存之间的速度差异也正变得越来越大。因此,为了缩小磁盘、主存与处理器之间在性能、成本、容量等方面的差距,通常在计算机内部采用层次化的存储器体系结构。

图 6-2 展示了一个典型的存储器层次结构。通常,从高层往底层,存储设备的速度逐渐下降、成本逐渐降低、容量逐渐变大,同时,CPU 访问其数据的频率也越来越少。最上层的是寄存器,通常都集成在 CPU 芯片内。寄存器中的数据可以直接在 CPU 内部参与运算,CPU 可以有几十、上百个寄存器,它们具有最快的速度、最昂贵的价格和最小的容量。在 CPU 外层,还有若干级 Cache(常见的包含三级)来中和 CPU 和主存之间的速度差异。下一层是一个大的基于 RAM 的主存,主要用来存放参与运行的程序和数据。下一层是基于 Flash 技术的非易失性存储设备,它具备较快的速度和较低的成本,一般和磁盘混合使用作为辅助存储设备。由于磁盘大容量、低成本的特性,常常被用作 Flash 的下一层,作为本地磁盘使用以存储暂时未用到的程序和数据文件。最后,部分系统的层级结构还包括一层附加的远程服务器上的磁盘,要通过网络来访问它们,如安德鲁文件系统和网络文件系统,允许程序访问存储在远程的网络服务器上的文件。类似地,万维网允许程序访问存储在世界上任何地方的 Web 服务器上的远程文件。

从图 6-2 中可以看到,对于每一层而言,其存储的内容都是来自于较低一层的存储器。因此,存储器层次结构的核心思想是,位于上层的容量更小、速度更快的存储设备作为下层的大容量、低速度的存储设备的缓存。其中,存储器层次结构大约可以被划分为两个部分,第一部分被称为缓存-主存层次,主要解决 CPU 与主存速度不匹配的问题。实际上,由于缓存(寄存器和 SRAM)的速度远高于主存的速度,因此对于 CPU 经常访问的数据和程序,可以将其调入缓存中供 CPU 获取,从而间接提高访问主存的速度。第二部分被称为主存-辅存层次,主要解决存储系统容量的问题。由于相较于磁盘等存储技术,DRAM 的造价仍然是高成本、低容量的,因此,一般使用辅存来扩大存储容量。由于辅存大容量的特性,其可以存放大量暂时未用到的信息。

借助此层次化结构,缓存-主存层次的速度接近于缓存,高于主存,其容量和价位却接近主存,这就从性能和成本的矛盾中找到了一个理想的解决办法。同样的,主存-辅存这一层次的速度近似于主存,高于辅存,其容量和价位却接近辅存,这解决了性能、成本、容量这三者的矛盾。这两个存储层次已经广泛地被应用到现代的计算机系统中。

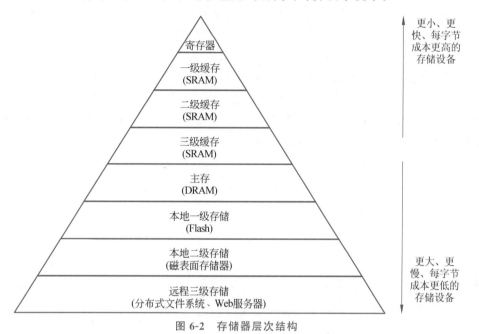

图 6-2　存储器层次结构

◆ 6.3　高速缓冲存储器

通常 CPU 寄存器的访问时间 ＜1ns,而一般的主存储器所使用的动态存储器(DRAM),其访问时间为 50～100ns。如果指令和数据都放在主存储器中,主存储器的速度将会严重制约整个系统的性能。为了提高存储器系统的性能,在主存储器和 CPU 之间采用高速缓冲存储器(Cache)。Cache 由小容量的静态存储器(SRAM)组成,速度接近 CPU,一般一级和二级 Cache 会直接集成在 CPU 芯片内部。

将主存储器中被频繁访问的指令与数据复制到 Cache 中,根据局部性原理,大多数情况下,CPU 所需的指令与数据可在 Cache 中获取,可有效减少 CPU 访问主存储器的次数。高速缓存被广泛用来提高内存系统性能,许多微处理器体系结构都把它作为其定义的一部分。如果正确使用,Cache 能够大大减少内存平均访问时间。

6.3.1　Cache 的基本工作原理

在 Cache 存储系统中,为了方便主存储器与 Cache 之间的信息交换,主存储器和 Cache 都被划分成相同大小的块。Cache 中的块也称为 Cache 行(line),每块包含固定数目的字节,块的长度(字数或字节数)称为块长(Cache 行长)。主存地址可以由块号 M 和块内地址 N 两部分组成。同样,Cache 的地址也由块号 m 和块内地址 n 组成。

如图 6-3 所示,当 CPU 要访问数据时,CPU 提供主存地址。若该主存地址所在的主存

缓存的概念与工作原理

块已经装入 Cache,那么将这个主存地址转换成 Cache 地址,直接访问 Cache,不需要再去访问主存,这种情况称为 **Cache 命中(hit)**。此时通过主存-Cache 地址变换部件,主存地址中的块号 M 可以变成 Cache 的块号 m,同时,主存地址中的块内地址 N 可以直接作为 Cache 的块内地址 n;Cache 的块号 m 与 Cache 的块内地址 n 形成一个完整的 Cache 地址。用得到的 Cache 地址去访问 Cache,从 Cache 中取出相应数据送到 CPU 中。若该主存地址所在的主存块没有装入 Cache,那么只能使用主存地址去访问主存储器,这种情况称为 **Cache 不命中(miss)**。此时使用主存地址直接去访问主存储器,从主存储器的相应位置处读出相应数据送到 CPU,同时将此数据所在的主存块装入 Cache 中。此时,如果 Cache 已经满了,则需要根据所采用的 Cache 替换策略决定,Cache 里面哪一个 Cache 行可以重新写回到主存或者作废,然后将当前访问的主存块放入选中的 Cache 行中。

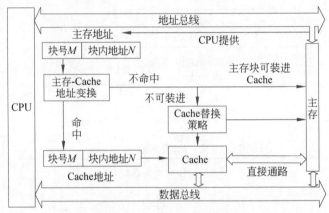

图 6-3　Cache 工作原理图

6.3.2　Cache-主存地址映射

在 Cache 中,地址映射是指把主存地址空间映射到 Cache 地址空间。也就是说,建立主存地址到 Cache 地址之间的对应关系,并把存放在主存中的程序或数据按照建立好的对应关系装入 Cache 中。地址变换是指当程序或数据已经装入 Cache 后,在 CPU 实际运行过程当中,把主存地址如何变成 Cache 地址。

地址映射和地址变换是密切相关的。采用什么样的地址映射就必然会有相应的地址变换。但是无论采用什么样的地址映射和地址变换方式,都需要把主存和 Cache 划分为同样大小的存储单元,通常称此存储单元为"块"。在进行地址映像和变换时,都是以块为单位进行调度的。由于主存的块数远大于 Cache 行数,只有少量活跃的主存块的数据可复制到 Cache 中,可以想象不同时间活跃的主存块并不一致,主存块与 Cache 行不是一一对应的关系,而是多对一的关系,因此需要为每一个 Cache 行加一个标记来指明它是哪一个主存块的副本。同时每一个 Cache 行需要一个有效位来说明 Cache 行中的数据是否有效或 Cache 行是否空闲。

常用的 Cache-主存地址映射方式有直接映射、全相联映射、组相联映射。

1. 直接映射

直接映射的基本思想是将主存中的某一块映射到一个固定的 Cache 行,映射规则为:
$$\text{Cache 行号} = \text{主存块号} \bmod \text{Cache 行数}$$

如果一个 Cache 共有 32 行,那么主存块号为 50 的主存块应该被映射到 Cache 行号为 18 的 Cache 行上。

在直接映射方式下,主存地址结构可以被划分为如图 6-4 所示。

图 6-4　直接映射的主存地址划分

先举一个简单例子,假设某台计算机主存容量为 1MB,被分为 2048 块,每个块大小为 512B;Cache 数据区容量为 8KB,被分为 16 块,每块大小也是 512B。按字节进行编址,则主存的地址总长度为 20 位($1MB = 2^{20}B$),分解为主存块号与块内地址。其中,块内地址为 9 位($512B = 2^9B$),主存块号为 11 位($2048 = 2^{11}$)。主存块号可继续分为标记与 Cache 行号,Cache 行号为 4 位($16 = 2^4$),标记为 7 位($11-4$)。图 6-5 展示了直接映射的形式。

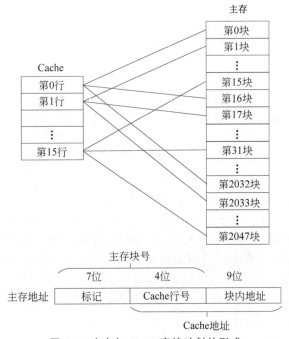

图 6-5　主存与 Cache 直接映射的形式

可以看出块内地址字段的位数取决于块的大小,Cache 行号字段的位数取决于 Cache 行数,而标记字段使用剩下的位数。推广到更一般的情况,假定主存共有 2^m 块,主存块大小(主存块与 Cache 行大小相同)占 2^b B,Cache 共有 2^c 行,按字节编址,则主存块号占 m 位,块内地址有 b 位,Cache 行号占 c 位。因为 m 位主存块号被分解成标记字段和 Cache 行号字段,因而标记字段占 $t = m - c$ 位。图 6-6 展示了直接映射方式下 CPU 访存的过程:首先根据主存地址的中间 c 位的 Cache 行号找到对应的 Cache 行,然后比较主存地址的标记与Cache行的标记是否相等,如果相等并且有效位是1,这就意味着Cache命中,根据b位的块内地址从对应的Cache行取出内容送CPU。如果不相等或者有效位是0,则需要根据主存地址访问主存,将该地址的内容送CPU,同时将该地址所在主存块送所对应Cache行,更新标记,有效位置1。

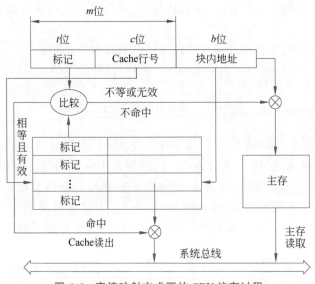

图 6-6 直接映射方式下的CPU访存过程

例 6.1 假设某台计算机主存容量为4GB,每个主存块为512B,Cache有128个Cache行,按字节编址。

(1) 假设Cache的标记项只含标记与有效位,并且采用直接映射方式,则该数据Cache的总容量为多少?

(2) 若该Cache采用直接映射方式,则主存地址为2500(十进制)的主存块对应的Cache行号是多少?

(3) 以直接映射方式为例,简述访存过程(设访存地址为00112233H)。

解:(1) 每个Cache行对应一个标记项,每行的存储容量为标记项大小与存储数据大小(块大小)之和。已知标记项中只含标记与有效位,有效位为1位,计算标记字段长度为:主存地址有32位(4GB $=2^{32}$ B),块内地址占9位(512B$=2^9$B),Cache行号占7位($2^7=$128),所以标记字段占32$-$9$-$7$=$16位,总容量为128$\times$(1$+$16$+$512$\times$8)$=$ 526 464位$=$ 65 808 B,图6-7和图6-8分别表示了该计算机主存地址的划分方式以及Cache行的存储容量示意。

标记(16位)	Cache行号(7位)	块内地址(9位)

图 6-7 主存地址划分

(2) 已知主存块大小为512B,则主存地址为2500对应的主存块号为2500/512$=$4,主存块号为4对应的Cache行号为4/128$=$4。

(3) 将主存地址转换为二进制:00112233H$=$0000 0000 0001 0001 0010 0010 0011 0011,则标记位为0000 0000 0001 0001,Cache行号为0010001,块内地址为000110011。地

图 6-8　Cache 行存储容量示意图

址划分如图 6-9 所示。

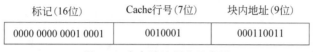

图 6-9　主存地址划分示意图

首先,根据 Cache 行号 0010001 查询对应 Cache 行的主存标记,若 Cache 行的主存标记与主存地址的标记相同,查看对应 Cache 行的有效位是否为 1,若是,Cache 命中,将此 Cache 行块内地址为 000110011 的单元读出送入 CPU 中,访存完成。若标记不相同或有效位为 0,则不命中,按主存地址访问主存将数据取出送 CPU,将数据所在块送入 Cache 中。

直接映射的优点在于地址映射方式简单,数据访问时,只需检查标记是否相等即可,因而可以得到比较快的访问速度,硬件设备简单。它的缺点在于映射位置固定,若一个主存块对应的 Cache 行已有内容(已经有一个块映射到这个 Cache 行上),就会产生块冲突,这时只能将原来的块替换掉,即使有很多 Cache 行是空闲也不能去用。显然,直接映射不够灵活,Cache 利用率不高,块冲突率高。

2. 全相联映射

全相联映射的基本思想是主存的每一块可以映射到一个任意的 Cache 行。在全相联映射方式下,主存地址结构划分如图 6-10 所示。

缓存的映射方式——全相联映射

图 6-10　全相联映射的主存地址划分

回到讲解直接映射的简单例子,假设某台计算机主存容量为 1MB,被分为 2048 块,每个块为 512B;Cache 数据区容量为 8KB,被分为 16 块,每块也是 512B。按字节编址,则主存的地址总长度为 20 位($1MB=2^{20}B$),分解为主存块号与块内地址。其中,块内地址为 9 位($512B=2^9B$),主存块号为 11 位($2048=2^{11}$)。与直接映射不同的是,主存块号不需要继续分解,在全相联映射中,主存地址结构没有 Cache 行号,所以标记就是主存块号,占 11 位。图 6-11 展示了全相联映射的形式。

可以观察到全相联映射方式下的主存地址结构比直接映射方式下的主存地址结构少了 Cache 行号,因此 CPU 在访存时无法根据 Cache 行号定位到特定 Cache 行,只能从头到尾地与所有的 Cache 行的标记进行比较。

全相联映射的优点是映射比较灵活,主存块可以映射到任意的 Cache 行,块冲突率低,Cache 的空间利用率高;缺点是 CPU 在访存时可能需要与所有 Cache 行逐一对比,速度较慢,为加快访问速度,通常需要采用价格较高的按内容寻址的相联存储器,以实现按标记字

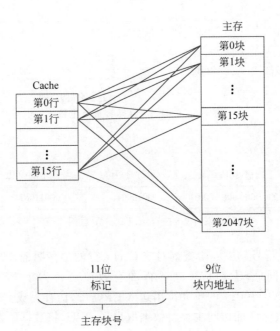

图 6-11 主存与 Cache 全相联映射的形式

段的内容来访问 Cache 行，实现成本高，只适用于小容量 Cache。

例 6.2 假设某台计算机中，字长为 32 位，主存容量为 32 字×128 块，Cache 容量为 32 字×8 块，采用全相联映射。试问：

（1）主存和 Cache 的容量各为多少字节？主存和 Cache 的字地址各为多少位？

（2）若原先已经依次装入了 4 块信息，问字地址 302H 所在的主存块将装入 Cache 块的块号及在 Cache 中的字地址是多少？

（3）若相联存储器块表中地址为 1 的行中标记着 0011000 的主存块号，Cache 行号为 100，则在 CPU 送来主存的字地址为 302H 时是否命中？若命中，此时 Cache 的地址为多少？

解：（1）字长为 32 位，即 4B，主存容量为 32×4×128=16 384B，Cache 容量为 32×4×8=1024B，主存地址=7+5=12 位，Cache 地址=3+5=8 位，如图 6-12 所示。

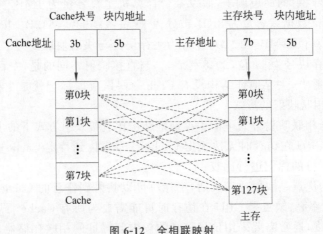

图 6-12 全相联映射

（2）每块 32 字，字地址 302H 的十进制为 770，所在的主存块号为 770/32＝24，由于是全相联映射并且依次装入了 4 块信息，则 0～3 号 Cache 行已被使用，因此 24 号主存块将装入 4 号 Cache 行，如图 6-13 所示。

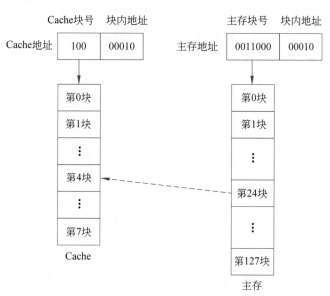

图 6-13　全相联映射下主存块与 Cache 行对应关系

（3）字地址 302H 的二进制为 0011 0000 0010，主存块号为前 7 位 0011000，块内地址为后 5 位 00010。主存块号刚好位于块表中，对应的 Cache 行号为 100，说明 Cache 命中，地址所属主存块已在 Cache 中。此时 Cache 的块内地址即为主存地址的块内地址 00010，Cache 的地址即为 10000010，如图 6-14 所示。

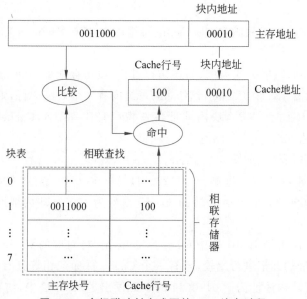

图 6-14　全相联映射方式下的 CPU 访存过程

缓存的映射方式——组相联映射

3. 组相联映射

组相联映射是对直接映射与全相联映射的一个折中,是两种映射方式的取长补短,其基本思想是将 Cache 分组,每个 Cache 组含有相同数量的 Cache 行。每个主存块对应的 Cache 组是固定的,组内的映射是任意的。映射规则为:

$$\text{Cache 组号} = \text{主存块号} \bmod \text{Cache 组数}$$

一般地,Cache 一个组中有 n 个 Cache 行就称为 n 路组相联。组相联映射相对应的主存地址格式如图 6-15 所示。

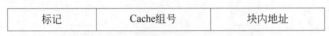

图 6-15　组相联映射的主存地址划分

沿用讲解直接映射的简单例子,假设某台计算机主存容量为 1MB,被分为 2048 块,每个块为 512B;Cache 数据区容量为 8KB,被分为 16 块,每块也是 512B,若 2 块一组,共 8 组。按字节编址,则主存的地址总长度为 20 位($1\text{MB}=2^{20}\text{B}$),分解为主存块号与块内地址。其中,块内地址为 9 位($512\text{B}=2^9\text{B}$),主存块号为 11 位($2048=2^{11}$)。组相联映射将主存块号分解为标记和 Cache 组号,其中,Cache 组号由 Cache 组数决定,Cache 组数为 8,则 Cache 组号占 3 位($8=2^3$),标记占剩下的 8 位(11−3)。图 6-16 展示了全相联映射的形式。

组相联映射是直接映射和全相联映射的一个折中形式,那么必然也就存在下面两种特殊的形式。

(1) 当 Cache 中每组内的块数变为 1 时,这就变成了直接映射。

(2) 当 Cache 中只有一组时,这就变成了全相联映射。

例 6.3　假设某台计算机主存容量为 4GB,每个主存块为 512B,Cache 有 128 个 Cache 行,按字节编址。

(1) 设计一个四路组相联映射(即 Cache 每组内有 4 个 Cache 行)的缓存组织,其主存地址如何划分?

(2) 以四路组相联映射方式为例,简述访存过程(设访存地址为 00112233H)。

解:(1) Cache 有 128 个 Cache 行,Cache 每组内有 4 个 Cache 行,则 Cache 组数为 32。主存地址有 32 位($4\text{GB}=2^{32}\text{B}$),块内地址占 9 位($512\text{B}=2^9\text{B}$),Cache 组号占 5 位($2^5=32$),所以标记字段占 32−9−5=18 位。

主存地址字段各段格式如图 6-17 所示。

(2) 将主存地址转换为二进制:00112233H = 0000 0000 0001 0001 0010 0010 0011 0011,则标记位为 0000 0000 0001 000100,Cache 组号为 10001,块内地址为 000110011。地址划分如图 6-18 所示。

首先,根据 Cache 组号 10001 选中对应的 Cache 组,将对应的 Cache 组中每一个 Cache 行的标记与主存地址的标记进行比较,若有一个 Cache 行标记相等且有效位为 1,则 Cache 命中,将此 Cache 行块内地址为 000110011 的单元读出送入 CPU 中,访存完成。

若标记都不相同或标记相同有效位为 0,则不命中,按主存地址访问主存将数据取出送 CPU,并在数据所在块所对应的 Cache 组的任一空闲行中,更新该 Cache 行标记,有效位

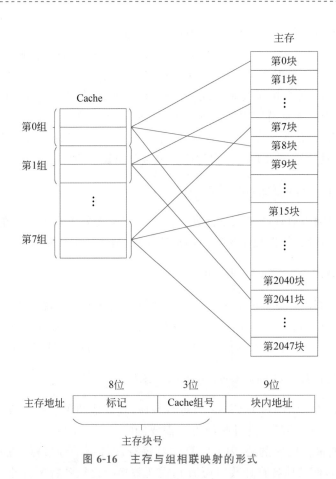

图 6-16 主存与组相联映射的形式

| 标记(18位) | Cache组号(5位) | 块内地址(9位) |

图 6-17 主存地址字段各段格式

标记(18位)	Cache组号(5位)	块内地址(9位)
000000000001000100	10001	000110011

图 6-18 主存地址划分

置 1。

组相联映射作为直接映射与全相联映射的一个折中,与直接映射相比,块冲突率明显降低,空间利用率得到了提高;与全相联映射相比,数据访问的速度加快(比较的次数减少)。在实现上,直接映射最简单、成本低,全相联映射成本高,组相联映射介于两者之间。

6.3.3 Cache 替换策略

Cache 的容量远小于主存的容量,当 Cache 中的空间已被占满时,即每个 Cache 行都包含某个主存块的有效信息备份时,如果 CPU 需要访问不在 Cache 中的内容,就需要使用替换策略来决定将哪一个 Cache 行替换掉,即哪一个 Cache 行中的内容换成新的主存块中的内容。在直接映射方式下,每一个主存块对应的Cache行是唯一的,一旦某一个Cache行发生块冲突,则新的主存块无条件地替代旧的主存块放入Cache行中,因此直接映射的替换策略是确定的。对全相联映射来说,一个主存块可映射到任意一Cache行中,因此要从所有的Cache行中挑选一个;对组相联映射来说,一个主存块对应的Cache组是确定的,但组中的哪一块是任意的,因此要从特定的Cache组中的Cache行中挑选一个。

常用的替换算法有随机算法(RAND)、先进先出算法(FIFO)、近期最少使用算法(LRU)、最不经常使用算法(LFU)与自适应替换缓存算法(ARC)。

1. 随机算法(Random Algorithm,RAND)

在可选范围内随机地选择Cache行进行替换。它不需要考虑Cache的情况,在硬件上的实现比较简单,但没有依据程序访问的局部性原理,故可能命中率较低。

2. 先进先出算法(First In First Out,FIFO)

选择当前最早调入Cache的Cache行进行替换。这种方式实现也比较简单。但是由于总是以最早调入的Cache行为替换目标,没有利用程序访问的局部性原理,所以并不能提高Cache的命中率。因为最早调入的信息,可能访问很频繁,可能是即将要访问的信息。

3. 近期最少使用算法(Least Recently Used,LRU)

选择近期内长久未访问过的Cache行进行替换,较好地利用了程序访问的局部性原理,平均命中率要比FIFO要高。这种替换方法需要随时记录Cache中各块的使用情况,以便确定哪个块是近期最少使用的块。LRU算法对每行设置一个计数器,Cache每命中一次,命中行计数器清0,而其他各行计数器均加1,需要替换时比较各特定行的计数值,将计数值最大的行换出。比FIFO算法要复杂一些。这个计数值称为LRU位,其位数与Cache组大小有关。2路组相联时有1位LRU位,4路组相联时有2位LRU位,n路组相联需要每行$\log_2 n$位。

4. 最不经常使用算法(Least Frequently Used,LFU)

选择一段时间内被访问次数最少的Cache行进行替换。每行也设置一个计数器。创建新行后,它从0开始计数。每次访问时,被访问行的计数器都会递增。当需要替换时,将比较每个特定行的计数值,并将计数值最小的行调出。

5. 自适应替换缓存算法(Adaptive Replacement Cache,ARC)

结合了LRU与LFU的一种替换算法,由IBM公司提出并取得了相关专利。整个Cache分成两部分,起始LRU和LFU各占一半,后续会动态适应调整二者比例。

6.3.4 Cache写策略

Cache中的内容是主存中内容的副本,当CPU对Cache中内容进行修改时,需要采取写操作策略使Cache内容与主存内容保持一致性,分为Cache写命中与Cache写不命中两种情况。

1. Cache 写命中

1）写直通法（write-through）

必须同时修改 Cache 和主存，主存与 Cache 能够始终保持数据的一致性，当发生替换时，不需要将换出的块写回内存，新块可直接覆盖原来的块。优点是实现简单，能够始终保持主存与 Cache 数据的一致性。缺点是访存次数增加，降低了 Cache 的效率。应用于数据准确率要求高、实时性高的场景。

2）写回法（write-back）

只修改 Cache 行中的内容，在这一 Cache 行被替换之前无须对相应主存块进行修改；当此块被换出时才写回主存。因此采用这种策略在发生替换时需要检查被换出的块是否被 CPU 修改过，每个 Cache 行必须设置一个标志位（脏位），置 0 表示块未被修改不需要写回内存，置 1 表示块已被修改必须写回内存。应用于写操作频繁、写密集型的场景。

2. Cache 写不命中

1）写分配法（write-allocate）

将相应的主存块调入 Cache 中，对这个 Cache 行进行修改，优点是利用了程序的空间局部性，缺点是每次不命中都需要从主存中读取一块。

2）非写分配法（not-write-allocate）

直接写入主存中，不需要将相应主存块调入 Cache 中。非写分配法通常与写直通法合用；写分配法通常和写回法合用，如图 6-19 和图 6-20 所示。

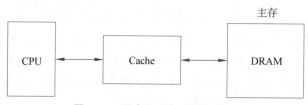

图 6-19　写直通法与非写分配法

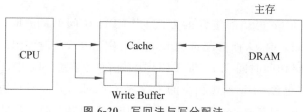

图 6-20　写回法与写分配法

例 6.4　假定主存地址为 32 位，按字节编址，主存块大小为 512B，Cache 数据区容量为 128KB，Cache 与主存之间均采用 4 路组相联映射方式，写回策略和 LRU 替换算法，开始时 Cache 均为空。请回答下列问题：

（1）Cache 每一行中标记（Tag）、LRU 位各占几位？是否有修改位？

（2）有如下 C 语言程序段，若数组 arr 及其变量 i 均为 int 型，int 型数据占 4B，变量 i

分配在寄存器中,数组 arr 在主存中的起始地址为 00500800H,则在该程序段执行过程中,访问数组 arr 的数据 Cache 缺失次数为多少?

(3) 若 CPU 第一个访问操作是读取主存单元 00001803H 中的指令,简要说明从 Cache 中访问该指令的过程,包括缺失处理过程。

```
for (i =0; i <1024; i++)
    arr[i]+=1;
```

解:(1) 主存块的大小为 512B=2^9B,所以块内地址为 9 位,Cache 数据区容量为 128KB,Cache 行的大小也为 512B,Cache 行的数目共有 128KB/512B=256 个,采用 4 路组相联映射方式,每个 Cache 组有 4 个 Cache 行,则 Cache 组的数目为 256/4=64 个,所以组号为 6 位,主存地址共 32 位,则标记为 32-9-6=17 位,采用 4 路组相联映射方式,LRU 位占 2 位,采用写回策略,需要 1 位修改位。

(2) 00500800H=0000 0000 0101 0000 0000 1000 0000 0000B,主存地址的低 9 位 0 0000 0000 为块内地址,全 0 意味着是一个主存块内部的起始地址。共需访问 1024 个 int 型元素,每个元素占 4B,共需要 1024×4/512=8 个主存块;在执行的过程中,每个主存块中的 512B/4B=128 个数据元素依次读写 1 次,对于每个主存块来讲,当访问其开头元素时 Cache 不命中,然后整个主存块装入 Cache 中,当访问地址连续的其他 127 个元素,Cache 都会命中。所以一共有 8 个主存块,Cache 缺失次数为 8。

(3) 00001803H=0000 0000 0000 0000 0001 1000 0000 0011B,主存地址的低 9 位 0 0000 0011 为块内地址,主存地址的中间 6 位 001100 是组号,主存地址的高 17 位 0000 0000 0000 0000 0 是标记。首先,根据 Cache 组号 001100 选中对应的 Cache 组,将对应的 Cache 组中每一个 Cache 行的标记与主存地址的标记进行比较,若有一个 Cache 行标记相等且有效位为 1,则 Cache 命中,但由于开始时 Cache 均为空,所以此次访问 Cache 不命中。按主存地址访问主存将数据取出送 CPU,并将数据所在块送对应的 Cache 组的任一空闲行中,更新该 Cache 行标记,LRU 位,有效位置 1。

6.3.5 Cache 存储器的性能分析

缓存的命中率及性能

若采用先访问 Cache 再访问主存的方式,当 CPU 访问 Cache 时,有两种情况:一是 CPU 所需信息在 Cache 中,这种情况称为 Cache 命中(hit),此时 CPU 在 Cache 中存取信息,时间开销即 Cache 访问时间 T_c;二是 CPU 所需信息不在 Cache 中,即不命中(miss),此时需要从主存中读取包含 CPU 所需信息的主存块送 Cache,并同时将所需信息送 CPU,可见这种情况访问 Cache 与主存各一次,时间开销即 Cache 访问时间 T_c 与主存访问时间 T_m 之和,其中通常将从主存中读取包含 CPU 所需信息的主存块送 Cache 的时间 T_m 称为缺失损失或缺失代价(misspenalty)。

若采用同时访问 Cache 和主存,Cache 命中则中断主存访问的方式。与上一种方式相比,Cache 命中时的时间开销相同;Cache 不命中时的时间开销不同,其时间开销即主存访问时间 T_m。

Cache 命中的概率即命中率 p(hit rate)为:

$$命中率 = \frac{命中次数}{访问总次数}$$

Cache 不命中的概率即缺失率（miss rate）为：

$$缺失率 = \frac{不命中次数}{访问总次数} = 1 - 命中率$$

CPU 在 Cache-主存层次的平均访问时间如下。

当采用先访问 Cache 再访问主存的方式时：

平均访问时间＝命中率×Cache 访问时间＋缺失率×（Cache 访问时间＋缺失代价）

$$T_a = p \times T_c + (1-p) \times (T_c + T_m) = T_c + (1-p) \times T_m$$

当 Cache 和主存同时被访问，若 Cache 命中则中断访问主存时：

平均访问时间＝命中率×Cache 访问时间＋缺失率×缺失代价

$$T_a = p \times T_c + (1-p) \times T_m$$

访问效率 e 是指 Cache 访问时间与平均访问时间的比值，反映了系统的存取效率，e 的定义为：

$$e = \frac{T_c}{T_a}$$

现代 CPU 中 Cache 的命中率一般在 90% 以上，甚至接近于 1，所以 CPU 在 Cache-主存层次的平均访问时间近似于 Cache 访问时间。

例 6.5 在 CPU 运行的一段时间内，CPU 共访问 Cache 1000 次，访问主存 10 次。

（1）执行该程序得到的 Cache 命中率是多少？

（2）若 Cache 中存取一个信息的时间为 1 个时钟周期，缺失损失为 10 个时钟周期，1 个时钟周期为 2ns，采用先访问 Cache 再访问主存的方式，则 CPU 在 Cache-主存层次的平均访问时间为多少？

（3）采用 Cache 后存储器性能提升多少？

解：（1）共访问 Cache 1000 次，访问主存 10 次，只有 Cache 未命中时才访问主存，则未命中次数为 10，故 Cache 命中率为 (1000 − 10)/1000 = 99%。

（2）平均访问时间为 1+(1 − 99%)×10 = 1.1 个时钟周期，即 1.1×2ns = 2.2ns，与 Cache 访问时间相近。

（3）性能是不采用 Cache 的 10/1.1≈9.09 倍，即提高了 8.09 倍。

通过对 Cache 的性能分析，可知命中率、命中时间和缺失代价是衡量 Cache 的重要指标。下面对一些对 Cache 性能产生影响的因素进行讨论。

1. Cache 大小的影响

Cache 容量越大，Cache 行数目越多，更多的主存块内容可在 Cache 中找到，因此可以提高 Cache 的命中率。但是随着 Cache 容量越大，Cache 行数目越多，相应的查找时间也会增加，Cache 访问时间（也称命中时间）也可能增大。

2. 块大小的影响

块越大，每个块中信息越多，而且块中内容都是主存地址连续的，这能利用程序中可能存在的空间局部性,帮助提高命中率。但是在 Cache 容量一定的情况下,块越大意味着 Cache 行数目越少,这不能充分利用时间局部性,可能会降低命中率。而且缺失代价随着块的增大而增大,因为块越大,传送时间就越长。

3. 相联度的影响

相联度指的是一个主存块能够映射的 Cache 行数,如直接映射中一个主存块只能映射到一个固定的 Cache 行,相联度为 1;组相联映射一个主存块可以映射到固定的 Cache 组中的任一个 Cache 行上,相联度为 Cache 组的块数,如 2 路组相联的相联度为 2;全相联映射一个主存块可以映射到任一个 Cache 行上,相联度为 Cache 的行数。

相联度增大,主存块能映射的 Cache 行数目增加,减少了由于块冲突引起的 Cache 不命中,一定程度上提高了命中率。但是相联度增大会导致标志位增加,需要额外的 LRU 状态位和额外的控制逻辑,还会增加命中时间,这是因为查找的时间增加了,同样不命中时替换的时间也会增加。

4. 替换策略的影响

替换策略决定产生块冲突时哪一个 Cache 行被换出。好的替换策略应该将 CPU 频繁访问的 Cache 行尽可能长时间地保留在 Cache,以达到提高命中率的目标。

例 6.6 若 Cache 采用组相联映射、LRU 替换算法,发现平均访问速度不快,分别采取下列措施后,等效访问速度可能会有什么样的显著变化?

(1) LRU 改为 FIFO。

(2) Cache 行大小不变,增大 Cache 行数量。

(3) Cache 行数量不变,增大 Cache 行大小。

(4) 增大主存大小。

(5) Cache 行大小不变,增大组相联组的大小。

(6) 提高 Cache 本身器件的访问速度。

解:(1) LRU 比 FIFO 更好地利用了局部性原理,一般情况下使用 LRU 比使用 FIFO 有更高的命中率。所以 Cache 的命中率可能会下降,Cache-主存层次的平均访问时间可能会增大,等效访问速度变慢。

(2) Cache 行大小不变,增大 Cache 行数量,相当于增大了 Cache 的容量,Cache 的命中率可能会提升,具体提升多少取决于 Cache 原来的容量及增大多少,如果原来 Cache 行数量少,增加的多,那么命中率提升大,Cache-主存层次的平均访问时间减少的多,等效访问速度明显变快。如果原来 Cache 行数量已经很多,Cache 命中率也很高了,那么效果可能不明显。

(3) Cache 行数量不变、增大 Cache 行大小这种情况,跟 Cache 行大小不变、增大 Cache 行数量的情况相似,如果原来 Cache 命中率低,那么等效访问速度提升明显。如果原来 Cache 命中率已经很高,那么效果可能不明显。

(4) 增大主存的大小,对于 Cache 命中率没有太大影响,会使不命中时的缺失损失稍微增大,如果 Cache 命中率够高,那么 Cache-主存层次的平均访问时间变化不大,等效访问速度变化不大。

（5）Cache 行大小不变，增大组相联组的大小，则每个 Cache 组的 Cache 行数量增加，块冲突率降低，有助于提高 Cache 命中率，具体能提高多少取决于当前的 Cache 命中率，Cache 命中率提高，Cache-主存层次的平均访问时间减少，等效访问速度加快。

（6）提高 Cache 本身器件的访问速度，可有效减少 Cache 命中时间，这种情况下 Cache 命中率越高，整体收益越大，等效访问速度越快。

6.3.6 Cache 与程序性能

通常，通过程序执行的快慢来衡量程序的性能，而程序执行的快慢与程序读取指令与数据的快慢有很大关系，程序读取指令与数据的快慢主要取决于 Cache 命中率、命中时间和缺失损失。对于具体的一台计算机而言，其硬件的性能是一定的，即 CPU 访问 Cache 时间与 CPU 访问主存时间是确定的，那么命中时间和缺失损失也是确定的。在命中时间和缺失损失相对稳定的情况下，Cache 命中率成为影响程序性能的主要因素。Cache 命中率与程序访问的局部性有很大的关系。如果程序访问的指令与数据的局部性较好，那么 Cache 更容易命中，程序执行的时间越少。

在 6.2 节中对局部性原理有了初步的讲解，局部性原理包含空间局部性与时间局部性。从局部性的角度出发，具有良好局部性的代码更能充分发挥 Cache 的作用，降低平均访存时间，所以编写代码时应该尽量编写 Cache 友好的代码。

对于下面这一段代码：

```
int sumvec(int arr[N])
{
  int i, sum = 0;
  for (i = 0; i < N; i++)
      sum += arr[i];
  return sum;
}
```

根据 6.2 节中对这一段代码的分析可知，循环体中的 i 与 sum 有良好的时间局部性，而循环体中的 arr 有良好的空间局部性。

对于一个块大小为 B 字节的 Cache，若引用模式的步长为 k，则平均每次循环会有 $\min(1,(k \times wordsize)/B)$ 次缓存不命中。从公式可以看出，步长 k 越小，Cache 不命中的次数越少。

对于这一段代码，考虑对 arr 步长为 1 的引用，此时步长 k 取到最小值，Cache 不命中的次数最少，对于 Cache 十分友好。如果现在有一个 Cache，Cache 行大小为 16B，初始为空。那么，对于 arr 的引用会得到如图 6-21 所示的结果。

arr[i]	i=0	i=1	i=2	i=3	i=4	i=5	i=6	i=7
命中[h]不命中[m]	m	h	h	h	m	h	h	h
访问顺序	1	2	3	4	5	6	7	8

图 6-21 arr 的引用结果

代码中的 arr 是一个 int 类型的数组，int 类型的元素占 4B，则每个 Cache 行可以装进 4

个 int 类型的元素。当访问 arr[0]时 Cache 不命中,此时会从内存中将 arr[0]~ arr[3]装入一个 Cache 行中,当访问 arr[1]、arr[2]、arr[3]时就会命中;同理,当访问 arr[4]时 Cache 不命中,arr[4]~ arr[7]也会装入一个 Cache 行中,当访问 arr[5]、arr[6]、arr[7]时就会命中。这样的话,每四个元素,命中三次,不命中一次。命中率为 75%。看起来命中率好像没有那么高,但是可以看出在这个情景下增大 Cache 行大小可以有效地提高命中率。如果 Cache 行大小增大一倍,可以装进 8 个 int 类型的元素,那么命中率可达 87.5%。

通过对这段简单代码的分析,有两个关于 Cache 友好代码编写的重要结论:
(1) 重复引用同一个变量是好的,这具有良好的时间局部性。
(2) 引用模式的步长越小越好,步长为 1 的引用具有良好的空间局部性。

可以看出,以往对于局部性的分析在编写 Cache 友好代码时同样适用,毕竟 Cache 正是利用局部性原理来进行工作的。

下面来分析一段稍复杂的代码。

```
int sumArrRow (int arr[M][N])
{
    int i, j, sum = 0;
    for (i = 0; i < M; i++)
        for (j = 0; j < N; j++)
            sum += arr[i][j];
    return sum;
}
int sumArrCol (int arr[M][N])
{
    int i, j, sum = 0;
    for (j = 0; j < N; i++)
        for (i = 0; i < M; j++)
            sum += arr[i][j];
    return sum;
}
```

这两段代码所实现的功能是相同的,都是一个二维数组全部元素的累加。但它们的实现方法有所不同,sumArrRow 是按行累加,sumArrCol 是按列累加。在 C 语言中,数组的存储是按行进行的,假设 Cache 行大小为 16B,初始为空,那么 sumArrRow 对数组的引用在 Cache 中的表现如图 6-22 所示。

arr[i][j]	j=0	j=1	j=2	j=3	j=4	j=5	j=6	j=7
i=0	1[m]	2[h]	3[h]	4[h]	5[m]	6[h]	7[h]	8[h]
i=1	9[m]	10[h]	11[h]	12[h]	13[m]	14[h]	15[h]	16[h]
i=2	17[m]	18[h]	19[h]	20[h]	21[m]	22[h]	23[h]	24[h]
i=3	25[m]	26[h]	27[h]	28[h]	29[m]	30[h]	31[h]	32[h]

注:k[m/h]表示执行顺序为k,[h]表示不命中,[m]表示命中

图 6-22 按行访问时 arr 的引用结果

可以看出,也是每四次访问命中三次,与一维数组运算 sumvec 具有相同的命中率。再来看一下 sumArrCol 对数组的引用在 Cache 中的表现,如图 6-23 所示。

arr[i][j]	i=0	i=1	i=2	i=3	i=4	i=5	i=6	i=7
j=0	1[m]	2[m]	3[m]	4[m]	5[m]	6[m]	7[m]	8[m]
j=1	9[m]	10[m]	11[m]	12[m]	13[m]	14[m]	15[m]	16[m]
j=2	17[m]	18[m]	19[m]	20[m]	21[m]	22[m]	23[m]	24[m]
j=3	25[m]	26[m]	27[m]	28[m]	29[m]	30[m]	31[m]	32[m]

注:k[m/h] 表示执行顺序为k,[h] 表示不命中,[m] 表示命中

图 6-23 按列访问时 arr 的引用结果

由于在 C 语言中,数组的存储是按行进行,而 sumArrCol 是按列读取数据的,第一次读取 arr[0][0] 时发生了不命中,这时会将 arr[0][0]、arr[0][1]、arr[0][2]、arr[0][3] 装入一个 Cache 行中,但程序接下来要访问的是 arr[1][0],又发生了不命中,而且之前装进 Cache 行没有用上,如果列数足够大,可能在已装入的 Cache 行被访问前就因为 Cache 空间不足而被替换出。也就是说,极端情况下,程序对数组访问的每一次都不命中。

同样的功能,不同的实现导致读取数据的速度一个接近 Cache,一个接近主存,这二者的差距十分大,可见编写对 Cache 友好代码的必要性。

例 6.7 假设主存大小为 256MB,主存块大小为 256B,指令 Cache 与数据 Cache 分离,均有 8 个 Cache 行,采用直接映射方式,按字节编址。现有两个功能相同的程序。

```
int sumArrRow (int arr[256][256])
{
    int i,j, sum = 0;
    for (i = 0; i < 256; i++)
        for (j = 0; j < 256; j++)
            sum += arr[i][j];
    return sum;
}
int sumArrCol (int arr[256][ 256])
{
    int i,j, sum = 0;
    for (j = 0; j < 256; i++)
        for (i = 0; i < 256; j++)
            sum += arr[i][j];
    return sum;
}
```

假设 int 类型数据占 4B,程序编译时,i、j 与 sum 被分配在寄存器中,数组的存储是按行进行的,数组存放的主存首地址为 0001300H,试问:

(1) 数组元素 arr[1][8] 与 arr[8][1] 各自所在的主存块对应的 Cache 行号是多少?
(2) 两个程序数据访问的 Cache 命中率各是多少?哪个程序运行更快?

解:(1) 主存大小为 256MB=2^{28}B,则主存地址长度为 28 位,主存块大小为 256B=2^8B,则主存地址低 8 位是块内地址,Cache 行数为 8=2^3,主存地址的中间 3 位是 Cache 行

号，主存地址的高 28−8−3＝17 位是标记。数组存放的主存首地址为 0000830H，则数组第一个元素 arr[0][0] 的存放地址为 0000 0000 0000 0001 0011 0000 0000，主存块号为 0000 0000 0000 0001 0011，即第 19 号主存块，Cache 行号为 011，即第 3 号 Cache 行，块内地址为 0000 0000，全 0 说明是主存块开始处。一个主存块可存 256B/4B＝64 个数组元素，已知数组的存储是按行进行的，arr[1][8] 为第 $256×1+9=265$ 个元素，前四个主存块可存 $64×4=256$ 个元素，所以位于第 $19+4=23$ 号主存块，23 号主存块对应的 Cache 行号为 23 mod 8＝7，即第 7 号 Cache 行。arr[8][1] 为第 $256×8+2=2050$ 个元素，前 32 个主存块可存 $64×32=2048$ 个元素，所以位于第 $19+32=51$ 号主存块，51 号主存块对应的 Cache 行号为 51 mod 8＝3，即第 3 号 Cache 行。

(2) 数组全部元素需要占用 $256×256/64=1024$ 个主存块，程序 sumArrRow 按行访问数组，每个主存块中只有第一个数组元素 Cache 未命中，主存块装入 Cache，随后主存块中其余 63 个元素全部命中。总访问次数为 $256×256=2^{16}$，未命中次数为 1024，命中率为 $1-1024/2^{16}≈98.4\%$。程序 sumArrRow 按列访问数组，每列有 256 个元素，这 256 个元素分布的主存块都不相同，每次访问都不命中，命中率为 0。所以程序 sumArrRow 运行更快。

◆ 6.4 虚拟存储器

目前，计算机的主存主要由 DRAM 芯片构成，但由于技术和成本等方面的原因，主存的容量不可能无限大，并且在实际生产环境中各类计算机所使用的内存大小也都不同。在程序设计时，程序员们显然不希望受到物理内存大小的限制，这与实际中的物理内存容量受限构成了矛盾，如何解决这两者之间的矛盾是一个重要的问题。此外，现代操作系统支持多道程序同时运行，所以如何创建多个程序安全有效地共享主存的环境也很重要。

为了解决以上两个问题，计算机系统中采用了虚拟存储技术。其基本思想是，程序员在一个不受物理内存空间限制且远大于物理内存空间的虚拟逻辑地址空间中编写程序，就好像每个程序都独立拥有一个巨大的存储空间一样。在程序执行期间，把当前正在运行的一部分程序及相应的数据调入主存中，并将其他暂未使用的部分存储在磁盘上。虚拟存储技术的出现成功解决了物理内存空间不足和多道程序共享主存的问题，与此同时还提高了程序运行的效率。

6.4.1 虚拟存储器概述

虚拟存储器

虚拟存储器是指具有请求调入功能和置换功能，能从逻辑上对内存容量加以扩充的一种存储技术，它是建立在主存与辅存物理结构基础之上，由附加硬件装置以及操作系统存储管理软件组成的存储体系，其运行速度接近于内存速度而每位的成本却接近于外存。

对于虚拟内存，虚拟的实现建立在离散分配存储管理基础上。在指令执行时，处理器产生一个虚拟地址，也称逻辑地址或者虚地址，简写为 VA(Virtual Address)，这个地址被硬件和软件的组合即存储器管理部件(MMU)，转换为一个物理地址，也称主存地址，或实地址，简写为 PA(Physical Address)，此物理地址用来访问主存内容。

虚拟地址，顾名思义并不真实存在于计算机内存中，它是物理地址的映射。虚拟存储机制为程序提供了一个极大的虚拟地址空间(逻辑地址空间)，它是主存和磁盘存储器的抽象。

虚存机制带来了一个假象,它使得每个进程好像都独占主存,并且主存空间极大。这种方式带来了以下三个优点。

(1) **便于管理**。每个进程具有一致的虚拟空间,从而可以简化存储管理。

(2) **节约物理内存**。它把主存看成是磁盘存储器的一个缓存,在主存中仅保存当前活动的程序段和数据区,并根据需要在磁盘和主存之间进行信息交换,通过这种方式,使有限的主存空间得到了有效利用。此外,在运行大型程序时,操作系统无须将该程序的所有内存都一一分配好,而是在需要特定页时再通过存储管理的相关异常处理来进行分配,这种方法不仅节约了物理内存,还能提高程序初次加载的速度。

(3) **隐藏和保护**。用户态程序只能访问用户区的数据,其他区域只能由核心态程序访问。每个进程的虚拟地址空间都是私有的,各程序仿佛在独立使用内存空间,相互之间不会影响。因此可以保护各自进程不被其他进程破坏。此外,分页的存储管理方法对每个页都有单独的写保护,核心态的操作系统可以防止用户程序随意修改自己的代码段。

图 6-24 展示了虚拟内存映射到主存的示意图,这个过程称为地址映射或者地址转换。

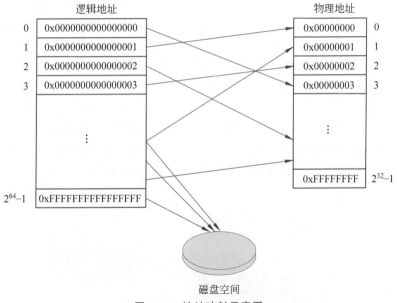

图 6-24 地址映射示意图

在虚拟存储技术的应用下,程序认为自己独占内存,拥有连续可用的地址空间,而实际上,它通常是被分割成多个物理内存的内存碎片。虚拟存储器与一般存储器有明显的区别,其主要特点可以总结为以下三个方面。

(1) **多次性**:一个作业被分成多次调入内存运行。

(2) **对换性**:允许在作业的运行过程中进行换入、换出(进程整体对换不算虚拟)。

(3) **虚拟性**:能够从逻辑上扩充内存容量,使用户所看到的内存容量远大于实际内存容量。

其中,虚拟性以多次性和对换性为基础,多次性和对换性又必须建立在离散分配的基础上。因为虚拟存储器具有多次性、对换性和虚拟性这三个特征,所以其优点也来源于此,可以总结为以下三点。

(1) 内存逻辑地址空间可远超物理内存容量的限制。
(2) 运行速度接近于内存速度。
(3) 每位的成本接近于外存。

虚拟存储的实现离不开硬件和操作系统，涉及计算机系统许多层面，包括操作系统中的许多概念，如进程、存储器管理、虚拟地址空间、缺页处理等。

6.4.2 页式存储管理

虚拟存储器是通过设置地址映射机制来实现程序在主存中的定位。将程序分割成若干的段或页，利用映射表来指明相应的段或页是否已装入主存。若已装入，则指明其在主存中的起始地址；若未装入，则通过调段或调页的方式，将相应的段或页装入主存，而后在映射表建立好程序的物理地址和逻辑地址的映射关系。这样，在程序执行时，通过查询地址映射表将逻辑地址转换为物理地址再访问主存。根据存储映射算法不同，虚拟存储器的管理方式主要分为页式、段式和段页式三种。

页式存储管理是一种常见而高效的管理方式。页式存储是把主存空间和程序空间都机械地等分成固定大小的页(页面大小随机器而异，一般在 512B 到几 KB)，并维护虚拟页地址和物理地址的映射关系(即页表)。页面大小与页分配粒度和页表所占空间有关，目前的操作系统常用 4KB 的页。此时，虚拟内存地址由虚拟页地址和页内偏移量两部分组成，在进行地址转换时通过查询页表的方式将虚拟页地址替换为物理页地址就能得到对应的物理内存地址。

如图 6-25 所示展示了页式存储管理的基本方法。主存中已有 A、B、C 三道程序，其大小和位置如图 6-25 所示，现有一长度为 12KB 的 D 程序想要调入主存，但主存空间此时没有一整个 12KB 的空间供 D 程序使用，于是提出了页式存储管理。

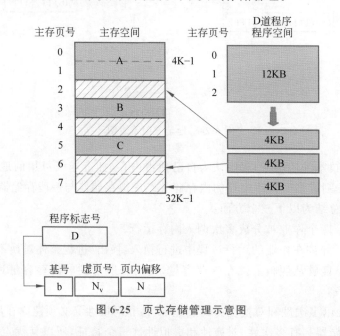

图 6-25 页式存储管理示意图

页式存储把主存空间和程序空间都等分成固定大小的页，按页顺序编号。这样，任意物理主存单元的地址就由实页号和页内偏移量两个字段组成。每个独立的程序也有自己的虚页号顺序。如图 6-25 所示,若页面大小取 4KB,则独立编址的 D 程序就需要 3 个页,页号为 0~2。如果让虚存中的每一页均可装入主存中任意的实页位置,如图 6-25 所示,D 道程序中各页面仍可分别装入主存的第 2、6、7 三个实页位置上,只要系统设置相应的页表,保存好装入实页时的页面对应关系,就可由给定的程序地址(虚地址)查询页表变换成相应的主存地址(实地址)进行访存。

上面介绍了页的概念,页是虚拟地址空间的划分,是虚拟地址空间顺序等分而成的一段逻辑空间,并依次连续编号。例如,一个 32 位的操作系统,页的大小设为 $2^{12}=4KB$,那么就有页号从 0 编到 $2^{20}-1$ 那么多页的逻辑空间。

物理块(页框)是对物理内存按顺序进行固定大小的划分。物理块的大小需要与页的大小一致。例如,$2^{31}=2GB$ 的物理内存,按照 4KB 每块的大小划分,可以划分成物理块号从 0 到 2^{19} 的那么多块的物理内存空间。

页式存储管理中,逻辑地址可以解读为页号和页内偏移量的组合。页面的划分完全是一种系统硬件的行为,一个逻辑地址放到这种地址结构中,自然就分成了页号和页内单元号两部分,如图 6-26 所示。

图 6-26 以 4KB 页面大小为例的逻辑地址结构

这是一个 32 位的逻辑地址,页大小设为 $2^{12}=4KB$,高 20 位则是页号,低 12 位为页内地址。假设逻辑地址为 A,页面大小为 L,则页号 P 和页内地址 d 计算公式如下。

$$P = \text{INT}\left[\frac{A}{L}\right]$$

$$d = [A] \text{MOD} \, L$$

页表记录了逻辑空间(虚拟内存)中每一页在内存中对应的物理块号。但并非每一页逻辑空间都会实际对应着一个物理块,只有实际驻留在物理内存空间中的页才会对应着物理块。页表是需要一直驻留在物理内存中的(多级页表除外),另外,页表的起始地址和长度存放在 PCB(Process Control Block,进程控制结构体)中。常见的页表结构如图 6-27 所示。

| 页号 | 物理块号 | 状态位P | 访问字段A | 修改位M | 外存地址 |

图 6-27 页表结构示意图

说明如下:

(1) 状态位 P:用于指示该页是否已调入内存,供程序访问时参考。

(2) 访问字段 A:用于记录本页在一段时间内被访问的次数,或记录本页最近已有多长时间未被访问,供置换算法换出页面时参考。

(3) 修改位 M:标识该页在调入内存后是否被修改过。

(4) 外存地址:用于指出该页在外存上的地址,通常是物理块号,供调入该页时参考。

在请求分页系统中,每当所要访问的页面不在内存时,便产生一个缺页中断,请求操作系统将所缺的页调入内存。此时应将缺页的进程阻塞(调页完成之后再唤醒),如果内存中有空闲块,则分配一个块,将要调入的页装入该块,并修改页表中相应页表项,若此时内存中没有空闲块,则要淘汰某页(若被淘汰页在内存期间被修改过,则要先将其写回外存)。

缺页中断作为中断同样要经历诸如保护 CPU 环境、分析中断原因、转入缺页中断处理程序、恢复 CPU 环境等几个步骤。但与一般的中断相比,它有以下两个明显的区别。

(1) 在指令执行期间产生和处理中断信号,而非一条指令执行完后,属于内部中断(又称异常或陷入)。

(2) 一条指令在执行期间,可能产生多次缺页中断。

为了得到进程的物理地址,需要通过地址变换过程,将逻辑地址转换为物理地址,使进程得以执行。如图 6-28 所示,地址转换过程如下。

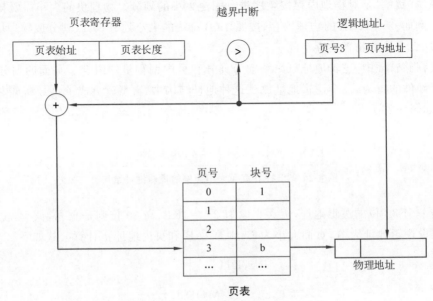

图 6-28 逻辑地址到物理地址的转换过程

(1) 进程访问某个逻辑地址时,分页地址机构自动将逻辑地址分为页号和页内地址。

(2) 比较页号和页表长度,若页号大于页表长度,则发生越界错误。

(3) 计算页表项地址:页表项地址=页表起始地址+页号×表项大小,查表从而得到对应的物理块号。

(4) 页和物理块的大小是一致的,所以页内地址=块内地址。计算物理地址:物理地址=物理块号×页大小+页内地址。

(5) 根据物理地址读取数据。

例 6.8 某系统采用分页式存储管理,页大小为 2KB,部分页表内容如图 6-29 所示。已知进程 A 的逻辑地址空间为 4 个页,内存分配如图 6-29 所示,求逻辑地址 4832 的物理地址(所有数据都是十进制)。

解:2KB=2048B

页号 P=逻辑地址/页大小=4832/2048=2。

页内地址 F=逻辑地址%页大小=4832%2048=736。

根据页表查得 2 号页对应着 25 号物理块。

页号	块号
0	17
1	8
2	25
3	19

图 6-29 内存分配

物理地址 A ＝物理块号×页大小 ＋ 页内地址＝25×2048+736=51 936。

在 32 位系统中,采用 4KB 的页时,单个完整页表需要 2^{20} 即 1M 项,对每个进程维护页表需要较大的空间代价,因此页表只能放在内存中。若每次进行地址转换时都需要先查询内存,则会对性能产生明显的影响。为了加快页表访问速度,现代处理器中通常包含一个**转换后援缓冲器**(Translation Lookaside Buffer,TLB)来实现快速的虚实地址转换。TLB 也称页表缓存或**快表**,借由局部性原理,存储当前处理器中最经常访问页的页表。一般 TLB 访问与 Cache 访问同时进行,而 TLB 也可以看成是页表的 Cache。TLB 中存储的内容包括虚拟地址、物理地址和保护位,可以分别对应于 Cache 的 Tag、Data 和状态位。快表是为了加快虚拟地址到物理地址这个转换过程而存在的。

快表与页表的功能类似,其实就是将一部分页表存到 CPU 内部的高速缓冲存储器 Cache 上。CPU 寻址时先到快表中查询相应的页表项得到物理地址,如果查询不到,则到内存中查询,并将对应页表项调入到快表中。但如果快表的存储空间已满,则需要通过算法找到一个暂时不再需要的页表项,将它换出内存。因为高速缓冲存储器的访问速度要比内存的访问速度快很多,因此使用快表可以大大加快虚拟地址转换成物理地址的速度。根据统计,快表的命中率可以达到 90% 以上。包含 TLB 的虚拟地址和物理地址转换过程如图 6-30 所示。

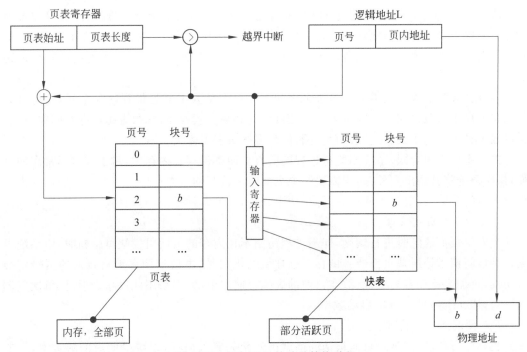

图 6-30 包含 TLB 的地址转换过程

由于页表必须连续存放,并且需要常驻物理内存,当逻辑地址空间很大时,页表占用了大量内存空间。若内存地址长度为 32 位,可以得出,最大内存空间为 4GB,假设页大小为 4KB,最多包含 4G/4K=1M 页。若每个页表项占用 4B,则页表最大长度为 4MB,即要求内存划分出连续 4MB 的空间来装载页表;若地址长度为 64 位,就需要恐怖的 $4×2^{52}$ B 内存空间来存储页表,而且页表采用的是连续分配,不是分页分配。当采用离散分配的方式管理页表时,只需将当前需要的部分页表项调入内存,其余的页表项仍驻留在磁盘上,需要时再调入。二级页表是对页表本身采用分页式管理,对页表本身增加了一层页表管理。页的大小就是一个页表的大小,一个页表只能装在一个页中。

二级页表的内存地址转换过程如图 6-31 所示。

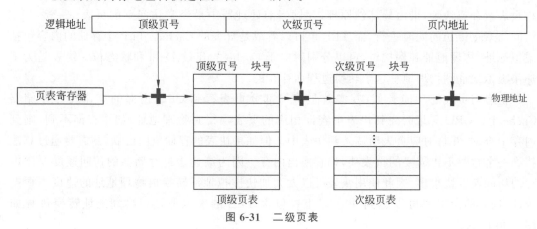

图 6-31 二级页表

从图 6-31 可知,在二级页表管理中,逻辑地址分成三部分:顶级页号、次级页号和页内地址。根据顶级页表起始地址和顶级页号,从顶级页表中查到次级页表对应的物理块号,接着由该次级页表的物理块号结合次级页号得到对应页的物理块号,结合页内地址求得最终的物理地址。

多级页表和二级页表类似。多级页表和二级页表是为了节省物理内存空间,使得页表可以在内存中离散存储。单级页表为了随机访问必须连续存储,如果虚拟内存空间很大,就需要很多页表项和很大的连续内存空间,但是多级页表不需要。

由于物理空间有限,系统不能将进程的所有页面都保存在内存中,对于一些不常用的页面,操作系统将其调出到外存,当需要某个页面时又将其调入内存中。将所需页面调入内存也有一定的策略,主要分为两种,一种是请求分页式,另一种是预调入页式。

(1) 请求分页式管理。

当发生页面故障时进行调度,即当进程访问不在内存的页面引发缺页中断时,由系统根据这种访问请求把所缺页面装入内存。这样做的优点是,由请求调入策略装入的页一定会被访问,再加之比较容易实现,故在目前的虚拟存储器中,大多采用此策略。但是,每次仅调入一页,增加了磁盘 I/O 的启动频率。

(2) 预调入页式管理。

也称先行调度,即某一页面被访问前就已经预先置入内存,以减少此后的缺页率,主要适用于进程的许多页存放在外存的连续区域中的情况。有的系统结合请求调入使用,即每次缺页时装入多个页面。预调入方式的优点是提高了调页的 I/O 效率,缺点是基于预测,若调入的页在以后很少被访问,则效率低。所以这种方式常用于程序装入时的调页。

通常,外存交换区的 I/O 效率比文件区的高。进程装入时,将其全部页面复制到交换区,以后总是从交换区调入。执行时调入速度快,要求交换区空间较大。凡是未被修改的页面,都直接从文件区读入,而被置换时不需要调出;已被修改的页面,被置换时需调出到交换区,以后从交换区调入。把一个页面分配给进程之前,先要清除页面中的数据(如全部填充为 0),以免该进程读取前一进程遗留在页面中的数据。

由缺页中断服务程序将所需的页面调入内存,若此时内存中没有空闲物理块安置请求调入的新页面,则系统按预定的策略自动选择一个(请求调入策略)或一些(预调入策略)在内存的页面,把它们换出到外存。用来选择淘汰哪一页的规则就叫作置换策略,或称淘汰算法。如何决定淘汰哪一页?可根据页面在系统中的表现,如使用的频繁程度、进入系统时间的长短等。常用的页面淘汰算法有以下几种。

1. OPT 最佳置换算法(理想化,难以实现)

这是 Belady 于 1966 年提出的一种理论上的算法。该算法每次都淘汰以后永不使用的或者过最长的时间后才会被访问的页面。显然,采用这种算法会保证最低的缺页率,但它是难以实现的,因为它必须知道页面"将来"的访问情况。不过,该算法仍有一定意义,可作为衡量其他算法优劣的一个标准。

假定系统为某个进程分配了三个物理块,进程的访问顺序为 7,0,1,2,0,3,0,4,2,3,0,3,2,1,2,采用 OPT 淘汰算法的页面转换过程如图 6-32 所示。

最开始,三个物理块都为空,因此,按顺序访问 7,0,1 三个页面,在接下来访问 2 号页面时,发现三个物理块都被占用,根据 OPT 置换算法,将以后都不会再访问的 7 号页面换出,给 2 号页面腾出位置。当发现要访问的页面就在内存中时,不需要执行页面置换策略。当在进行页面置换时发现,物理块中的三个页面在将来都会使用,则换出最近最久不会使用的页面。例如,在第一次访问 3 号页面时,发现物理块中的 2,0,1 页面在将来都被使用,但 1 号页面是最近最久不会使用的页面,因此,将 1 号页面换出。后面以此类推。

例 6.9 假定系统为某个进程分配了四个物理块,进程的访问顺序为 3,0,8,1,4,0,6,2,5,7,1,3,6,2,1,7,6,请用表格画出采用 OPT 淘汰算法的页面置换过程。

解:OPT 页面置换过程如图 6-33 所示。

7, 0, 1, 2, 0, 3, 0, 4, 2, 3, 0, 3, 2, 1, 2
7 7 7 2 2 2 2 2 2 2 2 2 2 2 2
0 0 0 0 0 0 4 4 0 0 0 0 0 0
1 1 3 3 3 3 3 3 3 3 1 1

图 6-32 采用 OPT 算法页面置换过程

3, 0, 8, 1, 4, 0, 6, 2, 5, 7, 1, 3, 6, 2, 1, 7, 6
3, 3, 3, 3, 3, 3, 3, 2, 2, 2, 2, 2, 2, 2
0, 0, 0, 6, 6, 6, 6, 6, 6, 6, 6, 6, 6, 6
8, 4, 4, 4, 2, 5, 7, 7, 7, 7, 7, 7, 7, 7
1, 1, 1, 1, 1, 1, 1, 1, 1, 1, 1, 1, 1

图 6-33 OPT 页面置换过程

2. FIFO 先进先出置换算法

这是最早出现的淘汰算法。总是淘汰最先进入内存的页面。它实现简单,只需把进程中已调入内存的页面,按先后次序链成一个队列,并设置一个所谓的替换指针,使它总是指向内存中最老的页面。这种页面替换算法的缺点是效率不高,因为它与进程实际的运行规律不相适应,比如常用的全局变量所在的页面或者循环体所在页面都可能被它选为淘汰对象。

假设此时页面进入主存的先后顺序是 3,1,4,5,替换指针指向 3 号页面,如图 6-34 所示。当 2 号页面将要调入时,置换第 3 页,将 3 号页面替换为 2 号页面,替换指针指向 1 号页面,以此类推。

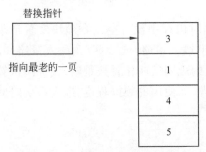

图 6-34　FIFO 算法下的页面替换

Belady 现象:采用 FIFO 算法时,如果对一个进程未分配它所要求的全部页面,有时就会出现分配的页面数增多,缺页率反而提高的异常现象。

Belady 现象的描述:一个进程 P 要访问 M 个页,操作系统分配 N 个内存页面给进程 P;对一个访问序列 S,发生缺页次数为 $P(S,N)$。当 N 增大时,$P(S,N)$ 时而增大,时而减小。产生 Belady 现象的原因是 FIFO 算法的置换特征与进程访问内存的动态特征是非常不一致的,即被置换的页面通常并不是进程不会访问的。

3. LRU 最近最少用置换算法(基于局部性原理)

根据页面调入内存后的使用情况,选择内存中最久未使用的页面进行置换。这是局部性原理的合理近似,其性能接近最佳算法。OPT 算法使用页面将要被访问的时间,LRU 算法使用页面最后一次被访问的时间。二者唯一的差别是:OPT 是向前看的,而 LRU 是向后看的。

下面给出 LRU 的实现算法。

(1) 计时法:对于每一页面增设一个访问时间计时器,每当一个页面被访问时,当时的绝对时钟内容被复制到对应的访问时间计时器中,这样系统记录了内存中所有页面最后一次被访问的时间。淘汰时,选取访问时间计时器的值最小的页面。

(2) 堆栈法:每当进程访问某页面时,便将该页面的页号从栈中移出,将它压入栈顶。栈顶始终是最新被访问的页面的编号。栈底则是最近最久未被使用的页面的页号。

(3) 多位寄存器法:为每页设置一个 R 位的寄存器,每次访问一页时,将该页所对应的寄存器最左位置 1,每隔时间间隔 T,所有寄存器右移一位。选择 R 值最小的页淘汰。

例 6.10　系统为某个进程分配了 3 个物理块,进程访问页面的顺序依次为 3,4,2,1,4,5,3,4,2,1,2。根据 LRU 算法,在该访问中发生的缺页次数是多少?

解:

最开始物理块为空,当要访问 3 号、4 号和 2 号页面时发现页面不在内存块中,产生三次缺页。而后继续访问 1 号页面时,发现 1 号页面也不在内存块中,此时三个物理块已被全部占用,根据 LRU 算法,需将 3 号页面淘汰再将 1 号页面调入内存,之后以此为例。根据以上的分析过程,采用 LRU 算法会导致 9 次缺页,如图 6-35 所示。

图 6-35　访问中发生的缺页

4. CLOCK 时钟置换算法（LRU 近似算法）

CLOCK 时钟置换算法是一种 LRU 的近似算法，又被称为最近未用算法（Not Recently Used，NRU）。由于 LRU 算法需要较多的硬件支持，采用 Clock 算法只需相对较少的硬件支持。

算法具体过程如图 6-36 所示。只需为每页设置一位访问位，再将内存中的所有页面都通过链接指针链接成一个循环队列。当某页被访问时，其访问位被置 1。在选择页面淘汰时，只需检查页的访问位，如果是 0，就选择该页换出；若为 1，则重新将它置为 0，暂时不换出，而给该页第二次驻留内存的机会，再按照 FIFO 算法检查下一个页面。当检查到队列中的最后一个页面时，若其访问位仍为 1，则再返回到队首去检查第一个页面。由于该算法是循环地检查各页面的使用情况，故称之为 Clock 算法。

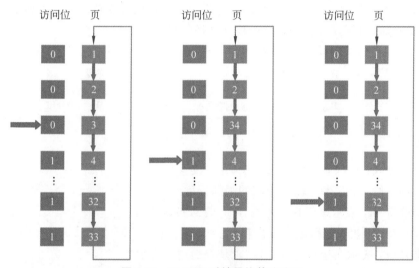

图 6-36 CLOCK 时钟置换算法流程

5. LFU 最近最不常用置换算法

最近最不常用（LFU）置换算法要求置换具有最小计数的页面。这种选择的原因是，经常使用的页面应当具有大的引用计数。然而，当一个页面在进程的初始阶段大量使用但是随后不再使用，会出现问题。由于被大量使用，它有一个大的计数，即使不再需要却仍被保留在内存中。一种解决方案是，定期地将计数右移一位，以形成指数衰减的平均使用计数。

颠簸（Thrashing），又称为"抖动"。简单地说，导致系统效率急剧下降的主存和辅存之间的频繁页面置换现象称为"抖动"。产生抖动的原因是淘汰的页面恰好是不久又要访问的页面。

6.4.3 段式虚拟存储管理

在分段内存管理系统中，任务运行之前，只要求将当前需要的若干个分段装入内存，便可启动任务运行。在任务运行过程中，如果要访问的分段不在内存中，则通过调段功能将其调入，同时还可以通过置换功能将暂时不用的分段换出到外存，以便腾出内存空间。分页对程序员而言是不可见的,而分段通常对程序员而言是可见的,因而分段为组织程序和数据提供了方便。与页式虚拟存储器相比,段式虚拟存储器有许多优点。

(1) 段的逻辑独立性使其易于编译、管理、修改和保护,也便于多道程序共享。

(2) 段长可以根据需要动态改变,允许自由调度,以便有效利用主存空间。

(3) 方便编程,分段共享,分段保护,动态链接,动态增长。

因为段的长度不固定,段式虚拟存储器也有一些缺点。

(1) 主存空间分配比较麻烦。

(2) 容易在段间留下许多碎片,造成存储空间利用率降低。

(3) 由于段长不一定是 2 的整数次幂,因而不能简单地像分页方式那样用虚拟地址和实存地址的最低若干二进制位作为段内地址,并与段号进行直接拼接,必须用加法操作通过段起址与段内地址的求和运算得到物理地址。

因此,段式存储管理比页式存储管理方式需要更多的硬件支持。为实现请求分段系统,系统应该配置段表机制、缺段中断机构、地址变换机构硬件支持。

和页式存储结构类似,段式存储结构也具有段表机制,包含段名、段长、基址、存取方式、访问字段、修改位等,其结构如图 6-37 所示。

| 段名 | 段长 | 基址 | 存取方式 | 访问字段A | 修改位M | 存在位P | 增补位 | 外存地址 |

图 6-37 段表机制

(1) 存取方式:存取属性(执行、只读、允许读写)。

(2) 访问字段 A:记录该段被访问的频繁程度。

(3) 修改位 M:表示该段在进入内存后,是否被修改过。

(4) 存在位 P:表示该段是否在内存中。

(5) 增补位:表示在运行过程中,该段是否做过动态增长。

(6) 外存地址:表示该段在外存中的起始地址。

程序的地址空间被划分为若干个段,每个段定义了一组逻辑信息,例如程序段、数据段等。每个段都从 0 开始编址,并采用一段连续的地址空间。段的长度由相应的逻辑信息组的长度决定,因而各段长度不等。整个程序的地址空间是二维的。

在段式虚拟存储系统中,虚拟地址由段号和段内地址组成,虚拟地址到实存地址的变换通过段表来实现。每个程序设置一个段表,段表的每一个表项对应一个段,每个表项至少包括三个字段:有效位(指明该段是否已经调入主存)、段起址(该段在实存中的首地址)和段长(记录该段的实际长度)。

段式存储的缺段中断机构与缺页中断机构类似,它同样需要在一条指令执行期间,产生和处理中断,以及一条指令执行期间可能产生多次缺段中断。由于分段是信息的逻辑单元,因而不可能出现一条指令被分割在两个分段中和一个信息被分割在两个分段中的情况。缺段中断的处理过程如图 6-38 所示。

当虚段不在内存时,进程被阻塞,如果内存中有合适的空闲块可用,则将虚段从外存调入内存中,并修改段和内存空区链,然后唤醒被阻塞的进程。如果内存没有合适的空闲区块,则检测空区总容量能否满足要求,满足则将空区拼接再调入段,否则需淘汰一个或多个

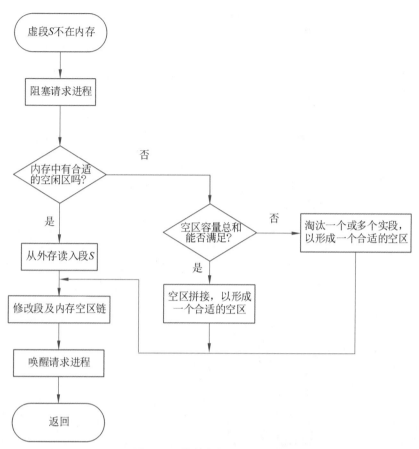

图 6-38 缺段中断处理过程图

段以形成一个合适的空区来装入段。

请求分段系统中地址变换机构是在分段系统地址变换机构的基础上形成的,如图 6-39 所示。首先检查段的长度是否越界,并在符合存取方式且段在内存中的情况下访问段,否则会产生中断。

针对每一个虚拟地址,存储管理部件首先以段号 S 为索引访问段表的第 S 个表项。若该表项的有效位为 1,则将虚拟地址的段内地址 W 与该表项的段长字段比较;若段内地址较大则说明地址越界,将产生地址越界中断;否则,将该表项的段起址与段内地址相加,求得主存实地址并访存。如果该表项的有效位为 0,则产生缺页中断,从辅存中调入该页,并修改段表。段式虚拟存储器虚实地址变换过程如图 6-40 所示。

6.4.4 段页式存储管理

段式和页式虚拟存储器在许多方面是不相同的,因而都有各自的优缺点。页式虚拟存储对应用程序员完全透明,所需映射表硬件、地址变换速度、调入操作等方面都优于段式虚

CPU 访存流程

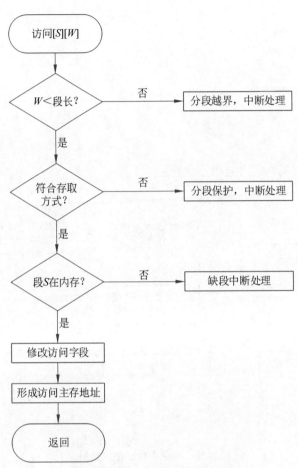

图 6-39　请求分段地址变换机构

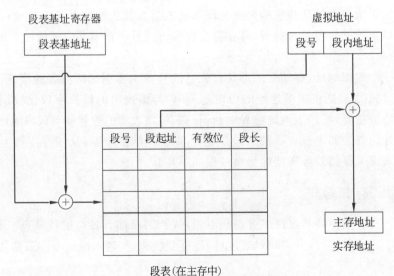

图 6-40　请求分段地址变换示意图

拟存储方式。页式虚拟存储不能完全消除主存可用区的内存碎片问题,因为程序的大小不可能刚好是页面的整数倍。产生的页内碎片虽然无法利用,但相对于段式来说小得多,所以在主存空间利用率上,页式要优于段式。因此,单纯用段式管理的虚拟存储器已很少见到。

然而,相对来说,段式也具有页式所没有的若干优点。例如,段式中的每个段都是各自独立的,有利于程序员灵活实现段的链接、扩大、缩小和修改,并且不会影响到其他的段;每个段只包含一种类型的对象,易于针对其特定类型进行保护;把共享的程序或数据单独构成一个段,这样易于实现多个用户、进程对共用段的共享与管理等。如果采用页式,实现起来就比较困难。因此,为了取长补短,人们提出了将段式和页式相结合的**段页式存储管理方式**。

段页式存储结构是分段式和分页式结合的存储方法,这样可充分利用分段管理和分页管理的优点。用分段方法来分配和管理虚拟存储器,程序的地址空间按逻辑单位分成基本独立的段,而每段有自己的段名,再把每段分成固定大小的若干页。用分页方法来分配和管理实际内存,即把整个主存分成与上述页大小相等的存储块,可装入作业的任何一页。程序对内存的调入或调出是按页进行的,但它又可按段实现共享和保护。

结合分段和分页思想,先将用户程序分成若干段并分别赋予段名,再将这些段分为若干页。段页式存储方式的地址结构如图 6-41 所示,它由段号、段内页号和页内地址三项共同构成。

| 段号 S | 段内页号 P | 页内地址 W |

图 6-41 段页式存储管理方式地址结构示意图

为了进行地址转换,系统为每个作业建立一个段表,并且要为该作业段表中的每段建立一个页表。系统中有一个段表地址寄存器来指出作业的段表起始地址和段表长度。

段页式存储是把实存机械等分成固定大小的页,程序按模块分段,每个段又分成与主存页面大小相同的页,如图 6-42 所示。每道程序通过一个段表和相应的一组页表进行定位。段表中的每一行对应一个段。段表的"装入位"表示该段的页表是否已装入主存。若未装

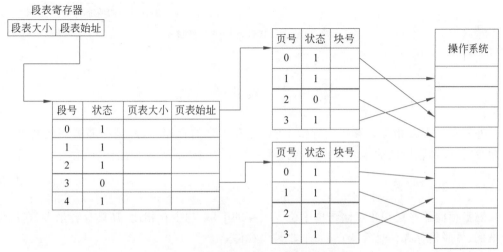

图 6-42 利用段表和页表实现地址映射

入,则访问该段时将引起段失效故障,请求从辅存中调页。若已装入主存,则地址字段指出该段的页表在主存中的起始地址。"访问方式"字段指定对该段的控制保护信息。"段长"字段指定该段页表的行数。每一个段都有一个页表。此外,页表中还包含一些其他信息。段页式与纯段式的主要差别是段的起点不再是任意的,必须是位于主存中页面的起点。

段页式存储的地址变换过程结合了段式与页式的特点,具体过程如图 6-43 所示。首先将 CPU 提供的逻辑地址中的段号 S 和段表长度比较,若未越界则根据 S 和段表基址找到相应段表项中记录的该段所在页表基址,接着使用段内页号 P 获得对应页面的页表项位置,从中找到帧号 b,最后拼接上页内地址 W 得到数据的物理地址。该过程需要三次访问内存,为提高执行速度,可以增加一个快表,访问数据时利用段号和页号检索它,若命中,直接取出物理帧号;否则,进行上述三次内存访问过程获得数据。

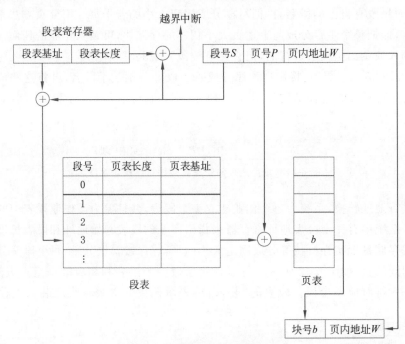

图 6-43 段页式存储地址变换过程

6.5 外部存储器

磁盘的工作原理

外部存储器是指除计算机内存及 CPU 缓存以外的存储器,此类存储器一般断电后能保存数据,即通常所说的非易失存储器。常见的外存储器有磁盘存储器、闪存存储器等。

6.5.1 磁盘存储器

磁盘存储器在层次化存储结构中位于主存的下层,与主存相比,其具有容量大、速度慢、价格低、可脱机保存信息等特点,属于非易失存储器。

1. 磁盘存储器的构造

磁盘存储器的主要组成部分是盘片,它有一个或多个盘片,用于存储数据。盘片中央有一个可以旋转的主轴,它使得盘片可以以一定的速率进行旋转。

图 6-44 展示了一个典型的盘片结构。每个盘片有两个盘面,盘面被划分成多个不同大小的同心圆环,这些狭窄的圆环被称为磁道以存储数据。每个盘面可以划分出多条磁道,从最外圈开始,向圆心依次增长的分别为 0 磁道、1 磁道、2 磁道……以此类推。

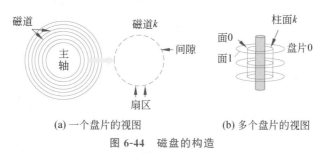

(a) 一个盘片的视图　　　　(b) 多个盘片的视图

图 6-44　磁盘的构造

由于一个磁道往往可以存储 KB 级别的数据,但是对于计算机而言,一次写入的数据并不总是 KB 级别的。因此,为了合理地规划资源消耗,每个磁道被分为多个弧段,每一个弧段就是一个扇区(通常是 512B)。扇区与扇区之间通过一些间隙隔开,这些间隙并不存储真实数据位,而是用来标识扇区的格式化位。

在早期,由于每个磁道所拥有的扇区数量是一样的,每个扇区所能容纳的数据量是相同的,而数据量需要平均分配在扇区面积的每个角落,所以外面扇区的数据密度低,里面扇区的数据密度高。通俗地讲,同样是 512 人,全站在篮球场上密度较高,但是站在足球场上人口密度会降低,这种方案叫作非分区记录方式,会造成存储空间一定的浪费。目前的解决方式充分利用了磁盘越往外面积越大这一特点,外圈的磁道划分出更多的扇区,使得每个扇区的面积和容量相等,这种方案称为分区记录方式,图 6-45 展示了这两种记录方式的不同。

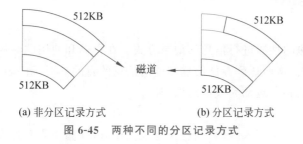

(a) 非分区记录方式　　　　(b) 分区记录方式

图 6-45　两种不同的分区记录方式

多个盘面被封装到一起组成磁盘驱动器,一般地,所有盘片表面上到主轴中心的距离相同的磁道的集合称为柱面。图 6-44 展示了一个具有三个盘片、六个柱面的驱动器,每个柱面上的磁道的编号是一致的,即柱面 k 是 6 个磁道 k 的集合。

2. 磁盘操作

磁盘使用机械臂杆上的读写磁头来读写存在磁性表面上的数据,如图 6-46 所示。机械臂杆可以沿着半径轴前后移动，以方便读写磁头可以定位在盘面的任意磁道上，对于每一次读写数据，机械臂杆定位到某一磁道上耗费的时间，被称为**寻道时间**。现代驱动器的平均寻道时间是通过几千次对随机扇区的寻道并求平均值测量得出的，一般地，寻道时间为 3～9ms。一旦读写磁头定位到期望的磁道上，盘面将通过主轴的旋转移动，将等待目标扇区的第一位旋转到读写磁头下。这一步骤主要依赖于磁盘的旋转速度，旋转操作所耗费的时间被称为**旋转时间**。在最好的情况下，磁头所定位的位置即目标扇区的第一位，在最坏的情况下，盘片需要整整旋转一圈，因此，最大旋转延迟(以 s 为单位)是：

$$T_{\max} = \frac{1}{\text{RPM}} \times \frac{60\text{s}}{1\text{min}}$$

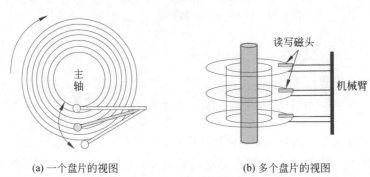

(a) 一个盘片的视图　　　　　　(b) 多个盘片的视图

图 6-46　磁盘的动态特性

其中，RPM 表示磁盘的转速，单位为转/分，平均旋转时间 T_{average} 是 $T_{\max}$ 的一半。当目标扇区的第一位位于读写磁头下时，驱动器就可以执行数据的读写操作，这部分时间被称为**传送时间**，它依赖于扇区的传送速度和一条磁道上扇区的数目，平均传送时间可公式化表示如下。

$$T_{\text{average}} = \frac{1}{\text{RPM}} \times \frac{1}{(\text{平局扇区数}/\text{磁道})} \times \frac{60\text{s}}{1\text{min}}$$

3. 磁记录原理

磁记录是利用磁的性质进行信息的记录方式。在存储和使用的时候通过特殊的方法进行信息的输入和读出，从而达到存储信息和读出信息的目的。对于磁表面存储器而言，它通过磁头和存储介质的相对运动完成读写操作。

1) 写操作

磁头上缠绕着一定的写入线圈，当执行写入操作时，存储介质在磁头下匀速通过。通过对写入线圈通入一定大小和方向的写脉冲电流，使得磁头磁化从而产生一定方向和强度的磁场。受到磁场的作用，存储介质将被磁化。另外，由于写脉冲电流方向的不一致，存储介质被磁化的极性方向也是不同的，通过这一点来分别存储"0"和"1"。实际上，写入过程就是把二进制位变成磁化位。

2) 读操作

读出时，由于存储介质的每个单元已经被磁化，因此当存储介质在磁头下方匀速通过时，磁头对被读取的磁化单元做切割磁力线的运动，这会导致磁头的读线圈产生感应电势，其方向将与产生磁场的方向相反。由于在写操作中写脉冲电流方向的不同,产生磁场的方向不同,读线圈产生感应电势的方向不同,便可读出"0"和"1"两种不同的信息。

4. 磁盘存储器的技术指标

1) 记录密度

记录密度(Recording Density)反映了在单位面积的磁道上记录数据多少的能力。磁盘存储器用道密度和位密度来表示。在沿磁道分布方向上,单位长度内的磁道数目叫道密度,单位通常是 tpi(Track PerInch,道每英寸)或 tpm(Track Per Meter,道每米)。而沿磁道方向上单位长度内存放的二进制信息数据叫位密度,单位通常是 bpi(Bits Per Inch,位每英寸)或 bpm(Bits Per Centimeter,位每厘米)。

2) 存储容量

存储容量是指整个存储器所能存储的二进制信息总数量,一般以位或字节为单位。磁盘容量是由记录密度决定的。以磁盘存储器为例,存储容量可按下式计算:

$$磁盘容量 = \frac{字节数}{扇区} \times \frac{平均扇区数}{磁道} \times \frac{磁道数}{表面} \times \frac{表面数}{盘面} \times \frac{盘片数}{磁盘}$$

例如,假设有一个磁盘,有6个盘片,每个扇区512B,每个面30 000条磁道,每条磁道平均500个扇区,那么这个磁盘的容量是:

$$磁盘容量 = \frac{512}{扇区} \times \frac{500 \text{ 扇区}}{磁道} \times \frac{30\ 000 \text{ 磁道}}{表面} \times \frac{2 \text{ 表面}}{盘面} \times \frac{6 \text{ 盘片}}{磁盘}$$
$$= 92\ 160\ 000\ 000B$$
$$= 92.16GB$$

每一千个字节称为1KB,注意,实际上 1KB = 1024B。但是如果不要求严格计算的话,也可以粗略地认为1KB就是1000B。存储产品生产商会直接以 1GB = 1000MB,1MB = 1000KB 的计算方式统计产品的容量,因此,实际上购买的存储设备容量往往小于标称的容量。

3) 平均寻址时间

平均寻址时间是决定磁盘性能的参数之一,它是指硬盘在接收到读写执行之后,磁头从开始移动到定位到目标扇区所花费的时间的平均值。平均寻址时间由两部分时间组成,分别是寻道耗费的时间以及盘片旋转耗费的时间。在前文中已经提到,由于定位磁道以及盘片旋转以定位到目标扇区的时间是不固定的,因此,取其平均值,称为平均寻址时间,它是平均寻道时间和平均旋转时间的和:

$$平均寻址时间 = 平均寻道时间 + 平均旋转时间$$

4) 数据传输率

数据传输率是指单位时间内磁表面存储器向主机传输数据的位数,此速度依赖于存储器的转速和记录密度:

$$数据传输率 = 记录密度 \times 存储器的转速$$

5) 误码率

误码率是描述磁表面存储器出错概率的指标,它等于所读出信息出错的位数和总位数之比。在实际测量技术中,使用缓存冗余检查技术来确定一段时间内发生的误码情况。

前面已经提到,磁盘上最小的存储单位是扇区。然而,由于扇区的容量较小且数目众多,这导致在寻址时比较困难。因此,操作系统将相邻的扇区又组合到一起,将其抽象地称为固定大小的逻辑块,再对块进行整体的操作。磁盘控制器,是一个内置固件的硬件设备,负责维护物理扇区和逻辑块之间的映射关系。

图 6-47 是磁盘驱动器通过磁盘控制器与 CPU、主存储器连接的示意图。磁盘控制器连接在 I/O 总线上,I/O 总线与系统总线、存储器总线之间用桥接器连接。磁盘驱动器通过多种接口连接到磁盘控制器上。比较常见的接口主要有 IDE(即并行传输 ATA)接口、SATA 接口(即串行 ATA)以及 SCSI 接口。

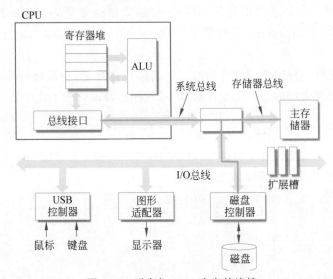

图 6-47 磁盘与 CPU、主存的连接

IDE 全称为 Integrated Drive Electronics,即"电子集成驱动器",把盘体与控制器集成在一起,这类接口随着接口技术的发展已经逐渐淘汰。

SATA 采用串行 ATA 指令集,具有高速的传输速率、更强的纠错能力、更好的数据可靠性、更好的冗余能力等特点。目前,SATA 1.0 的数据传输速率达到 600MB/s,主流的服务器大都采用 SATA 3.0 的接口硬盘。

SCSI 称为小型计算机系统接口,是一个广泛应用于小型计算机上的高速数据传输技术,一般多用于文件服务器上。

6.5.2 闪存存储器

闪存的工作原理

Flash 存储器全称为"Flash Memory",属于半导体器件的一种。然而,不同于常见的内存的只要停止电压供应便会丢失数据这一特性,Flash 能够在没有电压供应的条件下长久地保持数据,是一种非易失性存储器,其存储特性类似于硬盘,但是 Flash 具备更好的读写特性。

1. Flash 分类

目前市场上的 Flash 可以分为最早由 Intel 公司发布的 NOR 和东芝公司发布的

NAND 两大类,它们的内部结构、外部特性和应用均有较大的差异。

1) NOR Flash

NOR Flash 的成本相对较高、容量一般较小,常见的只有几 MB。然而,NOR Flash 可以重读擦写的次数比较多,可以达到 10 万～100 万次。NOR Flash 采用线性的完整数据和地址线编码的寻址技术,其中每个数据位都是有效的,保证没有失效、损坏的数据块。在应用领域方面,NOR Flash 比较适合应用于存储少量的代码。

2) NAND Flash

NAND Flash 可具有非常大的容量,且成本比较便宜,小到几 MB,大到几十 GB。其可重读擦写的次数要少于 NOR Flash,具体次数取决于不同 Flash 类型。另外,不同于 NOR 使用地址线和数据线,NAND 通过复杂的 I/O 引脚和控制引脚,通过特定的逻辑来操作。其在嵌入式系统中的作用,相当于 PC 上的硬盘,用于存储大量数据。

总的来说,由于底层技术不同,NOR Flash 和 NAND Flash 在性能、容量等方面有较大的区别,因此,各自都有不同的适合其应用的领域。对于两种 Flash 的合理组合,比较常见的是用小容量的 NOR Flash 来存储启动代码,用大量容量的 NAND Flash 作为整个系统和用户数据的存储。

NOR Flash 与 NAND Flash 的比较如表 6-8 所示。

表 6-8 NOR Flash 与 NAND Flash 的比较

特 点	NOR	NAND
传输速率	很高	较低
写入和擦除速度	较低	较高
读速度	较高	较低
写入/擦除操作速度	以 64～128KB 的块进行,时间为 5s	8～32KB 的块,只需要 4ms
外部接口	带有 SRAM 接口,有地址引脚,可以对内部的每个字节进行寻址操作	使用复杂的 I/O 引脚来串行地存取数据
价格	较高	较低
单片容量	1～16MB	8～128MB
用途	代码存储	数据存储
写操作	以字节或字为单位	以页面为基础单位

2. NAND Flash 的存储结构

1) 物理结构——浮栅结构

前面已经提到,Flash 存储单元的组织结构可分为 NOR Flash 和 NAND Flash,现在主要介绍 NAND Flash,因为 NAND 是目前使用最广泛的方案。

图 6-48 展示的 Flash 的内部物理结构是金属-氧化层-半导体-场效晶体管(MOSFET),里面有一个悬浮门,是真正存储数据的单元。数据在 Flash 内存单元中是以电荷的形式存储的,而电荷数量的多少取决于图中控制门被施加的电压的多少。对于写入或者擦除操作,对应充电或放电操作,而数据的表示(0 或 1)通过一个特定的电压阈值 V 来判断。

(1) 写入操作。给控制门一个电压去充电，使得悬浮门存储的电荷足够多，这个电荷的数目必须超过阈值 V，表示为 0。

(2) 擦除操作。对悬浮门进行放电，减少悬浮门中存储的电荷数目，使其少于阈值 V，表示为 1。

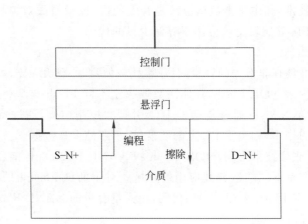

图 6-48　NAND Flash 组成单元的物理结构

2）SLC 和 MLC 的实现机制

NAND Flash 按照内部存储数据单元的电压的不同层次分类，即单个存储单元是存储 1 位数据还是多位数据，可以分为 SLC 和 MLC，如图 6-49 所示。

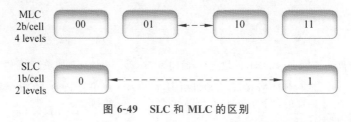

图 6-49　SLC 和 MLC 的区别

(1) SLC（Single Level Cell）。一个存储器单元可存放 1b 的数据，即 1b/cell，在 SLC 中，只存在 0 和 1 两个充电值。

(2) MLC（Multi Level Cell）。MLC 采用了双层或多层设计，即一个单元同一时间存储 2b 或者多个位的数据。不同于 SLC 设计，MLC 中存在多个阈值，不同的电压下通过控制电荷数目的不同来表示不同的两位数据。

尽管 MLC 每百万字节的制作成本更低，且与 SLC 使用相同的电压值，但是由于 MLC 中存在较多的阈值，这会直接影响到性能和稳定性。实际上：

(1) 相邻的存储电荷的悬浮门之间会互相干扰从而造成位错误。MLC 中阈值较多，且值更接近，这在一定程度上更容易引发电荷的不稳定。

(2) MLC 具有更多的状态码，这导致数据的写入和读取操作要比 SLC 更精细、更复杂，这会导致 MLC 在读写性能上都慢于 SLC。

(3) 相较于 SLC，MLC 具有更高的功耗。

(4) 相较于 SLC，MLC 拥有更差的写入耐久度和数据保存期。

3) 存储单元的阵列组织结构

存储器的存储都是以矩阵的形式来组织的,通过这种方式,可以有效地减少存储器所占空间。NAND Flash 的芯片由块(Block)组成,块的基本组成单元是页(Page),页被进一步分为数据存储区(Data Area)和备用区域(Spare Area),图 6-50 给出了一个 2112B 的页面空间、每一块包含 64 个页的 NAND 的结构示意。

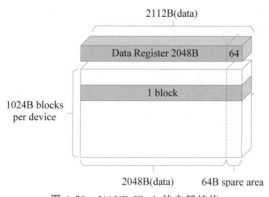

图 6-50 NAND Flash 的内部结构

(1) 块。一个 NAND Flash 的芯片由很多个块组成,块的大小一般是 128KB、256KB、512KB 等,是 NAND Flash 的擦除操作的最小单位。

(2) 页。每个块中又包含很多的页。每个页的大小一般为 528B、2KB、4KB、8KB 不等。读写操作最小单位为一个页。

(3) oob(out of band)。又称空闲区(Spare Area),在 NAND Flash 中,每一个页后面都有一个 oob 区域,用于存放硬件 ECC 校验码、坏块标记、和文件系统的组织信息,主要用于硬件纠错和坏块处理。一般而言,oob 的大小取决于页的大小,例如,页大小为 512B 的 oob 大小为 16B,而页大小为 2KB 的 oob 大小为 64B。oob 的读写操作,一般是随着页的操作一起完成的,即读写页的时候,对应地就读写了 oob。

图 6-50 中的 NAND Flash 共拥有 1024 个块,每个块中含有 64 个页,因此可知其容量可表示为:

$$1 page = (2K + 64)B$$
$$1 block = (2KB + 64B) \times 64 pages = (128 + 4K)B$$
$$1 device = (2KB + 64B) \times 64 pages \times 1024 blocks = 1056MB$$

3. Flash 的特点

Flash 中最小的操作单位是页,这与普通的存储设备,如磁盘的读取和写入都是以 b 为基本单位,是不同的。实际上,由于 Flash 基本单元的物理特性,其内部存储的数据只能由 1 变成 0,即在初始状况下,初始值全部为 1,而数据的写入过程就是将对应的存储单元变成 0 的过程。数据的擦除过程则是将 block 中的所有单元一起充电,所有的数据位全部变成 1。NAND Flash 具备以下几个特点。

(1) 在执行写入操作之前需要先擦除。

(2) 存储单元具有损耗机制,有一定耐久度的限制,并不像磁盘一样有很久的使用期,其擦除的次数是有限的。

（3）由于存储电荷的悬浮门会互相干扰，因此在执行读写操作时，电荷之间的干扰可能会引起数据出错。

（4）数据的保存期是有期限的。

（5）由于 NAND Flash 的工艺不能保证其生命周期中保持性能的可靠性，因此在生产和使用过程中存在坏块。

综上而言，NAND Flash 与普通设备存在较为明显的区别，表 6-9 展示了这些区别。

表 6-9　Flash 和普通设备相比所具有的特殊性

	普通设备（硬盘/内存等）	Flash
读取/写入的叫法	读取/写入	读取/编程
读取/写入的最小单位	b/位	Page/页
擦除操作的最小单位	b/位	Block/块
擦除操作的含义	将数据删除/全部写入 0	将整个块所有位都写为 1，即所有的 b 位全是 1，0xFFFF
对于写操作	直接写	在写数据之前，要先执行擦除操作，然后再执行写操作（目标地址当前存有数据时）

6.5.3　新型非易失性存储器

前文已经介绍了当下比较常见的存储设备，包括 DRAM、SRAM、磁盘以及 Flash 等。接下来，本节将介绍几种最新的存储技术。

1. 概述

近年来，随着新型非易失性存储器（Non-Volatile Random-Access Memory，NVM）的出现，这一革命般的技术有望引发存储技术的新潮。相比于传统的存储设备，它们打破了访问延迟、存储容量以及性价比等多个重要指标的取舍矛盾，在持久化、随机读写能力、存储密度、扩展能力以及漏电功耗等多个方面具有明显的优势。

新型非易失存储并不特指某一项技术或者特定的存储介质，而是一类存储技术的集合。相较于传统的存储设备，NVM 一般具有按字节寻址、非易失性、高存储密度、低延迟、低功耗、抗震性好和抗辐射等特性。NVM 结合了 SRAM、DRAM、Flash 以及磁盘等存储设备的优点，同时也摒弃了各存储设备的局限，表 6-10 展示了 NVM 和其他存储设备的不同。

表 6-10　存储器比较

	性能	容量	易失性	单位容量成本
SRAM	极好	极小	是	极高
DRAM	好	小	是	高
Flash	一般	大	否	低

续表

性 能	容 量	易失性	单位容量成本
硬盘	差	极大	否	极低
NVM	较好	较大	否	较低

2. 主流 NVM 技术

近年来,随着新型非易失存储的材料、工艺制备技术、结构模型与优化等方面的快速发展,已经陆续出现了多种新型存储设备的原型样品。其中,比较具有代表性的分别为相变存储器(PCRAM)、磁性随机存储器(MRAM)和可变电阻式存储器(RRAM)。

1) 相变存储器

相变存储器是一种非易失存储设备,它利用材料的可逆转的相变特性来存储信息,其结构如图 6-51 所示。相变存储器的存储介质一般具有两个互相可逆的物理状态,分别叫作晶态(低阻态)和非晶态(高阻态)。因此,相变存储器通过在器件单元上施加不同强度的电压或者电流脉冲信息,使得相变材料发生变化,从而实现信息的写入(写"1")和擦除(写"0")操作。具体地,从晶态转化为非晶态被称为非晶态转变,反之,称为晶态转变。

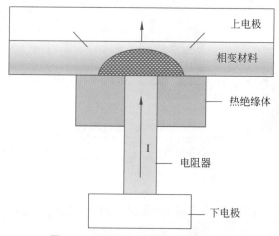

图 6-51 PCM 存储单元的物理结构

PCM 具有以下优点。

(1) 与 NAND Flash 相比,PCM 在执行写入时不需要先执行擦除操作,因此 PCM 具有低延时、读写速度相对均衡的优势。

(2) PCM 的读写是非破坏性的,因此具有良好的耐写能力,有较长的使用寿命。

(3) 相较于 HDD、NAND Flash、DRAM 等存储设备,PCM 的功耗更低。

(4) PCM 的存储密度较高。

2) 磁性随机存储器

MRAM 是利用磁性结构特有的自旋相关传输为基础的磁电阻效应所得到的一种新颖的非易失性固态磁存储器,采用磁化的方向不同所导致的磁电阻不同这一原理来记录"0"和"1"。

如图 6-52 所示,MRAM 的核心存储器件磁性隧道结 MTJ 主要包含一个自由层、一个参考层和一个位于中间的隔离层。其中,自由层的自旋磁化方向是可以变化的,而参考层的自旋磁化方向固定不变。当自由层的自旋磁化方向与参考层一致时,MTJ 处于"平行磁化方向",呈现低电阻状态;反之,当两者的自旋磁化方向相反时,MTJ 处于"反平行磁化方向"时,MTJ 呈现高电阻状态,这两种截然不同的电阻状态被用来分别表示"0"和"1"。

MRAM 具有以下优点。

(1) MRAM 在读取的速度方面要优于 SRAM,写入速度与 SRAM 同级,却拥有比 SRAM 更小的面积空间。

(2) 相较于 HDD、NAND Flash、DRAM 等存储设备,MRAM 的功耗更低。

3) 可变电阻式存储器

典型的 RRAM 结构类似于一个三明治,由两个金属电极夹(材料的选择如 Au、Pt 等)和一个薄介电层(二元过渡金属氧化物、钙钛矿型化合物等)组成,介电层作为离子传输和存储介质,图 6-53 展示了 RRAM 的器件单元结构。RRAM 的原理是通过给存储单元外部刺激,如电压,引起存储介质内离子的运行和局部结构变化,受离子运动的影响,介质的电阻会发生变化,通过两个完全不同的电阻值来存储数据"0"和数据"1"。

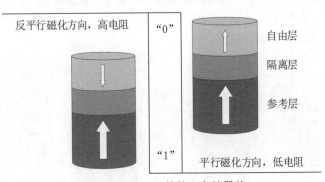

图 6-52　MRAM 的核心存储器件　　　　图 6-53　RRAM 存储单元的物理结构

RRAM 具有优点以下

(1) RRAM 的擦写速度由触发电阻转变的脉冲宽度决定,一般小于 100ns,因此 RRAM 的速度很快。

(2) RRAM 的读写也是非破坏性的,因此 RRAM 的使用寿命较长。

(3) RRAM 具备多种电阻状态,因此每个存储单元存在存储多个数据位的可能,从而大大提高了存储密度。

3. NVM 的未来发展趋势

尽管新型 NVM 存储技术有如此多的优点,但是目前对此的研究尚缺乏实际性的突破,市场上工业级、产品化的 NVM 存储设备仍较少。这不仅取决于底层存储材料制作工艺的难度,如何高可靠性地保证数据的读写以及匹配现有为存储器设备设计的软件系统也是制约 NVM 发展的重要因素。因此,NVM 未来的发展方向必须从硬件和软件两个层面入手。

1) 硬件方面

仍需加速不同 NVM 技术的材料发展,发展高集成密度的堆叠技术。对于堆叠的存储结构,提升其存储密度和每字节的成本是至关重要的。另外,针对不同材料的物理特性,如何更高效地保证数据的可读写以及低功耗性,也是亟待解决的一个重要问题。如众说纷纭的 PCM,其相变原理、掺杂机制等问题仍需要进一步的完善。

2) 软件方面

传统基于易失性的 DRAM 的数据结构需要重新设计,充分利用新型 NVM 的非易失性、低静态功耗、高读写速度、按字节寻址等特点,规避传统 DRAM 具有的写磨损和读写速度不均衡的缺点,在容量、性能、价格之间取得一个较好的均衡。

◆ 6.6 I/O 系统

在计算机系统中,输入设备和输出设备是必不可少的重要组成部分。输入设备与输出设备共同组成 I/O 系统,用户使用计算机时,通常都是通过由诸如键盘、鼠标、显示器等 I/O 设备构成的 I/O 系统与计算机进行交互从而满足自己的需要。本节主要介绍 I/O 系统的定义与组成、I/O 系统的软硬件层次结构、I/O 系统的工作过程以及用户级 I/O 软件、系统级 I/O 和 I/O 栈的相关内容。

6.6.1 I/O 系统的定义与组成

I/O 系统是计算机系统中负责处理数据输入与输出的部分,其中,输入设备负责将信息从鼠标、键盘等外围设备传输到计算机中,输出设备负责将计算机传达给用户的信息从计算机内部输出到屏幕、音响等外部设备。

通常情况下,I/O 系统由 I/O 硬件与 I/O 软件两部分共同组成。

I/O 硬件主要包括以下几种。

(1) **外部设备**:包括输入设备、输出设备以及通过输入接口和输出接口才能访问的外存储设备。

(2) **设备控制器**:设备控制器是 CPU 与 I/O 设备之间的接口,它接收 CPU 发来的命令,控制 I/O 设备工作,使 CPU 从繁杂的设备控制事务中解放出来。

(3) **I/O 接口**:I/O 接口由数据缓冲寄存器、设备选择电路、设备状态标记、命令寄存器和命令译码器组成,它是 I/O 设备与 CPU 沟通的桥梁。I/O 接口也是各个外设与主机之间传输数据时进行各种协调工作的逻辑部件,负责传输过程中速度的匹配、电平和格式转换等。

(4) **I/O 总线**:I/O 总线是用来传送控制信息的信号线,这些控制信息包括 CPU 对内存和 I/O 接口的读写信号,I/O 接口对 CPU 提出的中断请求或 DMA 请求信号,CPU 对这些 I/O 接口回答与响应信号,I/O 接口的各种工作状态信号以及其他各种功能控制信号。

I/O 软件则包括驱动程序、用户程序、管理程序、升级补丁等。

现在的计算机系统一般采用 **I/O 指令**和通道指令实现 CPU 与 I/O 设备的信息交换。I/O 指令是 CPU 指令的一部分,被用来控制输入操作和输出操作,且由 CPU 译码后执行。I/O 指令一般由操作码、命令码、设备码组成,如图 6-54 所示。其中,操作码是一种控制指令,标识指令类型是访存或者算术逻辑运算等;命令码指明具体的操作信息,例如,算术逻辑中的加减乘除等;设备码是外围设备在 I/O 系统中的编号。通过 I/O 指令,就能够实现对 I/O 设备的基本控制。

图 6-54　I/O 指令的组成

在具有通道结构的机器中,I/O 指令不再实现 I/O 数据传送功能,而是主要完成启/停 I/O 设备、查询通道和 I/O 设备状态及控制通道进行一些操作等。此时,通道指令区别于 CPU 机器指令,是通道自身拥有的指令,被存放在主存中。通道指令用于执行 I/O 操作,比如读写磁盘、控制 I/O 设备的工作状态等。通道指令执行之前需要由 CPU 执行启动 I/O 设备的指令,然后由通道执行通道指令代替 CPU 对 I/O 设备进行管理。在通道指令中一般会指明数据的首地址、传送字数、操作命令。

计算机系统的软硬件以层次结构的方式进行组织,I/O 系统也不例外。I/O 系统的层次结构组织方式很好地满足了计算机系统对输入与输出功能的要求。I/O 系统的 I/O 软件和 I/O 硬件层次结构从上到下分别如下。

(1) 用户层软件:实现 I/O 系统与用户交互的接口,用户可以直接调用用户层提供的与 I/O 操作有关的库函数对设备进行操作。

(2) 设备独立性软件:实现用户程序与设备驱动器的统一接口,提供设备命令、设备保护以及已有设备的分配与释放等,同时为设备管理和数据传送提供必要的存储空间。

(3) 设备驱动程序:与硬件设备直接相关,驱动 I/O 设备内部的驱动与控制程序来实现系统对设备发出的具体操作指令。

(4) 中断处理程序:实现被中断进程 CPU 环境的保存,进行中断处理程序的识别与调入,以及现场的清理与恢复。

(5) I/O 硬件:通常包括一个机械部件和一个电子部件,其中,电子部件称为设备控制器(或适配器),在个人计算机中,通常是一块插入主板扩充槽的印刷电路板,机械部件则是设备本身。I/O 系统的层次结构如图 6-55 所示。

I/O 系统的层次结构中,越靠上的层次越接近计算机用户,越靠下的层次则越接近计算机硬件。每一层都通过下一层所提供的服务来实现本层要完成的任务,同时向上一层提供对应的服务,但向上一层屏蔽服务的具体实现方式。I/O 子系统的各个层次之间相互配合,完成 I/O 操作的完整过程。

| 用户层软件 |
| 设备独立性软件 |
| 设备驱动程序 |
| 中断处理程序 |
| I/O硬件 |

图 6-55　I/O 系统的层次结构

I/O 系统之所以采用层次结构,是因为 I/O 系统本身具备以下特性。

(1) 异步性:由于外部设备速度与 CPU 的处理速度相差较多,输入/输出采用异步方式从而让 CPU 和外部设备并行工作,以尽可能地缓解 CPU 和外部设备速度不匹配的问题。

(2) 复杂性:CPU 与外部设备的交互过程复杂,如果由用户程序控制 I/O 设备则会增加用户程序设计的复杂性,于是现在的计算机系统中统一由操作系统通过特定的驱动程序完成对 I/O 设备的交互与控制,并向用户程序提供统一、简单易用的接口。

(3) 共享性：由于各个外部设备都可以通过 I/O 系统与 CPU 进行实时的信息交互，同时多个进程之间也可以共享 I/O 系统，因此操作系统必须对 I/O 资源进行控制，从而在不产生冲突的情况下，尽可能地提高 CPU 与 I/O 系统的工作效率。

用户通过 I/O 函数或者 I/O 操作符向操作系统发起 I/O 请求。I/O 函数可以大体上分为两类：一类是标准 I/O 库函数，一类是系统 I/O 函数。以 C 语言为例，常见的标准 I/O 库函数包括 fopen()、fread()、fwrite()、fclose()、printf()、scanf() 等，系统 I/O 函数包括 create()、open()、read()、write()、lseek() 等。其中，标准 I/O 库函数具有相对更高的抽象层次，标准 I/O 函数是基于系统 I/O 函数实现的。标准 I/O 函数和系统 I/O 函数之间的关系如图 6-56 所示。

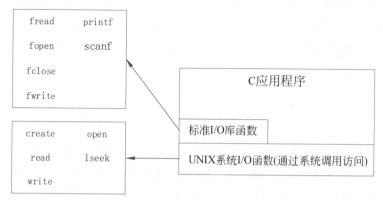

图 6-56　C 标准 I/O 库函数与系统 I/O 函数之间的关系

在以上内容的基础上，下面通过例子简单总结一下 I/O 系统的工作过程。当用户程序需要读取一个磁盘文件中的记录时，它可以通过调用 I/O 函数来提出 I/O 请求。此时既可以调用 C 语言标准 I/O 函数 fread()，也可以使用系统调用的封装函数 read() 来提出 I/O 请求，但是不论用户程序使用标准 I/O 函数还是系统调用函数，最终都会通过操作系统内核提供的系统调用来实现 I/O 请求。

每个系统调用的封装函数都会被转换为一组与具体机器架构相关的指令序列，这个指令序列至少有一条陷阱指令，在陷阱指令之前可能还有若干条传送指令，用于将 I/O 操作的参数送入相应寄存器中。

CPU 会在用户态执行用户进程，当 CPU 执行到系统调用的封装函数时，会从用户态陷入到内核态。转到内核态执行后，CPU 根据陷阱指令识别相应的系统调用号，并执行相应的系统调用服务例程。在系统调用服务例程的执行过程中可能需要调用具体设备的驱动程序以启动设备，外设准备好后会发出中断请求，CPU 响应中断后，就调出中断服务程序执行，控制主机与设备进行具体的数据交换。

而通过 C 语言实现向磁盘文件中写入内容的过程也类似，具体见图 6-57。

6.6.2　I/O 软硬件层次结构

图 6-55 中给出的 I/O 子系统层次结构示意图中包括 I/O 软件和 I/O 硬件两大部分。其中，I/O 软件包括最上层提出 I/O 请求的用户空间 I/O 软件（称为用户 I/O 软件）和在底

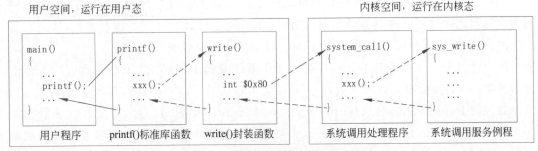

图 6-57 write 函数的执行过程示意图

层操作系统中对 I/O 进行具体管理和控制的内核空间 I/O 软件(称为系统 I/O 软件)。用户 I/O 软件即为用户层软件,系统 I/O 软件又分为三个层次,分别是设备独立性软件层、设备驱动程序层和中断服务程序层。而 I/O 硬件则在系统 I/O 软件的控制下完成具体的 I/O 操作。本节将对该层次结构进行详细介绍。

1. 用户 I/O 软件

1) 文件

以 UNIX 系统为例,因为 UNIX 中的 I/O 更简单且一致性更强,其设计优点就是使用文件的形式来描述众多抽象的事物。与 Windows 或早期的 Macintosh 等操作系统不同,在 UNIX 系统看来,文件实际上是一个字节序列,即不区分文件内部的详细结构,只是把文件看作存储在磁盘驱动器或其他外部存储设备上的字节流,并且可以对其进行包括打开、读写、关闭等一系列标准操作。

除了传统意义上磁盘上保存的文件之外,UNIX 也会用文件来描述很多其他部件,其中就包括连接到计算机上的 I/O 设备。例如,使用以 TTY 为前缀的文件来代表"电传打字机",这种说法比较古老,过去人们用它来描述打字机与计算机的接口。另一个例子是网络连接,俗称套接字。当我们通过互联网进行通信时,通过将消息写入套接字来实现消息的发送,并通过从套接字读取数据实现消息的接收。在其他的低级 API 中也是如此,所有这些操作都基于文件的打开、读写和关闭的核心操作。

对于系统中的文件,用户程序可以对其进行创建、打开、读写和关闭等操作。创建新文件时,用户指定文件名和文件的访问权限,内核会返回该文件的**文件描述符**,文件描述符是一个非负整数,用于唯一标识文件并在将来的 I/O 操作中通过它指定特定的文件。打开文件时系统会首先确认文件是否存在,并确认用户是否有访问该文件的权限,如果所有这些检查都通过,系统将通过该文件的文件描述符打开文件。如在 UNIX 中创建进程时,标准输入(描述符 0)、标准输出(描述符 1)和标准错误(描述符 2)三个标准文件会自动打开。同时若要对文件进行读写等操作也需要经过相应的权限判断过程。

操作系统支持文件重定位的接口实现,将文件的读写位置设为特定值以方便用户使用。如在读文件时,若用户不希望总是从头开始,而是先读一部分,接着再读一部分,这时候就会用到读写位置来追踪当前正要读取的文件位置。因此读写位置相当于一种计数器,记录了截至目前已读的文件字节数,从而操作系统就知道接下来该从哪里开始读。通过执行 seek 操作来改变文件位置。读写位置是与打开文件相关联的元数据的一部分。

当一个新文件被创建后,用户程序可以将信息写到文件上。从当前读写位置 $k(k \geqslant 0)$ 处开始向后写入 $n(n>0)$ 字节,并更新读写位置为 $k+n$。

读文件的操作也同理,从文件当前读写位置 $k(k \geqslant 0)$ 处读出 $n(n>0)$ 字节,因而读出后文件当前读写位置为 $k+n$。假设文件大小为 m 字节,当执行读文件操作时,若 $k=m$,则当前位置为结尾处,这种情况称为文件结束(End Of File,EOF)。

当文件的所有操作完成后,需要执行关闭文件的操作。

2) 用户程序中的 I/O 请求

在用户空间 I/O 软件中,用户程序可以通过使用 C 标准 I/O 库函数的方式提出 I/O 请求,也可以通过直接使用操作系统提供的系统级 I/O 函数或 API 函数提出 I/O 请求。例如,对于一个简单的文件合并功能——将文件 num1.txt 和 num2.txt 合并并将结果存放在 num3.txt 中,可以使用多种不同的实现方式。下面给出了使用 C 标准 I/O 库函数 fscanf() 和 fprintf() 实现的例子。

```
#include <stdio.h>
#include <stdlib.h>
void sort(int a[],int N);
int main(void)
{
    FILE * fp1 =fopen("num1.txt", "r");
    FILE * fp2 =fopen("num2.txt", "r");
    FILE * fp3 =fopen("num3.txt", "w");
    int index =0,i=0;
    int array[1024]={0};
    if (fp1 ==NULL || fp2==NULL ||fp3 ==NULL)
    {
        perror("Open file recfile");
        exit(1);
    }
    while(!feof(fp1)){
        fscanf(fp1,"%d",&array[index]);         //每次读出一个数据,填入数组
        index +=1;
    }
    while(!feof(fp2)){
        fscanf(fp2,"%d",&array[index]);
//每次读出一个数据,紧接着上次开始,填入数组
        index +=1;
    }
    i =0;
    while(i<index-1){                           //把数组数据格式化地写入文件
        fprintf(fp3,"%d ",array[i]);
        i +=1;
```

```
    }
    fclose(fp1);
    fclose(fp2);
    fclose(fp3);
    return 0;
}
```

对于文件合并功能，在 UNIX 系统下还可以使用 fgetc() 和 fputc() 等函数来实现。在 Windows 系统中，除了使用 C 标准库函数实现以外，还可以使用 API 函数 ReadFile() 和 WriteFile() 来实现文件合并功能。除了这些之外，操作系统还可能会提供一些更高级的 API 函数，它通过组合若干基本 API 函数而形成，是用于完成特定功能的、抽象度更高的 API 函数。

2. 系统 I/O 软件

1) 设备独立性软件

一旦通过陷阱指令（如 Linux 中的 system_call）调出系统调用处理程序执行，就进入了内核空间的 I/O 软件。首先执行的是与具体设备无关的 I/O 软件，其主要完成所有设备公共的 I/O 功能，并向用户层软件提供统一的接口，通常实现以下几个功能：提供设备驱动程序统一接口、缓冲区处理、错误报告、打开与关闭文件以及逻辑块大小处理等。

对于某个外设具体的 I/O 操作，通常需要通过其特定的设备驱动程序来完成。但是外设的种类繁多，控制接口又不一致，导致不同外设的设备驱动程序之间的实现千差万别。如果计算机系统中每出现新的外设，都要添加一种新的设备驱动程序并为此修改操作系统，那么就会给操作系统开发者和系统用户带来很大的麻烦。为此，操作系统为所有外设的设备驱动程序规定了一个统一的接口，只要所有设备的驱动程序按照统一的接口规范来编制实现，那么就可以在不修改操作系统的情况下在系统中添加新设备驱动程序，并使用新的外设进行 I/O 操作。内核中与设备无关的 I/O 软件就负责对所有外设统一的公共接口的处理。基于此，在操作系统内核高层 I/O 软件中将所有外设都抽象成文件。设备名和文件名在形式上没有任何差别，因而设备名又被称为设备文件名。内核中与设备无关的 I/O 软件必须将不同的设备名和文件名映射到对应的设备驱动程序。例如，在 UNIX/Linux 系统中，一个设备名将能够唯一地确定一个特殊文件的 inode 节点。一个 inode 节点中包含主设备号，而主设备号可用于定位相应的设备驱动程序。inode 节点还包括次设备号，它可作为参数传递给设备驱动程序，用来确定进行 I/O 操作的具体设备位置。

下面介绍缓冲区的定义，缓冲区是用户进程在提出 I/O 请求时，用来暂存 I/O 数据的内存空间，位于用户空间中。例如，文件读函数 fead(buf,size,num,fp) 中指定的参数 buf 就是位于用户空间中的缓冲区。当操作系统通过陷阱指令陷入到内核态后，通常会在内核空间中再开辟一个或两个缓冲区，这样，在底层 I/O 软件控制设备进行 I/O 操作时，就直接使用内核空间中的缓冲区来存放 I/O 数据。那么为何不直接使用用户空间缓冲区呢？这是因为如果直接使用用户空间缓冲区，在外设进行 I/O 期间，由于用户进程被挂起，则会导致用户空间的缓冲区所在页面有可能被替换出去，这样就无法快速获得缓冲区中的 I/O 数据。每个设备的 I/O 都需要使用缓冲区，因而缓冲区的申请和管理等操作是所有设备公共的,可以包含在与设备无关的I/O软件部分。此外,为了充分利用数据访问局部性的特点,操作系统通常在内核空间开辟高速缓存,将最近访问的数据保存在高速缓存中。与设备无关的I/O软件会确定所请求的数据是否已经在高速缓存中,如果存在,就可直接在缓存中操作数据,不需要再访问磁盘。

在用户进程中,通常要对所调用的I/O库函数返回的信息进行处理,有时返回的是错误码。例如,fopen()函数的返回值为NULL时,表示无法打开指定文件。虽然很多错误与特定设备相关,必须由对应的设备驱动程序来处理,但是所有I/O操作在内核态执行时所发生的错误信息都是通过与设备无关的I/O软件返回给用户进程的。有些错误属于编程错误,例如,请求了某个不可能的I/O操作;写信息到一个输入设备或从一个输出设备读信息;指定了一个无效的缓冲区地址或者参数;指定了不存在的设备等。这些错误信息由设备无关的I/O软件检测出来并直接返回给用户进程,无须再进入底层I/O软件处理。还有一类是I/O操作错误,例如,写一个已被破坏的磁盘扇区;打印机缺纸;读一个已关闭的设备。这些错误由相应的设备驱动程序检测出来并处理,若驱动程序无法处理,则驱动程序将错误信息返回给设备无关的I/O软件,再由设备无关的I/O软件返回给用户进程。

I/O函数对应的打开或关闭设备或文件等系统调用并不涉及具体的I/O操作,只需直接对内存中的一些数据结构进行修改即可,因此这部分工作也由设备无关软件来处理。

为了对所有的块设备和所有的字符设备提供统一的抽象视图,以隐藏不同块设备或不同字符设备之间的差异,与设备无关的I/O软件为所有块设备或所有字符设备设置了统一的逻辑块大小。例如,对于块设备,不管磁盘扇区和光盘扇区有多大,所有逻辑数据块的大小都为4KB,这样一来,高层I/O软件就只需要处理简化的抽象设备,从而在高层软件中简化了数据定位等处理的过程。

2) 设备驱动程序

设备驱动程序是与设备相关的I/O软件部分。每个设备驱动程序只负责一种外设或一类紧密相关的外设的I/O操作处理。每个外设或每类外设都有一个设备控制器,其中包含各种I/O端口。通过设备驱动程序,CPU可以向控制端口发送控制命令来启动外设,可以从状态端口读取状态来了解外设或设备控制器的状态,也可以从数据端口中读取数据或向数据端口发送数据等。设备驱动程序的实现包括许多I/O指令,通过这些I/O指令,CPU可以访问设备控制器中的I/O端口,从而控制外设的I/O操作。

根据设备所采用I/O控制方式的不同,设备驱动程序的实现方式也不同,常见的I/O控制方式包括程序直接控制方式、中断控制方式和DMA控制方式。对于驱动程序来说,采取不同的控制方式也存在不同的运行方式。

若采用程序直接控制I/O方式,那么驱动程序的执行与外设的I/O操作完全串行,驱动程序一直等到完成所有用户程序的I/O请求后才能结束。驱动程序执行完成后,返回到与用户无关的I/O软件,最后再返回到用户进程。在这种情况下,用户进程在I/O过程中不会被阻塞,内核空间的I/O软件一直代表用户进程在内核态进行I/O处理。

若采用中断控制I/O方式,则驱动程序启动第一次I/O操作后,将调用进程调度程序来调出其他用户进程执行,而请求I/O的用户进程则被挂起。在CPU执行其他进程的同时,外设进行I/O操作。在这种情况下,CPU和外设可并行工作。

若采用DMA控制方式,那么,驱动程序对DMA控制器进行初始化后,便发送"启动

DMA 传送"命令,使设备控制器控制外设开始进行 I/O 操作。发送完启动命令后,驱动程序执行进程调度程序,使 CPU 转去其他用户进程执行,并使请求 I/O 的用户进程阻塞。DMA 控制器完成所有 I/O 任务后,向 CPU 发送一个"DMA 完成"中断请求信号。CPU 在中断服务程序中,解除用户进程的阻塞状态,然后中断返回。

在中断控制 I/O 和 DMA 控制 I/O 两种方式下,在执行设备驱动程序过程中都会进行进程调度,以使当前用户进程阻塞,也都会产生中断请求信号,前者由设备在每完成一个数据的 I/O 后产生中断请求,后者由 DMA 控制器在完成整个数据块的 I/O 后产生中断请求。

3) 中断处理程序

图 6-58 给出了中断的过程,包括两个阶段:**中断响应**和**中断处理**。中断响应的过程在复杂指令集中全部由硬件完成以提高中断响应速度,其中包括关中断、保存断点以及调入相应的中断服务例程等子过程;而中断处理就是 CPU 执行一个中断服务例程的过程,由软件实现。虽然不同的中断源对应的中断服务程序不同,但是它们在结构上拥有一定的相似性。中断服务程序包含三个阶段:准备阶段、处理阶段和恢复阶段。

如图 6-58 所示的是多重中断系统下的中断服务程序结构。在保存断点、保护现场和旧的屏蔽字、设置新屏蔽字的过程中,CPU 一直处于中断禁止(关中断)状态。CPU 响应中断的第一件事就是关中断,即将中断允许触发器置 0 以避免新的中断请求破坏断点或现场及屏蔽字等重要信息,导致进程不能继续正确执行,打断响应过程造成当前进程发生错误。在进行具体的中断服务之前,CPU 会执行"开中断"指令来将中断允许触发器置 1。因此,中断服务程序的执行是有可能被新的未被屏蔽的中断请求所打断的。而在恢复阶段中要做的第一件事也是关中断,并在中断返回前执行开中断操作。

图 6-58 中的"保护现场和旧屏蔽字""恢复现场和旧屏蔽字"分别通过"压栈"和"出栈"的指令调用操作系统栈空间来完成,而"设置新屏蔽字"和"清除中断请求"则通过执行 I/O 指令来实现。这些 I/O 指令对**可编程中断控制器(PIC)** 中的中断请求寄存器和中断屏蔽字寄存器进行读写操作。

需要注意的是,在设备驱动程序和中断服务程序中使用到的 I/O 指令以及"开中断"和"关中断"指令都是特权指令,只能在操作系统的内核程序中使用。

3. I/O 硬件

用户空间 I/O 软件中的 I/O 请求最终是通过陷阱指令转入内核并由内核空间中的 I/O 软件来控制 I/O 硬件完成的。因为内核空间中底层 I/O 软件的编写与 I/O 硬件的结构是密切相关的,因此在介绍内核空间的 I/O 软件之前,首先介绍 I/O 硬件的基本组成。对于编写内核空间 I/O 软件的程序员来说,最关心的是 I/O 硬件中与软件的接口部分,因此,本节主要介绍与软件相关的 I/O 硬件部分,而不是介绍如何设计和制造 I/O 硬件的物理部件。

1) I/O 设备

管理和控制计算机的所有输入/输出设备(I/O 设备)是操作系统的主要功能之一。I/O 设备一般都由机械部分和电子部分组成,主要分为**字符设备**和**块设备**两种。

输入/输出设备,是指可以与计算机进行数据传输的硬件。最常见的 I/O 设备有打印机、硬盘、键盘和鼠标。从严格意义上来讲,它们中有一些只能算是输入设备(如键盘和鼠

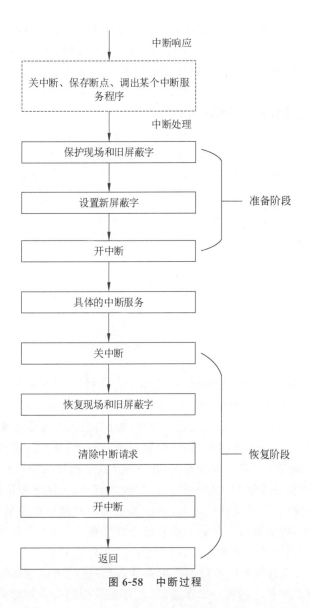

图 6-58 中断过程

标);有一些只是输出设备(如打印机)。所有存储器也可以算是输入/输出设备,如硬盘、光盘等。

现代计算机系统中配置了大量的外围设备(I/O 设备)。依据它们工作方式的不同,通常可以进行如下分类。

(1) 字符设备:大多是以字符为单位发送和接收数据的,数据通信的速度比较慢。例如,键盘和显示器为一体的字符终端、打印机、扫描仪、鼠标等,还有早期的卡片和纸带输入和输出机。字符设备中含显卡的图形显示器(图形显示器的输出依赖于显卡)的速度相对较快,可以用来进行图像处理中的复杂图形的显示。

(2) 块设备:一般是指外部存储器,用户通过这些设备实现程序和数据的长期保存。与字符设备相比,它们是以块为单位进行数据传输的,常见的块设备包括磁盘、磁带和光盘等。最常见的存储设备块大小为 4KB。

这种分类方法并不完备，也有设备采用其他的数据通信方式。例如，时钟既不是按块访问，也不是按字符访问，它所做的是按照预先规定好的时间间隔产生中断。但是这种分类足以使操作系统构造出处理 I/O 设备的软件，使它们独立于具体的设备。

2）设备控制器

图 6-59 给出了设备控制器的组成示意图。

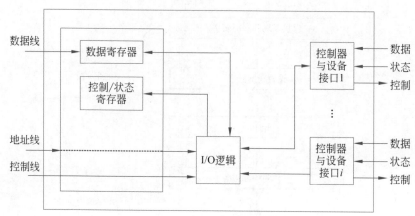

图 6-59　设备控制器组成示意图

设备控制器是计算机中的一个实体，其主要职责是控制一个或多个 I/O 设备，以实现 I/O 设备和计算机之间的数据交换。它是 CPU 与 I/O 设备之间的接口，接收从 CPU 发来的命令，并控制 I/O 设备工作，以使处理器从繁杂的设备控制事务中解脱出来。

设备控制器作为一个可编址设备，当仅控制一个设备时，其只使用唯一的设备地址；而当控制多个设备时，则应含有多个设备地址，并使每个设备地址对应一个设备。设备控制器的复杂性因其控制的设备数量和类型不同而存在较大差异，大体上可以把设备控制器分成两类：一类是用于控制字符设备的控制器，另一类是用于控制块设备的控制器。在微型计算机和小型计算机中，控制器常以印刷电路卡的形式实现，因而也常称为接口卡，可将它插入计算机。有些控制器还可以处理两个、四个或八个同类设备。

CPU 可以向设备控制器发送多种不同的命令，设备控制器应能接收并识别这些命令。为此，在控制器中应具有相应的控制寄存器，用来存放接收的命令和参数，并对所接收的命令进行译码。例如，磁盘控制器可以接收 CPU 来的 Read、Write、Format 等 15 条不同的命令，并且有些命令还带有参数；相应地，在磁盘控制器中有多个寄存器和命令译码器等。

CPU 与设备控制器之间、设备控制器与设备之间都存在数据交换。对于前者，数据通过数据总线由 CPU 并行地写入设备控制器，或从设备控制器中并行地读出到 CPU；对于后者，数据从设备输入到设备控制器，或从设备控制器传送给设备。为此，在控制器中必须设置数据寄存器。

设备控制器的工作还包括标识和报告设备的状态。这是为了使 CPU 能够掌握各设备的当前状态以保证工作的正确进行并避免发生不必要的错误。例如，仅当该设备处于发送就绪状态时，CPU 才能启动控制器从设备中读出数据。为此，在控制器中设置有状态寄存器，用寄存器中的一位或者多位之间的组合结果来反映设备的某一种状态。此时 CPU 读取该寄存器的内容后，便可了解该设备的状态。

设备控制器负责设备地址识别的任务。就像内存中的每一个单元都有一个地址一样，系统中的每一个设备也都有一个地址，而设备控制器必须能够识别它所控制的每个设备的地址。此外，为使 CPU 能向（或从）设备控制器的寄存器中写入（或读出）数据，这些寄存器也应具有唯一的地址。例如，在 IB-MPC 中规定，硬盘控制器中各寄存器的地址分别为 320~32F 之一。因此，在控制器中配置地址译码器以保证设备控制器能够准确识别这些地址。

设备控制器还需负责 CPU 与设备之间的数据缓冲任务。由于 I/O 设备的速度较低，而 CPU 和内存的速度较高，所以需要在控制器中设置缓冲器。在输出时，此缓冲器用于暂存由主机高速传来的数据，然后以 I/O 设备所具有的速率将缓冲器中的数据传送给 I/O 设备；在输入时，缓冲器则用于暂存从 I/O 设备送来的数据，待接收到约定数量的数据或数据传输结束后，再将缓冲器中的数据高速传送给主机，进而提高 CPU 的利用率。

另外，设备控制器需要对 I/O 设备传来的数据进行错误检测。若发现传送中出现错误，通常的做法是将差错检测码置位，并向 CPU 报告。CPU 将本次传送来的数据作废，并重新开始新一轮的传送。通过这种方式来保证数据传输过程中的安全性与完整性。

接下来介绍设备控制器的组成。首先是设备控制器与处理器之间的接口，该接口用于实现 CPU 与设备控制器之间的通信，使用到三种信号线：数据线、地址线和控制线。其中，数据线通常与两类寄存器相连接，第一类是数据寄存器，在控制器中可以有一个或多个数据寄存器，用于存放从设备送来的数据（输入）或从 CPU 送来的数据（输出）。第二类是控制/状态寄存器，在控制器中可以有一个或多个这类寄存器，用于存放从 CPU 送来的控制信息或设备的状态信息。

然后是设备控制器与设备之间的接口。在设备控制器中可以有一个或多个设备接口，每一个接口连接一台设备，同时在每个接口中都存在数据、控制和状态三种类型的信号线。当处理器要与外部设备产生交互时，设备控制器中的 I/O 逻辑根据处理器发来的地址信号选择一个设备接口。

设备控制器中还有一个重要组成是 I/O 逻辑，它用于实现对设备的控制。I/O 逻辑通过一组控制线与处理器进行交互，处理器利用该逻辑向控制器发送 I/O 命令。另一方面，I/O 逻辑还负责对收到的 I/O 命令进行译码。每当 CPU 要启动一个设备时，一方面将启动命令发送给设备控制器，另一方面又通过地址线把地址发送给设备控制器，然后设备控制器中的 I/O 逻辑对收到的地址进行译码，再根据所译出的命令对所选设备进行响应控制。

3）I/O 端口

每个连接到 I/O 总线上的设备都有自己的 I/O 地址集合，通常称为 I/O 端口，在 IBM PC 体系结构中，I/O 地址空间一共提供了 65 536 个 8 位的 I/O 端口，正好对应 16 位的端口地址。可以把两个连续的 8 位端口看成一个 16 位端口，但是必须对齐到偶数地址。同理，也可以在对齐边界的基础上把两个连续的 16 位端口看成一个 32 位端口。在 CPU 对 I/O 端口进行读写时，CPU 使用地址总线选择所请求的 I/O 端口，并使用数据总线在 CPU 寄存器和端口之间传送数据。

I/O 端口既可以使用独立的 I/O 地址空间，也可以被映射到统一的内存地址空间。映射到内存地址空间之后，处理器和 I/O 设备之间的通信就可以通过对内存直接操作的汇编指令来完成。现代的硬件设备更倾向于映射 I/O，因为这样处理速度较快，处理方式更统一，并可以和 DMA 进行结合。

系统设计者的主要目的是对 I/O 编程提供统一的方法,但又不能以牺牲性能为代价。为达到这个目的,每个设备的 I/O 端口都被组织成如图 6-60 所示的一组专用寄存器。此外,为了降低成本,通常一个 I/O 端口可以用于不同用途。

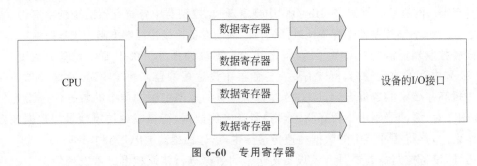

图 6-60　专用寄存器

在使用过程中,为了使操作系统能够知道哪些端口已经被分配给 I/O 设备了,内核使用"**资源(resource)**"来记录分配给每个硬件设备的 I/O 端口。资源表示某个实体的一部分,并且这部分已经被互斥地分配给某一设备驱动程序。一个资源通常表示 I/O 端口地址的一个范围,每个资源对应的信息放在 resource 数据结构中。resource 数据结构的定义如下。

```
struct resource {
    resource_size_t start;        /*资源范围的开始*/
    resource_size_t end;          /*资源范围的结束*/
    const char * name;            /*资源拥有者的描述*/
    unsigned long flags;          /*各种标记*/
    /*指向资源树中父亲、兄弟、第一个孩子的指针*/
    struct resource * parent, * sibling, * child;
};
```

所有的同种资源都被插入到一个树型数据结构中,如表示 I/O 端口地址范围的所有资源都包含在一个根节点为 ioport_resource 的树中。子节点被收集到一个链表中,child 指向第一个孩子,sibling 字段指向链表中的下一个节点。ioport_resource 的定义如下。

```
struct resource ioport_resource = {
    .name  ="PCI IO",
    .start =0,
    .end=IO_SPACE_LIMIT,          //与体系结构相关
    .flags =IORESOURCE_IO,
};
```

任何设备驱动程序都可以使用下面三个函数,通过它们进行资源的申请与释放,并以参数的形式传递相应资源树的根节点以及返回的新资源的地址。

```
int request_resource(struct resource * root, struct resource * new)

int allocate_resource(struct resource * root, struct resource * new,
```

```
                    resource_size_t size, resource_size_t min,
                    resource_size_t max, resource_size_t align,
                    void (* alignf)(void *, struct resource *,
                        resource_size_t, resource_size_t),
                     void * alignf_data)

int release_resource(struct resource * old)
```

其中,request_resource()方法用于将一个给定的端口范围分配给一个 I/O 设备。而 allocate_resource()方法能够在资源树中寻找一个给定大小和排列方式的可用范围,若存在,就将这个范围分配给一个 I/O 设备。此方法主要由 PCI 设备驱动程序使用,这种驱动程序可以设置成使用任意的端口号和主板上的内存地址对其进行配置。release_resource() 方法用于释放之前分配给 I/O 设备的给定范围。除了以上三个方法之外,内核还提供了应用于 I/O 端口的快捷函数: request_region()、release_region()。

当前分配给 I/O 设备的所有 I/O 地址的树都可以从/proc/ioports 文件中获得。

4. 控制方式

随着计算机技术的发展,I/O 控制方式越来越多样化,当前主要的 I/O 控制方式有以下三种:程序直接控制、中断控制和 DMA 控制。

1) 程序直接控制方式

程序直接控制方式的执行过程如图 6-61 所示,计算机从外部设备读取数据到存储器,每次读一个字的数据。每读入一个字,CPU 都需要对外设状态进行轮询检查,直到确定该字已经在 I/O 控制器的数据寄存器中。在程序直接控制方式中,由于 CPU 与 I/O 设备之间存在速度鸿沟,CPU 的绝大部分时间都浪费在等待 I/O 设备完成数据 I/O 的轮询中,造成了 CPU 资源的极大浪费。

2) 中断控制方式

中断控制方式的思想是,允许 I/O 设备主动打断 CPU 的运行并请求服务,从而使 CPU 在向 I/O 控制器发送读命令后可以继续执行其他工作以提高 CPU 利用率。中断控制方式的过程如图 6-62 所示。

下面从 I/O 控制器和 CPU 两个角度分别来看中断驱动方式的工作过程。

从 I/O 控制器的角度看,I/O 控制器从 CPU 接收一个读命令,然后开始从外围设备读数据。当要读取的数据被读入该 I/O 控制器的数据寄存器后,通过控制线给 CPU 传送一个中断信号,表示数据已准备好,然后等待 CPU 的回复。当 I/O 控制器收到 CPU 发出的取数据请求后,将数据放到数据总线上,传到 CPU 的寄存器中。至此,本次 I/O 操作完成,I/O 控制器又可开始下一轮的 I/O 操作。以上过程从 CPU 的角度来看,首先 CPU 发出读命令,然后保存当前运行程序的现场,包括程序计数器及寄存器状态等,再转去执行其他程序。在每个指令周期的末尾,CPU 检查当前是否有中断请求信号。当有来自 I/O 控制器的中断时,CPU 保存当前正在运行程序的现场,转去执行中断处理程序以处理该中断。这时,CPU 从 I/O 控制器读取数据并将其存入主存。最后,CPU 恢复发出 I/O 命令的程序(或其他程序)的现场继续运行。

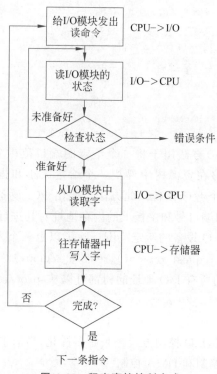

图 6-61　程序直接控制方式

3）DMA 控制 I/O 方式

直接存储器访问（Direct Memory Access，DMA）控制 I/O 方式使用专门的 DMA 接口硬件来控制外设和主存进行直接数据交换，在这种方式下数据可以不通过 CPU 进行传输。通常把专门用来控制数据在主存和外设之间直接传送的接口硬件称为 **DMA 控制器**。图 6-63 是 DMA 控制器的组成示意图。

DMA 控制器与设备控制器一样，其中也有若干个寄存器，包括主存地址寄存器、设备地址寄存器、字计数器、控制寄存器等，此外也有 I/O 控制逻辑，它能控制设备通过总线与主存直接交换数据。在 DMA 传送前，应先对 DMA 控制器进行初始化，将需要传送的数据个数、数据所在设备地址以及主存首地址、数据传送的方向（从主存到外设，还是从外设到主存）等参数送到 DMA 控制器。

DMA 控制 I/O 方式的基本思想是，首先对 DMA 控制器进行初始化，然后发送"启动 DMA 传送"命令以启动 DMA 去控制对外设的 I/O 操作。发送"启动 DMA 传送"命令后，CPU 转去执行其他工作，并将请求 I/O 的用户进程挂起。在 CPU 执行其他进程的过程中，DMA 控制器控制外设和主存进行数据交换。DMA 控制器每完成一个字数据的传送，就将字计数器减 1，并修改目标主存地址，当字计数器为 0 时，完成所有 I/O 操作，此时，DMA 控制器向 CPU 发送一个"DMA 完成"中断请求信号，CPU 检测到有中断请求信号后，就暂停正在执行的工作，并调出中断服务程序进行响应。DMA 通过"周期挪用"的方式获取总线的使用权以完成数据传输的工作。

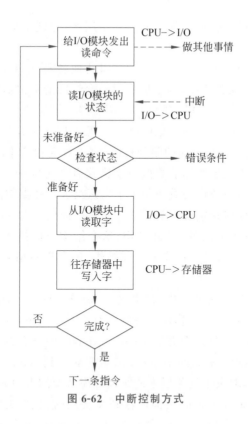

图 6-62 中断控制方式

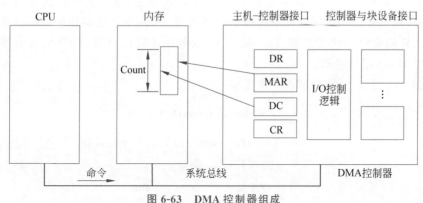

图 6-63 DMA 控制器组成

6.6.3 Linux 中的 I/O 栈

Linux 存储系统的 I/O 通常情况下包含两个部分：第一是在用户的角度提供读写接口，数据以流为表现形式；第二是站在存储设备的角度提供读写接口，数据以块为表现形式，文件系统通常位于两者中间起到承上启下的作用。本节侧重点在于块设备的 I/O 栈。

在上文中已经简述过块设备的概念，在这里对块设备做进一步的介绍。块设备将信息存储在固定大小的块中，每个块都有自己的地址。对操作系统来说，块设备是以字符设备的外观展现的，虽然对这种字符设备可以按照字节为单位进行访问，但是实际上到块设备上却是以块为单位（最小 512B，即一个扇区），这之间的转换是由操作系统来完成的。

Linux 存储系统的 I/O 栈,从上到下分为三个层次,分别是文件系统层、通用块层和设备层。

(1) 文件系统层包括虚拟文件系统(VFS)和其他各种文件系统的具体实现。其中,VFS 的作用为屏蔽不同的文件系统,为上层提供一套标准的文件访问接口。

(2) 通用块层包括块设备 I/O 队列和 I/O 调度器。该层的作用是屏蔽底层异构设备,向上提供统一的块设备访问接口,同时也可以优化调度 I/O 的请求。

(3) 设备层包括存储设备和相应的驱动程序,完成数据和具体设备之间的交互。

在 Linux I/O 栈中,不同层次间的数据请求格式有一定区别。由于 Linux 内核为块设备提供了统一的抽象模型,将块设备看作若干个扇区组成的数据空间,扇区是磁盘设备读写的最小单位,通过扇区号便可指定要访问的磁盘扇区。因此在 Linux I/O 栈中,上层的读写请求在通用块层被构造成一个或多个 bio 结构,这个结构里面描述了一次 I/O 请求访问的起始扇区号、访问扇区的数量、是读操作还是写操作、包含哪些相应的内存页与页偏移和数据长度等信息。

此外,在通用块层的 I/O 调度器中,被提交的 bio 被构造成 request 结构,一个 request 结构包含一组顺序的 bio,而每一个物理设备则会对应一个 request_queue,里面存放着相关的 request。同时,新的 bio 可能被合并到 request_queue 中已有的 request 结构中(甚至合并到已有的 bio 中),也可能生成新的 request 结构并插入到 request_queue 的适当位置上。具体怎么合并,怎么插入,取决于设备层中的驱动程序选择的 I/O 调度算法。

当通用块层中 request_queue 结构传输到设备层时,相应的设备驱动程序需要做的事情就是从 request_queue 中取出请求,然后操作硬件设备,逐个去执行这些请求。同时,由上文可知,设备层的驱动程序还要选择 I/O 调度算法,因为设备驱动最了解设备的属性,知道用什么样的 I/O 调度算法最合适,甚至于,设备驱动程序可以将 IO 调度器屏蔽掉,而直接对上层的 bio 进行处理。

图 6-64 给出了 I/O 栈的请求处理流程。

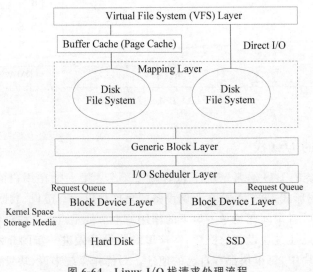

图 6-64 Linux I/O 栈请求处理流程

如图 6-65 所示，当用户调用系统调用函数 write() 写一个文件时，首先会调用 sys_write() 函数，经过 VFS 虚拟文件系统层，会调用 vfs_write() 函数。如果是缓存写方式，则写入 Page Cache 后返回，后续通过脏页写回的方式持久化；如果是 Direct I/O 的方式，就会走 do_blockdev_direct_IO 的流程。如果操作的设备是逻辑设备，如 LVM（Logical Volume Manager）、MDRAID 等，会进入到对应内核模块的处理函数中进行处理；否则就直接构造 bio 请求，执行 submit_bio() 函数向具体的块设备下发请求，函数通过 generic_make_request() 方法转发 bio，其通过每个块设备注册的 make_request_fn() 函数与块设备进行交互。请求下发到底层的块设备上后，调用块设备请求处理函数 __make_request() 进行处理，在这个函数中就会调用 blk_queue_bio()，合并 bio 到 request 中。此过程也就是 I/O 调度器的具体实现，其主要包括：如果几个 bio 要读写的区域是连续的，就合并到一个 request；否则就创建一个新的 request，把自己挂到这个 request 下。合并 bio 请求也是有限度的，如果合并后的请求大小超过某一阈值，就不能再合并成一个 request 了，而会新分配一个 request。接下来的 I/O 操作与具体的物理设备相关，交由相应的块设备驱动程序进行处理。这里以 SCSI 设备为例说明，queue 队列的处理函数 request_fn() 对应的 SCSI 驱动的就是 scsi_request_fn() 函数，将请求构造成 SCSI 指令下发到 SCSI 设备进行处理，处理完成后就会依次调用各层的回调函数进行完成状态的一些处理，最后返回给上层用户。

小　　结

本章介绍了 I/O 系统以帮助读者构建更完整的计算机系统的概念，并进一步体会计算机系统的层次化结构。希望读者通过对本章的学习能够对 I/O 系统有较为准确全面的认识。

I/O 系统在计算机系统中负责处理数据输入和输出的部分，通常由 I/O 硬件与 I/O 软件两部分组成。I/O 系统中的硬件主要有外部设备、设备控制器、I/O 接口和 I/O 总线，软件则包括驱动程序、用户程序、管理程序和升级补丁等。I/O 系统的功能主要由 I/O 指令和通道指令控制完成。作为计算机系统的组成部分，I/O 系统的软硬件也以层次结构的方式进行组织。整个 I/O 系统从上到下被分为用户层软件、设备独立性软件、设备驱动程序、中断处理程序与硬件五层，结构中的下一层通过向上一层提供服务来帮助其实现功能。

在此基础上，I/O 软件又根据其是处于用户空间还是内核空间，分为用户 I/O 软件和系统 I/O 软件。用户 I/O 软件即为用户层软件，主要负责提出 I/O 请求；系统 I/O 软件则包括设备独立性软件、设备驱动程序层和中断服务程序层，其中，设备独立性软件在系统层面上管理所有的 I/O 设备，设备驱动程序负责驱动具体的硬件实现系统发出的指令，中断处理程序在进程执行的过程中协调 I/O 设备与处理器之间的运行。I/O 硬件中，首先是实现具体功能的 I/O 设备，其次是对这些设备进行管理的设备控制器，以及 I/O 端口负责将 I/O 设备连接到 I/O 总线上。在 I/O 系统执行任务的过程中存在多种 I/O 控制方式，本章介绍了最常见的程序直接控制方式、中断控制方式和 DMA 控制 I/O 方式，三种方式都存在各自的优缺点，可以适应不同的性能要求情况。

用户空间中的 I/O 软件主要分为两类，即通过封装 I/O 相关系统调用实现的系统级 I/O 函数、基于系统级 I/O 函数实现的高层 I/O 函数，如 C 标准 I/O 库函数。系统级 I/O

函数最靠近系统底层,当只有单次 I/O 操作时其性能最高,此外,它对操作系统提供的各种功能实现也最为完整;C 标准库函数实现了操作系统提供的最常用的功能,并融入了 I/O 流与缓冲 I/O 的概念,利用流缓冲区的技术提高了连续多次 I/O 操作时的性能。程序员应根据具体的应用程序流程选择合适的 I/O 函数。格式化 I/O 运用 ASCII 码将数据在字符与二进制形式之间相互转换,在用户与计算机交互的过程中扮演了重要的角色。

  Linux 中基于块设备的 I/O 栈主要分为三大层次结构,即文件系统层、通用块层和设备层。不同层次间的数据请求格式也存在差异,文件系统层的读写请求在通用块层中通常会被构造成若干个 bio 结构,若干个 bio 则会被 I/O 调度器合并成若干个 request 结构,并生成 request_queue,随后传输至设备层并由驱动程序从中读取操作请求并操作实际的物理设备。

  本章介绍了构成计算机中层次化存储结构的存储器的分类、工作原理和组成方式,主要包括高速缓存的基本工作原理、虚拟存储器系统的实现技术,以及不同类型的存储器,包括磁盘、Flash、NVM。还介绍了 I/O 子系统以进一步帮助读者体会计算机系统的层次化结构。

  不同性能、不同物理特性的存储器件,均存在容量、性能与价格之间的选择矛盾。一般而言,较快的存储技术往往面临较小的容量和昂贵的价格,而大容量、低成本的存储设备往往速度比较缓慢。为了保持容量、性能与成本之间的平衡,现代计算机系统均采用了一种层次化存储结构来中和三者之间的矛盾,充分利用了局部性来改善程序的运行性能。

  Cache 是一种高速缓冲存储器,是为了解决 CPU 与主存之间速度不匹配而提出的一项重要的硬件技术,并且发展为多级的 Cache 体系,程序员可以通过编写有良好空间和时间局部性的程序来显著地改进程序的运行时间。主存与 Cache 的地址映射有全相联、直接、组相联三种方式。其中,组相联方式是前面二者的折中方案,适度地兼顾了二者的优点又尽量避免了其缺点。

  虚拟存储器是现代操作系统提供的对主存的抽象,其通过使用外存上的空间来扩充内存空间,通过换入/换出算法,使得整个系统在逻辑上能够使用一个远远超出其物理内存大小的内存容量。因此虚拟内存技术调换页面时需要访问外存,会导致平均访存时间增加,因此虚拟内存技术使用调度算法来决定资源的分配对象、管理页面的换入换出。常见的调度算法有 OPT、FIFO、LRU、CLOCK、LFU 页面替换算法等。

  磁盘是一种非易失性存储器,由于其巨大的存储空间、低廉的价格,磁盘常被用作计算机的主要存储介质。然而,因其较差的读写性能,近年来已渐渐被 Flash 所取代。Flash 作为一种非易失性存储器,其性能比磁盘要好很多,但是由于存在使用寿命问题,常常与磁盘一起用作辅存用于存储文件。NVM 作为新型的存储器,具备非易失、按字节存取、存储密度高、低能耗、读写性能接近 DRAM 等特性,已经越来越表现出成为下一代大热存储设备的趋势。

  I/O 系统在计算机系统中负责处理数据输入和输出的部分,通常由 I/O 硬件与 I/O 软件两部分组成。I/O 系统中的硬件主要有外部设备、设备控制器、I/O 接口和 I/O 总线,软件则包括驱动程序、用户程序、管理程序和升级补丁等。I/O 系统的功能主要由 I/O 指令和通道指令控制完成。作为计算机系统的组成部分,I/O 系统的软硬件也以层次结构的方式进行组织。整个 I/O 系统从上到下被分为用户层软件、设备独立性软件、设备驱动程序、中断处理程序与硬件五层,结构中的下一层通过向上一层提供服务来帮助其实现功能。

Linux 中基于块设备的 I/O 栈主要分为三大层次结构,即文件系统层、通用块层和设备层。不同层次间的数据请求格式也存在差异,文件系统层的读写请求在通用块层中通常会被构造成若干个 bio 结构,若干个 bio 则会被 I/O 调度器合并成若干 request 结构,并生成 request_queue,随后传输至设备层并由驱动程序从中读取操作请求并操作实际的物理设备。

◇ 习 题

1. I/O 子系统的层次结构是怎样的？每层包括什么？每一层的作用是什么？
2. 什么是程序直接控制、中断控制、DMA 控制和通道控制？它们各自的工作原理是怎样的？
3. 下面的任务在逻辑 I/O 层还是设备驱动程序中实现？
(1) 将一个逻辑块号转换成磁盘的扇区、柱面和读写头。
(2) 分配一个 I/O 缓存区。
(3) 检查设备的就绪状态。
(4) 将一个从输入设备中接收到的回车字符转换为通用的换行符。
4. 设备独立性是一种什么样的特性？
5. 用户程序可以对文件进行哪些操作？每种操作是如何完成的？
6. 举出 5 种 I/O 设备的例子。
7. 假设磁盘文件 foo.txt 由 3 个 ASCII 码字符"foo"组成,那么下列程序的输出是什么？

```
#include <stdio.h>
int main()
{
    int fd1, fd2;
    char c;
    fd1 = Open("foo.txt", O_RDONLY, 0);
    fd2 = Open("foo.txt", O_RDONLY, 0);
    Read(fd1, &c, 1);
    Read(fd2, &c, 1);
    printf("c = %c\n", c);
    exit(0);
}
```

8. 在第 7 题程序的基础上进行修改,结果如下,问此时程序的输出是什么？

```
#include <stdio.h>
int main()
{
    int fd;
    char c;
```

```
    fd =Open("foo.txt", O_RDONLY, 0);
    if(Fork() ==0)
    {
        Read(fd, &c, 1);
        exit(0);
    }
    Wait(NULL);
    Read(fd, &c, 1);
    printf("c =%c\n",c);
    exit(0);
}
```

9. 中断驱动 I/O 和轮询 I/O 方式相比,哪一个效率更高?为什么?

10. 运行如下代码,会打印出奇怪的数据,请解释其中原因。

```
float x =192.27124;
printf("The Value of x is %d\n", x);
```

11. 试编写一个程序,这个程序读入一个 C 语言的源代码文件。要求程序能删除源文件中的空格,并将去除空格后的文件内容以一个文本文件内容写入另一个文件中。

12. 计算机中哪些部件可用于存储信息,按其速度、容量、价格排序说明。

13. 存储器的层次结构主要体现在什么地方?为什么要分这些层次?计算机如何管理这些层次?

14. 试比较静态 RAM 和动态 RAM 的区别。

15. 什么是程序访问的局部性?存储系统中哪一级采用了程序访问的局部性原理?

16. 某机器字长为 32 位,其存储容量是 64KB,按字编址,其寻址范围是多少?若主存以字节编址,试画出主存字地址和字节地址的分配情况。

17. 计算机中设置 Cache 的作用是什么?能不能把 Cache 的容量扩大,最后取代主存?为什么?

18. 假设 CPU 执行某段程序时共访问 Cache 命中 4000 次,访问主存 1000 次,已知 Cache 的存取周期是 30ns,主存的存取周期是 150ns,求 Cache 的命中率以及 Cache-主存系统的平均访问时间和效率。

19. 一个组相联映射的 Cache 由 64 块组成,每组内包含 4 块。主存包含 4096 块,每块由 128B 组成,访存地址为字地址。试问主存与 Cache 的地址各几位?

20. 表 6-11 给出了一些不同的高速缓存的参数。对于每个高速缓存,填写出表中缺失的字段。下面介绍不同字母代表的含义:m 代表物理地址的位数,C 代表高速缓存的大小(数据字节数目),B 代表以字节为单位的块大小,E 代表相联度,S 代表缓存组数,t 代表标记位数,s 代表组索引位数,b 代表块偏移位数。

表 6-11 缓存参数

高速缓存	m	C	B	E	S	t	s	b
1	32	1024	4	4				
2	32	1024	4	256				
3	32	1024	8	1				
4	32	1024	8	128				
5	32	1024	32	1				
6	32	1024	32	4				

21. 假设有一个输入文件 hello.txt,由字符串"Hello World! \n"组成,请编写一个 C 程序,使用 mmap 将 hello.txt 的内容改变成"Jello World! \n"。

22. 在某页式管理系统中,假定主存为 64KB,分成 16 快,块号为 0,1,2,…,15。设某进程有 4 页,其页号为 0,1,2,3,被分别装入主存的 9,0,1,14 块。
(1) 该进程的总长度是多少?
(2) 写出该进程每页在主存中的起始地址。
(3) 若给出逻辑地址(0,0),(1,72),(2,1023),(3.99),请计算出相应的内存地址(括号内的第一个数为十进制页号,第二个数为十进制页内地址)。

23. 计算下面这个磁盘扇区的平均时间(以 ms 为单位)。

参 数	值
旋转速率	15 000RPM
平均寻道时间	8ms
平均扇区数/磁道	1000

24. I/O 子系统的层次结构是怎样的? 每一层包括什么? 每一层的作用是什么?

25. 什么是程序直接控制、中断控制、DMA 控制和通道控制? 它们各自的工作原理是怎样的?

26. 中断驱动 I/O 和轮询 I/O 方式相比,哪一个效率更高? 为什么?

第 7 章 异常控制流

程序在编译、链接后以机器指令的形式顺序保存在计算机的持久性存储介质中,并在执行时被装入内存。默认情况下,CPU 顺序取出指令并依次执行,但是程序中也可能出现分支、循环等语句,因此还需要转移类指令根据执行情况跳转到程序的其他位置继续执行。CPU 执行指令的序列被称为 CPU 的**控制流**,CPU 完全按照某一程序所指定的顺序执行指令所形成的控制流被称为**正常控制流**。如一个简单的计算前 i 个自然数之和的程序,当输入 i 被确定后,尽管在执行过程中会经历多次因循环产生的跳转,但是程序的控制流仍旧是确定的。

但是在实际执行环境中,程序随时都可能会面临一些超出控制的或不可预测的情况,如在执行除法指令时遇到除数为零,此时无论将结果设为何值都非正确结果,因此就需要操作系统主动地接过执行权限,判断是否需要中止此程序的执行过程并给出错误提示。除此以外,在常见的 Linux 系统中,用户可以通过在命令行中按 Ctrl+C 组合键强制中止程序的执行过程,这也是任何程序都无法预测的,除此之外,还有进程的调度等。用户程序的正常执行顺序被打断从而形成的意外控制流称为**异常控制流**。

理解异常控制流对于程序员来说意义重大。它揭示了不管任何程序都随时可能面临超出预期的情况,因此任何设计都不是绝对完美无缺的,程序员需要在设计时尽可能多地考虑可能出现的意外,同时随时准备好在实践中发现新的问题并解决。除此之外,它引出了操作系统存在的意义,并且能够帮助程序员更好地理解应用程序是如何与操作系统进行交互的。进一步地,程序员也能更好地理解计算机与各种外设,包括鼠标、键盘、打印机等进行交互的实现原理。

本章将首先介绍进程的概念,将程序与控制流结合起来,让程序真正"动"起来,并在此基础上介绍异常控制流及其两种分类:异常和中断,最后将以 LoongArch 指令架构为例详细讲述异常和中断的实现以及相应过程。

程序的上下文切换

◆ 7.1 进　　程

通过之前的学习我们知道,程序员将应用问题通过具体的算法进行描述,并以相应的编程语言进行表达,最终经过编译、链接后成为计算机可识别的由机器指令组成的目标程序。目标程序中包含解决此问题所需要的部分数据,如事先定义的常量值,以及对数据的有序操作集合——代码。此时的程序就相当于程序员为了解决一类实际问题所发明的工具,例如,一个扳手。程序相对而言是一个静态的概念,只有当有某一个用户,既可以是程序的发明者,也可以是其他并不需要对这个程序的实现有具体了解的人,为了解决实际的问题而执行了这个程序它才转变为动态的概念,并成为计算机所实际处理的一个任务。以上程序的执行过程被称为进程。如果把计算机比作一个人的话,程序员通过编写各种程序为它穿上了各种装备,使其具备完成多种任务的能力。而进程就相当于这个"人"使用其身上的装备来解决生活中遇到的各种问题的过程。所以可以发现进程和程序之间的一个重要对应关系:一个程序可以被多次加载执行,从而对应多个不同的进程,就好像使用同一个扳手可以拧很多个相似的螺钉。每次需要使用的时候就拿出扳手(加载程序),拧螺钉(执行程序),从而完成一个任务(进程)。

本章将首先介绍进程的概念,了解进程的定义以及进程与程序的关系,并在此基础上介绍进程所带来的最重要的两个意义:独立的逻辑控制流与私有的虚拟地址空间。本章使用具体的例子来详细介绍进程的逻辑控制流,展示多进程同时运行时每个进程的逻辑控制流,并以 Linux 为例详细介绍了进程的虚拟地址空间及其分配。最后,介绍了进程的上下文切换的目的及意义。

7.1.1 进程的概念

程序在被链接成可执行文件之后存储在计算机的磁盘中,以备将来使用,此时,它占用固定的计算机存储资源。而进程作为一个动态的概念,则会在其创建与终止之间的生命周期中占用一定的临时**资源**,包括运行过程中所需要的 CPU 执行资源、暂存中间数据的存储器资源以及 I/O 资源等。进程在运行过程中根据需要申请临时资源,并在终止时回收其占用的所有资源。就好像人在使用扳手拧螺钉时需要占用"大脑"的感受与处理资源以下达具体如何操作扳手的指令以及占用"手臂肌肉"力量资源实现对扳手的操纵。而当工作完成之后,人收起扳手,同时"大脑"与"手臂肌肉"等得以休息,资源得到解放。

就像在日常生活中人们经常面临着需要同时处理多个任务的局面,例如一边打电话一边走路,甚至是一边拧螺钉一边思考今晚应该吃什么的问题等,计算机也需要经常面对这种"一心多用"的局面。人类在面对同时处理多个任务的情况时可能会应接不暇,将多个任务搞混,以至于把拧下来的螺钉当作今晚的小菜送入口中,而计算机却不会出现这种问题,甚至强大的计算机可以轻松地同时处理数十个任务而不会出现任何错误,这其中的关键与进程的引入脱不开干系。进程在操作系统与应用程序之间提供了两个关键的抽象:**独立的逻辑控制流与私有的虚拟地址空间**。相比于之前所提到的面向 CPU 的控制流而言,逻辑控制流面向的是进程。进程所能感知的逻辑控制流就是由程序以及输入所确定的指令执行的地址序列。当计算机系统中只有一个进程在运行时,此进程的逻辑控制流就等于 CPU 的控制流。在进程内部,通过私有的临时数据记录了当前进程的执行状态,按照代码指定的顺序执行指令并更新执行状态。每个进程只能看到自身的逻辑控制流而无法感知到其他进程,因此它们都认为自身是当前计算机上正在执行的唯一进程。独立的逻辑控制流的实现必须依赖私有的虚拟地址空间。地址空间指的是计算机实体所占用的总的内存大小,而私有的虚拟地址空间意味着对于每个进程来说其"拥有"计算机的所有存储资源来存放其产生的临时数据,并且这些数据是独属于本进程的,其他进程无权访问。通过这两种抽象,一方面,对单一进程来说其执行顺序被正确保证,而另一方面,通过处理器调度、上下文切换等管理机制,操作系统保证了多个进程之间的协调以及正确切换。

进程的引入大大方便了程序员的编程与设计。程序员在设计过程中不需要考虑在实际运行环境中可能面对的多进程同时工作的情况,而只需假设自己的程序在执行时独占处理器以及存储器资源。除了编程以外,这也简化了编译、链接、共享、加载等整个过程。其他的工作都由操作系统根据实际情况以及特定的算法来完成,这种实时的响应与规划也能充分地挖掘资源的利用率。

7.1.2 进程的逻辑控制流

在平时使用计算机的过程中经常会出现同时运行多个进程的情况,例如,同时打开多个Word 或者 Excel 程序编辑文档与表格,同时打开多个浏览器浏览不同的页面。需要注意的是,除了执行不同的程序能够产生不同的进程之外,同时执行多个相同的程序也会创建多个不同的进程,就如在 7.1.1 节所提到的。在执行过程中每个进程都有各自独立的逻辑控制流,按照各自既定的流程或者动作执行相应的指令序列,同时操作系统按照一定的调度算法控制当前进程休眠让出 CPU 的使用权并将其转交给下一个进程。简单起见,假设某一个计算机系统只拥有一个处理器。现有进程P_1执行以下程序"Sum.c":

```
1:   #include<stdio.h>
2:   int main()
3:   {
4:       int x=0;
5:       for(int i=1;i<100;i++)
6:       {
7:           x+=i;
8:       }
9:   printf("100 以内的自然数之和是:%d\n",x);
10:      return 0;
11:  }
```

当系统中只有P_1一个进程执行并且没有异常与中断时,CPU 的控制流就等于此进程的逻辑控制流,如图 7-1 所示。

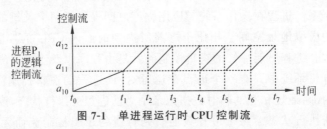

图 7-1 单进程运行时 CPU 控制流

图 7-1 中横轴代表时间的变化,纵轴代表某时刻 CPU 所执行指令的地址。需要注意的是,在 7.1.1 节所提到的进程私有地址空间的概念,进程所看到的是指令的虚拟地址,虚拟地址经过一定的映射才是其实际的物理地址。在图中所标注的是经映射之后的物理地址。从图中可以看到随着进程的运行,指令的物理地址既经历过连续变换也经历过非连续的变

换,但是始终是在 P_1 所映射的物理地址空间范围内。在时刻 $t_0 \sim t_1$ 内,CPU 执行位于 $a_{10} \sim a_{11}$ 地址范围内的指令,主要实现包括变量的初始化等在内的功能。在时刻 $t_1 \sim t_2$ 内,CPU 执行位于 $a_{11} \sim a_{12}$ 地址范围内的指令,主要实现循环内部进行数值累加等操作的功能。在 t_2 时刻由于循环条件的判断,CPU 通过跳转指令回到位于 a_{11} 的指令继续执行实现数值累加操作的指令。在图中只展示了 5 次跳转作为示例,并未继续展示后续程序执行的情况。

图 7-1 是系统同时只运行一个进程的情况,接下来除了 P_1 之外还加入了进程 P_2,与 P_1 执行相同的程序,此时系统的 CPU 控制流如图 7-2 所示。

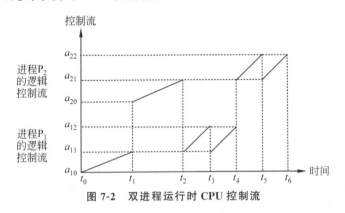

图 7-2 双进程运行时 CPU 控制流

在图 7-2 中系统同时运行了两个进程,虽然从计算机系统的角度因为它只有一个内核,因此同时最多只能处理一个任务,但是计算机处理任务所遵从的时间粒度远远小于人类所能感知到的,就像图 7-2 中计算机在 $t_0 \sim t_1$ 时间范围内处理进程 P_1 的任务,在 $t_1 \sim t_2$ 时间范围内转去处理进程 P_2 的任务,直到 t_2 时刻又回来处理 P_1 的任务,因为 $t_1 \sim t_2$ 这段时间过于微小(毫秒级)以至于人类无法感知,所以认为计算机是一直在处理进程 P_1,同理,对于 P_2 也是这样。这种不同进程的逻辑控制流虽然在时间的微观层次上相互交错,但是在时间的宏观层次上相互重叠的现象叫作**并发**。与并发相应的是**并行**,若是两个进程的逻辑控制流在微观层次上也相互重叠,也就是真正实现两个进程同时运行,这种情况就叫作并行。

决定多个同时运行的进程中由谁占据 CPU 的使用权以及何时发生使用权转接的策略叫作进程的调度。在图 7-2 的例子中两个进程轮流使用 CPU,每个进程占据 CPU 一段时间之后交给下一个进程,这种调度策略叫作时间片轮转调度(Round-Robin,RR),主要用于强调系统实时性、优化多用户体验的分时系统当中。为实现轮转调度,系统维护一个先入先出的队列,新的进程加入队列尾部进行排队。每次调度程序从队列首部选择进程执行一个时间片的时间(10~100ms),时间到达之后将其加入队列的尾部重新参与排队,如此循环往复。

7.1.3 进程的私有地址空间

在进程的运行过程中所有访存操作使用的都是虚拟地址,虚拟地址通过虚拟存储器的机制转换为实际的物理地址,如第 6 章所述,但是这个转换过程对于进程是完全透明的,所以进程获得了一种假象,就是仿佛它所使用的虚拟地址就是实际的物理地址,它正在独占系统的所有地址空间。在这个过程中进程使用的虚拟地址空间就叫作进程的私有地址空间，它在处理器与存储器之间建立了一个映射层，使得处理器在执行任务特别是多任务时不需要考虑存储器的管理，减轻了处理器的工作负担，也简化了处理器的设计，并将存储器的管理交给专门的虚拟存储器机制，提高了存储器的利用效率。

假设拥有一台32位的计算机，这意味着所有地址都是32位的长度，地址空间的总大小为4GB。图7-3展示了此计算机在传统架构下通过Linux操作系统对进程的虚拟地址空间分配。

图7-3　32位Linux系统下进程虚拟地址空间的分布

整个虚拟地址空间分为内核空间与用户空间两部分，其中，内核空间在从0xC0000000开始的高地址上，映射到操作系统内核的代码、数据及物理存储区，以及进程相关的系统级上下文（上下文的概念将在7.1.4节详细介绍）。内核空间中的代码与数据用户程序没有权限访问，因此在虚拟地址空间分配时将内核空间与用户空间分离，进而方便进行权限管理，如禁止用户程序访问大于0xC0000000的地址。

用户空间从上到下分别如下。

（1）用户栈。用来存放程序运行过程调用的参数、返回值、返回地址、过程局部变量等，使用用户栈指针指向栈顶的地址。在程序Sum.c中只包含main()函数一个过程调用，其返回值、返回地址及局部变量x、i等都会入栈，待过程调用返回之后再出栈。而若是程序更加复杂，有多个过程调用，这些数据便会依次入栈，使用户栈不断向低地址空间方向增长。

（2）共享库的存储映射区。存放公共的共享库代码，如 Sum.c 中包含的实现 printf() 函数的共享库 stdio.h。这部分数据多进程共用，并且没有权限修改，因此只需要建立存储映射而不需要进行复制。

（3）动态生成的堆。用于动态申请存储区，如在 C 语言中使用 malloc() 方法申请动态空间，申请的空间将从低地址开始向高地址增长。需要注意的是，通过动态申请的空间不会像用户栈中那样随着过程调用的结束自动释放，因此需要使用 free() 手动释放占用的存储空间。

（4）可读写数据。这部分空间在进程创建时静态分配，用于存放用户进程中的全局变量或者静态变量。假如在 Sum.c 中的 main() 函数之外申请变量，那么它就属于全局变量，在程序的加载伊始就会为其分配空间。之所以与局部变量在使用时动态申请空间不同，是因为局部变量只需要在过程调用中使用，而在整个程序的执行过程中并不是所有过程都会被执行，因此动态申请能够避免使用不必要的存储空间。对于全局变量来说，就必须提前给其分配空间，保证其在整个程序的执行过程中都能够进行访问。

（5）只读数据。同样在进程创建时静态分配，用于存放进程的代码以及字符串（如 Sum.c 中的"100 以内的自然数之和是：%d\n"）。

可以看到，除了将用户空间与内核空间划分为独立的两块地址空间，静态区与动态区、动态局部信息（栈）与动态内存分配区（堆）等都有意地被划分在局部地址空间的两端，这都是为了便于对不同区域进行访问权限的管理，实现存储保护与存储管理。

用户栈与动态生成的堆所占据的虚拟地址空间从两端分别向中间增长，对于占用资源比较少的进程或者刚开始执行还未来得及申请空间的进程两块虚拟地址中间存在一定的"空洞"。这部分虚拟地址空间只是逻辑上存在，并未与任何实际的物理地址空间产生映射关系，即未分配页，不必占用页表空间。

随着存储技术的发展，主存储器的容量提升，早已超过了 32 位计算机所能寻址的 4GB，而若是实际的主存容量大于虚拟地址空间，那么多出来的物理空间将很难被访问到，这部分空间将被浪费。好在 64 位宽度的 CPU 随之出现，拥有 64 位的地址空间表示，理论上可寻址范围达 2^{64}，如此庞大的地址范围根本使用不完。因此用户空间与内核空间不再紧挨着，两者分别占据虚拟空间的两端，并在中间留出了大"空洞"，为以后的扩展做准备。

7.1.4 进程的上下文切换

在图 7-2 所代表的例子中共发生了 3 次由时间轮转进程调度引发的进程切换，分别在 t_1、t_2 与 t_4 时刻，其中，P_1 进程的运行在 t_1 时刻被打断，又在 t_2 时刻恢复执行，正是**上下文切换**保证了这个过程 P_1 的运行状态被完整保存下来，并能够在 t_2 时刻正确地恢复之前的状态，实现宛如 P_1 未被打断过一般的效果。

进程的运行状态被称为上下文，它包含进程本身的代码、数据等以及进程运行的环境。上下文分为以下三种。

（1）用户级上下文。包括代码、静态数据、运行时的堆栈数据等在内的位于虚拟地址空间中用户空间的信息。

（2）系统级上下文。包括进程标识信息、进程现场信息、进程控制信息、系统内核栈等在内的位于虚拟地址空间中内核地址的信息。

(3) 寄存器上下文。包括进程运行过程中所有寄存器的状态。

其中,用户级上下文与系统级上下文都存在于相应的进程私有地址空间之中并映射到实际的存储器地址空间保存,在进行进程切换时数据并不会丢失,而寄存器只有一套,每个进程在运行时都将根据各种指令对寄存器中的数据进行读写(特别是指示当前执行指令的 PC 寄存器),因此需要将其保存在每个进程的现场信息中,待进程重新获得运行权时就从相应的现场信息中读取中断前的寄存器状态并恢复。

所以上下文切换就包括三个步骤:首先,将当前进程的寄存器上下文保存在相应的进程现场信息中;之后,从新进程的进程现场信息中恢复出寄存器的状态;最后,转移到新线程执行,也就是按照恢复出的新线程 PC 值读出其中断前所保存的下一条待执行指令并执行。

除了进程调度之外,用户程序发起系统调用、外部中断等也可能引发上下文切换。例如,进程 A 在执行的某一个时刻发出了 read 的系统调用,希望读取磁盘数据。因为读取磁盘通常需要等待一段相对 CPU 来说较长的时间,因此与其让 CPU 在这段时间内除了单纯的等待什么也不做,还不如以上下文切换的时间为代价让 CPU 转去执行另外一个进程 B,从而提高 CPU 的利用率。不过这种选择并不一定适用于所有情况。一方面,有一些对实时性要求较高的系统,它们更愿意让 CPU 空转一些时间从而换取到读取磁盘之后能够立刻恢复进程的执行;另一方面,随着存储技术越来越先进,访问外部存储器的时间大大缩短,它与进行上下文切换的时间相比数量级上的劣势正在缩小。同时上下文切换还会带来高速缓存污染的后果。原本高速缓存中存储了对于进程 A 来说较"热"数据的备份,而一旦发生了进程切换,进程 A 的"热"数据对于进程 B 来说并不一定也是"热"的,而随着进程 B 执行过程中发生的高速缓存缺失,它将自己的"热"数据带入高速缓存并替换出其他数据。因此待进程 A 重新获得控制权后它将面临一个全新的高速缓存,需要重新热身。

7.1.5 进程的控制

1. 进程控制块

PCB(Process Control Block,进程控制块)是进程实体的一部分,用来描述和控制进程的运行,记录了操作系统所需的用于描述进程当前状态及控制进程运行的全部信息。通过 PCB,操作系统可以对并发执行的进程进行管理和控制。例如,可以根据 PCB 中的进程优先级信息和运行状态信息进行进程调度;可以在进程发生异常和中断时将断点和处理器状态信息保存在 PCB 中;可以根据 PCB 中保存的断点和处理器状态信息进行现场恢复等。

PCB 主要包括四个方面的信息:①进程标识符,为了方便系统调用进程,每个进程都被赋予一个唯一的数字标识符,它通常是一个进程的序号;②处理器状态信息,包括通用寄存器中的信息、下一条指令的地址、程序状态字、用户栈指针等;③进程调度信息,包括进程状态、进程优先级、进程已等待的时间总和、进程已执行的时间总和等;④进程控制信息,包括程序和数据地址、进程同步和通信机制、资源清单等。

当系统创建一个新进程时,同时为它建立一个 PCB,并在其中填写必要的管理信息。PCB 在进程运行时可以被操作系统中的多个模块读取或修改,例如,资源分配程序、调度程序、中断处理程序等。当进程结束时,系统回收其 PCB,进程也随之消亡。在进程的整个生命周期中,系统总是通过 PCB 对进程进行控制,因此可以说 PCB 是进程存在的唯一标志。

2. 进程的五种基本状态

1) 创建状态

创建一个新进程首要为其创建一个 PCB,并在 PCB 中填写必要的管理信息,如进程标识等信息;其次,将该进程转为就绪状态,并将其插到就绪队列之中。此时,虽然进程已经拥有了自己的 PCB,但是进程需要的资源尚未分配,无法被系统调度,其所处的状态就是创建状态。

2) 就绪状态

当处于创建状态的进程分配到除 CPU 以外的所有必要资源后,它就具备了执行的条件,此时只要再获得 CPU 资源即可立即执行,其所处的状态称为就绪状态。在一个系统中可能有多个处于就绪状态的进程,它们排成的队列称为就绪队列。

3) 执行状态

当处于就绪状态的进程被调用并获得 CPU 资源时,该进程就进入了执行状态。

4) 阻塞状态

当处于执行状态的进程由于等待某个事件而无法继续执行时,即进程的执行受到阻塞时,该进程放弃处理机并进入阻塞状态。

5) 终止状态

当一个进程自然地到达结束点,或是出现了无法克服的错误,再或是被操作系统终结时,该进程就进入了终止状态。进入终止状态的进程以后不能再执行,其 PCB 将被清零并将占用空间返还给系统,但是操作系统会为其保留一个记录,该记录包括状态码和一些计时统计数据,以供其他进程收集。一旦其他进程提取完处于终止状态的进程的信息后,操作系统将删除该终止进程。

3. 进程的状态转换过程

进程的五种基本状态转换过程如图 7-4 所示,具体过程为:系统为新进程创建一个 PCB 并填入必要的管理信息,之后将该进程插入到就绪队列,此时其处于创建状态。处于创建状态的进程分配到除 CPU 以外的所有必要资源后转为就绪状态。处于就绪状态的进程被调度分配到处理机后转为执行状态。处于执行状态的进程因为发生 I/O 请求等事件而执行受阻时转为阻塞状态。处于阻塞状态的进程在 I/O 等事件完成后重新插入到就绪队列转为就绪状态。最后,处于执行状态的进程正常或异常结束时转为终止状态,在其信息被其他进程提取完毕后由操作系统删除。

4. 进程的阻塞与唤醒过程

进程的阻塞是进程自身的一种主动行为,进程通过调用阻塞原语(block())将自己从执行状态转为阻塞状态。进入 block 过程后,由于此时该进程还处于执行状态,所以首先应立即停止进程的执行,然后把进程控制块中的现行状态由"执行"改为"阻塞",并将其 PCB 插入阻塞队列。最后由调度程序进行重新调度,把处理机分配给另一就绪进程并进行切换,将当前 CPU 环境保存在被阻塞进程的 PCB 中,然后按新进程 PCB 中的处理机状态设置当前 CPU 的环境。

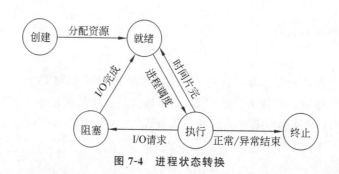

图 7-4 进程状态转换

当被阻塞进程所等待的事件,如 I/O 完成、其所需要的数据到达、其所需要的资源被其他进程释放时,相关进程(如使用完并释放 I/O 设备的进程)会调用唤醒原语(wakeup())将等待该事件的阻塞进程唤醒。唤醒原语的执行过程为:从阻塞队列中移出被阻塞的进程,然后将其 PCB 中的现行状态由阻塞改为就绪,最后将该 PCB 插入到就绪队列中。

需要注意的是,block 原语和 wakeup 原语是一对作用完全相反的原语。因此,如果对某个进程使用了阻塞原语,则必须在其他相关的进程中安排唤醒原语,以唤醒该阻塞进程。否则,被阻塞进程将会因不能被唤醒而长久地处于阻塞状态,从而永远无法继续运行。

异常和中断

◆ 7.2 异常和中断的概念

在 7.1 节介绍了进程的概念以及进程之间如何进行上下文切换。传统上将进程执行过程中 CPU 按照进程的逻辑控制流顺序执行所产生的控制流称为正常控制流,而将进程调度所引起的进程逻辑控制流被打断所形成的控制流称为异常控制流。除了进程调度之外,本节还将介绍引起异常控制流的其他特殊事件,统称为**异常和中断**。

7.2.1 基本概念

在进程调度及其引起的上下文切换过程中,当前执行的用户程序进程被中断,通过保存现场与恢复现场的操作之后由新的进程继续执行。以在上文所提到的时间片轮转调度为例,若是等待队列中没有其他进程,那么当前进程将再次获得 CPU 的使用权。相比较进程调度而言,异常/中断和普通进程调度的最大区别是 CPU 必须转去特定的内核程序执行,这里统称为"异常或中断处理程序"。某种程度上而言,异常或中断处理程序服务于进程,如处理进程运行过程中出现的无法挽回的错误并终止进程的执行,或者根据进程发出的系统调用好去控制打印机或者显示器等外设完成工作(因为用户进程并无操控这些外设的权限)。

在早期的计算机系统中异常与中断并无分别,如 Intel 8086/8088 微处理器中将打断进程逻辑控制流的异常事件统称为中断,只不过 CPU 内部的异常事件被称为"内部中断",CPU 外部的被称为"外部中断"。直至 80286 芯片出现,Intel 开始将两者进行显式的区分,将 CPU 在执行指令的过程中检测到的同步事件称为异常,将由 I/O 设备触发的与当前执行指令并无关系的异步事件称为中断。在龙芯中科新推出的《龙芯架构参考手册》中则将包括 TLB 重填、机器错误以及其他 CPU 内部异常事件称为例外,而将包括性能检测溢出中断、定时器中断以及其他常见来自 CPU 外部的异常事件合称为中断。对于异常与中断的统一定义与明确界限一直较难达成,一方面是因为它们的实现覆盖硬件或操作系统,随着硬件的不同或者操作系统的更换具体细节都会发生改变,特别是计算机芯片架构正面临着高速发展、百花齐放的时代,异常与中断的领域不断被扩充;而另一方面,两者尽管拥有以 CPU 为界的差别,但是基本思想一直是相通的,乃至于实现上也会出现如 LoongArch 那样将中断处理程序的入口地址映射到例外的处理程序入口地址之上进行统一管理。

图 7-5 展示了异常和中断引起的异常控制流,在图 7-1 的基础上加入了异常或中断事件。在 t_0 时刻之前用户进程保持其逻辑控制流,直至 t_0 时刻出现的中断或异常事件将用户程序打断,CPU 的控制权被操作系统掌控,并由用户态转入内核态。首先,将当前进程执行位置 a_{12} 保存,并转去执行位于内核空间的相应异常或中断处理程序。在 t_1 时刻异常或中断处理程序执行结束,CPU 的控制权归还用户进程。此时有两种恢复被中断进程运行的选择,一种是重新执行用户进程被打断时正在执行的指令,一种是执行被打断指令的下一条指令。这取决于异常与中断的类型,并由相应的处理程序实现。例如,若发生的是缺页中断,CPU 执行指令时发现要访问的页不在主存中,则需要操作系统执行相应的中断处理程序将缺失页调入主存,并更新页表。此时就需要继续执行发生缺页中断的指令,恢复现场并将 PC 寄存器的值设为此指令,从而继续之前未能完成的指令。而另一种情况则发生在不能继续执行被中断的指令时,如由用户程序自行产生软件中断的 int 指令,此时若是完成中断处理程序后仍旧执行 int 指令,则会再次进入刚执行完的中断处理程序,进而陷入进程无法脱离的循环。

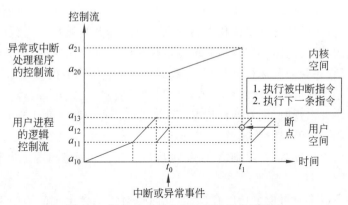

图 7-5 异常或中断事件引起的异常控制流

7.2.2 异常

按照 7.2.1 节所提到的,传统上人们将发生在 CPU 内部,在 CPU 执行指令的过程中所发现的特殊事件称为异常。异常事件按照主动性可以分为两种,一种是 CPU 在执行用户程序的过程中检测到的用户进程不可控的错误,另外一种是用户进程主动向系统发出信号请求帮助其实现某些特定的功能。其中,第一种用户进程不可控的异常事件又可按照错误的严重程度进一步分为**故障**(fault)与**终止**(abort),而第二种用户进程主动发出的异常事件又称为**陷阱**(trap),类似于人为的在路上设置路障(陷阱),从而让路过车辆主动转弯绕行,去往需要它去的方向。

三种异常事件中终止属于绝对不可恢复的错误,因此系统执行完相应的异常处理程序之后并不会返回用户进程。陷阱导致的异常处理程序执行之后总是返回到被打断指令的下一条指令执行,原因就如在上文所提的 int 指令,若是返回被中断指令继续,则意味着连续不断的系统调用。而故障在异常处理程序之后既有可能恢复被打断的指令继续执行,如上文所提的缺页,也有可能继续执行被打断指令的下一条指令,甚至也有可能直接终止当前进程。接下来将对三种异常事件分别进行介绍。

1. 故障

故障是在某条指令被启动后但尚未正确完成执行被 CPU 捕捉到的一类与指令执行相关的异常事件。它在指令的多个执行阶段皆有可能发生。如在指令译码阶段,当处理器尝试执行无效或未定义的操作码或带有无效前缀的指令时,会发生无效操作码异常,产生的具体原因包括尝试访问不存在的控制寄存器,指令长度超过一定限制等。无效操作码故障出现的一种特例是在以以太坊为代表的区块链系统所提供拥有完整图灵架构的虚拟机上,此时用户编写的智能合约(Smart Contract)就相当于普通系统上的程序,因为当前的以太坊虚拟机技术并不完美,某些情况下就有可能因为智能合约的编写不够规范而导致虚拟机的无效操作码故障。译码阶段出现的故障发生后不能回到被中断的程序继续执行,通常会由异常处理程序在显示器上打印出相应的故障警告信息,并终止发生故障的进程。

在执行阶段发生的常见故障包括除数为零、溢出等。某些系统还提供了 BOUND 指令,它会自动检查数组的下标和数组的上限与下限,若是下标超过了数组的界限,则会发出越界故障(Bound Range Exceeded Fault)。C 以及 C++ 编译器并不会判断代码是否发生了访问越界,在用户未知的情况下错误代码会顺利通过编译并且被执行。数组访问越界的结果是极其不可控的,因为虚拟存储器很有可能将程序的地址空间映射到用户空间的任何位置,幸运的情况下程序会顺利运行(即使部分数据放在了它不该放的地方),但是也无法排除进程乃至于整个系统崩溃的情况发生。若是检测到了溢出或者越界故障,进程会被强制终止。当除数为零事件出现时,则有两种情况:若是进行浮点数除法时出现除数为零,异常处理程序可以选择将执行结果设为某些特殊的值,如∞或 NaN,并且继续执行下一条指令;若是进行整数除法时出现除数为零,则会出现"除数为零"故障,通常情况下当前进程会被强制终止。

取指与访存阶段都有可能会访问存储器,此时也有可能会出现故障。首先是堆栈段故障(Stack-Segment Fault),这是最常见的故障之一,当加载引用不存在的段描述符的堆栈段,执行任何 PUSH 或 POP 指令时堆栈地址不是规范形式,或当堆栈限制检查失败时都会出现这个故障。平时又将其称为段故障(Segment Fault),在进行 C 或者 C++ 的代码编写时数组下标越界,使用了空指针或者因为过大的局部变量导致堆栈溢出等时都会发生段故障。这些都需要通过平时的练习,养成良好的编程习惯来规避。另外一种常见的是页故障(Page Fault),在以下情况下均有可能发生。

- 一个页目录或表条目不存在物理内存中。
- 保护检查(权限、读写)失败。
- 页目录或表条目中的有效位不为 1。
- 尝试加载指令 TLB,其中包含不可执行页面的翻译。

第 6 章介绍了虚拟存储器的有关内容,在执行指令时 CPU 首先将虚拟地址转换为物理地址,这个过程需要访问页表,首先判断相应页表项的有效位,并且进行地址越界以及读写权限的检查,若是检查未通过,则会发生页故障。其中,因为有效位不为 1 而发生的页故障属于可恢复故障,即由相应的异常处理程序从磁盘中调入相应的页并更新页表以及有效位后就可以恢复并重新执行被中断的指令;由访问越界或者越权导致的故障属于不可恢复故障。

2. 陷阱

陷阱又称为**自陷**,因为这种异常事件一般是预先安排的,由编译器在编译用户程序时插入陷阱指令,当程序加载并执行到陷阱指令时就会发出陷阱的异常信号,通知操作系统启动相应的异常处理程序完成预先安排的任务,最后处理结束后恢复陷阱指令的下一条指令继续执行用户进程。

陷阱产生的原因也有多种,最常见的是**系统调用**与实现程序调试功能的断点设置以及断言检查。

系统调用的意义在于为用户程序提供调用位于系统内核的程序的接口。这是因为操作系统为了防止进程恶意或者无意地对其他进程乃至整个系统造成不可挽回的损失,必须限制用户进程的能力。因此,操作系统将自身的运行模式划分为用户态与内核态,在用户态下 CPU 只可以访问受限的内存地址空间,并且不允许执行包括改变运行级别、更改 CPU 的所有权、发起 I/O 操作等特权指令。所有的用户进程都必须在用户态下运行,因而为了仍旧能够完成必须控制诸如输入/输出设备的任务,操作系统将部分位于内核空间的程序进行包装并提供给用户程序类似普通函数调用的接口,用户进程通过接口以及符合相应规则的参数启动为它服务的异常处理程序。在执行异常处理程序时,操作系统切换到内核态,完成用户进程指定的任务,并在将控制权转回用户进程前将系统模式切换回用户态。

不同系统都设有一个乃至于多个专门用于启动系统调用的指令,如 IA-32 系统中使用的 sysenter 指令,MIPS 以及 LoongArch 系统使用的 syscall 指令。当 CPU 执行到相关指令时就意味着用于实现系统调用的陷阱异常出现。操作系统提供了多种服务,并且为每个处理特定任务的服务都进行了编号,也就是**系统调用号**,每个系统调用号对应一个处理相应任务的**系统调用服务例程**,所有的系统调用号及其相关例程的入口地址存储在**系统调用表**中。因此用户进程首先将系统调用号以及参数保存在特定寄存器或者特定地址,并通过系统调用指令启动相应的服务例程进行任务处理,处理结束后恢复用户进程的运行状态。

在日常的程序设计中,人们已经在不知不觉中频繁地使用系统调用。如在上文所提到的示例程序"Sum.c",其中的第 9 行处执行的库函数"stdio.h"中所提供的方法"printf()"就需要执行系统调用控制显示器外设打印字符串"100 以内的自然数之和是……"。在原本的图中只展示了程序刚开始执行时的控制流,在图 7-6 中将展示程序执行的最后部分。

在 t_0 时刻程序完成循环中的累加操作,并开始执行 printf() 所对应的执行。在 t_1 时刻执行到了指令 syscall,此时产生陷阱异常事件,操作系统陷入内核态并转入系统调用的异常处理程序,通过系统调用号以及系统调用表,操作系统找到了相应用于打印字符串的系统调用服务例程并转入执行。在 t_2 时刻系统调用服务例程执行完成,操作系统重新将运行模式恢复成用户态,并从系统调用指令的下一条指令开始继续用户程序的执行。

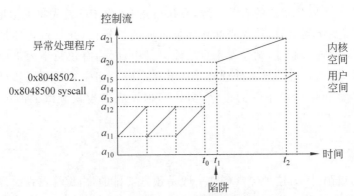

图 7-6 陷阱异常引起的异常控制流

在进行程序调试时,经常需要进行断点设置以便程序在执行到特定位置暂停下来,检查此时的程序运行状态,如各寄存器的内容等。在 IA-32 中,**调试程序**在**被调试程序**的指定位置插入 Int3 指令来设置断点,当执行到 Int3 指令时发生陷阱异常,暂停被调试程序的执行并将控制权交给调试程序。LoongArch 以及 MIPS 采用 break 指令实现类似的功能。除此之外,LoongArch 还加入了**断言指令** asrt,与前述的系统调用和断点指令直接转入异常处理程序相比更加灵活。asrt 指令先将两个通用寄存器中的值视作有符号数进行比较,若比较条件不满足才触发地址边界检查异常,否则不会触发异常。

3. 终止

终止是绝对不可恢复的异常,其产生原因一般来自硬件错误,如 DRAM 或者 SRAM 中部分位被损坏时发生的奇偶错误等。当发生终止异常时,异常处理程序将控制权交给 abort 例程,abort 例程收回进程的运算资源并杀死进程。

除了以上三种标准的异常事件定义之外,还有一种独特的"应用级异常"。与这种异常相比,上文所介绍的异常属于通用级异常,即任何程序都可能发生的异常,而"应用级异常"只有在特定的程序中才有意义。"应用级异常"的想法来源于普通的异常,也有异常及其处理程序,但是何时抛出异常以及如何处理都由程序员自己决定。在实际应用环境下,操作系统能够检查出来的异常与故障往往十分有限,只能保证程序最基本的正确性,但是应用时可能出现的错误又五花八门,即使程序完整地执行结束并未崩溃,但是得到一个错误的结果也没有任何意义。因此为了尽可能地提高程序的健壮性,程序员开始主动地进行故障的检查,通常是通过程序员设想或者实践的方式得出种种可能的错误情况,并在程序中对应一一检查。

若是由程序自检发现了某些错误,就需要进行一定的处理,包括给出错误提示信息,让程序沿一条不会出错的路径继续执行;也可能是不得不结束程序,但在结束前做一些必要的工作,如将内存中的数据写入文件、关闭打开的文件、释放动态分配的内存空间等。一发现异常情况就立即处理未必妥当,因为在一个函数执行过程中发生的异常,某些情况下由该函数的调用者决定如何处理更加合适。如像库函数这类提供给程序员调用,用以完成与具体应用无关的通用功能的函数,执行过程中贸然对异常进行处理,未必符合调用它的程序的需要。此外,将异常分散在各处进行处理不利于代码的维护,尤其是对于在不同地方发生的同一种异常,都要编写相同的处理代码也是一种不必要的重复和冗余。如果能在发生各种异常时让程序都执行到同一个地方,这个地方能够对异常进行集中处理,则程序就会更容易编写与维护。鉴于此,几乎所有高级语言都引入了异常处理机制,其基本思想就是若函数 A 在执行过程中发现异常时可以不加处理,而只是"抛出一个异常"给 A 的调用者,假定为函数 B。抛出异常而不加处理会导致函数 A 立即中止,在这种情况下,函数 B 可以选择捕获 A 抛出的异常进行处理,也可以选择置之不理。如果置之不理,这个异常就会被抛给 B 的调用者,以此类推。在下面的代码中展示了 C++ 中异常处理机制的简单结构。其中,正常程序执行过程放在 try 语句块中,若是检测到有异常则通过 throw 语句抛出相应的异常。抛出异常后终止 try 语句块的执行,立即跳转到第一个"异常类型"和抛出的异常类型匹配的 catch 块中执行(称作异常被该 catch 块"捕获")。

```
1.  try
2.  {
3.      //标识可能出现的异常代码段
4.      throw 抛出一个异常
5.  }
6.  catch
7.  {
8.      //异常处理程序的类型
9.  }
```

理解故障、陷阱、终止三种异常能帮助程序员理解操作系统是如何与用户进程进行交互的,而理解并熟练掌握"应用级异常"则能帮助程序员更好地掌控自己编写的程序,提升程序的健壮性。

7.2.3 中断

1. 引起中断的各种因素

在程序的执行过程中,如果出现外部设备需要与计算机之间进行信息传输的情况,例如,键盘缓冲满、打印机缺纸等,此时 CPU 需要及时处理这些事件,因此 CPU 会暂时中断正在运行的程序,转而去执行相应的中断服务程序。除此之外,在计算机执行多道程序场景中,当程序把时间片用完时,计时器会向 CPU 发出一个时钟中断请求,停止当前运行的进程并把处理器分配给一个新的进程,或者是在多处理器系统中,需要用到中断技术来实现在各个处理器之间进行信息交流和任务切换。总而言之,通过中断技术计算机可以对程序和外设进行实时控制,满足多道程序和多处理器系统的需要,进而提高计算机的运行效率。

2. 中断的分类

中断可以分为**可屏蔽中断**和**不可屏蔽中断**。对于可屏蔽中断,CPU 可以通过在中断控制器中设置相应的**屏蔽字**来决定是否允许响应该中断。可屏蔽中断主要是由计算机外设发出的中断请求组成,例如,键盘中断、打印机中断、定时器中断等。若一个 I/O 设备的中断请求被屏蔽,则 CPU 不会响应该中断源发出的中断请求。不可屏蔽中断是指经由专门的

CPU针脚NMI通知CPU发生灾难性事件时所发出的中断请求,例如,电源掉电、硬件线路故障等。这类中断请求信号一旦产生,任何情况下都不可以被屏蔽。

3. 中断请求和中断判优

因为在程序的执行过程中,CPU可能会收到来自不同中断源发来的中断请求,所以为了判断中断请求的来源,必须在系统中设置中断请求标记触发器,简称**中断请求触发器**,记作INTR。如果某个中断源发出中断请求,则将相应的中断请求触发器状态设置为"1"。中断请求触发器可以分散到各个中断源中,如输入/输出设备的接口电路中;也可以集中设在CPU内组成一个中断请求标记寄存器,如图7-7所示,图中的1,2,3,…,n分别对应电源掉电、过热、内存读写校验错、……、打印机输出等中断源的中断请求触发器。

图7-7 中断请求标记寄存器的组成

在任何时刻,CPU只能响应一个中断源发来的中断请求,但是各中断源向CPU发出中断请求的时间都是随机的,因此在同一时刻CPU可能会收到来自多个中断源发来的中断请求,所以需要进行中断判优,即响应优先级最高的中断源发来的中断请求。各中断源优先级的排序依据包括其影响因素,即若得不到及时的响应,致使机器工作出错的严重程度。通过中断判优可以合理安排CPU的响应顺序,从而降低中断事件对计算机正常工作带来的影响。

4. 中断屏蔽技术

1) 中断请求触发器和屏蔽触发器

中断请求触发器用来暂存设备发出的中断请求信号,当中断请求触发器相应标志为"1"时,表示该设备发出了中断请求。对应中断请求触发器有一个**屏蔽触发器**,用来表示是否对某些中断源的中断请求进行屏蔽,当屏蔽触发器标志为"1"时,该中断源的请求会被屏蔽。当外部设备准备就绪发出中断请求时,若该中断未被屏蔽触发器屏蔽,即屏蔽触发器的状态为"0",那么CPU会收到该设备发出的中断请求;若该中断被屏蔽触发器屏蔽,即屏蔽触发器的状态为"1",那么CPU不会收到该设备发出的中断请求,即该设备被屏蔽。

2) 中断屏蔽字

通过将所有屏蔽触发器组合在一起,可以构成一个**屏蔽寄存器**,屏蔽寄存器的内容称为屏蔽字,屏蔽字与中断源的优先等级是一一对应的。通过在执行中断服务程序的过程中设置适当的屏蔽字,可以起到屏蔽低优先级中断的作用。表7-1是对应8个中断源的屏蔽字,其中,每个中断源对应的屏蔽字各不相同,例如,1级中断源对应的屏蔽字是11111111,2级中断源对应的屏蔽字是01111111,……,8级中断源对应的屏蔽字是00000001。如果使用屏蔽字技术,在执行1级中断源的中断服务程序过程中,CPU无法再响应任何一个其他中断源发出的中断请求;在执行3级中断源的中断服务程序过程中,CPU可以响应1、2级中断源的中断请求,但是无法响应3~8级中断源的中断请求。

表7-1 中断优先级与屏蔽字的关系

优先级	屏蔽字	优先级	屏蔽字
1	11111111	5	00001111
2	01111111	6	00000111
3	00111111	7	00000011
4	00011111	8	00000001

除此之外,可以通过屏蔽字技术改变原有中断源的优先等级顺序。例如,3级中断源优先等级高于4级中断源,如果在中断服务程序中预先设置一个屏蔽字00101111,当3、4级中断源同时向CPU发出中断请求时,因为3级中断源被屏蔽,4级中断源未被屏蔽,所以此时CPU先响应4级中断源的请求。在处理完4级中断源请求之后,再重新设置屏蔽字00011111,CPU才能响应3级中断源的请求。

◆ 7.3 异常和中断的响应过程

中断的处理

前面介绍了异常和中断的概念以及作用,因此接下来将简单介绍计算机系统对异常和中断的实现,其中,中断作为I/O操作的重要实现方式,在第8章也将进行进一步更详细的介绍。在异常和中断的分类中介绍了各种可能引发异常和中断的特殊事件,那么当计算机中真正发生了这些异常或者中断事件时计算机是如何检测到它们并根据事件的类型转去不同的异常或中断处理程序的呢?异常与中断处理程序的设计与执行因各种不同的事件而异,而且涉及计算机系统的多个领域,因此暂时不做详细介绍。而从CPU检测到发生了异常或中断事件,到转入相应的异常和中断处理程序执行的过程称为**异常和中断的响应过程**,它主要分为三个步骤:保护断点和程序状态,关中断,以及识别异常或中断事件并调入相应的处理程序。不同的处理器架构以及操作系统可能在实现细节上有所不同,但是都可以分成这三个环节,可参考图7-8。

1. 保存断点和程序状态

就像在进程切换的过程中需要进行上下文切换并将原进程的上下文保存,以备原进程下一次被唤醒时继续其执行过程,进程被异常或中断事件打断时也需要保存其执行状态。只不过因为异常或中断处理程序相较于新的用户进程而言属于轻量级的过程,对原进程执行环境的破坏也不如新进程,因此被打断时所需要保存的进程执行状态要少于上下文切换。一般而言,只需要保存断点以及程序的执行状态。

在异常或者中断事件的分类中介绍了对于不同的特殊事件,当异常或中断处理程序执行结束后可能有不同的返回地址,如对于陷阱异常来说,返回地址一般都是被中断指令的下一条指令,而对于终止异常一般将直接终止原进程,而故障则又根据具体的不同故障事件类

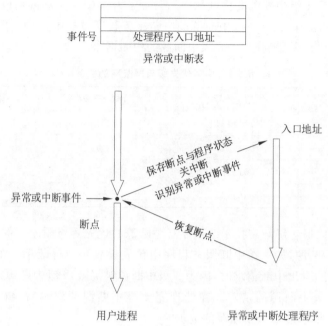

图 7-8 异常或中断响应过程示意图

型有不同的返回地址。因此返回地址应该由具体到某一异常或中断事件的处理程序决定,但是在异常和中断的响应过程中仍旧有一点是可以做的,就是记录下发生异常或中断事件时正在执行指令的地址,这个地址就是**断点**,一般而言就是当前的 PC 寄存器的值。在具体的异常或中断处理程序中再根据当前的中断类型决定将返回地址设为断点或者断点的下一条指令地址,或者直接选择终止当前进程,调出之前保存的父进程(如通过系统调用启动当前进程的 shell 进程)的断点。

保存断点有两种方式,一种是将断点保存在栈中,另外一种是将断点保存在具体的寄存器中。如 IA-32 架构选择将断点保存在栈中,如此还可以支持异常或中断的嵌套处理。如同函数的调用与嵌套一样,想象有一个先进后出的栈,原进程的断点被保存在栈底,打断原进程的异常或中断的处理程序又被新的异常或中断打断,因此将其断点入栈,这一过程可以重复,所有被打断的进程或者处理程序的断点都按顺序保存在栈中。当最幼小的异常或中断处理程序正常处理结束且未被打断时,就从栈顶调出被它打断的上一个异常或中断处理程序,并根据异常或中断事件类型计算返回地址,从而继续上一个处理程序的执行。

使用栈保存断点可以支持嵌套处理,但是速度较慢,因为栈保存在主存中,每次的入栈出栈操作都需要对主存进行访问,而根据第 6 章计算机系统的层次结构可以知道访问寄存器的速度要远大于访问主存的速度。因此部分处理器架构选择将断点保存在特定的寄存器中,如 LoongArch 使用 ERA(Exception Return Address)寄存器保存断点,MIPS 使用 EPC 寄存器保存断点。

程序状态指的是进程被打断时处理器的状态,以 IA-32 为例,处理器某一时刻的程序状态被称为**程序状态字**(Program Status Word),其内容包括进位标志位(CF)、结果为零标志位(ZF)、符号标志位(SF)、溢出标志位(OF)、中断使能标志位(IF)等。这些标志位随着每条指令的执行都会发生改变,因此程序状态字相较而言类似于指令级的进程上下文。IA-32中使用专门的**标志寄存器(EFLAGS)**来维护进程的程序状态字,当发生异常或中断时程序状态字会被保存到栈或者指定寄存器中,并在进程恢复执行时被恢复到标志寄存器。

2. 关中断

在 7.2.3 节介绍了多重中断的概念,系统在执行某段中断处理程序时是有可能响应新的中断请求的,但是若是在执行异常或中断的响应过程,如保存断点和程序状态时,发生新的中断呢? 这时候要是转去响应新的中断则意味着当前进程的断点以及程序状态丢失,这是无法允许的。进程可以阻塞、可以被更高优先级的事件打断,但是必须要保证其在出现致命错误时不丢失,在将来仍旧有完成其执行任务的可能。因此必须保证在保存原进程现场的过程中不能被打断,即使在此时发生了新的异常或中断也不能响应。

在介绍 IA-32 架构中程序状态字的时候提到了中断使能标志位,这就是 IA-32 用来控制系统是否响应新的异常或中断的开关。若是中断使能标志位被设为 0,则表示关中断,此时任何的异常或中断事件都无法被响应,相反,若是设为 1,则表示可以响应异常或中断事件。LoongArch 中实现相似功能的是 CSR.CRMD(当前模式信息)寄存器中的 IE 位,表示当前全局中断使能,高电平有效。

在响应异常或中断事件时,CPU 首先将中断允许位设为 0,表示关中断。而等到保存当前断点与程序状态的工作完成后再将中断允许位设为 1,表示绝对不可以被打断的时期已经过去,之后是否响应新的异常或中断则视具体情况而定。IA-32 可以使用 sti 以及 cli 指令在异常或中断处理程序执行过程中根据情况对标志寄存器及其中的中断允许位进行设置,而在 LoongArch 中则可以通过使用 CSRRD/WR 指令统一对包括 CRMD 寄存器在内的基础控制状态寄存器内容进行修改。

3. 识别异常或中断事件并调入相应的处理程序

识别异常与中断事件是异常与中断的响应过程中另外一个重要的任务,在保存了当前进程的断点与程序状态之后,需要识别出导致异常与中断事件的具体事件并调入预先存储在系统内核的与事件对应的处理程序。因此主要面临两个问题,一是如何识别不同的异常与中断事件,二是在识别出特定的异常与中断事件的基础上如何进一步地找到其对应的处理程序。

解决以上两个问题主要有两种不同的思路:软件方式与硬件方式。

软件方式以 MIPS 与 LoongArch 为例,因为两者均属于 RISC(精简指令集),其一大特点就是要尽量减少硬件设计的复杂度,因此选择使用专门的系统程序来实现异常与中断事件的识别与处理程序调入执行。虽然与硬件实现方式相比速度有所降低,但是精简硬件能带来的是系统整体的简洁与高效。在软件识别方式中,CPU 内部存在一个原因寄存器(MIPS 中的 cause 寄存器,LoongArch 中的 CSR.ESTAT 异常状态寄存器),用以存储标识异常原因或者中断类型的标志信息,剩下的工作都由操作系统以及专门的异常或中断查询程序完成。异常或中断处理程序按照程序逻辑指定的次序查询原因寄存器,首先被查询到的异常和中断就先执行。在这种以软件为主的方式下硬件所需要做的任务只包括记录

cause 寄存器并调出专门的异常或中断查询程序两步。

硬件方式下为了实现专用的硬件以提高异常与中断事件的查询与调入速度，相应的设计更为复杂。首先是需要识别出异常与中断事件，其中，内部异常的识别较为简单，因为发生在 CPU 内部，CPU 可以在检测到相关事件时就根据预先定义的异常事件类型与异常事件号对其进行标识。而外部中断则相应复杂很多，因为中断请求的发生与 CPU 及当前正在执行的指令并无必然的联系，因此 CPU 无法根据当前的执行状态或现象来判断是否发生了某种中断。一般的处理方式是，CPU 在每次执行完一条指令之后都去检查一下对应的中断请求引脚，如 Intel 处理器中的 INCR 端。在 CPU 的外部存在一个专用硬件——中断控制器，它可以同时接收来自外部中断源的多个中断请求，并结合中断优先级以及中断屏蔽情况选择当前优先级最高的可以响应的中断请求送到 CPU 的 INCR 端。

识别到需要响应的异常或中断类型后下一步就是通过类型号查询相应的处理程序入口地址。软件方式可以使用相应的数据结构存储两者的映射关系，而硬件方式一般通过**中断向量表**保存这些信息，中断向量表中的内容就是可用来形成相应的中断服务程序的入口地址或存放中断服务程序的首地址的**中断向量**。中断向量表存放在内存的固定位置，在 8086 系统中它位于内存的最低端 1KB 空间（0x00000～0x0003FF）。每个中断向量的长度相等，因此在将所有的入口地址按照中断类型号的顺序存放在中断向量表中之后，只需要将中断类型号乘以 4 就可以获得存放中断向量的地址。

◆ 7.4 LoongArch 指令系统中的异常和中断

LoongArch 是我国首个自主 CPU 指令级架构，兼顾自主之路与兼容之路，拥有大量的自主指令并能够通过二进制翻译等技术兼容目前主流的 ARM 与 x86 生态。本节以 LoongArch 为例，详细介绍现代精简指令集架构下异常与中断的处理方式，帮助读者更好地掌握实际应用环境中异常与中断是如何识别以及如何被响应的，加深读者对异常与中断的理解。

与 MIPS 等精简指令集架构一样，LoongArch 为简化硬件的设计没有为异常与中断的处理提供专用硬件，而是通过软件方式实现异常与中断的识别。LoongArch 中的例外又称为异常，并且分为普通异常、TLB 重填异常以及机器错误异常，三种异常有不同的寄存器以及处理过程。此外，LoongArch 将中断视作普通异常，以下若未做特别说明则异常同时指代异常与中断。

在接下来的内容中将首先介绍 LoongArch 架构中与异常和中断实现有关的基本寄存器，并分别从优先级判断、入口寻找以及处理过程等角度详细介绍异常和中断的硬件实现细节。

7.4.1 相关控制状态寄存器

LoongArch 拥有 LA32 与 LA64 两套基本架构，两套架构下通用寄存器位宽不同，因为实现原理相似，所以下文均使用 LA32 架构下的寄存器作为介绍目标。

在表 7-2 中展示了所有与异常和中断的处理有关的控制状态寄存器，接下来详细介绍几个主要的寄存器的内容以及它们在异常和中断过程中的作用。

表 7-2　与异常和中断有关的控制状态寄存器一览表

地址	名　　称
0x0	当前模式信息 CRMD
0x1	异常模式信息 PRMD
0x4	异常配置 ECFG
0x5	异常状态 ESTAT
0x6	异常返回地址 ERA
0xC	异常入口地址 EENTRY
0x44	定时中断清除 TICLR
0x88	TLB 重填异常入口地址 TLBRENTRY
0x89	TLB 重填异常出错虚地址 TLBRBADV
0x8A	TLB 重填异常返回地址 TLBRERA
0x8E	TLB 重填异常表项高位 TLBEHI
0x8F	TLB 重填异常前模式信息 TLBRPRMD
0x90	机器错误控制 MERRCTL
0x91	机器错误信息 1 MERRINFO1
0x92	机器错误信息 2 MERRINFO2
0x93	机器错误异常入口地址 MERRENTRY
0x94	机器错误异常返回地址 MERERA

1. 当前模式信息 CSR.CRMD

当前模式信息寄存器定义如表 7-3。

表 7-3　当前模式信息寄存器定义

位	名字	读写	描　　述
1:0	PLV	RW	当前特权等级。合法的取值范围为 0～3，其中，0 表示最高特权，3 表示最低特权等级
2	IE	RW	当前全局中断使能，高有效
3	DA	RW	直接地址翻译模式的使能，高有效
4	PG	RW	映射地址翻译模式的使能，高有效
6:5	DATF	RW	直接地址翻译模式时，取指操作的存储访问类型
8:7	DATM	RW	直接地址翻译模式时，load 和 store 操作的存储访问类型
9	WE	RW	指令和数据监视点的使能位，高电平有效

该寄存器中的信息用于决定处理器核当前所处的特权等级、全局中断使能、监视点使能

和地址翻译模式。其中，IE 位标志当前全局的中断使能，当触发异常时，硬件将该域的值置为 0，以确保陷入后屏蔽中断。异常处理程序决定重新开启中断响应时，需显式地将该位置 1。DA 与 PG 域一起决定了系统的地址翻译模式是直接地址翻译模式还是映射地址翻译模式，两者的合法组合情况为 1、0 或者 0、1，当触发 TLB 重填异常或者机器错误异常时需要由硬件将 DA 设为 1，将 PG 设为 0。当采用直接地址翻译模式时，DATF 表示取指操作的存储访问类型，DATM 表示 load 和 store 操作的存储访问类型，当触发机器错误异常时需要由硬件将 DATF 与 DATM 都设为 0。此外，在采用软件处理 TLB 重填的情况下，当软件将 PG 置为 1 时，需同时将 DATF 域以及 DATM 域置为 0b01，即一致可缓存类型。WE 域表示指令和数据监视点的使能位，当触发异常时需将其设为 0。

2. 异常前模式信息 CSR.PRMD

异常前模式信息寄存器定义如表 7-4 所示。

表 7-4 异常前模式信息寄存器定义

位	名字	读写	描 述
1:0	PPLV	RW	保存 CSR.CRMD 中 PLV 域的旧值
2	PIE	RW	保存 CSR.CRMD 中 IE 域的旧值
3	PWE	RW	保存 CSR.CRMD 中 WE 域的旧值

该寄存器用于保存异常返回时恢复处理器核现场用到的信息。

3. 异常状态寄存器 CSR.ESTAT

异常状态寄存器定义如表 7-5。

表 7-5 异常状态寄存器定义

位	名字	读写	描 述
1:0	IS[1:0]	RW	两个软件中断的状态位。比特 0 和 1 分别对应 SWI0 和 SWI1。软件中断的设置也是通过这两位完成，软件写 1 置中断，写 0 清中断
12:2	IS[12:2]	R	中断状态位。其值为 1 表示对应的中断置起。1 个核间中断（IPI），1 个定时器中断（TI），1 个性能计数器溢出中断（PMI），8 个硬中断（HWI0～HWI7）
21:16	Ecode	R	异常类型一级编码
30:22	EsubCode	R	异常类型二级编码

该寄存器用于记录异常的状态信息，包括所触发异常的一二级编码，以及各中断的状态。LoongArch 采用两级异常编码，触发异常时：如果是 TLB 重填异常或机器错误异常，Ecode 和 EsubCode 保持不变；否则，硬件会根据异常类型将相应的异常类型号或二级异常类型号写入 Ecode 或 EsubCode。并且需要注意的是，IS 以及 Ecode、EsubCode 域由专门的硬件电路设置，CPU 只有读取的权限。

4. 异常配置寄存器 CSR.ECFG

异常配置寄存器定义如表 7-6 所示。

表 7-6　异常配置寄存器定义

位	名字	读写	描述
12:0	LIE	RW	局部中断使能位,高有效。这些局部中断使能位与 CSR.ESTAT 中 IS 域记录的 13 个中断源一一对应,每一位控制一个中断源
18:16	VS	RW	配置异常和中断入口的间距

该寄存器用于控制异常和中断的入口计算方式以及各中断的局部使能位。当 VS=0 时,所有异常和中断的入口地址是同一个。当 VS!=0 时,各异常和中断之间的入口地址间距是 2^{VS} 条指令。因为 TLB 重填异常和机器错误异常具有独立的入口基址,所以二者的异常入口不受 VS 域的影响。

5. 异常程序入口地址 CSR.EENTRY

异常程序入口地址寄存器定义如表 7-7 所示。

表 7-7　异常程序入口地址寄存器定义

位	名字	读写	描述
GRLEN-1:12	VPN	RW	普通异常和中断的入口地址所在页的页号

该寄存器用于配置普通异常和中断的入口地址。类似地,CSR.TLBRENTRY 用于配置 TLB 重填异常的入口地址;CSR.MERRENTRY 用于配置机器错误异常的入口地址。

6. 异常程序返回地址 CSR.ERA

异常程序返回地址寄存器定义如表 7-8 所示。

表 7-8　异常程序返回地址寄存器定义

位	名字	读写	描述
GRLEN-1:0	PC	RW	异常程序返回地址

该寄存器用于记录普通异常处理完毕之后的程序返回地址。当触发异常时,如果异常类型既不是 TLB 重填异常也不是机器错误异常,则触发异常的指令的 PC 将被记录在该寄存器中。对于 LA64 架构,在这种情况下,如果触发异常的特权等级处于 32 位地址模式,那么记录的 PC 值的高 32 位强制置为 0。类似地,CSR.TLBRERA 用来记录 TLB 重填异常返回地址;CSR.MERRERA 用来记录机器错误异常返回地址。

7.4.2　异常的处理

1. 异常入口

TLB 重填异常的入口来自于寄存器 CSR.TLBRENTRY;机器错误异常的入口来自于

寄存器 CSR.MERRENTRY。除上述两种异常之外的异常称为普通异常，其入口地址采用"入口页号 | 页内偏移"的计算方式，这里"|"是按位或运算。所有普通异常入口的入口页号相同，均来自于 CSR.EENTRY。普通异常入口的偏移由中断偏移的模式和异常号(Ecode)共同决定，其值等于 $2^{CSR.ECFG.VS+2} \times (Ecode+64)$。其中，普通异常的 Ecode 值等于其异常类型号，而中断的 Ecode 值等于其中断类型号加上 64。当 CSR.ECFG.VS=0 时，所有普通异常的入口相同，此时需要软件通过 CSR.ESTA 中的 Ecode、IS 域的信息来判断具体的异常类型；当 CSR.ECFG.VS!=0 时，不同的中断源具有不同的异常入口，软件无须通过访问 CSR.ESTA 来确认异常类型。由于异常入口是基址"按位或"上偏移值，当 CSR.ECFG.VS!=0 时，软件在分配异常入口基址时需要确保所有可能的偏移值都不会超出入口基址低位所对应的边界对齐空间。

2. 异常优先级

异常优先级遵循两个基本原则：①中断的优先级高于异常；②取指阶段检测出的异常优先级最高，译码阶段检测出的异常优先级次之，执行阶段检测出的异常优先级再次之。

对于取指阶段检测出的异常：取指 Watch 异常优先级最高，取指地址错误异常优先级次之，取指 TLB 相关异常优先级再次之，取指机器错误异常优先级最低。译码阶段可检测出的异常彼此互斥，故无须考虑它们之间的优先级。对于执行阶段检测出的异常其优先级从高到低依次为：要求地址对齐的访存指令因地址不对齐而产生的地址对齐错异常（ALE）＞地址错异常（ADE）＞边界约束检查错异常（BCE）＞TLB 相关的异常＞允许地址非对齐的访存指令因地址跨越了不同 Cache 属性的两个页时而产生的地址对齐错异常（ALE）。

3. 普通异常硬件处理通用过程

当触发普通异常时，处理器硬件会进行如下操作。

（1）将 CSR.CRMD 的 PLV、IE 分别存到 CSR.PRMD 的 PPLV、PIE 中，然后将 CSR.CRMD 的 PLV 置为 0，IE 置为 0。

（2）对于支持 Watch 功能的实现，还要将 CSR.CRMD 的 WE 存到 CSR.PRMD 的 PWE 中，然后将 CSR.CRMD 的 WE 置为 0。

（3）将触发异常指令的 PC 值记录到 CSR.ERA 中。

（4）跳转到异常入口处取指。

当软件执行 ERTN 指令从普通异常执行返回时，处理器硬件会完成如下操作。

（1）将 CSR.PRMD 中的 PPLV、PIE 值恢复到 CSR.CRMD 的 PLV、IE 中。

（2）对于支持 Watch 功能的实现，还要将 CSR.PRMD 中的 PWE 值恢复到 CSR.CRMD 的 WE 中。

（3）跳转到 CSR.ERA 所记录的地址处取指。

针对上述硬件实现，软件在异常处理过程的中途如果需要开启中断，需要保存 CSR.PRMD 中的 PPLV、PIE 等信息，并在异常返回前，将所保存的信息恢复到 CSR.PRMD 中。

4. TLB 重填异常硬件处理过程

当触发 TLB 重填异常时，处理器硬件会进行如下操作。

(1) 将 CSR.CRMD 的 PLV、IE 分别存到 CSR.TLBRPRMD 的 PPLV、PIE 中,然后将 CSR.CRMD 的 PLV 置为 0,IE 置为 0,DA 置为 1,PG 置为 0。

(2) 对于支持 Watch 功能的实现,还要将 CSR.CRMD 的 WE 存到 CSR.TLBRPRMD 的 PWE 中,然后将 CSR.CRMD 的 WE 置为 0。

(3) 将触发异常指令的 PC 的[GRLEN-1:2]位记录到 CSR.TLBRERA 的 ERA 域中,将 CSR.TLBRERA 的 IsTLBR 置为 1。

(4) 将触发该异常的访存虚地址(如果是取指触发的则是 PC)记录到 CSR.TLBRBADV 中,将虚地址的[PALEN-1:13]位记录到 CSR.TLBREHI 的 VPPN 域中。

(5) 跳转到 CSR.TLBRENTTRY 所配置的异常入口处取指。

当软件执行 ERTN 指令从 TLB 重填异常执行返回时,处理器硬件会完成如下操作。

(1) 将 CSR.TLBRPRMD 中的 PPLV、PIE 值恢复到 CSR.CRMD 的 PLV、IE 中。

(2) 对于支持 Watch 功能的实现,还要将 CSR.TLBRPRMD 中的 PWE 值恢复到 CSR.CRMD 的 WE 中。

(3) 将 CSR.CRMD 的 DA 置为 0,PG 置为 1。

(4) 将 CSR.TLBRERA 的 IsTLBR 置为 0。

(5) 跳转到 CSR.TLBRERA 所记录的地址处取指。

5. 机器错误异常硬件处理过程

当触发机器错误异常时,处理器硬件会进行如下操作。

(1) 将 CSR.CRMD 的 PLV、IE、DA、PG、DATF、DATM 分别存到 CSR.MERRCTL 的 PPLV、PIE、PDA、PPG、PDATF、PDATM 中,然后将 CSR.CRMD 的 PLV 置为 0,IE 置为 0,DA 置为 1,PG 置为 0,DATF 置为 0,DATM 置为 0。

(2) 对于支持 Watch 功能的实现,还要将 CSR.CRMD 的 WE 存到 CSR.MERRCTL 的 PWE 中,然后将 CSR.CRMD 的 WE 置为 0。

(3) 将触发异常指令的 PC 记录到 CSR.MERRERA 中。

(4) 将 CSR.MERRCTL 的 IsMERR 位置为 1。

(5) 将校验的具体错误信息记录到 CSR.MERRINFO1 和 CSR.MERRINFO2 中。

(6) 跳转到 CSR.MERRENTRY 所配置的异常入口处取指。

当软件执行 ERTN 指令从机器错误异常执行返回时,处理器硬件会完成如下操作。

(1) 将 CSR.MERRCTL 中的 PPLV、PIE、PDA、PPG、PDATF、PDATM 值恢复到 CSR.CRMD 的 PLV、IE、DA、PG、DATF、DATM 中。

(2) 对于支持 Watch 功能的实现,还要将 CSR.MERRCTL 中的 PWE 值恢复到 CSR.CRMD 的 WE 中。

(3) 将 CSR.MERRCTL 的 IsMERR 位置为 0。

(4) 跳转到 CSR.MERRERA 所记录的地址处取指。

7.4.3 中断的处理

1. 中断类型

龙芯架构下的中断采用线中断的形式。每个处理器核内部可记录 13 个线中断,分别是

1个核间中断(IPI),1个定时器中断(TI),1个性能监测计数溢出中断(PMI),8个硬中断(HWI0～HWI7),2个软中断(SWI0、SWI1)。中断在 CSR.ESTA.IS 域中记录的位置的索引值也被称为中断号(IntNumber)。SWI0 的中断号等于 0,SWI1 的中断号等于 1,……,IPI 的中断号等于 12。所有的线中断都是电平中断,且都是高电平有效。

核间中断的中断输入来自于核外的中断控制器,其被处理器核采样记录在 CSR.ESTA.IS[12]位。定时器中断的中断源来自于核内的恒定频率定时器,当恒定频率定时器倒计时至全 0 值时,该中断将被挂起。挂起后的定时器中断被处理器核采样记录在 CSR.ESTA.IS[11]位,清除定时器中断需要通过软件向 CSR.TICLR 寄存器的 TI 位写 1 来完成。性能计数器溢出中断的中断源来自于核内的性能计数器,当任一个中断使能开启的性能计数器的计数值的第[63]位为 1 时,该中断将被挂起。挂起后的性能计数器溢出中断被处理器核采样记录在 CSR.ESTA.IS[10]位,清除性能计数器溢出中断需要将引起中断的那个性能计数器的第[63]位置为 0 或关闭该性能计数器的中断使能。硬中断的中断源来自于处理器核外部,其直接来源通常是核外的中断控制器,8 个硬中断 HWI[7:0]被处理器核采样记录在 CSR.ESTA.IS[9:2]位。软中断的中断源来自于处理器核内部,软件通过 CSR 指令对 CSR.ESTA.IS[1:0]写 1 则挂起软中断,写 0 则清除软中断。

2. 中断优先级

同一时刻多个中断的响应采用固定优先级仲裁机制,中断号越大优先级越高。因此 IPI 的优先级最高,TI 次之,……,SWI0 的优先级最低。

3. 中断入口

中断被处理器硬件标记到指令上以后就被当作一种异常进行处理,因此中断入口的计算遵循普通异常入口的计算规则。需要补充说明的是,在计算入口地址时,中断对应的异常号是其自身的中断号加上 64,即 0 号中断 SWI0 对应的异常号是 64,1 号中断 SWI1 对应的异常号是 65,……,以此类推。

4. 处理器硬件响应中断的处理过程

各中断源发来的中断信号被处理器采样至 CSR.ESTA.IS 域中,这些信息与软件配置在 CSR.ECFG.LIE 域中的局部中断使能信息按位与,得到一个 13 位中断向量 int_vec。当 CSR.CRMD.IE=1 且 int_vec 不为全 0 时,处理器认为有需要响应的中断,于是从执行的指令流中挑选出一条指令,将其标记上一种特殊的异常——中断异常。随后处理器硬件的处理过程与普通异常的处理过程一样。

◇ 小　　结

本章主要介绍了异常控制流的概念,并为此引出了进程及异常和中断。进程是计算机中的程序关于某数据集合的一次运行活动,是一段程序的执行过程,计算机以进程的形式完成所有的任务。进程为计算机提供了独立的逻辑控制流与私有的虚拟地址空间两层抽象,它们共同保证了在计算机中拥有多个进程的情况下每个进程的运行不会受到其他进程的干扰,从而使得计算机能够在保证进程运行正确的基础上支持实现宏观意义上的多任务同时处理,提高了计算机的使用效率。

当操作系统因为某些原因执行进程调度时,它需要保存当前执行进程的执行状态与执行环境并恢复新进程的执行状态与执行环境。操作系统通过这种被称为上下文切换的方式实现进程之间的平稳过渡。在这个过程中进程的逻辑控制流被打断,CPU 的实际控制流变得更为复杂,形成了异常控制流。

除了上下文切换之外异常控制流还有一种形成原因就是异常与中断。在 CPU 执行指令的过程中经常会因为各种原因被打断,有时是因为检测到了故障,有时是因为遇到了陷阱指令,还有的是遇到了严重的机器错误从而不得不被迫终止进程的执行,以上三种情况都发生在 CPU 内部,被统称为异常。中断来自于 CPU 外部,经常是因为某一个外部的 I/O 设备借助中断请求来通知 CPU 需要进行相应的处理。CPU 在检测到异常或中断事件后需要执行必需的响应过程,它们包括保存断点与程序状态,关中断并识别异常和中断事件并转入相应的处理程序。在处理程序结束后根据异常与中断事件的不同类型,会返回到被打断原进程的相应位置,有时是被打断指令,有时是被打断指令的下一条指令继续执行,也有可能再也不会返回被打断进程。

进程为计算机处理任务、执行程序提供了最基本的单元;异常为计算机进行自检,避免陷入无法恢复的故障提供了基础的保证,并在被有意隔离开的操作系统内核与用户进程之间提供了方便使用与管理的接口;中断则为 CPU 与计算机外设之间的交流提供了有效的途径。学习本章的内容能够帮助读者更好地理解计算机系统在程序层次之下,指令层次之上的实现基础与原理。

习　　题

1. 解释说明以下概念。
(1) CPU 的控制流,正常控制流,异常控制流。
(2) 进程,进程的上下文,上下文切换。
(3) 并发并行。
(4) 系统调用系统调用服务例程。
(5) 故障,陷阱,终止。
(6) 可屏蔽中断,不可屏蔽中断,中断屏蔽字。
(7) 开中断,关中断,多重中断。
(8) 断点,中断向量,中断服务程序。
2. 简述程序和进程之间的区别。
3. 简述在进程进行上下文切换时,操作系统主要完成了哪些工作。
4. 简述引起异常控制流的几类事件并举例说明。
5. 简述系统调用的处理过程。
6. 简述中断屏蔽技术的作用。
7. 简述中断过程中"保护现场"完成了哪些任务。
8. 简述找到中断服务程序入口地址的两种方法。

9. 简述单重中断和多重中断服务的整体流程,并分别画出对应的流程图。

10. 现有 5 个中断源 A、B、C、D、E,其中断优先级关系为 A＞B＞C＞D＞E,现在要求中断处理次序改为 B＞E＞D＞C＞A。

(1) 试写出更改中断优先级前后各中断源的屏蔽字。

(2) 若中断服务程序的执行时间为 20us,请根据图 7-9 给出的时间轴及各中断源发出中断请求的时间,试画出更改中断优先级前后 CPU 执行程序的轨迹。

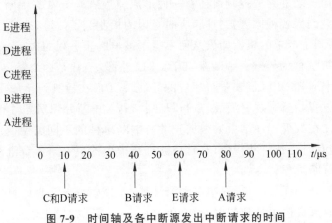

图 7-9 时间轴及各中断源发出中断请求的时间

第 8 章 实践部分

8.1 龙芯平台初探

8.1.1 实验背景

在本实验中,读者将初次接触龙芯教学实验平台,以龙芯桌面 PC 为例,熟悉其硬件架构以及编译环境,并尝试在此平台上撰写程序、编译及运行。龙芯教学实验平台上安装有 Linux 操作系统以及完整的编译环境。我们将围绕该平台进行一系列富有趣味性和挑战性的实验教学,希望读者能靠自己的努力完成这些实验,熟悉龙芯架构及其生态下的软件开发流程。

8.1.2 实验目的

(1) 了解龙芯教学实验平台的硬件架构及主要组成部分。
(2) 了解数据在计算机内的编码表示,熟悉常见字符的十六进制 ASCII 码。
(3) 初步掌握 C 语言,能够用 C 语言进行简单编程实验,掌握键盘输入及显示输出的方法。
(4) 熟悉 Linux 环境,学会如何在 Linux 环境下完成 C 程序的编写和运行。

8.1.3 实验要求

(1) 显示输入的字符的十六进制 ASCII 码。
(2) 将输入的字符进行大小写转换并显示。

8.1.4 实验步骤

下面首先对龙芯教学实验平台做简单的介绍。

1. 实验平台

本实验以基于龙芯 3A5000 处理器的桌面 PC 为实验平台对龙芯的软硬件环境进行讲解。此平台集成了单片高性能龙芯 3A5000 处理器,2 个 DDR4 UDIMM 插槽,10/100/1000Mb/s 自适应网络控制器,1 个千兆网口,2 个 M-SATA 插槽,1 个 NAND Flash,4 个 USB 2.0 接口,1 个 VGA 接口和 1 个 HDMI 接口。平台运行 Loongnix 操作系统,安装有兼容 LoongArch 的 GCC 编译环境。

实验平台主板的基本结构如图 8-1 所示。

2. 中央处理器

龙芯 3A5000 是面向个人计算机、服务器等信息化领域的通用处理器,如图 8-2 所示。基于 GS464V 成熟微结构,龙芯 3A5000 处理器升级为全新的龙芯自主指令系统,并进一步提升频率,降低功耗,优化性能。在与龙芯 3A4000 处理器保持引脚兼容的基础上,频率提升至 2.5GHz,功耗降低 30% 以上,性能提升 50% 以上。

图 8-1 实验系统实物图

图 8-2 龙芯 3A5000 处理器

龙芯 3A5000 实现了自主性和安全性的深度融合。龙芯 3A5000 中包括 CPU 核心、内存控制器及相关 PHY、高速 I/O 接口控制器及相关 PHY、锁相环、片内多端口寄存器堆等在内的所有模块均自主设计。龙芯 3A5000 在处理器核内实现了专门机制防止"幽灵(Spectre)"与"熔断(Meltdown)"的攻击,并在处理器核内支持操作系统内核栈防护等访问控制机制。龙芯 3A5000 处理器集成了安全可信模块,支持可信计算体系。龙芯 3A5000 内置了硬件加密模块,支持商密 SM2/3/4 及以上算法,其中,SM3/4 密码处理性能达到 5Gb/s 以上。

龙芯 3A5000 CPU 具有以下特点。

(1) 基于全新的龙芯自主指令系统 LoongArch。

(2) 单核 SPEC CPU2006 Base 实测超过 26 分,为目前性能效率最强的国产处理器核心。

(3) 高带宽内存接口:支持 DDR4-3200,实测带宽超过 25GB/s。

(4) 统一生态兼容:支持不同架构应用程序实时翻译执行。

(5) 精细功耗管理:内置功耗控制核心动态调频调压。

(6) 支持自主 GPU:搭配新一代桥片 7A2000,采用自主设计 3DGPU。

龙芯 3A5000CPU 的详细参数见表 8-1。

3. Loongnix 操作系统

Loongnix 是应用于个人计算机、服务器、云计算等通用信息化领域的 Linux 操作系统,实行以开源社区版为基础,支持商业版和定制版发展的生态模式,一方面支持品牌操作系统厂商研发其商业发行版产品,另一方面支持云厂商、OEM 等企业根据需求研发其定制版操作系统。Loongnix 包括 Loongnix-Server、Loongnix-Client 以及 Loongnix-Cloud 三个产品系列,分别面向服务器、个人计算机和云计算领域。

表 8-1　龙芯 3A5000 参数表

主频	2.3GHz～2.5GHz
峰值运算速度	160GFlops
核心个数	4
处理器核	64 位超标量处理器核 GS464V； 支持 LoongArch® 指令系统； 支持 128/256 位向量指令； 四发射乱序执行； 4 个定点单元、2 个向量单元和 2 个访存单元
高速缓存	每个处理器核包含 64KB 私有一级指令缓存和 64KB 私有一级数据缓存； 每个处理器核包含 256KB 私有二级缓存； 所有处理器核共享 16MB 三级缓存
内存控制器	2 个 72 位 DDR4-3200 控制器； 支持 ECC 校验
高速 I/O	2 个 HyperTransport 3.0 控制器； 支持多处理器数据一致性互连（CC-NUMA）
其他 I/O	1 个 SPI、1 个 UART、2 个 I2C、16 个 GPIO 接口
功耗管理	支持主要模块时钟动态关闭； 支持主要时钟域动态变频； 支持主电压域动态调压
典型功耗	35W@2.5GHz

Loongnix 的发展采用了遵循统一系统架构和规范 API 应用编程环境的技术路线。基于《龙芯 CPU 统一系统架构规范》，发布支持 ACPI 标准的 UEFI 固件和系统，实现操作系统跨主板整机兼容和 CPU 代际兼容，其内置基本软件如表 8-2 所示。

表 8-2　Loongnix 内置基本软件

内核	基于社区长期维护版（LTS）的龙芯产品化版本
固件支持	支持 ACPI 标准，兼容支持 PMON、昆仑、百敖及 UEFI，自适应提供各种固件所需要的启动文件
编译工具	GCC、Bintils、LLVM、Rust、Golang 等主流编译器
编程语言	C/C++、C♯、FORTRAN、Java、JavaScript、XML、Python、Ruby、PHP、Perl 等
操作系统基础库	文件系统、包管理系统、安全与审计、基础图形图像库
API 基础环境	Java、.NET、Node.js、Qt、Electron、CEF、VS-Code、Eclips 等
云计算	OpenStack、Docker、KVM、oVirt、Libvirt、Virtmanager 等
内置浏览器	支持 HTML5、WebAssembly、NPAPI、CSS 等技术，支持国密算法、办公插件
媒体播放器	VNC、Mplayer 等

Loongnix 系统的技术架构如图 8-3 所示。

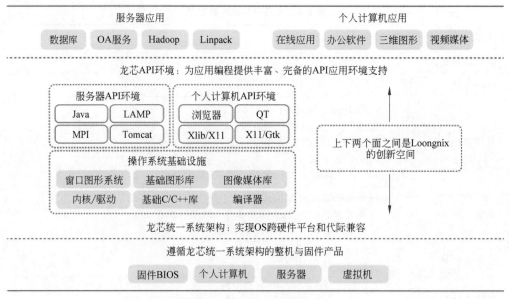

图 8-3　Loongnix 技术架构

4. Linux 环境下文本编辑器的使用

Linux 环境下可以使用 vi/vim 文本编辑器编写程序。vi 的基本使用方式总结如下。

进入 vi 编辑界面一般分为三种模式：一般模式、编辑模式、命令行模式。

1）一般模式

以 vi 打开一个文件就直接进入一般模式（这是默认模式）。在这个模式中，可以上下左右移动光标，也可以粘贴、复制或是删除文件数据，但不可以编辑文件内容。

2）编辑模式

编辑模式就是进入一个可以编辑文本文档的模式，常规的方式就是按 i 键进入编辑模式，左下角显示"insert 插入"状态，此时就类似 Word 或记事本，可以任意写入内容，如果要回到一般模式，则需按 Esc 键。

编辑模式下各按键作用如表 8-3 所示。

表 8-3　编辑模式下各按键作用

按　键	作　　　用	按　键	作　　　用
i	在当前字符前插入	A	在光标所在行的行尾插入
I	在光标所在行的行首插入	o	在当前行的下一行插入新的一行
a	在当前字符后插入	O	在当前行的上一行插入新的一行

3）命令行模式

在一般模式中输入":,/,?"后按任一个键，就可以将光标移动到最下面一行。在这个模式中可以提供查找数据的操作，而读取、保存、大量替换字符、离开 vi、显示行号是在此模式中完成的。如果要回到一般模式，则需按 Esc 键。

命令模式下各按键作用如表 8-4 所示。

表 8-4 命令模式下各按键作用

按 键	作 用
:w	保存文本
:w!	强制保存,即使文本为只读权限
:q	退出 vi
:q!	强制退出,所有改动不生效
:wq	保存并退出,强制更新文件的修改时间
:x	写入并退出,只有修改时才会更新修改时间
:/word	向光标之后查找一个字符串 word,按 n 键向后继续搜索,按 N 键向前
?word	向光标之前查找一个字符串 word,按 n 键向前继续搜索,按 N 键向后
:se nu	显示行号
:se nonu	不显示行号

进入 vi 编辑界面后按 i 键进入编辑模式,开始编辑 C 语言代码。代码写完后按 Esc 键退回到一般模式,输入":wq"保存退出。如果发现程序有错误,可以使用"vi 文件名"命令重新编辑。

注:vim 编辑器可能使用不方便,可以考虑使用 Gedit 编辑器。

5. GCC 编译器的使用

GCC 常用命令总结如下。
(1) 使用 -o 可以指定输出的可执行文件名称:

```
$ gcc test.c -o test
```

(2) 指定 -E 编译选项,使得只输出预编译结果:

```
$ gcc -E test.c -o test.i
$ cat test.i
```

文件 test.i 中存放着 test.c 经预处理之后的代码。"cat test.i"可以打印 test.i 内容。
(3) 通过编译选项 -S 输出汇编代码:

```
$ gcc -S test.c -o test.s
```

(4) 指定 -c 生成目标文件,即依次做预处理、编译、汇编:

```
$ gcc -c test.c -o test.o
```

(5) 通过编译选项 -save-temps 输出所有中间代码:

```
$ gcc -save-temps -c test.c -o test.o
```

（6）生成 libtest.so 动态库，仅包含 test.c：

```
$ gcc -fPIC -shared test.c -o libtest.so
```

（7）链接 libtest.so 动态库，编译 main.c 生成 main 可执行二进制，注意动态库路径问题：

```
$ gcc main.c -L ./ -ltest -Wl,-rpath=./ -o main
```

常见的编译参数如表 8-5。

表 8-5 常见的编译参数

参数	描述
-Dmacro	编译宏，相当于 C 语言中的 #define macro
-Dmacro=defn	编译宏，相当于 C 语言中的 #define macro=defn
-Umacro	编译宏，相当于 C 语言中的 #undef macro
-I dir	在使用 #include "file" 的时候，gcc/g++ 会先在当前目录查找所指定的头文件，如果没有找到，回到默认的头文件目录找，如果使用 -I 指定了目录，会先在所指定的目录查找，然后再按常规的顺序去找。 对于 #include<file>，gcc/g++ 会到 -I 指定的目录查找，若查找不到，将到系统的默认头文件目录查找
-I-	取消前一个参数的功能
-Wl,option	此选项传递 option 给链接程序；如果 option 中间有逗号，就将 option 分成多个选项，然后传递给链接程序
-L dir	指定编译的时候，搜索库的路径（比如自己的库），可以用它指定目录，否则编译器将只在标准库的目录下查找。这个 dir 就是目录的名称
-g	在编译的时候，产生调试信息
-w	不生成任何警告信息
-Wall	生成所有警告信息
-static	禁止使用共享连接
-shared	生成共享目标文件。通常用在建立共享库时

读者可以自行搜取更多资料学习 Linux 环境下的程序运行知识。

◆ 8.2 文件读写及加解密

8.2.1 实验背景

在本实验中，将练习对文件的操作，并掌握计算机系统中程序的执行流程。本实验需要读者自学加密和解密算法，并对一个文件进行加解密操作实践。加密难度可自定，但不建议采用太过简单的加解密方式。当然,也鼓励读者自由发挥,设计属于自己的加解密算法。常见的加密算法如凯撒加密、异或加密;对称加密算法如 AES、SM4(国密算法);非对称加密算法如 RSA、SM2。

8.2.2 实验目的

(1) 以读写文件为例,掌握计算机系统中程序的执行流程。
(2) 掌握动态库的创建与链接。
(3) 学习加密和解密算法。

8.2.3 实验要求

(1) 根据指定的接口(fileOperation.h)实现具体函数。
(2) 将加解密文件创建为动态库(libfileOperation.so),以供 main 调用。
(3) 将二进制文件(pass)通过实现好的接口依次加密和解密。
(4) 验证解密后的二进制文件是否正确执行。

8.2.4 实验步骤

1. 准备工作

环境相关:Linux 编译环境。

文件相关:main.c(程序入口),fileOperation.h(实现接口说明),pass(待加密二进制文件)。

2. 编译和运行

结合 8.1 节实验给出的关于 GCC 常用命令,依次生成 libfileOperation.so 动态库和 main 可执行文件

3. 期望实现命令说明

1) 加密文件

```
$ ./main 0 pass enpass
```

其中,main 为链接动态库(libfileOperation.so)后的目标文件,0 表示加密,1 表示解密,pass 为待加密二进制文件名,enpass 为加密后文件名。

2) 解密文件

```
$ ./main 1 enpass depass
```

解释同上。

4. 预期结果

如果解密后的文件没有执行权限,使用 chmod 命令添加权限。

运行解密后的文件,输出"PASSED!"。

假如解密后的文件名为 depass,运行如下。

```
$ ./depass
PASSED!
```

5. 示例程序

(1) main.c 参考代码,其中参数固定为 4 个,参数解释参考上文。

```c
#include "fileOperation.h"
#include <assert.h>
int main(int argc, char * argv[]) {
    assert(argc ==4);
    if (argv[1][0] =='0') {
        binEncrypt(argv[2], argv[3]);
    } else {
        binDecrypt(argv[2], argv[3]);
    }
    return 0;
}
```

(2) fileOperation.h 参考代码。

```c
#ifndef FILE_OPERATION_H
#define FILE_OPERATION_H

void binEncrypt(char * in, char * out);
void binDecrypt(char * in, char * out);

#endif /* FILE_OPERATION_H */
```

(3) fileOperation.c 参考代码。

```c
#include "fileOperation.h"
#include <stdio.h>

#define BUF_SIZE 0x1000
#define KEY      0x5A

char buf[BUF_SIZE +1];

static void binCommon(char * plain, char * cipher)
{
    int size =0, i;
```

```c
    FILE * fpPlain = fopen(plain, "rb");
    FILE * fpCipher = fopen(cipher, "wb");
    do {
        size = fread(buf, sizeof(char), BUF_SIZE, fpPlain);
        if (size == 0) {
            break;
        }
        for (i = 0; i < size; ++i) {
            buf[i] ^= KEY;
        }
        fwrite(buf, sizeof(char), size, fpCipher);
    } while (1);
    fclose(fpPlain);
    fclose(fpCipher);
}

void binEncrypt(char * in, char * out)
{
    binCommon(in, out);
}

void binDecrypt(char * in, char * out)
{
    binCommon(in, out);
}
```

6. 拓展学习

请思考以下问题。

(1) 使用动静态库的好处？动静态库有何区别？

(2) 如何判断解密后的二进制文件与原始文件的一致性？

8.3 二进制炸弹拆除

8.3.1 实验背景

本实验设计一个黑客拆除二进制炸弹的游戏。本书仅给黑客（读者）提供一个 LoongArch 二进制可执行文件 bomb，不提供源代码（提供汇编代码帮助理解）。程序运行中有 6 个关卡（6 个 phase），每个关卡需要用户输入正确的字符串或数字才能通关，否则会引爆炸弹（打印出一条错误信息）！要求运用 GDB 调试工具，通过分析汇编代码，找到在每个 phase 程序段中，引导程序跳转到"explode_bomb"程序段的地方，并分析其成功跳转的条件，以此为突破口寻找应该在命令行输入何种字符串来通关。

8.3.2 实验目的

(1) 熟悉 LoongArch 指令集。

(2) 根据反汇编程序可以分析程序的功能和执行流程。

(3) 熟悉 GDB 调试工具,帮助程序理解。

8.3.3 实验要求

利用 GDB 调试工具,通过 6 个难度逐级提升的关卡,拆解二进制炸弹。要求根据反汇编指令分析程序运行需要的参数,即需要正确的输入,以拆除炸弹。根据通过的关卡数目评判最终的实验得分。

8.3.4 实验步骤

1. 准备工作

1) 需要准备的软件

(1) bomb 可执行文件(LoongArch)。

(2) bomb 汇编文件。

2) 需要准备的硬件

龙芯实验平台(LoongArch)。

2. 常用 GDB 调试命令

常用的 GDB 命令总结如下。

1) 设置断点:break/b

在程序中指定的位置设置断点。当程序运行到断点处,调试器会暂停程序的执行。

(1) b function:在函数入口处设置断点。

(2) b line_number:在当前源代码文件的指定行设置断点。

(3) b *address:在虚拟内存地址处设置断点。

2) 删除断点:delete/clear

delete 命令可删除指定的断点。clear 命令删除选定环境中的所有断点。

(1) delete [breakpoints num][range…]:删除指定断点的集合;

(2) clear function:删除指定函数的所有断点。

(3) clear line_number:删除指定行的所有断点。

3) 禁用断点:disable

disable 命令可以暂时禁用某个断点:

disable breakpoints_list。

4) 监视变量:watch

watch 命令可以对变量添加监视,当目标变量的值发生变化时,程序会被暂停。注意当超出变量的作用域时,对该变量的监视会失效。

(1) watch   variable:监视变量 variable。

(2) watch (variable > 28)：监视指定变量,当变量的值满足条件时暂停。

5) 汇编模式下单步执行：ni/si

在调试汇编代码时,ni 命令和 si 命令可以控制程序单步执行。区别是 si 命令遇到函数调用时会进入该函数继续单步执行,而 ni 命令会直接执行该函数,然后继续从函数调用位置的下一行代码单步执行。

6) C 语言模式单步执行：next/step 或 n/s

在调试 C 代码时,next 命令和 step 命令可以控制程序进行单步执行。区别是 step 命令遇到函数调用时会进入该函数继续单步执行,而 next 命令会直接执行该函数,然后继续从函数调用位置的下一行代码单步执行。

7) 恢复执行

(1) continue/cont/c：恢复执行,直到遇到下一个断点。

(2) finish/fin：恢复执行到函数结尾。

(3) until：恢复执行到当前循环结束,程序会在循环后面的第一行代码位置暂停。

8) 查看内存：x

可以查看内存地址信息。

x /nfu address：查看指定地址内存的内容。其中,n 为要显示的内存单元个数,f 表示显示方式,u 表示一个地址单元的长度。

f 取值如表 8-6 所示。

表 8-6 f 取值及作用

f 取值	作　　用	f 取值	作　　用
x	十六进制格式	c	字符格式
d	十进制格式	s	字符串格式
t	二进制格式	f	浮点数格式

u 取值如表 8-7 所示。

表 8-7 u 取值及作用

u 取值	作　　用	u 取值	作　　用
b	单字节	w	四字节
h	双字节	g	八字节

9) 查看寄存器：info registers/i r

(1) i r register：查看指定寄存器。

(2) i r a：查看所有寄存器。

10) 反汇编：disas/disass/disassemble

将内存中的机器码程序以指令助记符的形式显示出来。

(1) disas function：将指定函数的机器码以指令助记符的形式显示出来。

(2) disas start_address end_address：以指令助记符的形式显示指定地址的机器码。

3. 拆除 phase_1 演示

(1) 打开终端,进入 GDB 调试窗口。如图 8-4 所示,在 GDB 调试窗口中输入"disas phase_1",得到 phase_1 函数的汇编代码(如图 8-5)所示。

```
loongson@loongson-pc:~$ gdb bomb
GNU gdb (GNU Binutils for Debian) 8.1.50.20190122-git
Copyright (C) 2018 Free Software Foundation, Inc.
License GPLv3+: GNU GPL version 3 or later <http://gnu.org/licenses/gpl.html>
This is free software: you are free to change and redistribute it.
There is NO WARRANTY, to the extent permitted by law.
Type "show copying" and "show warranty" for details.
This GDB was configured as "loongarch64-linux-gnu".
Type "show configuration" for configuration details.
For bug reporting instructions, please see:
<http://www.gnu.org/software/gdb/bugs/>.
Find the GDB manual and other documentation resources online at:
    <http://www.gnu.org/software/gdb/documentation/>.

For help, type "help".
Type "apropos word" to search for commands related to "word"...
Reading symbols from bomb...(no debugging symbols found)...done.
(gdb) disas phase_1
```

图 8-4 使用 GDB 进行反汇编

```
Dump of assembler code for function phase_1:
   0x0000000120000ee0 <+0>:  addi.d  $r3,$r3,-32(0xfe0) //为当前函数开辟栈空间
   0x0000000120000ee4 <+4>:  st.d    $r1,$r3,24(0x18)
   0x0000000120000ee8 <+8>:  st.d    $r22,$r3,16(0x10)
   0x0000000120000eec <+12>: addi.d  $r22,$r3,32(0x20) //准备工作完成
   0x0000000120000ef0 <+16>: st.d    $r4,$r22,-24(0xfe8) //将$r4的内容存入栈
   0x0000000120000ef4 <+20>: pcaddu12i $r5,1(0x1)
   0x0000000120000ef8 <+24>: addi.d  $r5,$r5,236(0xec)  //加载参数到$r5
   0x0000000120000efc <+28>: ld.d    $r4,$r22,-24(0xfe8) //从栈中取出再次存入$r4
   0x0000000120000f00 <+32>: bl 2660(0xa64) # 0x120001964 <strings_not_equal> //比较字符串
   0x0000000120000f04 <+36>: move    $r12,$r4       //将$r4的内容存入$r12
   0x0000000120000f08 <+40>: beqz    $r12,8(0x8)# 0x120000f10 <phase_1+48> //判断$r12是否为零
   0x0000000120000f0c <+44>: bl 3516(0xdbc) # 0x120001cc8 <exp10de_b0mb> //炸弹爆炸
   0x0000000120000f10 <+48>: andi    $r0,$r0,0x0
   0x0000000120000f14 <+52>: ld.d    $r1,$r3,24(0x18)
   0x0000000120000f18 <+56>: ld.d    $r22,$r3,16(0x10)
   0x0000000120000f1c <+60>: addi.d  $r3,$r3,32(0x20)
   0x0000000120000f20 <+64>: jirl    $r0,$r1,0
End of assembler dump.
```

图 8-5 phase_1 的汇编代码及注释

其中:

<+0>~<+12>均是在为函数执行做准备。

<+24>addi.d 命令将参数加载到\$r5,存储的是密码在虚拟内存中保存的位置,准备作为函数<strings_not_equal>的输入。

<+28>ld.d 命令从栈中取出前面保存的\$r4的内容,再次存入\$r4,准备作为函数<strings_not_equal>的输入。

<+32>bl 命令跳转并执行函数<strings_not_equal>,函数执行的结果存在\$r4。该函数的功能是若\$r4和\$r5指向的字符串不相等,则函数返回1,否则返回0。

<+40>beqz 命令判断<strings_not_equal>函数的返回值,如果等于 0 则跳转到 <+48>。

可见,整个函数的功能就是寄存器 \$r4 \$r5 将参数传入 strings_not_equal 函数后进行比较,返回值放在 \$12 内,看是否为 0(beqz),不为 0 则炸弹爆炸,因此可以推断出两个参数的值需要相同。

strings_not_equal()内容如下。

```c
int strings_not_equal(char * s1, char * s2) {
  int slen1 = string_length(s1);
  int slen2 = string_length(s2);
  char * pchar1 = s1, * pchar2 = s2;
  if (slen1 != slen2)                //若两个字符串长度不等,则返回 1
    return 1;
  while ( * pchar1)                  //判断两个字符串的内容是否相同
  {
    if ( * pchar1++ != * pchar2++)   //发现不相同字符则返回 1
      return 1;
  }
  return 0;
}
```

接下来在实验平台中使用 GDB 调试一下,看看寄存器内是不是期望的内容。

(2) 合理设置断点,然后用 r 命令运行程序。输入学号后会得到命中断点的提示,如图 8-6 所示。

```
(gdb) b *0x120000f00
Breakpoint 1 at 0x120000f00
(gdb) r
Starting program: /home/loongson/bomb
Please input your ID_number:
20144073044
Welcome to my fiendish little bomb. You have 6 phases with
which to blow yourself up. Have a nice day!
I have no idea

Breakpoint 1, 0x0000000120000f00 in phase_1 ()
```

图 8-6 设置断点并运行

(3) 使用 ni 命令进行单步调试,之后使用 i　r　\$r4 和 i　r　\$r5 可以查看当前\$r4 和\$r5 的寄存器状态(也可以直接使用 i　r 命令查看所有寄存器的状态)。同时可以配合 x 命令查看内存中存储的数据,可以看到\$r4 指向的空间里面确实保存着输入的字串,如图 8-7 所示。

```
(gdb) i r $r4
r4              0x1200082d8         4831871704
(gdb) x $r4
0x1200082d8 <input_strings>:    73 'I'
(gdb) x /14c $r4
0x1200082d8 <input_strings>:    73 'I'  32 ' '  104 'h' 97 'a'  118 'v' 101 'e'3
2 ' '   110 'n'
0x1200082e0 <input_strings+8>:  111 'o' 32 ' '  105 'i' 100 'd' 101 'e' 97 'a'
```

图 8-7 查看寄存器内容

(4) 继续使用 ni 命令,可以看到 $r5 指向的空间里面保存的字符串是"Let's begin now!",如图 8-8 所示。

```
(gdb) x /16c $r5
0x120001fe0:    76 'L'  101 'e' 116 't'  39 '\''  115 's'  32 ' '   98 'b'  101 'e'
0x120001fe8:   103 'g'  105 'i' 110 'n'  32 ' '  110 'n'  111 'o'  119 'w'  33 '!'
```

图 8-8　参数寄存器内容

这里给出第一个炸弹的 C 语言代码以供参考。

```c
void phase_1(char *lineptr)
{
  if (strings_not_equal(lineptr, "Let's begin now!") !=0)
  {
     explode_bomb();
  }
}
```

可见,第一个炸弹的密码正是"Let's begin now!"。

(5) 退出当前调试,正确输入第一个炸弹内容并继续调试,如图 8-9 所示。

```
(gdb) r
Starting program: /home/loongson/test_ml/lab3/bomb
Please input your ID_number:
202140703044
Welcome to my fiendish little bomb. You have 6 phases with
which to blow yourself up. Have a nice day!
Let's begin now!
Phase 1 defused. How about the next one?
```

图 8-9　拆除第一个炸弹

4. 接下来的提示

上面演示了拆除炸弹 1 的过程,这也是一个最简单的炸弹。接下来的 5 个炸弹难度逐级递增,读者不要拘泥于代码,死读代码,要结合 GDB 调试器,查看内存以及各个寄存器的值,这样对于绕过一些棘手的函数很有帮助,可以让读者切中炸弹爆炸条件的要害进行分析。GDB 调试器可以在拆除炸弹的过程中给予读者很大的帮助,但是仍希望读者将它当作一个辅助的工具来使用,帮助更好地了解与汇编代码有关的内容,对汇编代码的理解是该实验的重点。

祝大家拆弹顺利!

8.4　简单的计算机模拟器

8.4.1　实验背景

这是一个简单的计算机模拟器,通过这个模拟器读者将可以更好地了解计算机是如何运行的。这台计算机主要包括两个部分:CPU 和内存。计算机要执行的程序(包括代码和数据)都存储在内存中,CPU 会将指令从内存中取出,进行解码并且执行代码所表示的操作(包括算术运算、逻辑运算以及存储器控制操作)。要注意的是,这里的 CPU 所采用的指令集是 LoongArch。

8.4.2 实验目的

(1) 理解冯·诺依曼计算机的基本结构与工作原理。
(2) 掌握基于冯·诺依曼计算机的程序执行过程。

8.4.3 实验要求

(1) 根据 3R 类型的指令格式,在 simple_computer.c 的 decode()函数中实现对 3R 类型 LoongArch 指令的解码。

(2) 通过在 simple_computer.c 的 execute()函数中实现对 NOR、AND、OR、XOR 指令的处理,使本实验中提供的简单计算机模拟器功能更加强大。

(3) 利用编写的指令在 prog-gen.c 中编写并生成测试程序,实现:

① 计算 0d123 NOR 0d456 并将结果保存在寄存器 r5 中。
② 计算 0d123 & 0d456 并将结果保存在寄存器 r6 中。
③ 计算 0d123 | 0d456 并将结果保存在寄存器 r7 中。
④ 计算 0d123 ⊕ 0d456 并将结果保存在寄存器 r8 中。

8.4.4 实验步骤

1. 实验准备

(1) 简易冯·诺依曼计算机模拟器(包括 simple_computer.c、prog-gen.c、loongarch.h)。
(2) LoongArch 实验平台及编译环境。

2. 编译和运行

下载 simple-computer.c 程序,并切换到该程序所在的目录,并且执行下面的命令进行编译。

```
gcc simple-computer.c -o cpu
```

若要运行该文件,需要执行下面的命令。

```
./cpu program start_addr
```

其中,program 是要执行的程序,start_addr 是该程序的起始地址。

为了生成这个程序,还需要 prog-gen.c 这个程序。首先下载该程序,然后切换到程序所在的目录,执行下面的命令进行编译。

```
gcc prog-gen.c -o prog-gen
```

然后,可以利用编译之后得到的可执行文件生成要运行的程序,使用下面的命令。

```
./prog-gen prog1
```

得到要运行的程序之后,可以执行下面的命令让计算机运行起来。

```
./cpu prog1 0
```

图 8-10 显示了执行上述命令的结果。

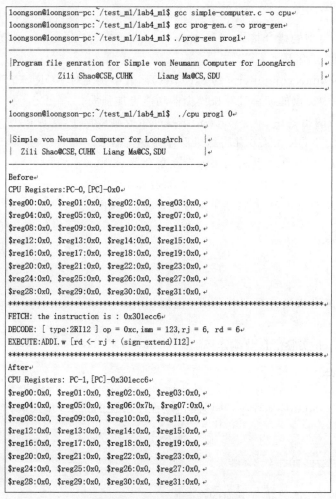

图 8-10　模拟器的编译与运行

3. 实现

1) LoongArch 指令码定义文件(loongarch.h)

在 loongarch.h 中定义了 LoongArch 指令集中常用指令的指令操作码。

2) 计算机模拟程序(simple-computer.c)

在 simple-computer.c 中,该程序所模拟的计算机中 CPU 和内存的情况如下。

(1) CPU。

① 2 个专有寄存器(PC——程序计数器,IR——指令寄存器(注:这里是为了程序方便从而设置了指令寄存器,在 LoongArch 架构下,是没有专用的指令寄存器的,其中的内容是 PC 指向内存地址的内容))。

② 32 个通用寄存器(LoongArch 架构包含 32 个通用寄存器,\$0~\$31)。

(2) 内存。

64 个字(每个字的长度为 32b,也就是 4B)。

另外,在此给出此计算机模拟程序中一些设计和函数的解释。

① CPU 结构体定义。

在 simple-computer.c 中,首先将第一个参数(args[1])代表的文件 program(要执行的程序)加载到内存中(从地址 0 开始)并将所有的寄存器初始化(computer_load_init())。之后根据第二个参数(args[2])设置 PC 的值,并启动 CPU 周期。在每一个 CPU 周期中,PC 所指向的内存地址中的指令被取出(fetch()),之后该指令会被解码(decode())和执行(execute())。

② cpu_cycle()。

在每一个 CPU 的周期中,CPU 都会执行三个基本动作,分别是取指、译码以及执行,这里分别用 fetch()、decode()、execute()三个函数表示。

③ fetch()

fetch()函数的主要任务是将 PC 指向的内存单元中的内容取出,也就是取指。需要注意的是,每次取指后,PC 中的值需要自增 1。(这里,请思考为什么 PC 需要自增 1,而不是别的什么数字;在真实的计算机中,PC 应该怎么变化呢?)

④ decode()。

解码阶段的主要任务是对指令进行分析,首先获取指令的操作码(在 LoongArch 指令集中,操作码可能是前 6、7、8、10、12、14、17、22 位),根据操作码来判断指令的类型,从而分析得到指令中的各个字段,分析的结果存于 INSTRUCTION 结构体中。注:这里为了程序可以正常停止,添加了一条停机指令(HALT),它的 6 位操作码为 111111B,在 LoongArch 指令集中没有使用。

⑤ Instruction 结构体定义。

Instruction 结构体中定义了指令类型 ins_type 以及(常用)指令中可能会出现的字段,包括指令操作码 op、寄存器 rk、寄存器 rj、寄存器 rd、立即数 imm 以及偏移量 offs。

⑥ execute()。

译码之后的指令在 execute()中执行,由于指令操作码长度不一,因此首先判断指令的类型,然后根据指令的操作码进行不同处理。

3) 程序生成(prog-gen.c)

在该程序中,首先要构造想执行的指令,然后将其写入构造好的数组中,最后将数组中的数据全部写入文件中。要想构造可以执行的指令,需要了解 LoongArch 指令集中的各个指令,最重要的是指令的字段以及这些字段所代表的含义,了解之后就可以构造指令了。为了使的计算机可以正常停止,需要在程序的最后添加一条停机指令,这里采用了 LoongArch 指令集中没有使用的操作码 111111B。

使用该程序可以帮助生成要执行的程序。

本书给出的例程可以生成一个计算 123 + 456 并将结果保存至寄存器 r7 的程序。程序执行结果如图 8-11 所示。

```
Before
CPU Registers:PC-1, [PC]-0x301ecc6
$reg00:0x0, $reg01:0x0, $reg02:0x0, $reg03:0x0,
$reg04:0x0, $reg05:0x0, $reg06:0x7b, $reg07:0x0,
$reg08:0x0, $reg09:0x0, $reg10:0x0, $reg11:0x0,
$reg12:0x0, $reg13:0x0, $reg14:0x0, $reg15:0x0,
$reg16:0x0, $reg17:0x0, $reg18:0x0, $reg19:0x0,
$reg20:0x0, $reg21:0x0, $reg22:0x0, $reg23:0x0,
$reg24:0x0, $reg25:0x0, $reg26:0x0, $reg27:0x0,
$reg28:0x0, $reg29:0x0, $reg30:0x0, $reg31:0x0,
****************************************************
FETCH : the instruction is : 0x30720c7
DECODE : [type: 2RI12]   op = 0xc, imm = 456, rj = 6, rd = 7
EXECUTE : ADDI.w [rd <-rj+(sign-extend)I12]
****************************************************
After
CPU Registers: PC-2, [PC]-0x30720c7
$reg00:0x0, $reg01:0x0, $reg02:0x0, $reg03:0x0,
$reg04:0x0, $reg05:0x0, $reg06:0x7b, $reg07:0x243,
$reg08:0x0, $reg09:0x0, $reg10:0x0, $reg11:0x0,
$reg12:0x0, $reg13:0x0, $reg14:0x0, $reg15:0x0,
$reg16:0x0, $reg17:0x0, $reg18:0x0, $reg19:0x0,
$reg20:0x0, $reg21:0x0, $reg22:0x0, $reg23:0x0,
$reg24:0x0, $reg25:0x0, $reg26:0x0, $reg27:0x0,
$reg28:0x0, $reg29:0x0, $reg30:0x0, $reg31:0x0,
****************************************************
Before
CPU Registers:PC-2, [PC]-0x30720c7
$reg00:0x0, $reg01:0x0, $reg02:0x0, $reg03:0x0,
$reg04:0x0, $reg05:0x0, $reg06:0x7b, $reg07:0x243,
$reg08:0x0, $reg09:0x0, $reg10:0x0, $reg11:0x0,
$reg12:0x0, $reg13:0x0, $reg14:0x0, $reg15:0x0,
$reg16:0x0, $reg17:0x0, $reg18:0x0, $reg19:0x0,
$reg20:0x0, $reg21:0x0, $reg22:0x0, $reg23:0x0,
$reg24:0x0, $reg25:0x0, $reg26:0x0, $reg27:0x0,
$reg28:0x0, $reg29:0x0, $reg30:0x0, $reg31:0x0,
****************************************************
FETCH: the instruction is : 0xfc000000
DECODE: HALT!
```

图 8-11　程序执行结果

在该程序中，首先要构造想执行的指令，然后将其写入构造好的数组中，最后将数组中的数据全部写入文件中。要想构造可以执行的指令，需要了解 LoongArch 指令集中的各个指令，最重要的是指令的字段以及这些字段所代表的含义，了解之后就可以构造指令了。为了使计算机可以正常停止，需要在程序的最后添加一条停机指令，这里采用了 LoongArch 指令集中没有使用的操作码 111111B。

程序不仅包括指令，还包括程序执行过程中需要的数据。LoongArch 架构下，程序所占用的内存空间布局为：

```
// Memory Structure
/*
```

```
0  |-------C------|
1  |-------O------|  CODE Segment
.  |-------D------|
5  |-------E------|
6  |-------D------|
7  |-------A------|  DATA Segment
.  |-------T------|
10 |-------A------|
11 |--------------|
12 |--------------|
.  |--------------|
59 |-------S------|
60 |-------T------|
61 |-------A------|  STACK
62 |-------C------|
63 |-------K------|
*/
```

因此,需要用到的数据应该放置在指令之后,需要进行合理的安排,保证程序正确地执行。

LoongArch 架构采用的是大端模式,思考一下,你设计的指令在内存中是如何存储的呢?

4. 实现的指令的详细介绍

请参照表 8-8,在 decode() 函数以及 execute() 函数中的指定位置对指令进行具体实现,并在 prog-gen 中编制命令进行验证。

表 8-8 指令介绍

指令	类型	格 式	功 能
AND	3R	10b opcode + 5b rk + 5b rj + 5b rd	AND 将通用寄存器 rj 中的数据与通用寄存器 rk 中的数据进行按位逻辑与运算,结果写入通用寄存器 rd 中
OR	3R	10b opcode + 5b rk + 5b rj + 5b rd	OR 将通用寄存器 rj 中的数据与通用寄存器 rk 中的数据进行按位逻辑或运算,结果写入通用寄存器 rd 中
NOR	3R	10b opcode + 5b rk + 5b rj + 5b rd	NOR 将通用寄存器 rj 中的数据与通用寄存器 rk 中的数据进行按位逻辑异或运算,结果写入通用寄存器 rd 中
XOR	3R	10b opcode + 5b rk + 5b rj + 5b rd	XOR 将通用寄存器 rk 中的数据进行按位取反后再与通用寄存器 rj 中的数据进行按位逻辑与运算,结果写入通用寄存器 rd 中

5. 附录:示例程序

1) loongarch.h

```
#ifndef _LOONGARCH_H_
```

```c
#define _LOONGARCH_H_

/* 3R-type instruction (17bits opcode +5bits rk +5bits rj +5bits rd) */
#define OP17_SLTU      0x00025
#define OP17_NOR       0x00028
#define OP17_AND       0x00029
#define OP17_OR        0x0002a
#define OP17_XOR       0x0002b

/* 2RI12-type instruction (10bits opcode +I12 +5bits rj +5bits rd) */
#define OP10_ADDI_W    0x00a
#define OP10_ANDI      0x00d
#define OP10_ORI       0x00e
#define OP10_XORI      0x00f
#define OP10_LD_W      0x0a2
#define OP10_LD_B      0x0a4
#define OP10_ST_W      0x0a6
#define OP10_LD_BU     0x0a8

/* 2RI16-type instruction (6bits opcode +I16 +5bits rj +5bits rd) */
#define OP6_JIRL       0x13
#define OP6_BEQ        0x16
#define OP6_BNE        0x17
#define OP6_BGE        0x19

/* 2RI21-type instruction (6bits opcode +I21[15:0] +5bits rj +I21[20:16]) */
#define OP6_BEQZ       0x10
#define OP6_BNEZ       0x11

//special instruction added to achieve extra function like halting the simulator
#define OP6_HALT       0x3f
#define OP6_NOP        0x3e
#endif
```

2) simple-computer.c

```c
#include <stdlib.h>
#include <fcntl.h>
#include <stdint.h>
#include <stdio.h>
#include <sys/wait.h>
#include <string.h>
#include <errno.h>
#include <sys/wait.h>
#include <unistd.h>
#include "loongarch.h"
```

```c
#define MAX_MEM_SIZE 64      //The max memory size - 64 words (256 bytes)

typedef struct memory
{
    uint32_t addr[MAX_MEM_SIZE];
} MEMORY;

typedef struct cpu
{
    //Control registers
    uint32_t PC;              //Program counter
    uint32_t IR;              //Instruction regiser

                              //General purpose register
    uint32_t R[32];           // 32 Registers
} CPU;

typedef struct computer
{
    CPU cpu;
    MEMORY memory;
} COMPUTER;

// represente the type of the instruction
enum
{
    TYPE_2R,
    TYPE_3R,
    TYPE_2RI8,
    TYPE_4R,
    TYPE_2RI12,
    TYPE_2RI14,
    TYPE_2RI20,
    TYPE_2RI16,
    TYPE_2RI21,
    TYPE_I26,
    TYPE_SP
};

typedef struct instruction
{
    int ins_type;             //type of the instruction
    int op;                   //opcode
    int rk;
```

```
        int rj;
        int rd;
        int imm;           //immediate operand
        int offs;          //offset
    } INSTRUCTION;

    // Memory Structure
    /*
        0  |-------C-------|
        1  |-------O-------|    CODE Segment
        .  |-------D-------|
        5  |-------E-------|
        6  |-------D-------|
        7  |-------A-------|    DATA Segment
        .  |-------T-------|
        10 |-------A-------|
        11 |---------------|
        12 |---------------|
        .  |---------------|
        59 |-------S-------|
        60 |-------T-------|
        61 |-------A-------|    STACK
        62 |-------C-------|
        63 |-------K-------|
    */

    // represent the 32 general registers
    enum
    {
        $r0,
        $r1,
        $r2,
        $r3,
        $r4,
        $r5,
        $r6,
        $r7,
        $r8,
        $r9,
        $r10,
        $r11,
        $r12,
        $r13,
        $r14,
        $r15,
        $r16,
        $r17,
```

```c
        $r18,
        $r19,
        $r20,
        $r21,
        $r22,
        $r23,
        $r24,
        $r25,
        $r26,
        $r27,
        $r28,
        $r29,
        $r30,
        $r31
};
char * reg[] = {"$r0 ", "$r1 ", "$r2 ", "$r3 ", "$r4 ", "$r5 ", "$r6 ", "$r7 ", "$r8 ", "$r9 ", "$r10",
            "$r11", "r12", "$r13", "$r14", "$r15", "$r16", "$r17", "$r18", "$r19", "$r20", "$r21", "$r22", "$r23",
            "$r24", "$r25", "$r26", "$r27", "$r28", "$r29", "$r30", "$r31"};

int computer_load_init(COMPUTER *, char *);
int cpu_cycle(COMPUTER *);
int fetch(COMPUTER *);

int print_cpu(COMPUTER *);
int print_memory(COMPUTER *);
int print_instruction(int, uint32_t);
int decode(uint32_t, INSTRUCTION *);
int execute(COMPUTER *, INSTRUCTION *);
int32_t sign_extend(int32_t val, int32_t len);

int isEnd = 0; // halt flag

int main(int argc, char * * args)
{

    printf("---------------------------------------------\n");
    printf("|Simple von Neumann Computer for LoongArch|\n");
    printf("|    Liang Ma@CS,SDU |\n");
    printf("---------------------------------------------\n");

    if (argc != 3)
```

```c
    {
        printf("\nUsage: ./cpu program start_addr\n");
        printf("\t program: program file name; start_addr: the start address for 
        initial PC\n \n");
        exit(-1);
    }

    COMPUTER comp;

    //Initialize: Load the program into the memory, and initialize all regisrters;
    if (computer_load_init(&comp, args[1]) <0)
    {
        printf("Error: computer_poweron_init()\n");
        exit(-1);
    }

    //Set PC and start the cpu execution cycle
    comp.cpu.PC =atoi(args[2]);
    if (comp.cpu.PC >=MAX_MEM_SIZE || comp.cpu.PC <0)
    {
        printf("Error: start_addr should be in 0-63.\n");
        exit(-1);
    }

    //Execute CPU cyles: fetch, decode, execution, and increment PC; Repeat
    while (1)
    {
        printf("\n\nBefore\n");
        print_cpu(&comp);

        if (cpu_cycle(&comp) <0)
            break;

        printf("\nAfter\n");
        print_cpu(&comp);
    }
    //print_memory(&comp);
    return 0;
}

int cpu_cycle(COMPUTER * cp)
{
    //initialise the instruction struct
    INSTRUCTION ins ={-1, -1, -1, -1, -1, -1, -1};
```

```c
    if (fetch(cp) < 0)
        return -1;
    if (decode(cp->cpu.IR, &ins) < 0)
        return -1;
    if (execute(cp, &ins) < 0)
        return -1;
    return 0;
}

int fetch(COMPUTER * cp)
{
    uint32_t pc = cp->cpu.PC;

if (pc < 0 || pc > 63)
    {
        printf("PC is not in 0-63.\n");
        return -1;
    }
    else
    {
        cp->cpu.IR = cp->memory.addr[pc];
        cp->cpu.PC++;
        printf("* * * * * * * * * * * * * * * * * * * * * * * * * * * * * * * * * * * * * * * * * * * * * * * * * * * * * * * * * * * * ");
        printf("\nFETCH: the instruction is : 0x%x\n", cp->cpu.IR);
        return 0;
    }
}

//classify the category of the instruction, and decompose the instruction into
several part including opcode, register and imm etc.
int decode(uint32_t instr, INSTRUCTION * ins)
{
    printf("DECODE: ");
    //get the opcode
    int op6 = (instr&(strtol("111111", NULL, 2) <<26)) >>26;
    int op7 = (instr&(strtol("1111111", NULL, 2) <<25)) >>25;
    int op8 = (instr&(strtol("11111111", NULL, 2) <<24)) >>24;
    int op10 = (instr&(strtol("1111111111", NULL, 2) <<22)) >>22;
    int op12 = (instr&(strtol("111111111111", NULL, 2) <<20)) >>20;
    int op14 = (instr&(strtol("11111111111111", NULL, 2) <<18)) >>18;
    int op17 = (instr&(strtol("11111111111111111", NULL, 2) <<15)) >>15;
    int op22 = (instr&(strtol("1111111111111111111111", NULL, 2) <<10)) >>10;

    switch(op6)
    {
```

```c
        case OP6_HALT:
            //halt (0x3f) Effect: Stop CPU and exit
            printf("HALT!\n");
            return -1;
        case OP6_NOP:
            // NOP (0xff) Effect: PC <- PC +1
            ins->op = op6;
            ins->ins_type = TYPE_2RI16;
            printf("NOP\n");
            return 0;
        case OP6_JIRL:
        case OP6_BEQ:
        case OP6_BNE:
        case OP6_BGE:
            /* 2RI16-type instruction (6bits opcode +I16 +5bits rj +5bits rd) */
            ins->op = op6;
            ins->ins_type = TYPE_2RI16;
            ins->imm = (instr & (strtol("1111111111111111", NULL, 2) <<10)) >>10;
            ins->rj = ((instr & (strtol("11111", NULL, 2) <<5)) >>5);
            ins->rd = instr & (strtol("11111", NULL, 2));
            printf("[type: 2RI16] op =0x%x, imm =%d, rj =%d, rd =%d\n", ins->op, ins
            ->imm, ins->rj, ins->rd);
            return 0;
        case OP6_BEQZ:
        case OP6_BNEZ:
            /* 2RI21-type instruction (6bits opcode +I21[15:0] +5bits rj +I21[20:16]) */
            ins->op = op6;
            ins->ins_type = TYPE_2RI21;
            ins->imm = (instr & (strtol("11111", NULL, 2))) <<15;
            ins->imm += ((instr & (strtol("1111111111111111", NULL, 2) <<10)) >>10);
            ins->rj = ((instr & (strtol("11111", NULL, 2) <<5)) >>5);
            printf("[type: 2RI21]  op =0x%x, imm =%d, rj =%d\n", ins->op, ins->imm,
            ins->rj);
            return 0;
        default:
            break;
    }
    switch(op10)
    {
        case OP10_ADDI_W:
        case OP10_ANDI:
        case OP10_ORI:
        case OP10_XORI:
        case OP10_LD_B:
```

```c
        case OP10_ST_W:
        case OP10_LD_BU:
            /* 2RI12-type instruction (10bits opcode + I12 + 5bits rj + 5bits rd) */
            ins->op = op10;
            ins->ins_type = TYPE_2RI12;
            ins->imm = ((instr & (strtol("111111111111", NULL, 2) << 10)) >> 10);
            ins->rj = ((instr & (strtol("11111", NULL, 2) << 5)) >> 5);
            ins->rd = instr & (strtol("11111", NULL, 2));
            printf("[type: 2RI12] op = 0x%x, imm = %d, rj = %d, rd = %d\n", ins->op, ins
            ->imm, ins->rj, ins->rd);
            return 0;
        default:
            break;
    }
    switch(op17)
    {
    case OP17_SLTU:
    case OP17_NOR:
    case OP17_AND:
    case OP17_OR:
    case OP17_XOR:
        /* 3R-type instruction (17bits opcode + 5bits rk + 5bits rj + 5bits rd) */
        ins->op = op17;
        ins->ins_type = TYPE_3R;
        ins->rk = ((instr & (strtol("11111", NULL, 2) << 10)) >> 10);
        ins->rj = ((instr & (strtol("11111", NULL, 2) << 5)) >> 5);
        ins->rd = instr & (strtol("11111", NULL, 2));
        printf("[type: 3R] op = 0x%x, rk = %d, rj = %d, rd = %d\n", ins->op, ins->
rk, ins->rj, ins->rd);
        return 0;
    default:
        printf("ERROR: cannot decode instruction!");
        return -1;
    }
}

int execute(COMPUTER * cp, INSTRUCTION * ins)
{
    printf("EXECUTE: ");
    switch (ins->ins_type)
    {
    case TYPE_2RI16:
        switch(ins->op)
```

```c
        {
        case OP6_NOP:
            break;
        case OP6_JIRL:
            cp->cpu.R[ins->rd] = cp->cpu.PC;
            cp->cpu.PC = cp->cpu.R[ins->rj] + sign_extend(ins->offs, 16);
            printf("JIRL   [PC <- rj+(sign-extend)offs; rd <- PC+1]\n");
            break;
        default:
            printf("ERROR: cannot execute instruction!");
            return -1;
        }
        break;
    case TYPE_2RI21:
        switch(ins->op)
        {
        case OP6_BEQZ:
            if(cp->cpu.R[ins->rj] == 0)
            {
                cp->cpu.PC -= 1;
                cp->cpu.PC += sign_extend(ins->imm, 21);
                printf("BEQZ   [rj==0: PC <- PC+(sign-extend)offs]\n");
            }
            else
            {
                printf("BEQZ   [rj!=0]");
            }

            break;
        default:
            printf("ERROR: cannot execute instruction!");
            return -1;
        }
        break;
    case TYPE_2RI12:
        switch(ins->op)
        {
        case OP10_XORI:
            cp->cpu.R[ins->rd] = cp->cpu.R[ins->rj] ^ sign_extend(ins->imm, 12);
            printf("XORI   [rd <- rj ^ (0-extend)I12]\n");
            break;
        case OP10_ADDI_W:
            cp->cpu.R[ins->rd] = cp->cpu.R[ins->rj] + sign_extend(ins->imm, 12);
            printf("ADDI.W [rd <- rj + (sign-extend)I12]\n");
```

```c
            break;
        case OP10_LD_W:
            cp->cpu.R[ins->rd] = cp->memory.addr[cp->cpu.R[ins->rj] + sign_
            extend(ins->imm, 12)];
            printf("LD.W  [rd<-mem(rj+(sign-extend)I12)]\n");
            break;
        case OP10_ST_W:
            cp->memory.addr[cp->cpu.R[ins->rj] + sign_extend(ins->imm, 12)] =
            cp->cpu.R[ins->rd];
            printf("ST.W  [mem(rj+(sign-extend)I12)<-rd]\n");
            break;
        //multiple instructions awaits implementation here
        default:
            printf("ERROR: cannot execute instruction!");
            return -1;
        }
        break;
    case TYPE_3R:
        switch (ins->op)
        {
        case OP17_NOR:
            /************************************/
            /* Please add your code here */
            /************************************/
        case OP17_AND:
            /************************************/
            /* Please add your code here */
            /************************************/
            break;
        case OP17_OR:
            /************************************/
            /* Please add your code here */
            /************************************/
            break;
        case OP17_XOR:
            /************************************/
            /* Please add your code here */
            /************************************/
            break;
        default:
            printf("ERROR: cannot execute instruction!");
            break;
        }
    default:
```

```c
            printf("ERROR: instruction type error!");
            return -1;
        }
        printf("* * * * * * * * * * * * * * * * * * * * * * * * * * * * * * *
        *");
        return 0;
}

int computer_load_init(COMPUTER * cp, char * file)
{
    //load the image file
    int fd;
    int ret;

    //open the file
    if ((fd = open(file, O_RDONLY)) < 0)
    {
        printf("Error: open().\n");
        exit(-1);
    }

    //read from the program file (the program file <=256 bytes) into the memory
    if ((ret = read(fd, &cp->memory, MAX_MEM_SIZE * 4)) < 0)
    {
        printf("Error: read().\n");
        exit(-1);
    }
    else if (ret > (MAX_MEM_SIZE * 4))
    {
        printf("Error: read() - Program is too big. \n");
        exit(-1);
    }

    //Initialize all registers
    cp->cpu.PC = 0;           //Program counter
    cp->cpu.IR = 0;           //Instruction regiser

    //General purpose register
    int IR = 0;
    for (IR = 0; IR < 32; IR++)
    {
        cp->cpu.R[IR] = 0;  //set general registers to 0
    }

    return 0;
```

```c
}

int print_cpu(COMPUTER * cp)
{
    printf("CPU Registers: PC-%d, [PC]-0x%x\n", cp->cpu.PC, cp->cpu.IR);
    for (int i =0; i <32; i++)
    {
        if (i !=0 && i %4 ==0)
        {
            printf("\n");
        }
        printf("$reg%02d:0x%x, ", i, cp->cpu.R[i]);
        //printf("%s: %x ,",reg[i],cp->cpu.R[i]);
    }
    printf("\n");
    return 0;
}

int print_memory(COMPUTER * cp)
{
    //print the memory contents
    int i;
    for (i =0; i <32; i++)
    {
        print_instruction(i, cp->memory.addr[i]);
    }
    return 0;
}

int print_instruction(int i, uint32_t inst)
{
    int8_t * p =(int8_t *)&inst;

    int8_t low_addr_value = * p;
    int8_t sec_addr_value = * (p +1);
    int8_t third_addr_value = * (p +2);
    int8_t high_addr_value = * (p +3);
/* LoongArch is big endian - the most significant byte first (lowest address) and
the least significant byte last (highest address) */
    printf("[%d]: Instruction-0x%x; LowAddr-%d, Second-%d, Third-%d, HighAddr
    -%d\n",
            i, inst, low_addr_value, sec_addr_value, third_addr_value, high_addr_
            value);
    return 0;
}
```

```c
int32_t sign_extend(int32_t val, int32_t len)
{
    if((val & (1 << (len -1))) >0)
    {
        val =val | (~((1 <<len) -1));
    }
    return val;
}
```

3) prog-gen.c

```c
#include <stdlib.h>
#include <fcntl.h>
#include <stdint.h>
#include <stdio.h>
#include <sys/wait.h>
#include <string.h>
#include <errno.h>
#include <sys/wait.h>
#include <unistd.h>
#include "loongarch.h"
#define MAX_MEM_SIZE 64     //The max memory size - 64 words (512 bytes)

// represent the 32 general registers

enum
{
    $r0,
    $r1,
    $r2,
    $r3,
    $r4,
    $r5,
    $r6,
    $r7,
    $r8,
    $r9,
    $r10,
    $r11,
    $r12,
    $r13,
    $r14,
    $r15,
    $r16,
    $r17,
    $r18,
```

```c
        $r19,
        $r20,
        $r21,
        $r22,
        $r23,
        $r24,
        $r25,
        $r26,
        $r27,
        $r28,
        $r29,
        $r30,
        $r31
};
int print_instruction(uint32_t *);

int main(int argc, char **args)
{
    printf("-------------------------------------------------------\
n");
    printf ( " | Program file genration for Simple von Neumann Computer for LoongArch|\n");
    printf("|      Liang Ma@CS,SDU                  |\n");

    printf("-------------------------------------------------------\
-----------------\n\n");

    if (argc != 2)
    {
        printf("\nUsage: ./prog-gen file-name\n\n");
        exit(-1);
    }

int fd;

    if ((fd = open(args[1], O_CREAT | O_TRUNC | O_RDWR, S_IRUSR | S_IWUSR)) < 0)
    {
        printf("Error: open().\n");
        exit(-1);
    }

    uint32_t memory[MAX_MEM_SIZE];
    //ADDI.W, op = OP10_ADDI_W, imm = 123, rj = $r6, rd = $r6
    memory[0] = (OP10_ADDI_W << 22) + (123 << 10) + ($r6 << 5) + $r6; //r6 = r6 + 123
    //ADDI.W, op = OP10_ADDI_W, imm = 456, rj = $r6, rd = $r7
```

```c
    memory[1] = (OP10_ADDI_W <<22) + (456 <<10) + ($r6 <<5) + $r7;    //r7 = r6 + 456
    //the last instruction will be halt, indicates the end of the program
    memory[2] = 0xfc000000;          // instruction: HALT

    /* write the memory contents into the image file */
    int wcount;
    if ((wcount = write(fd, memory, MAX_MEM_SIZE * 4)) < 0)
    {
        printf("Error: write()\n");
        exit(-1);
    }
    else if (wcount != MAX_MEM_SIZE * 4)
    {
        printf("Error: write bytes not equal 256.\n");
        exit(-1);
    }

    close(fd);
    return 0;
}

int print_instruction(uint32_t * p_i)
{
    uint8_t * p = (uint8_t *)p_i;

uint8_t low_addr_value = * (p +3);
    uint8_t sec_addr_value = * (p +2);
    uint8_t third_addr_value = * (p +1);
    uint8_t high_addr_value = * (p);

/* LoongArch is big endian - the most significant byte first (lowest address) and
the least significant byte last (highest address) */
    printf("Instruction-0x%x; LowAddr-%#x, Second-%#x, Third-%#x, HighAddr-%#x\n",
         * p_i, low_addr_value, sec_addr_value, third_addr_value, high_addr_value);
    return 0;
}
```

◆ 8.5 设计 LoongArch 五级流水线模拟器中的 Cache

8.5.1 实验背景

在本实验中,将扩展时序模拟器(用 C 语言编写)以对指令/数据 Cache 进行仿真。与 RTL 仿真不同,实验提供的模拟器是用 C 语言编写的,是一个更高层次的抽象模型设计,用于快速对架构进行探索。因为更高级别的描述和仿真硬件抽象级别更容易查看不同的设计选择对性能的影响。注意模拟器的算法和结构不需要与处理器的算法和结构完全匹配，只要结果相同即可。因此并不需要对底层的模拟，只需要知道一个程序要执行多少个周期（对周期级别进行仿真）。

本书将提供基础的模拟器，该模拟器模拟一个简单的 LoongArch 处理器，需要读者自行学习 Cache 相关知识，在原有模拟器的基础上拓展 Cache 部分，Cache 具体细节要求请查阅实验要求部分。

8.5.2 实验目的

（1）理解 LoongArch 部分指令，并完成简易汇编翻译。
（2）掌握 Cache 结构及功能的设计。
（3）了解指令流水线运行的过程。
（4）探究 Cache 对计算机性能的影响。

8.5.3 实验要求

在此模拟器的基础上扩展指令并增添 Cache，探究 Cache 对模拟器性能的影响。

1. 简易汇编的翻译

基础 Demo 中可正常运行的指令仅有 BLT、B、ADDI.W、ADD.W、OR、HALT，剩余所需的指令需要自行实现，基础 Demo 可以正常跑通下面的程序。

注意：为了方便进行实验，模拟器中加入了 HALT 指令，该指令并非 LoongArch 基础指令，仅为满足模拟实验需要。

下面的汇编实现了求前 $n-1$ 项和，其中 $n=16$，最后将结果存放到 r4 中。

```
.text
    addi.w  $r4,$r0,16          #读参数到 r4
    or      $r23,$r4,$r0        #参数保存到 r23 用于比较
    b       .JUDGE              #备好后跳转到判断入口决定是否执行运算
.LOOP:
    add.w   $r25,$r24,$r25      #进行累加操作，累加结果存在 r25 中
    addi.w  $r24,$r24,1         #r24 存放的计数自增
.JUDGE:
    blt     $r24,$r23,.LOOP     #r24 中的值小于参数，继续加，跳回 LOOP
    or      $r4,$r25,$r0        #将结果保存到 r4 准备传回
    halt
```

下面是对应的机器码。

```
02804004
00150097
50000C00
00106719
```

```
02800718
63FFFB17
00150324
FC000000
```

(1) 要求拓展实现 LD.W、ST.W、SLLI.W。

要求实现 1+2+3+4+5，最后将结果存入地址(0x00400000)中，并在 R23 读取，汇编如下。

```
.text
addi.w  $r20,$r0,1           #r20 置 1
addi.w  $r21,$r0,2           #r21 置 2
add.w   $r21,$r20,$r21       #1+2 存入 r21
addi.w  $r21,$r21,3          #r21 加 3,4,5 存入 r21
addi.w  $r21,$r21,4
addi.w  $r21,$r21,5
or      $r12,$r21,$r0        #计算结果存入 r12
slli.w  KG-*3 $r23,$r20,22   #将要访问的地址存入 r23
st.w    $r12,$r23,0          #按地址保存 r12 低 32 位的数据到内存
ld.w    $r12,$r23,0          #按地址读取 32 位数据保存到 r12 的低 32 位
```

(2) 结合 demo 已实现的指令和(1)，自行设计，完成从地址(0x00400000)开始，依次存放 0～0xFFF，即地址 0x00400000 处存 0(ST 操作)，地址 0x00400001 处存 1，以此类推。再将刚存入 0xFFF 个值求和(LD 操作)，结果放到 R20 中。

2. Cache 具体要求

Cache 具体要求如表 8-9 所示。

表 8-9　Cache 具体要求

	Instruction Cache	Data Cache
Size	8KB	64KB
Ways	4	8
Block size	32B	32B
Number of sets	64	256
Replacement（替换策略）	LRU	LRU
Sets index（组的索引）	PC 的[10:5]	Address 的[12:5]
Visit time（访问时期）	取指阶段	访存阶段
写回策略	—	写回式

3. 延时的设计

基础 Demo 已经引入延时，可以理解成数据和指令已在内存中，需要在存在延时的基

上增加 Cache。这里解释下延时的意义：在模拟器中，将添加 Cache 所带来的时间开销抽象成消耗的 cycle，即一次访存需要 50 个 cycles。当 CPU 在第 0 个 cycle 向 Cache 索要数据后，内存会在第 50 个 cycle 送给 Cache。这里，为了简化实验，假设 Cache 在写回阶段消耗的时间忽略不计。

4. Cache 结构的设计

Cache 在初始化的时候要求默认全为零。Cache 中的每个块可以单独包含一个标签来存储一些关于块的信息，如 valid、address、recency 等，标签初始化为 0。在完成实验要求的结构后，可以自行学习相关的结构，结合现有 Cache 进行升级。

5. 拓展实验

（1）修改 Cache 的各项参数来探究 Cache 对模拟器性能的影响（如 Cache 大小、块大小、组大小、替换策略）。

（2）对替换策略进行优化，例如，可以使用更复杂的哈希函数（或多个）进行映射来缩短总时间周期。

（3）设计 benchmark 测试性能，benchmark 中尽可能多地使用内存，可以随机存取或连续存取。

8.5.4 实验步骤

1. 准备工作

本实验已经提供了支持 LoongArch 指令集的流水线计时模拟器，通过这个模拟器将可以更好地了解计算机是如何运行的。这台计算机主要包括两个部分：CPU 和内存。计算机要执行的程序（包括代码和数据）都存储在内存中，CPU 会将指令从内存中取出，利用经典的五级流水线（取指、译码、执行、访存、写回）完成指令执行。模拟器中的流水线已经帮助解决了数据冒险和控制冒险，也可以在此基础上进一步优化，要注意的是，这里的 CPU 所采用的指令集是 LoongArch。

2. 目录树介绍

以下命令均在 Linux 系统下举例，里面的程序默认是在 Linux 中运行的，如果在 Windows 中，需要自行安装 Make，默认 Windows 使用 run3，Linux 使用 run2，可参考源码自行配置。

目录树如图 8-12 所示。

3. 编译和运行

代码逻辑写好后执行命令 make，即可在当前目录下生成名为 sim 的可执行程序，可以运行 sim 可执行程序，进行调试，见图 8-13。

若要运行某个文件，需要执行下面的命令。

```
1  ./sim your_file_path.x
```

```
|-your_lab_dir
    |-Makefile
    |-run2                  :python2 运行脚本
    |-run3                  :python3 运行脚本
    |-basesim               :标称对比答案使用
    |-basesim.exe           :标称对比答案使用，兼容 Windows
    |-inputs/               :测试文件
    |-src/                  :可以自行添加其他文件，如 cache.c, cache.h
        |-pipe.c            :流水线程序，自行修改
        |-pipe.h
        |-shell.c
        |-shell.h
        |-loongarch.h       :LoongArch 相关的定义
```

图 8-12　模拟器文件结构

```
loongson@loongson-pc:~/lab4$ make clean
rm -rf *.o sim sim.exe
loongson@loongson-pc:~/lab4$ make
gcc -g -O2 src/shell.c src/pipe.c src/cache.c -o sim
loongson@loongson-pc:~/lab4$ ./sim inputs/inst/add.x
LoongArch Simulator

Read 6 words from program into memory.

LoongArch-SIM> ?

----------------LoongArch ISIM Help----------------------
go                      -  run program to completion
run n                   -  execute program for n instructions
rdump(rd)               -  dump architectural registers
mdump low high          -  dump memory from low to high
input reg_no reg_value  -  set GPR reg_no to reg_value
?                       -  display this help menu
quit                    -  exit the program

LoongArch-SIM> go

Simulating...

Simulator halted

LoongArch-SIM> rd
```

图 8-13　运行模拟器

具体指令的使用逻辑参考 shell.c

当模拟器开始运行时，可以输入"?"来获得命令列表，如图 8-14 所示。

```
LoongArch-SIM> ?

----------------LoongArch ISIM Help----------------------
go                      -  run program to completion
run n                   -  execute program for n instructions
rdump(rd)               -  dump architectural registers
mdump low high          -  dump memory from low to high
input reg_no reg_value  -  set GPR reg_no to reg_value
?                       -  display this help menu
quit                    -  exit the program

LoongArch-SIM>
```

图 8-14　获得命令列表

相关命令的具体实现在 shell.c 文件中，有兴趣的读者可以去看一下，如下。

```c
void get_command()
{
    char buffer[20];
    int start, stop, cycles;
    int register_no, register_value;

    printf("LoongArch-SIM>");

if (scanf("%s", buffer) ==EOF)
    exit(0);

    printf("\n");

    switch(buffer[0]) {
    case 'G':
    case 'g':
      go();
      break;
      ...
      ...
      ...
}
```

4. 延时的实现

结合实验要求中的提示,这里解释下 demo 中延时设计的原理,以 ICache 的读为例。

```c
void pipe_stage_fetch()
{
    /* Allocate an op and send it down the pipeline. */
    Pipe_Op * op =malloc(sizeof(Pipe_Op));
    memset(op, 0, sizeof(Pipe_Op));

    op->pc =pipe.PC;
    /* return false if cache miss or ICache stall, no need to update PC */
    if (ICache_read(pipe.PC, &op->instruction)) {
        /* update PC */
        pipe.PC +=4;
        if (op->instruction ==0) { /* end of the pipeline */
            pipe.decode_op =NULL;
        } else {
            pipe.decode_op =op;
            op =NULL;
```

```
        }
    } else {
        pipe.decode_op =NULL;
    }
free(op);    /* free for stall */
}

bool ICache_read(uint32_t address, uint32_t * inst) {
    if (ICache_stall >0) {
  ICache_stall--;
        return false;
    }
    inst_read_flg =!inst_read_flg;
    /* ICache_stall set Default value(STALL_TH) */
    if (inst_read_flg) {
        ICache_stall =STALL_TH;
        return false;
    } else {
        * inst =mem_read_32(address);
        return true;
    }
}
```

pipe_stage_fetch 为取指阶段的伪代码,ICache_read 为 ICache 读取指令的函数,第一个形参为目标地址,第二个形参为预期指令,返回值表示本次读取是否有效。

如果当前 ICache 正在忙碌状态(从内存往 ICache 里搬数据),直接返回 false 表示本次查询失败,相应的 PC 指针不会移动,进而不会将本次申请的 op 传给 decode_op,相当于增加气泡,注意这里由于 ICache 忙碌需要及时释放 op 申请的内存,避免造成内存泄漏,如果返回 true 表示本次查询成功,通过指针返回预期地址的数据。

5. 流水线介绍

在实验中,提供了一个简易的 LoongArch 流水线计时模拟器,如图 8-15 所示。它将一条 LoongArch 指令的生命周期分为 5 个阶段:取指令→指令译码→执行指令→访存取数→结果写回。整个过程为取指令,指令译码,将译码出的指令放到算术逻辑运算部件(ALU)上执行,根据 ALU 算得的结果进行访存并将访存的结果写回寄存器。当模拟器检测到数据依赖或控制依赖时,它会通过阻塞或者直接转发的方式来正确处理。关于流水线技术,请回顾第 5 章的内容。

相关的代码实现在 pipe.c 中。模拟器中对每一个阶段的模拟都用一个单独的函数进行实现。如模拟取指阶段的函数为 pipe_stage_fetch(),译码阶段的函数为 pipe_stage_fetch(),执行阶段的函数为 pipe_stage_decode(),访存阶段的函数为 pipe_stage_mem()、回写阶段的函数为 pipe_stage_wb(),具体实现参考附录。

其中,模拟器用 Pipe_Op 结构体存储流水线的状态,可以在 pipe.h 中找到它的定义。

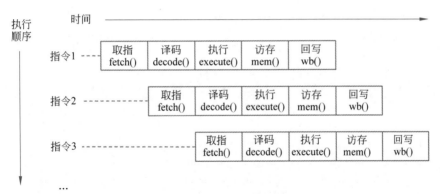

图 8-15 五级流水线示意图

Pipe_Op 结构体的实例在取指阶段中被创建,代表着流水线中一条指令的状态信息,并随着指令各个阶段的执行而更新,最后在指令五个阶段都执行完成后释放。模拟器通过暂停 Pipe_Op 结构体在各个执行阶段的流动来模拟阻塞操作。下面给出了 Pipe_Op 结构体的具体定义。

```
typedef struct Pipe_Op {
    /* PC of this instruction */
    uint32_t pc;
    /* raw instruction */
    uint32_t instruction;
    /* decoded opcode and subopcode fields */
    int opcode, subop;

    /* immediate value, if any, for ALU immediates */
    uint32_t imm16, se_imm16;
    /* shift amount */
    int shamt;

    /* register source values */
    int reg_src1, reg_src2; /* 0--31 if this inst has register source(s), or
                               -1 otherwise */
    uint32_t reg_src1_value, reg_src2_value;   /* values of operands from source
                                                  regs */

    /* memory access information */
    int is_mem;          /* is this a load/store? */
    uint32_t mem_addr;   /* address if applicable */
    int mem_write;       /* is this a write to memory? */
    uint32_t mem_value;
                         /* value loaded from memory or to be written to memory */
```

```c
    /* register destination information */
    int reg_dst;         /* 0 -- 31 if this inst has a destination register, -1
                            otherwise */
    uint32_t reg_dst_value; /* value to write into dest reg. */
    int reg_dst_value_ready; /* destination value produced yet? */

    /* branch information */
    int is_branch;       /* is this a branch? */
    uint32_t branch_dest; /* branch destination (if taken) */
    int branch_cond;     /* is this a conditional branch? */
int branch_taken;        /* branch taken? (set as soon as resolved: in decode
                            for unconditional, execute for conditional) */
    int is_link;         /* jump-and-link or branch-and-link inst? */
    int link_reg;        /* register to place link into? */
#ifndef ARCH_MIPS
    int ins_type;
int imm;
#endif /* ARCH_MIPS */

} Pipe_Op;
```

6. 验证指导

只需要把 Cache 的逻辑嵌入到现提供的 LoongArch 模拟器中即可,模拟器可以正确处理流水线中数据依赖问题。我们的目标是让总的 cycle 尽可能的少,发挥 Cache 应有的作用。本书提供了自检查批处理脚本,以检查编写的正确性,具体使用命令如下(确保使用前 make 过)。

```
1  make run INPUT=inputs/inst/add.x
2  make run INPUT=inputs/inst/*.x
3  # 检查inputs目录下所有的程序
4  make run
```

7. 附录

pipe.c:

```c
#define SET_LOWBIT(n) ((1 << (n)) -1)

int32_t sign_extend(int32_t val, int32_t len)
{
    if((val & (1 << (len -1))) >0)
    {
        val =val | (~((1 <<len) -1));
    }
    return val;
```

```c
}

void pipe_init()
{
    memset(&pipe, 0, sizeof(Pipe_State));
    pipe.PC = 0x00400000;
}

void pipe_cycle()
{
    pipe_stage_wb();
    pipe_stage_mem();
    pipe_stage_execute();
    pipe_stage_decode();
    pipe_stage_fetch();

    /* handle branch recoveries */
    if (pipe.branch_recover) {
        pipe.PC = pipe.branch_dest;

        if (pipe.branch_flush >= 2) {
            if (pipe.decode_op) free(pipe.decode_op);
            pipe.decode_op = NULL;
        }

        if (pipe.branch_flush >= 3) {
            if (pipe.execute_op) free(pipe.execute_op);
            pipe.execute_op = NULL;
        }

        if (pipe.branch_flush >= 4) {
            if (pipe.mem_op) free(pipe.mem_op);
            pipe.mem_op = NULL;
        }

        if (pipe.branch_flush >= 5) {
            if (pipe.wb_op) free(pipe.wb_op);
            pipe.wb_op = NULL;
        }

        pipe.branch_recover = 0;
        pipe.branch_dest = 0;
        pipe.branch_flush = 0;
```

```c
            stat_squash++;
        }
    }

    void pipe_recover(int flush, uint32_t dest)
    {
        /* if there is already a recovery scheduled, it must have come from a later
         * stage (which executes older instructions), hence that recovery overrides
         * our recovery. Simply return in this case. */
        if (pipe.branch_recover) return;

/* schedule the recovery. This will be done once all pipeline stages simulate the
current cycle. */
        pipe.branch_recover = 1;
        pipe.branch_flush = flush;
        pipe.branch_dest = dest;
    }

    void pipe_stage_wb()
    {
        /* if there is no instruction in this pipeline stage, we are done */
        if (!pipe.wb_op)
            return;

        /* grab the op out of our input slot */
        Pipe_Op * op = pipe.wb_op;
        pipe.wb_op = NULL;

        /* if this instruction writes a register, do so now */
        if (op->reg_dst != -1 && op->reg_dst != 0) {
            pipe.REGS[op->reg_dst] = op->reg_dst_value;
        }
        if (op->opcode == OP6_HALT) {
            RUN_BIT = 0;
        }
        /* free the op */
        free(op);

        stat_inst_retire++;
    }

    void pipe_stage_mem()
    {
        /* if there is no instruction in this pipeline stage, we are done */
```

```c
    if (!pipe.mem_op)
        return;

    /* grab the op out of our input slot */
    Pipe_Op *op = pipe.mem_op;
    uint32_t val = 0;
    if (op->is_mem && !DCache_read(op->mem_addr & ~3, &val)) {
        return;
    }

    switch(op->opcode) {
        case OP10_LD_B:
            break;
        case OP10_LD_H:
            break;
        case OP10_LD_W:
            op->reg_dst_value = val;
            break;
        case OP10_LD_D:
            break;
        case OP10_ST_B:
            break;
        case OP10_ST_H:
            break;
        case OP10_ST_W:
            DCache_write(op->mem_addr & ~3, op->mem_value);
            break;
        case OP10_ST_D:
            break;
    default:
        break;
    }

    /* clear stage input and transfer to next stage */
    pipe.mem_op = NULL;
    pipe.wb_op = op;
}

void pipe_stage_execute()
{
    /* if a multiply/divide is in progress, decrement cycles until value is ready */
    if (pipe.multiplier_stall > 0)
        pipe.multiplier_stall--;
```

```c
    /* if downstream stall, return (and leave any input we had) */
    if (pipe.mem_op !=NULL)
        return;

    /* if no op to execute, return */
    if (pipe.execute_op ==NULL)
        return;

/* grab op and read sources */
    Pipe_Op * op =pipe.execute_op;

    /* read register values, and check for bypass; stall if necessary */
    int stall =0;
    if (op->reg_src1 !=-1) {
        if (op->reg_src1 ==0)
            op->reg_src1_value =0;
        else if (pipe.mem_op && pipe.mem_op->reg_dst ==op->reg_src1) {
            if (!pipe.mem_op->reg_dst_value_ready)
                stall =1;
            else
                op->reg_src1_value =pipe.mem_op->reg_dst_value;
        }
        else if (pipe.wb_op && pipe.wb_op->reg_dst ==op->reg_src1) { //
            op->reg_src1_value =pipe.wb_op->reg_dst_value;
        }
        else
            op->reg_src1_value =pipe.REGS[op->reg_src1];
    }
    if (op->reg_src2 !=-1) {
        if (op->reg_src2 ==0)
            op->reg_src2_value =0;
        else if (pipe.mem_op && pipe.mem_op->reg_dst ==op->reg_src2) {
            if (!pipe.mem_op->reg_dst_value_ready)
                stall =1;
            else
                op->reg_src2_value =pipe.mem_op->reg_dst_value;
        }
        else if (pipe.wb_op && pipe.wb_op->reg_dst ==op->reg_src2) {
            op->reg_src2_value =pipe.wb_op->reg_dst_value;
        }
        else
            op->reg_src2_value =pipe.REGS[op->reg_src2];
    }
```

```c
    /* if bypassing requires a stall (e.g. use immediately after load),
* return without clearing stage input */
    if (stall)
        return;


    /* execute the op */
    switch (op->ins_type) {
    case TYPE_2RI12:
        switch(op->opcode) {
            case OP10_ADDI_W:
                    op->reg_dst_value_ready=1;
                    op->reg_dst_value=op->reg_src1_value+op->imm;
                break;
            case OP10_LD_W:
                op->mem_addr=op->reg_src1_value+op->imm;
                break;
            case OP10_ST_W:
                op->mem_addr=op->reg_src1_value+op->imm;
                op->mem_value=op->reg_src2_value;
                break;
                // multiple instructions awaits implementation here
            default:
                printf("ERROR: cannot execute instruction!\n");
                break;
        }
            break;
        case TYPE_2RI14:
        switch(op->opcode) {
            default:
                printf("ERROR: cannot execute instruction!\n");
                break;
            }
            break;
        case TYPE_2RI16:
        switch(op->opcode) {
                case OP6_NOP:
    break;
            case OP6_JIRL:
                printf("JIRL not implemented\n");
                break;
            case OP6_BEQ:
                printf("BEQ not implemented\n");
                break;
            case OP6_BNE:
```

```
                    printf("BNE not implemented\n");
                    break;
                case OP6_BLT:
                    if (op->reg_src1_value < op->reg_src2_value) op->branch_
                    taken=1;
                    break;
                case OP6_BGE:
                    printf("BGE not implemented\n");
                    break;
                default:
                    printf("ERROR: cannot execute instruction!\n");
                    break ;
            }
            break;
        case TYPE_2RI20:
            switch(op->opcode) {
                case OP7_LU12I_W:
                    printf("LU12I.W not implemented\n");
                    break;
                case OP7_PCADDU12I:
                    printf("PCADDU12I not implemented\n");
                    break;
                default:
                    printf("ERROR: cannot execute instruction!\n");
                    break ;
            }
            break;
        case TYPE_2RI21:
            switch(op->opcode) {
                default:
                    printf("ERROR: cannot execute instruction!\n");
                    break ;
            }
            break;
        case TYPE_I26:
            switch(op->opcode) {
                default:
                    break;
            }
            break;
        case TYPE_3R:
            switch(op->opcode) {
            case OP17_ADD_W:
                    op->reg_dst_value=op->reg_src1_value+op->reg_src2_value;
```

```
            break;
                case OP17_OR:
                    op->reg_dst_value =op->reg_src1_value | op->reg_src2_value;
                    break;
            }
            break;
        default:
            if (op->opcode !=OP6_HALT) {
                printf("ERROR: instruction type error!\n");
            }
            break ;
    }

    /* handle branch recoveries at this point */
    if (op->branch_taken)
        pipe_recover(3, op->branch_dest);

    /* remove from upstream stage and place in downstream stage */
    pipe.execute_op =NULL;
    pipe.mem_op =op;
}

void pipe_stage_decode()
{
    /* if downstream stall, return (and leave any input we had) */
    if (pipe.execute_op !=NULL)
        return;

    /* if no op to decode, return */
    if (pipe.decode_op ==NULL)
        return;

    /* grab op and remove from stage input */
    Pipe_Op * op =pipe.decode_op;
    pipe.decode_op =NULL;

    /* we will handle reg-read together with bypass in the execute stage */
    int op6 =(op->instruction&(SET_LOWBIT(6) <<26)) >>26;
int op7 =(op->instruction&(SET_LOWBIT(7) <<25)) >>25;
int op8 =(op->instruction&(SET_LOWBIT(8) <<24)) >>24;
int op10 =(op->instruction&(SET_LOWBIT(10) <<22)) >>22;
int op12 =(op->instruction&(SET_LOWBIT(12) <<20)) >>20;
int op14 =(op->instruction&(SET_LOWBIT(14) <<18)) >>18;
```

```c
    int op17 = (op->instruction & (SET_LOWBIT(17) <<15)) >>15;
    int op22 = (op->instruction & (SET_LOWBIT(22) <<10)) >>10;

    switch(op6){
        case OP6_HALT:
            //halt(0x3f)Effect: Stop CPU and exit
            op->opcode = op6;
            break;
        case OP6_NOP:
            break;
        case OP6_JIRL:
        case OP6_BEQ:
        case OP6_BNE:
        case OP6_BLT:
        case OP6_BGE:
            op->opcode = op6;
            op->ins_type = TYPE_2RI16;
        op->imm = (op->instruction & (SET_LOWBIT(16) <<10)) >>10;
        op->reg_src1 = (op->instruction & (SET_LOWBIT(5) <<5)) >>5;
        op->reg_src2 = op->instruction & SET_LOWBIT(5);
            op->is_branch = 1;
            op->branch_cond = 1;
            op->branch_dest = op->pc + sign_extend(op->imm <<2, 18);
            break;
        case OP6_BEQZ:
        case OP6_BNEZ:
            /* 2RI21-type instruction (6bits opcode + I21[15:0] + 5bits rj + I21[20:
               16]) */
            break;
        case OP6_B:
        case OP6_BL:
            /* I26-type instruction (6bits opcode + I26[15:0] + I26[25:16]) */
            op->ins_type = TYPE_I26;
            op->opcode = op6;
            op->is_branch = 1;
            op->branch_cond = 0;
            op->branch_taken = 1;
    uint32_t offs = ((op->instruction & (SET_LOWBIT(16) <<10)) >>10) |
                            ((op->instruction & (SET_LOWBIT(10))) <<16);
            op->branch_dest = op->pc + sign_extend(offs <<2, 28);
            break;
        default:
            break;
    }
```

```c
switch(op7)
{
case OP7_LU12I_W:
    case OP7_PCADDU12I:
        /* 2RI20-type instruction (7bits opcode + I20 + 5bits rd) */
        //await implementation
        break;
    default:
        break;
}
switch(op8)
{
    case OP8_LDPTR_W:
    case OP8_STPTR_W:
        /* 2RI14-type instruction (8bits opcode + I14 + 5bits rj + 5bits rd) */
        //await implementation
        break;
    default:
        break;
}
switch(op10)
{
    case OP10_ADDI_D:
    case OP10_ADDI_W:
    case OP10_ANDI:
    case OP10_ORI:
    case OP10_XORI:
        /* 2RI12-type instruction (10bits opcode + I12 + 5bits rj + 5bits rd) */
        op->opcode = op10;
        op->ins_type = TYPE_2RI12;
        op->imm = sign_extend((op->instruction & (SET_LOWBIT(12) <<10)) >>10, 32);
        op->reg_src1 = (op->instruction & (SET_LOWBIT(5) <<5)) >>5;
        op->reg_dst = op->instruction & SET_LOWBIT(5);
        break;
    case OP10_LD_B:
    case OP10_LD_H:
    case OP10_LD_W:
    case OP10_LD_D:
    case OP10_ST_B:
    case OP10_ST_H:
    case OP10_ST_W:
    case OP10_ST_D:
        /* 2RI12-type instruction (10bits opcode + I12 + 5bits rj + 5bits rd) */
```

```c
            op->is_mem = 1;
            op->opcode = op10;
            op->ins_type = TYPE_2RI12;
            op->imm = sign_extend((op->instruction & (SET_LOWBIT(12) <<10)) >>10, 12);
            op->reg_src1 = (op->instruction & (SET_LOWBIT(5) <<5)) >>5;
                if (op->opcode & 0xF < 4) { /* only signed */
                    /* load */
                    op->mem_write = 0;
                    op->reg_dst = op->instruction & SET_LOWBIT(5);
                }
                else {
                    /* store */
                    op->mem_write = 1;
                    op->reg_src2 = op->instruction & SET_LOWBIT(5);
                }
        break;
    case OP10_BSTRPICK_D:
        //(10bits opcode + 6bits msbd + 6bits lsbd + 5bits rj + 5bits rd)
        //await implementation
        break;
    default:
        break;
}
switch(op17)
{
    case OP17_ADD_W:
    case OP17_SLTU:
    case OP17_NOR:
    case OP17_AND:
    case OP17_OR:
    case OP17_XOR:
        /* 3R-type instruction (17bits opcode + 5bits rk + 5bits rj + 5bits rd) */
            op->opcode = op17;
            op->ins_type = TYPE_3R;
            op->reg_src1 = (op->instruction & (SET_LOWBIT(5) <<10)) >>10;
            op->reg_src2 = (op->instruction & (SET_LOWBIT(5) <<5)) >>5;
            op->reg_dst = op->instruction & SET_LOWBIT(5);
        break;
    case OP17_SLLI_W:
    case OP17_SRLI_W:
        //(17bits opcode + I5 + 5bits rj + 5bits rd)
        //await implementation
        break;
```

```c
        default:
            break;
    }
    /* place op in downstream slot */
    pipe.execute_op = op;
}

void pipe_stage_fetch()
{
    /* if pipeline is stalled (our output slot is not empty), return */
    if (pipe.decode_op != NULL)
        return;

    /* Allocate an op and send it down the pipeline. */
    Pipe_Op * op = malloc(sizeof(Pipe_Op));
    memset(op, 0, sizeof(Pipe_Op));
    op->reg_src1 = op->reg_src2 = op->reg_dst = -1;

    op->pc = pipe.PC;
    /* return false if cache miss or ICache stall, no need to update PC */
    if (ICache_read(pipe.PC, &op->instruction)) {
        /* update PC */
        pipe.PC += 4;
stat_inst_fetch++;
        if (op->instruction == 0) { /* end of the pipeline */
            pipe.decode_op = NULL;
        } else {
            pipe.decode_op = op;
            op = NULL;
        }
    } else {
        pipe.decode_op = NULL;
    }
    free(op); /* free for stall */
}
```

cache.c：

```c
void cache_init() {
    bool data_read_flg = false;
    bool inst_read_flg = false;
}

bool DCache_read(uint32_t address, uint32_t * val) {
    data_read_flg = !data_read_flg;
    /* DCache_stall set Default value(STALL_TH) */
```

```
        if (data_read_flg) {
            DCache_stall = STALL_TH;
            return false;
        } else {
            *val = mem_read_32(address);
            return true;
        }
    }

    void DCache_write(uint32_t address, uint32_t value) {
        mem_write_32(address, value);
    }

    bool ICache_read(uint32_t address, uint32_t *inst) {
        if (ICache_stall > 0) {
            ICache_stall--;
            return false;
        }
        inst_read_flg = !inst_read_flg;
        /* ICache_stall set Default value(STALL_TH) */
        if (inst_read_flg) {
            ICache_stall = STALL_TH;
            return false;
    } else {
            *inst = mem_read_32(address);
            return true;
        }
    }
```

参考文献

[1] 唐朔飞.计算机组成原理[M].北京：高等教育出版社,2008.
[2] 兰德尔 E 布莱恩特.深入理解计算机系统[M].龚奕利,译.北京：机械工业出版社,2016.
[3] 袁春风.计算机系统基础[M].北京：机械工业出版社,2014.
[4] 左东红.计算机组成原理与接口技术——基于 MIPS 架构[M].2 版.北京：清华大学出版社,2020.
[5] 沈美明,温冬婵.IBM-PC 汇编语言程序设计[M].2 版.北京：清华大学出版社,2001.
[6] 雷思磊.自己动手写 CPU[M].北京：电子工业出版社,2014.
[7] SWEETMAN D.MIPS 体系结构透视[M].李鹏,等译.北京：机械工业出版社,2008.
[8] 杨光煜.计算机组成原理[M].北京：清华大学出版社,2020.
[9] 胡伟武,等.计算机体系结构基础[M].北京：机械工业出版社,2018.
[10] DAVID A P,JOHN L H. Computer organization and design: the hardware/software interface[M]. 北京：机械工业出版社, 2019.
[11] 阎石.数字电子技术基础[M].5 版.北京：高等教育出版社,2006.
[12] 贾智平.微机原理与接口技术[M].北京：中国水利水电出版社,1999.
[13] 贾智平,张瑞华.嵌入式系统原理与接口技术[M].北京：清华大学出版社,2007.
[14] YALE N P,SANJAY J P. 计算机系统概论[M].梁阿磊,等译.北京：机械工业出版社,2016.